高校专业融合素养提升系列教材

领域知识工程学

主　编　罗建中

副主编　彭光辉　申龙哲　廖　政　罗丽萍

中国金融出版社

责任编辑：吕　楠
责任校对：孙　蕊
责任印制：陈晓川

图书在版编目（CIP）数据

领域知识工程学／罗建中主编．—北京：中国金融出版社，2020.8
ISBN 978－7－5220－0773－1

Ⅰ.①领…　Ⅱ.①罗…　Ⅲ.①知识工程　Ⅳ.①TB182

中国版本图书馆 CIP 数据核字（2020）第 159773 号

领域知识工程学
LINGYU ZHISHI GONGCHENGXUE
出版
发行　**中国金融出版社**
社址　北京市丰台区益泽路 2 号
市场开发部　（010）66024766，63805472，63439533（传真）
网 上 书 店　http://www.chinafph.com
　　　　　　　（010）66024766，63372837（传真）
读者服务部　（010）66070833，62568380
邮编　100071
经销　新华书店
印刷　北京市松源印刷有限公司
尺寸　185 毫米 ×260 毫米
印张　20
字数　446 千
版次　2020 年 8 月第 1 版
印次　2020 年 8 月第 1 次印刷
定价　68.00 元
ISBN 978－7－5220－0773－1
如出现印装错误本社负责调换　联系电话(010)63263947

本书编委会

编委会主任：陈春发

主　　　编：罗建中

副　主　编：彭光辉　申龙哲　廖　政　罗丽萍

编委会成员：毛　敏　彭光辉　余　梅　许宣伟

　　　　　　陈　杉

这是一本原创的专著，意在开创一门新的学科；这是一种哲学的思考，意在观照人类数字化生存的基本模式，并提供相应的方法和工具，使人们能够在实践中再现这个模式。

孕育这个想法已经很多年了。

最初是在 20 世纪读《第三次浪潮》这本书时，初生对后工业时代的神往，后来读《数字化生存》时，已隐隐感到一种本体论的抽象，此后，我用了二十三年的时间，倾情于国家信息安全和电子政务的工程建设工作。这二十多年，我首先完成了我一个文科生的蜕变，由学中文、搞美学、当记者到深陷互联网、信息化。其次，我遍历了中央和国务院几十个部委的重大信息化工程的规划立项，熟知 IT 工程，熟悉 IT 大咖。在这之前，我还有一段经历使我熟知党政机关的工作，那是 1983 年到 1992 年的十年记者生涯，采访过地方党委、人大、政府和司法机关，写了大量的改革理论文章。最重要的刺激因素是，这二十多年中我看到数以千亿计的信息化工程项目投资建设，远没有发挥出数字化倍增的效应，于是一路探究，走进领域知识工程的殿堂。

领域知识工程学的核心思想，或者说要回答的主要问题有四个方面：

（1）人类社会运作的基本模式是什么？本书给出了"任务范式"这个结构化设定。

（2）信息社会的本质是什么？本书给出了"拟量子纠缠"这个譬喻。人类生物行为与社会组织行为的纠缠，人类生物行为与信息技术的纠缠，作为客观世界表征的信息与信息载体——数据的纠缠，这种"纠缠"，是人类社会实体空间与数字空间/网络空间的映射、纠缠，这种"纠缠"的结果是"数字"对"实体"的效率倍增、效能倍增。

（3）未来社会新生产力特征是什么？本书给出了"社会自动化"这个判断。

（4）未来社会新生产力中最活跃因素——新兴劳动者是什么？本书给出了"领域知识工程师"这个结论。

作为原创的新学科，领域知识工程学具有本体论、认识论和方法论相统一的特点，特别是工程化的方法论特点，在数字中国建设进程中，对政府、产业和社会各范畴行为主体将各自行为数字化创新时，具有前瞻性的借鉴作用，对向政府、产业和社会提供数字化能力服务的企业在转型创新时，具有变革性的指导和制导作用，对培养未来社会新兴劳动者——具备跨学科、综合性和集成创新能力的领域知识工程师的大学，特别是应用型大学，具有形成其差异化核心竞争力的倍增作用。

这本书虽说酝酿了二十多年，但成书却只用了三个月，而且是 COVID - 19 疫情期间的三个月。2020年春节，我拟定了本书的三级目录提纲和概述，定义了全书的基本术语概念，分发给一大群散居各省的学生。2020年2月10日开始，我和学生们以远程视频教学、指导、探讨、写作、修改的方式，逐章逐节反复迭代，到2020年4月30日完成了27万字的书稿。本书第一章的第一、第二节由张锟编写，第三节至第七节由荆潇编写；第二章由商晓冬编写，第三节仿真部分的实例和第四节的反馈部分由马鹏程编写；第三章由吴倩倩、但金凤编写，王安然部分参与；第四章由吴倩倩编写，第二节中的建模语言由舍日古楞编写；第五章由王雪编写，彭萨茹拉作部分补充和润色；第六章第一节由陶磊编写，第二节由程静瑜编写，第三节由马占川、晋梁昊编写、刘宛茹部分参与，第四节由马占川、李海运、杨坤编写，第五节由马占川、晋梁昊、程静瑜编写、申鑫参与，第六节由靳学昕编写，第七节由程静瑜编写、申鑫参与。李锦洲参与全章统筹协调，陶磊对全章修订润色；第七章由陶磊编写、黄曼绮、杨坤、廖西部分参与。全书所有涉及到数学知识和模型算法的内容都由李伟提供并指导把关。

张国强参与了全书编写过程中的重要讨论，并提供了有价值的意见。周朋飞为本书的实例整理付出了辛勤劳动。另外，屈立茹、李振涛、刘冰霜、李婧、张丹、补冲、蔡波、范根、李茂毅、高雅、代琪怡参与了编务和数据整理工作。

彭光辉编审了第一章、第七章，申龙哲编审了第二章、第三章，廖政编审了第五章，罗丽萍编审了第四章、第六章。

由于成书时间短促，且属草创之作，又逢新冠肺炎疫情，本书难免会有不尽如人意之处，望读者不吝指教，还望同道中人深入切磋，以期来年修订完善。

本书已作为电子科技大学成都学院的小通识教材，将有更多的老师和学生与领域知识工程学科结缘，深望更多的领域知识工程学人结伴而行。

罗建中
于北京回龙观

CONTENTS 目 录

第一章　理论体系 ……………………………………………………………… 1

  第一节　时代潮流 …………………………………………………………… 2

  第二节　学科渊源 …………………………………………………………… 5

  第三节　研究对象 …………………………………………………………… 8

  第四节　研究方法 …………………………………………………………… 9

  第五节　知识体系 ………………………………………………………… 15

  第六节　学科特点 ………………………………………………………… 16

  第七节　学科应用 ………………………………………………………… 18

第二章　信息机制 …………………………………………………………… 21

  第一节　社会控制方式 …………………………………………………… 22

  第二节　感知机制 ………………………………………………………… 25

  第三节　认知机制 ………………………………………………………… 33

  第四节　控制机制 ………………………………………………………… 40

  第五节　信息机制实证 …………………………………………………… 45

第三章　任务范式 …………………………………………………………… 49

  第一节　领域限定 ………………………………………………………… 50

  第二节　双子系统 ………………………………………………………… 54

  第三节　系统要素 ………………………………………………………… 55

  第四节　问题驱动 ………………………………………………………… 61

  第五节　目标约束 ………………………………………………………… 69

  第六节　事实激活 ………………………………………………………… 70

  第七节　知识制导 ………………………………………………………… 72

  第八节　任务赋值 ………………………………………………………… 75

  第九节　数字倍增 ………………………………………………………… 77

第四章　范式演化 …………………………………………………………… 81

  第一节　信息能力 ………………………………………………………… 82

第二节　本体构建 ································· 87

第三节　事实还原 ································· 94

第四节　事件建模 ································· 95

第五节　指标量化 ································· 98

第五章　工程创意 ······························· 106

第一节　问题与价值 ······························· 107

第二节　问题三维度 ······························· 110

第三节　逆向实证 ································· 115

第四节　微创新创意 ······························· 122

第五节　深度创新创意 ···························· 129

第六节　制度安排 ································· 139

第六章　工程方法 ······························· 146

第一节　产品业态 ································· 147

第二节　工程团队 ································· 148

第三节　生产方法 ································· 152

第四节　工程阶段 ································· 200

第五节　资源预置 ································· 211

第六节　伴随服务 ································· 231

第七节　过程管理 ································· 244

第七章　实训实战 ······························· 257

第一节　传播创新 ································· 257

第二节　知识获取 ································· 264

第三节　角色化实训 ······························· 271

第四节　业态创新 ································· 278

第五节　动力机制的触发 ·························· 283

第六节　市场化实战 ······························· 287

附　录 ·· 292

第一章　理论体系

作为全书开篇，本章以历史发展的纵向维度和学科剖面的横向维度，交叉展示了领域知识工程学本体论、认识论和方法论的整体图景。

历史发展的纵向维度部分，放眼社会历史变迁、以逐根溯源的方式观照领域知识工程学的时代背景与学科渊源。从生产力发展的角度来说，人类社会经历了农业社会、工业社会，而现在正处于信息社会的初始阶段。相较于农业社会和工业社会仅具有实体形态的属性而言，信息社会是以实体形态和数字形态相耦合、相纠缠的，自动化程度日益提高、日益普及的新的社会形态。实体形态可分为社会体系和技术体系，信息社会发展有两个明显的分叉，第一个分叉是以信息技术作用于技术体系（非信息技术体系）实现自动化，一般而言，这种发展状态我们也称为工业自动化，即工业系统通过"工控系统"而实现工业自动化。第二个分叉是信息技术作用于社会体系实现自动化，也可称之为社会系统通过"社控系统"而实现社会自动化。社会自动化的时代潮流和发展需求，是催生领域知识工程学的原动力。从学术学科演变的角度来说，领域知识工程学扬弃式承续新工科与新文科的发展成就，打破泛知识化和传统信息化的迷思，成为围绕特定领域的特定问题，融合哲学、逻辑学、语言学、社会学、数学、计算机科学和通信等学科，从外部识别、集成问题所涉及的专业知识方法，但不进入专业知识内部，仅将专业知识的外部特征与任务、问题的特征关联映射起来，寻求解决领域问题的综合解决方案，解决社会实践对综合性需要的崭新学科。

学科剖面的横向维度部分，首先，明确领域知识工程学的研究对象，即信息社会阶段，人类经济社会活动特定任务过程的基本范式（简称任务范式）、范式的实例、实例的自动化，以及自动化实例的普及率。任务范式是对人类经济社会活动的基本模式的定义，且具有领域（特定的、最小化的领域）及双子系统（主动系统、对象系统）两个核心属性。其次，以任务范式为研究对象，决定了领域知识工程学的三个研究方法，一是价值论方法，即内禀价值是驱动人类社会发展的原动力，内禀价值的外显形态包括精神和物质两个层面的各式形态。而实现内禀价值的路径是制订解决问题的方案和相关主体的理性行为。二是动力机制建构方法，即领域知识工程学人员通过价值论方法对不同社会角色的价值追求、诉求、取向等进行识别，就能够设计出符合不同社会角色价值追求的动力机制，从而激发其内生动力，外化为理性行为。三是实例化方法，即运用已经发生过的足够样本量，并结合前两种方法，总结出模式，去应对、解决未来发生的同类任务或问题。这三个研究方法构成领域知识工程学的方法论，三者相辅相成、辩证统一。再次，概括了本书所涉及的知识体系，一是领域知识工程学学科本身的知识体系。二是本学科所涉及的条件性知识及其获取方式。三是集成特定任务所需的专业知识体系，即描述了基于特定领域特定任务所需，对相应多专业知识体系的识别、集成和利用。另外，阐明领域知识工程学的两大学科特点，一是确定性特点，即本学科所秉持的领域确定、任务确定、因果确定、条件确定、目标确定，面对具体任务具体实际问题的学术研究与实践应用的宗旨。二是工程化特点，即体现为领域知识工程学知识产品的结果形态是工程化的，以及知识产品的生产过程是工程化的。最后，阐述了领域知识工程学的应用，即学科应用者及其角色，学科应用范畴和学科知识传播的方式。

总而言之，本章既结构化地展示了全书的写作脉络，又搭建起了领域知识工程学的学科理论研究与应用实践的整理框架，为读者进入领域知识工程学提供了导航。

第一节　时代潮流

信息社会是自人类社会发展以来，继农业社会、工业社会之后以自动化为特征的新社会阶段。信息社会发展的最大标志是与其相生的信息技术体系。信息技术的诞生具有划时代的意义，具备超越时空局限的极值效应，能够实现对人类肢体、感官和思维等生物本能行为日益深广的表达和替代。然而信息技术体系本身也存在限定性，一是再高级的信息技术也不能代替人类的社会组织行为，二是信息技术体系必须根植和依附于非信息技术体系，信息技术体系的价值取决于对非信息技术体系的指数级放大效应。进入信息社会，由于效率的指数级提升，我们观察到自然人和社会组织的纠缠机制的表达更为强烈，发现了一条可以通过存储、表达客观事实信息和知识，从而管理和影响社会组织行为的通道，我们进一步将这条通道用信息化的方式展现、固化和增强，提出了"社控系统"的理论体系和系统构建方式。社控系统并不是指直接控制社会组织及其行为，而是通过将信息技术和非信息技术高度融合，促使客观事实信息和知识信息的高效交互，形成自然人和社会组织相生相伴的纠缠，从而达到极大地解放人类个体生物动能、大幅改善社会群体行为效能的目标，支撑人类向更高发展阶段迈进。

一、信息社会

信息社会是相对于农业社会、工业社会而言的人类发展的新阶段。人类社会形态从生产力的角度看，可以分为农业社会、工业社会、信息社会。信息社会是由农业社会、工业社会发展而来的，它的具体体现是在农业社会和工业社会基础上增加了信息技术体系。信息技术体系是以二进制编码的电子介质为载体，由计算机、软件和网络通信技术构成的技术体系。总而言之，信息社会是以信息技术体系为载体，以人体生物能行为的替代和表达为基础，通过承载、传递和处理客观真实信息和知识信息，从而管理和影响客观世界的新型社会。

信息社会有两个显著特征，一是对客观世界行为的控制，信息社会通过计算机表达客观世界的运动行为，控制人类社会的具体行为，使得人类经济社会的效益指数倍增。二是促进客观世界知识的转化，信息社会获取知识的主要途径是通过信息技术来标识我们对客观世界存在的认知和辨识，通过将这些全人类的知识信息和现实社会的事实信息变成数据，行为变成软件，形成自然人到人的生物行为，再到人的社会组织行为的关联传递，使得生物行为，包括肢体、感官和思维行为的转化越来越丰富。

信息社会的最大特点是极大地促进了各个领域知识的融会贯通。通过人类社会各个领域知识的融合、碰撞和更新，可以解决更为复杂的社会难题，并在有限的时间内快速设计出实体创新方案和相应的数字化解决方案，使得实体创新和问题解决的效能得到指数级倍增，这是社会发展的规律和时代的潮流。

二、社会体系

人类社会是由各要素通过相互作用而形成的较稳定的、有组织且相互联系的复杂整体，具体来看，包括主体、客体和行为。从社会实践和微观感性的角度来看，主体指自然人和由自然人组成的各类组织，包括国家、政府、企业、民族、种族、家庭、社会团体等；客体指主体所操作和控制的资源、工具、手段等技术体系，按照发展阶段和层次，技术体系可分为农业社会、工业社会以来逐渐丰富完善的非信息技术体系和信息社会特有的信息技术体系；行为指主体利用和产生客体的过程，包括人对物、人对人的生产行为、生活行为和管理行为。

其中，人对人的生产行为、生活行为和管理行为体现在政府、产业、社会三大范畴中。以文化为例，文化是社会范畴的一种行为准则，是某个群族所有物质表象与精神内在的整体，通过树立特有的世界观、人生观、价值观等共识，达到控制族群成员状态和诉求，进而影响行为的目的，是人对人管理的一种具体体现。

三、信息技术体系

信息技术体系的诞生是伟大的发明创造，具有划时代的巨大作用。信息技术无处不在、无所不在、无时不在，具备跨越时间空间的特性，将社会体系、非信息技术体系进行虚拟映射，达到交流、交互、交易的效率极值，极大地解放简单重复的劳动过程。信息技术是人类社会发展以来最人性化的技术，具备虚实相生的特性，可以将人类的肢体、感官和思维行为进行虚拟重塑、替代执行和高度相融，不断达到社会组织行为自动化控制的新境界。

当前，信息技术体系主要包括计算机、网络通信和软件技术。计算机是信息技术体系的硬件承载，具备数据存储、修改功能，并实现对相关逻辑与数据的计算，是现代化智能电子设备。作为集成网络、计算、多媒体等技术为一体的电子设备，世界第一台通用计算机 ENIAC（电子数字积分计算机）于 1946 年 2 月 14 日在美国宾夕法尼亚大学诞生。ENIAC 长 30.48 米，宽 6 米，高 2.4 米，占地面积约 170 平方米，30 个操作台，重达 30 英吨，耗电量 150 千瓦，造价 48 万美元。ENIAC 包含了 17468 根真空管（电子管），7200 根晶体二极管，1500 个中转，70000 个电阻器，10000 个电容器，1500 个继电器，6000 多个开关，计算速度是每秒 5000 次加法或 400 次乘法，是使用继电器运转的机电式计算机的 1000 倍、手工计算的 20 万倍。它还能进行平方和立方运算，计算正弦和余弦等三角函数的值及其他一些更复杂的运算。ENIAC 的诞生为世界上第一颗原子弹的研制立下了汗马功劳。

网络通信技术是以光电作为介质进行传播的技术统称，按照网络通信协议，通过网络将各个孤立的设备进行连接，通过信息交换实现人与人、人与计算机、计算机之间的通信。网络通信协议是一种网络通用语言，为连接不同操作系统和不同硬件体系结构的互联网络提供通信支持，常见的网络通信协议有：TCP/IP 协议、IPX/SPX 协议、NetBEUI 协议等。

软件技术是通过信息技术二级制编码，构建和维护有效的、实用的和高质量的软件技术，软件技术通过转化和映射客观世界的事实信息和知识信息，使得计算机能够表达和控制社会行为。在信息社会中，软件应用于多个方面。典型的软件有电子邮件、嵌入式系统、人机界面、办公套件、操作系统、编译器、数据库、游戏等。同时，各个行业几乎都有计算机软件的应用，如工业、农业、银行、航空、政府部门等。

四、社控系统

进入信息化社会以后，随着云计算、移动互联、物联网、大数据、人工智能、区块链等新一代信息技术的发展，农业和工业等传统领域的自动化控制逐步进入"无人化"的高级阶段，比如农业控制中的自动滴灌、自动饲养等，工业控制中的自动化流水线、程控交换机、无人机等。但是，目前已发明的信息系统还不能高效控制社会体系，即社会组织的主体及其相互间的行为。

社会组织的主体由自然人构成，自然人围绕共同的目的、诉求、偏好和意志形成的组织团体，是具备法律意义的法人，是生物人的社会化体现。人在社会化的过程中，通过后天习得文化、伦理、习俗等描述性知识和法律等程序性知识。信息技术可以强化体现社会行为信息和知识的关联处理能力，但不能直接控制社会组织行为。所以，要想实现信息技术对社会的控制，除了对人类生物行为的替代，还需要具备各领域的专业知识、运行规则和相关事实信息，才能以信息作为特殊中介，实现对人类社会的自动化控制。

信息技术最先实现对农业技术体系、工业技术体系的自动化控制并继续深广，这是人对物的控制，凡是能被替代的生物行为都可以自动化，比如肢体、感官和思维行为等，人对物的控制先走了一步，而人对人的控制才刚刚开始。如果具备科学的方法指导，人对人的控制可以后来居上，发挥更大的效能。

针对社会系统的"无人化"，信息技术体系会适当地走到前面，较为超前地控制人类行为。依托信息技术可以迅速实现人的信息化，实现相关角色、场景和行为特点的无人化，达到替代和表达生物行为的目标，即"人化"。信息技术的人化，是指一定程度代替生物本能行为，但不能代替社会组织行为，然而通过对生物本能行为的控制实现对社会组织行为的影响，达到两种行为纠缠的反馈控制状态。人化的过程可能导致社会组织行为中生物人的"消失"，但是社会人一直存在。

社会控制，即对社会组织行为的自动化控制需求已跃然纸上，类比工控系统，我们提出"社控系统"的新概念，虽然已经存在的 OA 系统、审批系统、销售管理系统、政府管理系统等属于社控系统的范畴，但是层次太低，一是体现在信息映射的真实性较差，由于当前的此类系统并不能体现在线、实时和全量，导致存在大量的填报信息和时点信息，无法保证信息的真实性、鲜活性和完备性，信息系统所载有的有限信息难以还原客观真实世界。二是体现在知识信息大量缺乏，无论是法律法规、标准规范等程序性知识，还是文化、科学原理等描述性知识，目前所谓的管理系统并不具备，只剩下枯燥的，并不体现真实的流程，就像失去了血肉的空壳。社控系统的发展空间巨大，但是目前的发展进入了流程论和技术论两大误区。流程是伪需求，流程极易更改，并不是客观世界的本质，比如宗教是大部分人类信仰，是一种精神世界的客观需求，但是如果从研究的角度，过分教条于每天礼拜的次数和礼拜的具体仪步，而不是关注该宗教的起源、发展，以及和国家、种族、历史背景的互动性，那就是舍本逐末了。技术往往是被动态，没有强劲的需求，先进的技术难以一夜之间迸发，技术和需求虽是相辅相成的一对纠缠，但需求往往先于技术，奢望技术引领需求是不切实际的。社控系统的难点在于把人对人的信息和知识耦合起来，极大程度地代替人的思维、感官和肢体行为，逐步影响和管理社会组织行为，达到不断改善国际治理、政府治理、产业治理、社会治理、基层治理等领域的低效和无序现状的目的。所以，迫切地需要转变社控系统的误区和错识，引领社控系统向新阶段和高质量发展，才能更大地超越实体社会对人时空的制约，引领人类向更高阶段发展。

第二节　学科渊源

一、新工科和新文科的由来

从人类历史发展角度来看，学科发展存在着从综合到专业，从专业到综合，再从综合到专业的发展规律。古代没有如今这么专业丰富的学科分类，诞生了集众多学问于一身的大师，无论是我国诸子百家的老子、庄子与墨子等名家，还是古希腊的梭伦、泰勒斯、奇伦、毕阿斯、庇塔库斯、佩里安德与克莱俄布等贤者，所谓时势造英雄。世界上第一所具用现代意义的大学可以追溯到创立于11世纪的博罗尼亚大学，最早开设的学科也仅有法学、逻辑学、天文学、医学、哲学、算术、修辞学和语法学等八科。但是，随着经济、社会和科技的不断发展，尤其是文艺复兴和工业革命以后，社会分工越加细化、复杂和专业，大师再也无法满足社会发展的需要，于是学科的发展就从综合走向专业，在自然科学和社会科学两大类的基础上越分越细，这种不断的细分一方面有利于人类对客观世界的认识，另一方面也越来越远离复杂问题的解决。

过去二十年，为解决复杂问题的社会需求，学科届也从"新文科""新工科"等方面开展创新实践。美国希拉姆学院在2017年提出"新文科"，是相对于传统文科进行学科重组文理交叉，即把新技术融入哲学、文学、语言等诸如此类的课程中，为学生提供综合性的跨学科学习。新文科的提出，正是寄希望于文科的内部融通、文理交叉来研究、认识和解决学科本身、人和社会中的复杂问题。

"新工科"的发起，首先是指针对新兴产业的专业，如人工智能、智能制造、机器人、云计算等，也包括传统工科专业的升级改造，是为主动应对新一轮科技革命与产业变革，在新经济、新起点这样的大背景下提出来的概念。新工科主要从高校和社会两条线来理解，对高校来说，新工科首先是指新兴工科专业，如人工智能、智能制造、机器人、云计算等原来没有的专业，也是对电子信息科学技术、建筑工程、机械、材料、自动化、交通工程、冶金、采矿、系统工程等传统工科专业的升级改造，从而培育出更新的理念、更好的模式、更高的教育质量。对社会来说，新工科强调的重点则是新结构和新体系。新结构要与产业发展相匹配，既面向当前急需，又考虑未来发展。新体系是促进学校教育与社会教育的有机结合。简单来说，新工科既要为高校的传统工科的教育升级服务，又要为社会中已经运行的新兴产业服务。夸张点说，这件事确实关乎未来机器人飞行器满天飞、各种仿生人、基因变异生物等的智能时代中国到底能不能有一席之地，是国之重器、国之利器。

但是，随着进一步的发展，新文科和新工科也暴露出问题和不足。在面对任务中要解决问题实际过程的展开，所涉及的专业人才和知识体系是复杂的、跨领域和跨专业的，所以，需要走向综合，在信息社会的实体空间就是如此。信息社会还有另外一层网络空间的数字化。现实空间实体创新的整合需要信息社会的信息技术体系的依托，需要各个领域的知识形成一个完整的解决问题的方案。因此，在由分析走向综合的过程中，不仅是在实体空间里面有一个新问题的解决方案，还有这个问题解决方案的数字化，使我们解决问题的效率得到倍增。

此外，当任务确定后，发现、分析和解决任务中问题的根源、症结所需要的资源往往是跨领域、跨学科的，一个领域的专家是解决不了问题的，比如，学建筑知识单纯地画图纸是不行的，必须要靠力学等其他方面。所以，学科建设必须走向综合，才有了现在"新工科、新文科、新农科、新医科"，这是人类社会由农业社会走向工业社会发展的必然，由综合走向分析，又由分析回归综合。

二、信息化的迷思

信息技术体系的诞生，使得人类多数生物行为被表达和替代成为可能，具备划时代的意义。但是信息技术体系的发展在近几十年发生了偏离，主要体现在两个方面，一是认为信息技术能够直接越过生物本能行为，实现和替代人的社会组织行为；二是割裂了信息技术体系和实体世界的关系，过分夸大信息技术体系的价值和作用，忽略了信息技术体系对非信息技术体系的精准控制和高度倍增效应，反而走向了低效发展。过分夸大信息技术的替代范围，片面强调信息技术的孤立效应，使得信息技术发展走向了偏执，信息社会发展走向了迷思。

信息社会成熟度高的标志是无人化、自动化程度高的社控系统。社控系统既需要信息技术体系的超前引领，也需要对人类生物行为和社会行为的纠缠和需求的深度理解及再造，还需要学科能力建设和信息产业发展。然而，当前的信息化发展存在唯技术论的桎梏，学科能力建设和行为方式重构没有花大力气去研究分析，而是过多关注云计算、大数据、人工智能、区块链、物联网等技术，高潮之后往往一地鸡毛，从而进入了无源之水、无本之木的困境，进入了迷思阶段。因此，到现阶段，更要正本清源，重新研究信息社会、人类生物行为和社会行为的纠缠互作用机制等关键性问题，重新围绕这类需求，研究并重新塑造学科能力建设和知识体系创新。

三、领域知识工程学的使命

当前，人类社会正从后工业时代向信息时代转变。后工业时代的行业分类和学科体系建设都表现得极为细分和专业，从全球产业链的协同和分布可见一斑。但是进入 21 世纪以来，系统性风险、综合性问题和复杂性矛盾不断发生，如全球性金融危机周期循环、新型传染性病毒层出不穷、大国博弈地区冲突愈演愈烈，归根到底是两个矛盾，一是全人类物质生活水平需求的不断提高与现有生产力不足的矛盾，二是现有全球治理体系和产业分工体系已经不能满足社会的更高阶段发展。从学科改革实践角度来看，有两条路径可以解决上述矛盾，第一条路径是围绕新的复杂性问题创立新的针对性学科，这个方法不具备现实操作性，因为从农业社会、工业社会到信息社会有继承关系，问题形态、产业分工和学科分类都具有连续性和交融性，没有到非要打破旧世界创造新世界的程度，况且设立新学科的过程和周期都将极其漫长，因此不适用。第二条路径是通过融学科和跨学科来解决部分交叉领域的紧迫性问题，从人类历史发展角度来看，学科发展存在着从综合到专业，从专业到综合，再从综合到专业的发展规律。现代教育学科体系也经历了两三百年的系统性分科，已衍生出至少几百门学科门类。学科发展服务跟随于社会发展的主要矛盾问题，现已进入新一轮的专业向综合的发展阶段。近些年，世界各地涌现出了"新工科""新文科""新商科""新医科"等"新学科"，这些新学科实际上并不新，而是融合两到三门学科的综合学科。由于任何行业领域的任务和问题是确定的，因此实践中分化细化的内容和对应学科分析的内容也是确定的，为解决确定的多学科需求，通过跨学科，从学科知识内部进行贯通，试图完全映射实践的分化，是一个有效的路径。但是，人类社会面临前所未有的迸裂式发展，学科分类发展大大滞后于社会体系、技术体系和复杂问题的变革，人类有限精力和能力在微观上和宏观上不能与社会发展同步和同构，温和渐进式的跨学科发展难以满足现实世界矛盾问题的复杂性、多样性和紧迫性。因此，为解决复杂问题的紧迫性需求，我们提出学科发展的第三条新路径——领域知识工程学科，既能从综合性角度分析研判复杂问题，又能利用既有的各领域学科细化分析的成果，还能通过运用信息技术大幅提升原有领域学科融合的程度。领域知识工程学并不进入各学科的具体内容本身，但要围绕特定问题和解决特定问题的特定任务，快速把握各学科形成的专业知识的外部特征轮廓，把实践中不断细分的客观状态和理论中不断细化的专业知识关联、映射、集成起来，不断循环迭代上升，在实践中检验知识，在知识中总结实践，在学科分和合的过程中，解决人类能力极限不能达到的缺陷，同时解决现实问题的紧迫性需求，这是领域知识工程学对学科分类从专业细分到综合回归的回答。实践领域知识工程学，需要组建新型的问题解决和方案制订团队，这个团队由领域知识工程师、各专业工程师和信息技术工程师共同组成。世界不能在分析状态被改造，也不能在综合状态被认识。领域知识工程师应具备穿越专业知识的视野和领导协调不同专业工程师的能力，从而引导团队能够开展综合诊断、细化分析和数字映射。综合性的改造需要外部轮廓性知识的识别集成，因此需要具备逻辑学、语言学、哲学、历史学、政治学、政府管理学等基本学科素养，因为要实现内部知识的关联贯通，所以要将信息技术关联起来。面对信息社会时代信息爆炸性发展、技术体系和社会组织结构发生重大变化，问题复杂性急速提高，面临新社会体系、新技术体系和新复杂问题，我们提出的领域知识工程学既是一门新学科，也是一门跨学科，将综合改造、细化分析和数字映射结合在一起，将人类生物本能行为和社会组织行为耦合纠缠在一起，通过领域知识工程师组建新型的问题解决专门团队，以信息技术体系作为控制管理的重要工具，实现对人类既有所有领域、所有知识精髓的快速抽取，支撑人类的跨越式发展。

第三节　研究对象

　　研究对象是一个特定学科的本质属性，是学科学人学习实践的基础，并且研究对象还决定了学科的理论体系、方法论、学科特点、知识体系以及学科应用的价值。

　　领域知识工程学的研究对象是信息社会人类经济社会活动特定任务过程的基本范式、范式的实例、实例的自动化，以及自动化实例的普及率。其中，"范式"概念在托马斯·库恩《科学革命的结构》一书中首先被系统阐述。在库恩看来，范式是一种对本体论、认识论和方法论的基本承诺，是科学家集团所共同接受的一组假说、理论、准则和方法的总和，这些东西在心理上形成科学家的共同信念。而领域知识工程学就是以任务范式为学科学人的共同信念。

　　首先，领域知识工程学定义的任务范式，是对人类经济社会活动的基本模式的定义，这个模式有两个最核心的逻辑属性，一是领域属性，二是双子系统属性。第一，领域属性是指人类的任何有意义的经济社会活动，都是且只能是在特定的最小化的领域中展开（这也是本学科命名为领域知识工程学的原因），领域属性决定了领域知识工程学开展研究和应用实践的确定性，即研究对象是具体的、确定的，以最小细分领域的特定任务为研究对象，是本学科的最大使命，也是本学科区别于其他学科的本质特性。例如，经济学是对泛在的人类各类经济活动进行研究，而相对地，领域知识工程学则是针对人类经济活动这一巨大范围进行高度细分后，选定一个极小领域的问题群的某一具体问题，如对信贷领域的骗贷问题进行研究，但值得注意的是，领域知识工程学研究某一特定领域的特定任务时，并不会进入到该问题所涉及的专业知识的研究中去，而是通过领域知识工程学的学科训练，精准地识别、集成各类专业知识，并且所集成运用的专业知识最终都指向确定的目标。第二，双子系统属性，是指人类的任何有意义的经济社会活动，都是且只能是以主动系统与对象系统两个系统强相关互作用的形态发生的。例如，在领域知识工程学的政府范畴中，政府对市场进行监管、市场在政府的监管下运行的互动过程，就体现出两个系统的强相关互作用关系，对象侧的秩序状态决定着政府侧采用何种监管方式和手段，而政府侧的监管方式和手段，又影响着对象侧状态的改变。两个系统在反馈、控制的循环往复中，彼此状态此消彼长，在相互作用的过程中达到市场的有序化。此外，领域知识工程学对"任务范式"的界定，还包括系统要素、问题驱动、目标约束、数字倍增等逻辑概念，将在"任务范式"章节中详细阐述。

　　其次，范式的实例、实例的自动化以及自动化实例的普及率包含六大基本要素：一是任何任务都是在特定领域中展开的。即只有确定了领域才能确定具体任务，如保健品市场领域中的保健品经销商打着直销的幌子进行传销就是一个特定的、具体的问题。二是任何任务都是由主动系统和对象系统两个系统强相关互作用的方式展开的。例如，防止保健品直销异化为传销，就需要政府相关监管部门与保健品直销企业两个系统相互关联、相互作用，以使政务系统随时监测企业经营行为的合规性，而企业系统也通过与政务系统的互联互通，自控和自证。三是两个系统都分别由主体、行为、客体、时间、空间五个要素构成。这五个要素能够完整地描述两个系统，使两个系统可识别、可操作，使两个系统的互动有的放矢。四是主动系统的行为总是由解决对象系统的现存问题驱动的。例如，在数字产业范畴中，主动系统是供给侧系统，对象系统是需求侧系统，只有在需求侧有需求、现有供给侧又无法满足其需求时，才能够驱动供给侧做出行动以满足需求侧的需求。五是主动系统行为所涉及的资源条件和任务边界，以及控制反馈总是由解决该问题的有限目标约束的。即领域知识工程学研究的特定任务，其本身是确定的具体的，而针对特定任务的解决方案也是确定的。具体来说，以历史唯物论的眼光来看，某一个特定重大问题、解决这个问题的条件以及在多大程度上解决这个问题，都是具有时代性、阶段性特征的，不可能一劳永逸地解决某个问题，而是充分利用现有条件、对问题解决程度进行多次博弈，最后形成现阶段最优的、最符合主流价值观和最广大人民利益的解决方案。六是特定任务在实体空间展开的形式过程中是以数字化和网络化方式实现效率倍增、时空协同和自动控制的，即实例的自动化。领域知识工程学的任务范式的实例通过两个系统和五个要素的描述，可以实现实体空间和数字空间的实体对齐，并通过信息工程技术实现实例的自动化，进而实现数字倍增。而信息化的普及程度则是由实现自动化的实例在全社会同一个领域中的普及率决定的，普及率越高信息化程度就越高，数字倍增的效能也就越高。

综上所述，领域知识工程学的研究对象是任务范式、范式的实例、实例的自动化以及自动化实例的普及率，四者环环相扣、逻辑自洽严谨。

第四节　研究方法

领域知识工程学的研究对象即任务范式、范式的实例、实例的自动化以及自动化实例的普及率，决定了本学科的方法论体系由价值论方法、动力机制构建方法和实例化方法构成。任务范式是对人类经济社会活动的基本模式的假定，各式经济社会活动是由价值来驱动的，价值是人类内禀的、本质的、天然的追求。因此，领域知识工程学的价值论方法指导学人认识价值的决定性作用，掌握通过不同的外显形态识别内禀价值、实现内禀价值的方法和路径。内禀价值的实现需要依靠相关主体的理性行为，而如果激发相关主体内生动力的动力机制不完备，便会犹如缺少发动机的汽车无法行动或行动力不足，因此领域知识工程学指导学人应用动力机制建构方法，设计出符合相关主体价值追求的动力机制，充分激发其内生动力并外化为理性行为。从识别内禀价值、建构动力机制到最终形成知识产品，实例化方法是领域知识工程学从理论到实践、从创意到产品的关键环节，实例化方法是实证实践的科学方法论，与价值论方法、动力机制建构方法一起构成领域知识工程学科学、完备、理论性与可操作性统一的方法论体系。

一、价值论方法

价值论方法在整个领域知识工程学方法论体系中处于核心的位置，而且是动力机制建构和实例化方法得以展开的基石。

价值是人类开展各式社会经济活动的天然驱动力，价值的内禀属性决定了其是嵌入在人类社会各个层面的，领域知识工程学价值论方法揭示了内禀价值的种种外显形态，并对内禀价值的外显形态进行了类型化的阐释，使价值显形化，便于学人掌握、识别不同主体的不同价值诉求。

（一）内禀价值的外显形态

价值是伴随人类的繁衍发展而客观存在的，是人类天然的、内禀的价值取向和追求，领域知识工程学所研究的人类社会每一个细分领域的特定任务都有其特定的价值。学人通过内禀价值的不同外显形态来认识和研究价值。

具体来说，价值的外显形态包含两个层面，一是精神层面的外显形态，包括法律、文化、伦理、习俗（心理结构）等，统称为"知识"，即描述性知识（如科学原理、历史文化等）或程序性知识（如法律法规、技术标准等）。精神层面的外显形态或者说"知识"是全体社会成员所秉持的、相对静态的一系列准则、规则、惯习等。二是物质层面的外显形态，在领域知识工程学中体现为社会存在的三种状态：发展状态，对应资源配置的效率和公平，即考察市场和政府在资源配置方式上的合理性；秩序状态，对应社会秩序的规范和有序，即考察社会治理两系统行为的合规性；突发状态，对应应急响应的预案和预案启动，即考察社会应急机制的时效性。物质层面的外显形态统称为"事实"，其与"知识"与大众的普遍联系相比，与特定主体（包括阶层：社会身份、财产状况等；区域：历史、地理禀赋等）的关联更为紧密，因此呈现更为微观和功利化的特点。总体而言，物质层面的"事实"与精神层面的"知识"一同构成内禀价值的完整外显形态。二者的关系与辩证唯物主义物质、精神的辩证关系相对应，也是辩证统一的关系，即物质决定意识，意识是物质的反映且意识对物质具有能动作用。

首先，内禀价值精神层面的外显形态，主要有文化（包括民族、区域、企业、社区等的文化）、法律、伦理，还有综合这三者的非规范表达——习俗。

第一，内禀价值外显的文化形态。文化是一个复杂且难以界定的概念，1871年，英国人类学家爱德华·泰勒（Edward Tylor）在《原始文化》中较完整地定义了文化，即"文化是一个复杂的总体，包括知识、信仰、艺术、道德、法律、风俗，以及人类在社会里所习得的一切能力与惯习。"直到今天，关于文化的定义已超过了百种。而在领域知识工程学所界定的文化概念中，文化具备领域与区域的"两域"特征，是内禀价值的显形化载体，是多层级、多领域且可识别、可描述的。本学科中文化的领域是与学科应用三大范畴，即政府、产业、社会相对应的，如产业范畴中的企业文化、社会范畴中的家族文化等。此外，这三大范畴的文化形态还具有区域或空间的属性，如国家、族群、社区等区域概念。例如，对中国改革开放政策与村落家族文化变迁关系的研究发现，曾经主宰中国文化的家族制度，在经历了改革开放之后，全国不同地区的村落呈现出不同形态、程度和进程的家族文化变迁。

第二，内禀价值外显的法律形态。法律与描述性知识的文化不同，是程序性知识，但其依然是价值化的，也是内禀价值的外显载体。法律通过其权威性对人与人的价值关系、价值需求以及与价值相关的各类行为进行强制性规范。在法制社会，法律的作用是维持社会实体空间的正常运转，信息社会的基本特征是实体政府、实体产业、实体社会三大范畴所构成的实体空间与数字空间的统一，维系这个统一空间的正常运转，必须符合法律。因此，领域知识工程的设计、开发、运营各个环节都必须符合法律规范，在合规性基础上实现合理性和时效性。例如，在设计一款需要采集个人信息的产品时，领域知识工程师就要熟悉《中华人民共和国宪法》以及与公民人权相关的各种法律法规，并确保所设计的产品不会触犯相关法律条款。

第三，内禀价值外显的伦理形态。伦理是指在处理人与人、人与社会相互关系时应遵循的道理和准则；是指一系列指导行为的观念，是从概念角度上对道德现象的哲学思考。它不仅包含着对人与人、人与社会和人与自然之间关系处理中的行为规范，而且也深刻地蕴涵着依照一定原则来规范行为的深刻道理。如果说法律规范是对人的外在的、强制的约束，那么伦理则是对人的内在的、非强制的约束。

第四，内禀价值外显的习俗形态。习俗最大的特点是非规范性的、不成文的。与社会发展明线相比，一方面，会顽固保留某些"落后"的因素。例如在婚恋自由的现代社会，某些地区还保留着落后的嫁妆、彩礼、"闹洞房"等习俗。另一方面，在现代化过程中，社会发展有时会导致人的异化，习俗相对还保留着善良和人的主体性。也就是说，习俗是一种更为根源的文化，与民族历史的链接更深刻、更顽固，有时候会和法律、伦理有相悖的情况，而有时候法律、伦理出现异化现象时，习俗却还保存着更加"善"的色彩。比如对云南某些地区刀耕火种这种看似原始落后的耕种制度的研究，以历时和共时相结合的整体性视角剖析、阐释这种耕种制度与当地自然环境、文化礼仪、土地制度等要素形成的自洽系统，从而证实刀耕火种比现代耕种技术更为适合某些特定地域。这个例子一方面能够说明习俗对价值的强势表达，另一方面也从侧面印证了领域知识工程学针对特定地域的特定任务识别集成特定专业知识，从而设计特定的解决方案的合理性。

其次，内禀价值物质层面的外显形态是经济社会运行发展的三种状态，即发展状态、秩序状态和突发状态。这三种状态体现为动态的、与特定主体直接利益息息相关的"事实"，是领域知识工程学对任务范式展开研究和应用的事实基础。

第一，内禀价值物质外显的发展状态。发展是关于资源配置的合理性问题，只有平衡政府这只"看得见的手"和市场这只"看不见的手"的作用，才能实现资源配置的公平和效率。领域知识工程学视域中的发展问题也是由一个个特定领域的特定问题构成的，是可识别、可分类分级的。例如城市教育的发展状态所涉及的具体问题包括：某特定区域无省、市级重点中学，该区域公办幼儿园学位数无法满足其实际幼儿数量等。政府通过各类项目去解决此类发展问题，如新建、扩建公办幼儿园的项目，招聘培训优秀师资力量提高教学质量的项目等，以实现该区域教育的发展。领域知识工程师能够针对各类项目，设计出极具实效性的城市治理产品。具体来说，领域知识工程的发展产品，在政务系统中，既能够以项目评估和推荐资源配置的方式支持领导决策，又能够及时传达领导决策、分发领导委办任务、监测相关部门执行落实情况。在对象系统中，既能够帮助项目申请者（或投资者、厂商）评估其申请、在建、运行的项目、向其推荐最优资源配置，并生成解决地方发展问题的项目建议，将好的项目建议推送给与该项目匹配的厂商或投资者。

第二，内禀价值物质外显的秩序状态。秩序是指社会秩序的规范和有序，人类社会的规范都是通过立法实现的。有序是通过司法和执法，以及市场主体的守法来实现的。有序、失序和无序是符合已有规范的三种不同程度。有规以及良规的存在是社会普遍有序的前提。每个个体在人类社会中各类行为的合规性，在领域知识工程学的政府范畴中所对应的就是治理方式问题，政府通过立法、司法和执法，市场主体通过守法来实现社会运行的有序。在传统的治理方式中，以政府的监管为主要治理手段，是一个政府"独治"的状态，但"独治"往往会出现治理效率不高、行政资源利用不合理，甚至有"烦扰'好人'却管不住'坏人'"的情况。因此，领域知识工程学针对上述情况，在"国家治理体系和治理能力现代化"的时代趋势中，探索实践治理主体多元化、治理动力内生化、治理过程交互化、治理行为法制化以及治理机制信息化的共治模式，具体来说，找出重点领域中危及人民群众生命财产安全的具体问题，如危化品生产工厂爆炸的问题，领域知识工程师通过任务的实例化研究，发现导致爆炸的根源是苯胺精馏单元的开车/停车、阀门开关问题，那么只要针对苯胺精馏单元的开车/停车、阀门开关合规性操作的角色行为，以自动控制的"社控系统"方式，就可以解决危化品企业安全生产中的重大问题，实现重点通治。又如，针对大货车连环相撞事故，以促使大货车司机自觉刹车的"社控系统"方式，实时实现各方联动，包括超速告警、驾照扣分、保险公司和司机家人的短信提醒等机制，达到司机实时自觉刹车、合规驾驶的目的。

第三，内禀价值物质外显的突发状态。对应应急响应的预案和预案启动，即时效性，指向处理突发事件的方式——自组织/被组织。比如针对新冠肺炎疫情暴发，以自动寻迹、自动回溯、自动禁足的"社控系统"方式，筛查筛选任何一个确诊者的密切接触者，指数级提高早发现的能力；自动控制任何一个确诊者和密切接触者的活动空间范围，指数级提高早隔离的能力，从而指数级提高防止病毒扩散蔓延的能力（或指数级降低病毒扩散蔓延的态势），以最小的代价控制疫情。

（二）内禀价值的实现

在明确了内禀价值的各种外显形态的基础上，可以进一步考察内禀价值的实现路径，概括来说，内禀价值的实现路径是制订解决问题的方案和相关主体的理性行为。

第一，支撑价值实现的是解决问题的方案，方案是由任何主动系统的主体，针对未来某个目标的实现、某个问题的解决，所制订的政策性、规划性、计划性的方案，方案会涉及具体的社会资源配置和社会秩序优化的内容。方案以及方案实施的策略、要求构成了任务，这个"任务"才是"范式"运行的具体状态。任务分为宏观与微观、概括与具体、长期与短期等不同层级，在政府范畴中，党的十九大报告《决胜全面建成小康社会 夺取新时代中国特色社会主义伟大胜利》、"两会"《政府工作报告》、国民经济和社会发展五年规划纲要等就是全局性的、高层次的方案、策略、要求等任务；也有如《关于促进社会办医加快发展的若干政策措施》《江苏省"十三五"卫生与健康暨现代医疗卫生体系建设规划》等此类具体的任务。在产业范畴中，主动系统的企业、社会团体等任一个微观机构，也要制定其长、短期发展的各项规划，提出并展开一系列的任务，以实现自身的有序发展。甚至是社会范畴中的家庭单位，也要制定买车买房、子女教育等规划和具体任务。这些方案、策略、要求都是实现内禀价值的任务体系和任务组合，是内禀价值外显的行动，是范式的系统过程。

第二，内禀价值的实现，依赖于相关主体的理性行为，也就是说以实现价值为目标的各种方案、策略、要求最终要依靠相关主体的适当行为去落地和实施。例如在政府范畴中，某个省份在国家国民经济和社会发展五年规划纲要的基础上制定了本省的国民经济和社会发展五年规划纲要以及各个具体的专项规划和年度计划，那么该省所有的政府部门及其公务人员、所有企事业单位及其员工，以及全体公民都要发挥各自作用，展开各自的管理、生产、经营、生活、消费的各种行为，才能全面实现任务所确定的价值目标。

二、动力机制建构方法

从上述阐释中可知，内禀价值的实现最终要依靠相关主体的适当行为去落地和实施，但相关主体的适当行为并不能够天然发生，而是需要内生动力驱动的，这就需要运用适当的动力机制去激发主体的内生动力。

领域知识工程学所谓的动力机制，归根结底是社会主体"趋利避害"的本质属性。也就是说要通过对两个系统中相关主体的"利、害点"的识别，设计出趋利避害的特定方式、关系、路径和作用，从而唤起和激发相关主体的内生动力，产生足够强大和持续的内驱力，来实施解决问题行为和展开实现目标的任务。领域知识工程学在确定任务范式的基础上，基于不同主体的利益机制进行设计，并以不同的步骤、方法、方向、目标、资源、时间来实现。例如在领域知识工程学的政府范畴中，其内生动力就是主动侧对政绩提升、职级晋升的天然追求，对象侧对经济效益的天然追求。两个系统中的每个相关角色都有自身可量化的价值指标。领域知识工程师识别出不同角色的价值追求、诉求、取向等，就能够设计出符合其价值追求的动力机制，且内在动力通过此动力机制，外化为角色的行为。

另外，内禀价值的实现有时候会出现被外界条件限制的情况，相关主体不会采取行动或是行动被现实情况所限制，即原有的动力机制驱动力不足。这种情况就要求领域知识工程师对相关主体的动力机制进行重新设计，即找到各个相关主体的利益博弈均衡点的动力机制，且要避免顾此失彼。重新设计动力机制就意味着自主创新的问题，即在确定的任务范式中找到具体问题的根源和症结，首先，根源是原有动力机制的存续、实施和执行，由判断根源而设计出的动力机制适用于原有动力机制有效的情况。其次，症结是根源问题之下更为深层次的问题，因此由判断症结而设计出的动力机制是新的动力机制的建构，往往会涉及立法问题。例如，针对原有《药品管理法》对假药、劣药范围界定比较宽泛，不便于精准监管和惩治的情况，2019年8月26日正式审议通过的新版《药品管理法》，这个新版文本中，对何为假药劣药作出了重新界定。而最受舆论关注的，就是明确了：进口国内未批准的境外合法新药不再按假药论处；对未经批准进口少量境外已合法上市的药品，情节较轻的，可以减轻处罚；没有造成人身伤害后果或者延误治疗的，可以免予处罚。从大热电影《我不是药神》到"聊城主任医师开假药案"，近年来，违规进口境外药物案件频繁拨弄着社会敏感的神经。这些案件，不仅将个体生命、公众情感与法律秩序之间的纠葛和尴尬展现在民众面前，也不止一次表明：此前的法律版本将未经批准的境外药品视为假药，已明显无法顺应现实形势。基于此，此次修订《药品管理法》，将过去"按假药论处"的内容进行重新归类，让成分真实和效果可靠的真药不再背负"假药"之名，不仅是对民众现实诉求的回应，更是对进口药品的滞后性管制规定一次与时俱进的修正。本质上，假药劣药得以重新界定，不是监管力度放松，而是监管方式由粗放变成精细，由不分青红皂白地一视同仁变成区别对待。对大多数患重病但支付能力差的患者、医院医生以及药品经营者等各个相关方来说均是利好，法律的修订通过对各方的利益博弈，调整敏感问题的利益格局、形成了新的利益均衡点，同时激发了药品经营者、医生进口、使用此类药品的内生动力，以满足患者的需求，从而维护了人民群众的生命安全、健康安全。由此可见，这是一个典型地找到各个相关主体的利益博弈均衡点的创新性动力机制构建案例。

值得注意的是，领域知识工程学任务范式视域中的动力机制，一定是两个系统相关主体的内生动力同时发挥作用，才能完成主动系统改变对象系统状态的使命，才能促进对象系统表达改变自身状态的诉求。总而言之，动力机制建构需要符合内禀价值并还原主动系统的使命和对象系统的诉求，通过两个系统相关主体的行为，才能解决问题、达成目标进而实现内禀价值。而且对象系统也依然具有能动性，因此也要建构适用于对象系统的动力机制，唤起其相关主体的理性行为以改变状态。

三、实例化方法

实例化方法是领域知识工程学的实证根基，价值论方法和动力机制建构方法都要基于实证去应用与实践。具体来说，实例化方法就是利用对足够样本数量的、已经发生过的事实的结构化整理和分析，总结、抽取出的模式，去应对、解决未来发生的同类任务、问题，使这一特定领域的人类知识可以重复使用。例如搜集近十年甚至二十年所发生的危化品生产企业发生爆炸事故的实例，并对这些实例进行结构化分析，通过对发生此类事故的根源与症结的定性研究、对不同的根源与症结进行数量统计的定量分析，即定性定量方法的综合运用，得出危化品生产企业发生爆炸事故的主要原因中占比最大的，是生产环节苯胺精馏单元的开车/停车、阀门开关顺序问题，接着识别、集成相关法律法规、标准规范、工艺文件等中与该问题相关的专业知识，进而设计出一能准确预警危险避免事故发生，二能及时处理突发事故并将损失降至最低，且适用于全国所有具备"苯胺精馏工艺"的危化品生产企业的领域知识工程产品（特定的社控系统）。实例化方法是领域知识工程学的方法论抓手，并且是领域知识工程学确定性、工程化（后文详述）学科特性的直接体现。

另外，随着社会历史的变迁，未来有可能会出现全新的事件，使已有知识体系（程序性、描述性知识）变得不适用，即已有知识体系无法对该事件提供任何原理、缘由的解释时，就到达了需要知识创新的时间节点，其中的程序性知识创新，就是法律法规和技术标准的立改废；描述性知识创新方面，则将回到基础性研究中去探索、获取新的原理性知识。领域知识工程学虽然本身关注既有和确定知识的识别、集成、利用，不从事知识的原始创新研究，但是在其推动解决现实问题的工程化活动中，可以大大提升基础研究对实践的针对性和效用性。

第五节 知识体系

本小节概括了本书的知识体系、学人应具备的条件性知识体系以及集成专业知识体系。在前文总体梳理、阐述的基础上，构建领域知识工程学的整体知识体系。即以任务范式理论为基础，以各类条件性知识为背景知识储备，对特定任务所涉及的经济社会活动相关的专业知识进行识别和集成，形成解决问题的方案、策略和要求等新知识，并且在方案的执行过程中，以任务目标为约束条件进行反馈控制，形成过程控制中的新知识，最终完成任务的各项指标。

一、学科知识体系

领域知识工程学的知识体系为：信息机制知识，包括社会控制方式、感知机制、认知机制、控制机制等内容；任务范式知识，包括领域限定、双子系统、系统要素、问题驱动、目标约束、事实激活、知识制导、任务赋值、数字倍增等内容；范式演化知识，包括信息能力、本体构建、事实还原、事件建模、指标量化等内容。其中本体构建是范式演化知识的核心，本体构建的实践包括两个路径，一个是人工实践路径，也就是人—机模式，即用人工去识别本体、构建本体的过程。等到人工本体构建到一定程度，有了一定的本体积累以后，就可以将其数字化，并由计算机继续进行本体建构，如此便形成人—机不断循环提升的过程。工程方法知识，包括形式化搜集、主题化标引、逻辑化存储、关联化分析、数量化计算、结构化表达、反馈化控制、可视化呈现等内容。另外，还包括工程创意等知识，本书都将对这些知识进行详细的阐述，以便领域知识工程学学人和普通读者全面掌握和了解领域知识工程学学科本身的知识体系。

二、条件性知识体系

条件性知识是领域知识工程学人要理解和运用领域知识工程的知识所需要具备的知识条件，包括哲学、逻辑学、语言学、数学、信息通信科学、图书情报学等。如果不具备这些条件性知识，就很难理解和实现范式的抽象、实例的还原、本体的抽取、模型的建构、控制的反馈等基本内容，更不能具备从外部识别和集成任务所需的多专业知识的能力。

条件性知识中的哲学知识，主要指古典哲学中的思辨哲学和当代系统科学。系统科学至少包括系统论、信息论、控制论，以及协同论、突变论和过程论。哲学知识可以说是领域知识工程学的出发点，关于信息社会的基本特征和规律、范式和范式演化等命题，本身就是一个哲学命题。逻辑学知识的重点是形式逻辑，重在解决把握思维规律的需求。随着知识工程关于社会控制系统应用的深化和精化，数理逻辑知识也将成为重要支柱。语言学知识，包括普通语言学和现代汉语的词法、句法相关知识，是领域知识工程学中范式演化和本体构建的关键性知识，而数学史中的各种重要思想与具体知识，更是理解、设计和开发社会控制系统的必备条件。图书情报学是微观层面的知识管理和信息分类知识，对领域知识工程学人从外部识别和集成任意专业知识，具有普适的工具价值。而审美学方面的素养，是从精神底蕴的层次，涵养领域知识工程学人对客观世界和谐本质的体验和人文情怀的追求。计算机科学和信息通信技术（ICT）的知识是设计、开发，从而实现社会系统的自动化控制的根本条件。

三、集成专业知识体系

集成专业知识体系阐明了领域知识工程学与其他专业知识的关系，即领域知识工程学在任务范式的限定下，与特定任务涉及的特定专业知识紧密相关，领域知识工程学人具备识别、集成、结构化应用各专业知识的能力。通俗来讲，领域知识工程学人由于其学科训练，在面对任何特定任务涉及的任何专业知识时，都能够迅速识别、提炼和结构化应用，不会真正进入专业研究，但能够无限逼近专业性，成为"最内行的外行"，并且能够应用领域知识工程学方法论去与某专业专家对话，从而校准、细化特定任务所涉及的特定专业知识，完成对专业知识的集成和工程化的应用。领域知识工程学对专业知识体系的集成，使各专业学术研究中描述性知识和程序性知识，从泛化的知识收敛为真正能够应用于实践或者指导实践的确定性、工程化的知识。

专业知识均为实体空间的知识体系。领域知识工程师对专业知识进行标识、识别和集成，并最终将其落实在信息技术知识体系内，实现实体创新和数字倍增相统一的大系统的设计和运行，这个大系统所体现的整体知识框架，是由领域知识工程顶层横贯、信息技术知识底层托举、特定任务专业知识横向融通的知识框架，这也是领域知识工程师学术训练的重点所在。

实体创新是领域知识工程学的学科使命、学术品格和研究原动力。实体空间中有些问题长期存在且现有解决方法、措施、方案低效甚至无效，此类问题就是领域知识工程学进行研究和实践的原点。具体来说，具备创新素养的领域知识工程师从问题出发，识别、集成问题所涉及的专业知识，在实体空间中突破、改造、优化现有的、无效或低效的解决方案，找到有效解决问题的方法、措施，实现实体创新。并且实体创新是实现数字化的前提，即在完成了社会状态和机制的实体创新、解决了问题的基础上，再将解决方案数字化，进而实现数字倍增。

第六节　学科特点

从前文对领域知识工程学研究对象、方法论和知识体系的阐述可以看出，领域知识工程学最突出的学科特点就是确定性和工程化。概括来讲，确定性是领域知识工程学的核心特点，其是由任务范式决定的，即领域知识工程学的任务范式指出人类经济社会活动是由一个个的特定任务组成的，那么任务范式作为领域知识工程学的研究对象，就决定了领域知识工程学的确定性，包括任务确定、领域确定、目标确定等。其次，工程化是领域知识工程学的本质特点，且工程化特点包含两层含义，一是知识产品的结果形态是工程化的，二是知识产品的生产过程是工程化的。领域知识工程学人若能够充分、深入地理解领域知识工程学的这两个特点，则可以在本学科的学习与实践中始终不偏离正确的航道。

一、确定性特点

确定性是领域知识工程学的核心特点。传统学科时常展现出泛知识论的特点，例如政治学泛化的研究政治理论、经济学泛化的研究经济理论，但是在面对某一个特定的政治、经济、社会问题时，传统学科的知识往往不能拿来即用，而是停留在学术研究的层面上。而领域知识工程学最鲜明的特点就是不研究泛化的人类社会知识，不研究泛化的人类经济社会活动知识，而是研究任务范式约束下的一个特定的最小领域里，特定的最小任务边界内所需要的知识。针对泛化的、静态的、离散的、不可收敛的传统学科，领域知识工程学使专业知识收敛为能够直接解决特定问题的实效知识。具体来说，领域知识工程学的确定性包括以下几个方面。

第一，领域确定。领域知识工程学研究和实践总是以一个最小领域为边界，这个边界是通过主动系统中主体的最小机构的职能、职责的最小事项而确定的。如政府范畴中，中央政府部门的最小内设机构的最小职能事项来确定最小领域的。在产业范畴中，特定企业最小内设机构的细小职责事项来确定最小领域的。确定了最小领域，任务范式才可能在实体空间中具体展开。

第二，任务确定。领域知识工程学研究和实践总是以一个最小任务为起点，任务的确定性，意味着这个任务所涉及的两个系统中的每个要素都是确定的，包括问题、目标、解决问题的方式、资源，实现目标的条件、进程，都是确定的。一个确定任务的展开，就是范式的一个实例的真实展开。以安徽省基础教育的毛入学率情况为例，提高毛入学率是基础教育体制的内禀价值追求，当下安徽省毛入学率的现状值是百分之八十，而百分之八十的现状值与百分之一百的理想值之间的差值，就是当下安徽省基础教育存在的确定的问题。但安徽省现阶段的条件和资源也是确定的，即还不足以完成百分之百的理想值，则要将毛入学率从百分之八十提高到百分之九十作为现阶段的确定的目标。

第三，因果确定。领域知识工程学研究和实践总是以因果关系为路径。辩证唯物主义揭示了原因和结果这对基本哲学范畴的深刻含义。只有以因果关系为逻辑路径，才能找到解决问题的办法，提高人们活动的自觉性和预见性。因果确定就是引起问题的原因（根源、症结）是确定的，由此才可导向找到确定的解决问题的方案，只有明确因果确定性，领域知识工程学人才能够运用实例化方法以及相关专业知识去识别分析过去已经发生过的实例的根源和症结所在，并针对根源问题设计解决方案。我们之所以强调因果确定性，是针对当下的"大数据"思想，"大数据"强调动用极大的资源去分析事物间的相关性，但相关性本身是不导向解决问题的，只有识别出因果性才能真正解决问题。

例如在危化品生产中，仅利用大数据技术汇聚各个危化品生产企业的信息并进行相关性统计与分析，是不能够预警爆炸危险的，只能成为"事后诸葛亮"。只有从危化品生产企业爆炸的直接原因中，才能找到解决爆炸问题这个"果"的有效方案。

领域知识工程学是与泛知识化学术研究严格区分开的原创新学科。领域知识工程是基于特定领域、特定任务、特定因果关系进行理论研究和实践应用的。因此，把确定性作为学科的基本特点。

二、工程化特点

工程化是领域知识工程学的另一个基本特点，这包含两层含义，一是知识产品的结果形态是工程化的，二是知识产品的生产过程，包括生产工具也是工程化的。

关于知识产品的结果形态，这里主要是指作为数字化产品定义的"社控系统"的形态以及"社控系统"所作用的社会系统形态是工程化的，工程化的本质特征就是结构化和标准化。在实践中，这种结构化和标准化的系统形态是由特定的信息构件、行为组件、功能元件、产品部件按照特定的关系形成的，是可组装、可拆卸、可互换的。

关于知识产品的生产过程，包括工程的创意假定、产品定义、设计开发、运营优化等主要环节，这些环节的每一个步骤也都是按照结构化和标准化的方式开展的，这个过程所利用的设计开发工具，包括规范性工具和自动化的生产工具，本身就具有工程化特点，特别是开发环节更是要利用各种预置资源进行组装。

第七节　学科应用

领域知识工程学的学科应用包括应用者和应用范畴两个方面。领域知识工程学的应用者是领域知识工程师，该群体的职业化程度很高，从校园到工作岗位都始终具备学人和职人的双重属性。领域知识工程学的应用范畴涵盖政府、产业、社会三大范畴，这三大范畴全面覆盖了信息社会的各个方面，具体体现为数字政府、数字产业和数字社会的理论研究和创新实践。

一、应用者

领域知识工程学人即领域知识工程师是学科的应用者，是推动未来社会体系实现日益深广的自动化，从事"社控系统"研究、设计、开发、应用的生力军，是进入实体世界时集成专业知识、组织其他专业工程师去完成一个特定任务的集成者和组织者。

领域知识工程师是未来社会的新兴职业，作为领域知识工程服务商为社会提供无人化的社控服务。在数字政府、数字产业、数字社会三大实践中，学人可以是如下角色，一是三大实践中的最终用户，承担统筹、组织、协调、集成的职责，解决综合性问题，完成本范畴中特定领域的特定任务。随着信息社会的发展，未来会对这个角色的需求越来越多。反观目前三大范畴中的资源浪费，在很大程度上都是由于缺少由一个领域知识工程学人驱动的实体创新，以及围绕实体创新进行组织协调专业知识工程师和信息技术工程师而导致的。二是知识产品供应商的角色，其中包括创意设计师、领域运营师、产品集成师、功能设计师、知识萃取师、情报整编师等。这些作为供应商的领域知识工程学人以信息社会人类经济社会活动特定任务过程的基本范式、范式的实例化、实例的自动化，以及自动化实例的普及率为研究对象，完成特定任务的实体创新和数字倍增的创造性过程。

领域知识工程师将与信息技术工程师和其他专业工程师一起构成未来信息社会建设发展的主力军。

二、应用范畴

领域知识工程学应用的三大范畴，包括数字政府、数字产业和数字社会。

1. 数字政府

数字政府就是政府的数字化，就我国而言，政府是一个广义的概念，从国家治理体系来看，包括中国共产党领导下的人民代表大会、政府、政协、法院、检察院、检察机关等完整的政体结构。这个广义概念的政府，作为组织机构包含三类角色，一是领导角色，二是办公厅/室角色，三是职能部门角色。政府的数字化本质上就是这些角色行为的数字化。从领域知识工程学来看，任何角色的行为都是确定的，包括确定的领域、确定的任务和确定的场景，因此，基于特定任务的角色行为场景的数字化，是数字政府的完整表达。

数字政府角色行为的数字化，首先是领导这个角色的决策、协调、指挥三种行为的数字化，其次是办公厅/室这个角色对领导的决策、协调、指挥的各种保障行为，特别是信息保障行为的数字化，最后是职能部门角色的行为数字化，职能部门这个角色的行为又包括四个方面：一是对职能范围内的对象状态和诉求进行监测；二是对领导的决策提供决策支持，即向领导提供解决职能范围内对象问题的备选方案；三是有力执行领导决策，以及在领导协调下与相关部门的协同执行；四是接受来自内部和外部的监督。这三大角色的履职行为，都是围绕特定任务而协同展开的，数字政府正是因为实现了这些角色行为自动化、协同化和知识化而将指数级的倍增治理能力，这正是国家治理体系和治理能力现代化的一个特定侧面。

2. 数字产业

数字产业是实体产业的数字化，按照《国民经济行业分类》（GB/T 4754—2011）实体产业被分为三大产业、20 个门类、97 大类、473 种类、1381 小类。在领域知识工程学视域中，数字产业的发展有两个分叉，一是对非信息技术体系的自动化，即工业系统的自动化；二是对企业等市场主体经营管理的社会体系的自动化，以及通过"社控系统"对社会体系的自动化、协同化，这是领域知识工程学理论研究和实践的重点。数字产业是围绕市场供给侧和需求侧两侧的微观主体的投资、管理、消费等行为展开的。通过微观主体的"领导""信息保障综合部门""职能部门"等各种角色的行为场景的数字化和协同化实现经济的高质量发展和效率倍增。

3. 数字社会

社会范畴有广义和狭义之分，社会学所关注的是广义的、与自然世界相对的人类社会。领域知识工程学视域中的"社会"是狭义的社会，大致相当于政府五大职能中"社会管理"和"公共服务"职能里面的相关内容,如社保、教育、科学研究、国家安全、社会安全等。数字社会也就是上述狭义社会领域的数字化,本质是狭义社会领域内两个系统相关主体的各种角色行为的数字化。通过微观主体的"领导""信息保障综合部门""职能部门"等各种角色的行为场景的数字化和协同化,从而倍增社会发展的效率、效能。

第二章 信息机制

提到信息机制，首先要明确社会控制系统。我们运用社会控制系统的目的就是要实现对社会实体的控制。实体世界的事实信息和知识信息被代码化，我们作用于数字空间被代码化的信息，延伸到控制和改变实体世界物质和非物质的状态。社会系统的自动化运行是通过社会控制系统来实现的，就和工业系统的自动化运行是通过工业控制系统完成是一样的，这个时候社会控制系统就体现为自动化的信息机制。

信息机制是一个哲学性的概念，它是信息社会所特有的表达信息存在的形式、意义、获取、利用和作用的概念。信息分为事实信息和知识信息两类。事实信息有两种：一种是人的感官可以感触到的客观世界的事实信息，如颜色、声音、气味、温度等；另一种是感官感触不到，利用人类发明的仪器可测量出来的客观世界的事实信息，如超声波、次声波、红外，以及原子、分子、细胞等物质构成组分。事实信息的表达有痕迹信息和填报信息两种形式。痕迹信息是指事物经过后可察觉可验证的形影或印迹，是客观事物的直接表征，如遥感、视频、足印、血痕、指纹、交易发票、银行支付凭证等。填报信息是指客观事物的间接表达，是以人类发明的文字、声音、图形、公式、表格等符号，把人类感知到的事实记录，然后表达出来的信息。知识信息，是人类思维的产物，是人类用自身发明的符号，记录和表达人类对客观世界的理解、对客观事物内在联系和演化规律的认知，是人类对客观世界和精神世界探索的结果。进一步来讲，信息机制是以信息（数据）来表达和实现经济社会的客观存在、复杂关系、运行状态和运动过程，在这个客观世界每一个具体系统运动全过程的所有环节都同时存在着相关的事实信息和知识信息的利用。

信息不只是存在于信息社会，在农业社会和工业社会同样存在并发挥着作用。信息机制是信息社会特有的，所谓"信息社会特有的"，是指事实信息和知识信息，都以"电子"作为介质，以"数据"作为载体，存在并被利用，发挥着作用。在农业社会和工业社会其信息的载体、传播、处理都不是"电子"的形态，所以其发挥作用的效率极低，有些场景实现的可能性也极小，对社会各类主体的实际作用，对整个社会的发展（发展方式、发展效率、发展水平），也未起到决定性的独特作用。进入信息社会后，信息的载体变成了数据，人类社会行为实现方式形态变成了软件，特别是通信的互联网形态，社会数字化状态的普遍化，信息系统的普遍化，使得信息和信息机制的作用对社会的穿透和覆盖极度深广，对社会运行和发展的效率、水平、质量，对各类主体各种复杂的博弈过程，都从自动化、协同化两方面发挥了巨大的、根本性的、普适的作用。因此，信息机制是在信息社会中独有和特有的普适性机制。对各类主体而言，信息机制的实现就是其感知、认知、控制其使命和权能范围内的实体系统的自动化、协同化、反馈化，从而在均衡状态下实现其目标，实现其权益的最大化、最优化。信息机制在于它在信息社会的普遍化，发挥作用的高度效率化，是农业社会和工业社会不可比的。

人有三种生物本能行为：感官行为、思维行为和肢体行为。人的眼、耳、鼻、舌、皮肤等用于获取周边信息，机器借助各种传感器来感知并获取周边信息。不管是人类还是机器，感知是客观事物通过感觉器官或工具设备在人脑或系统中的直接反映，是最基层的一步，而认知则是再进一步的升华。认知就是客观世界向我们的感知系统输入信息，经过大脑中的感知系统进行加工，形成感知制品，这就是我们对外部世界的感受、想法，然后根据这些在我们的大脑中形成对这个世界的认识。认识过程是主观客观化的过程，即主观反映客观，使客观表现在主观中。感知、认知实现以后就是为了改变对象系统的状态，完成任务，达成目标。要改变对象系统的状态、解决问题达成目标，就要通过控制机制来实现。无论是生物人还是组织法人，要解决问题达成目标，都需要通过感知、认知和控制机制去实现。组织机构实现控制模式为监测对策循环模式，监测功能里内涵预测、预警、判断的感知和认知机制，对策功能内涵认知和控制机制。

在信息社会，实体世界的事实和知识被代码化，我们与实体世界的事实和知识代码化了的信息产生关系，作用于数字空间的信息，从而延伸到控制和改变实体空间物质或非物质的状态，信息是作为计算机系统（人类的自动控制系统）实现对实体世界控制的"中介"。感知、认知和控制这三类信息机制是在两系统、五要素、问题驱动、目标约束、事实激活、知识制导、任务赋值的范式下展开的，在一个具体的任务过程中体现的，因此，感知什么、认知什么和控制什么都是明确的、具体的，是解决问题、实现目标的条件，缺少这三者中的任何一种，无法有效解决问题。

信息机制分为三大类，包括十种信息机制，三大类信息机制为感知、认知和控制，十种信息机制为标识、留痕、汇聚、公开、安全、共享、预置、仿真、对称和反馈。感知描述的是客观存在，认知是对客观存在的理解，控制指的是控制客观事物的过程，以期理性决策，准确执行，达到预定目标。

三大类十种信息机制汇总起来，在实例中解决问题达成目标的体现可称为信息能力。信息能力不是指一个信息系统的功能性能力，更不是一个信息系统的性能方面的能力，而是指一个任务范式的实例中所有角色的解决问题、实现目标行为的信息能力，这种能力形态，也是信息机制的实例。或者，也可看作一个任务范式的实例中相关的信息系统（互联互通互操作形成）的信息输出，被这个实例中所有的角色使用时所产生的解决特定问题、实现特定目标的能力。

第一节　社会控制方式

无论是在农业社会、工业社会还是信息社会都需要社会控制。美国社会学家爱德华·罗斯在1901年出版的《社会控制》一书中，首次从社会学意义上使用"社会控制"一词。在他看来，"社会控制"是指社会对人的动物本性的控制，限制人们发生不利于社会的行为。社会学家爱德华·罗斯认为的控制类型包括：强制性控制、非强制性控制、正式控制、非正式控制、指导性控制、惩处性控制、直接控制、间接控制、内在控制或自我控制、外在控制等不同视角的控制类型。

　　领域知识工程学视域中的"社会控制"，继承和扩展了爱德华·罗斯的思想，是为了更好地实现人的内禀价值，优化经济社会的"发展、秩序、突发"三种状态而采用的自动化、协同化、知识化控制。社会控制方式主要体现在组织机构的监测和对策的闭环模式，"监测"指的是监测对象系统的状态和诉求，还要监测对策实施以后的结果是否与目标一致。"对策"指的是主动系统应对的办法或策略以及办法和策略的执行，用来解决问题、达成目标。组织机构的监测和对策循环模式实现发现经济社会的现实矛盾、问题及其根源症结，能够分析判断各种成因、复杂关系和研判客观形势和趋势，制订解决各种问题的方案、措施及执行，对已有方案和措施的实施效果进行评价。在信息社会，社会控制方式就是社会的自动化控制方式。社会控制要基于信息技术来实现或者说信息技术帮助实现了社会系统的自动化控制，能够实现组织机构的监测和对策闭环模式的自动化，能够实现主动系统对对象系统的感知、认知和控制全过程的自动化。具体来看，数字系统所包含的计算机系统、通信系统、软件系统，通过对表达现实世界的确定事实和知识信息本身的加工、利用和控制，从而达到对这些信息（事实信息和知识信息）所代表的客观世界的确定事件、确定对象、确定状态的改变，促使问题解决、目标实现，这就是社会控制的方式。

　　控制社会就是控制社会实体，包括范式下的主体、行为和客体。实体世界的事实信息和知识信息被代码化，我们作用于数字空间被代码化的信息，延伸到控制和改变实体空间物质和非物质的状态。通过技术手段，把自然人和法人的感知、认知和控制机制变成数据、软件和系统，数据、软件和系统是相关实体角色的人格化，数据、软件和系统"变成"了人，替代了一部分人的生物本能行为。

　　在信息社会，通过信息技术手段实现"人"和"机"的感知、认知和控制。这个"人"，是自然人和社会组织机构法人的耦合，组织机构的行为、功能，都是由特定相应的自然人来完成，自然人和法人"纠缠"在一起。

　　在信息社会，数据、软件和系统"变成"了人，能够实现感知、认知、控制的自动化、协同化、知识化（我们认为具备这三化特征的就叫智慧化）。智慧，是高级生物所具有的基于神经系统的一种创造性综合能力，包含感知、记忆、认知（概念、判断、推理、联想、计算、形成知识）、决定、行动、达成目的等多种能力，这种能力可更深刻地理解人、事、物、社会、宇宙等各种复杂事物的问题、根源、症结，以及现状、过去、未来等内容。智慧的终极表现是单体的个人基于生物本能的神经活动能力，组成特定经济社会组织，在各个专业领域和不同的范围，能够认识分析特定经济社会问题，能够科学决策和有效执行，从而达成体现群体共同价值取向的目标。不同于农业社会和工业社会，在信息社会，人和社会组织的社会控制行为变得智慧化，社会控制能够超越时空、瞬间协同，效能无限提升。

一、控制对象

　　社控系统直观的来看，社控系统对社会系统的自动化控制，就像工控系统对工业系统的自动化控制一样。在工控系统中，机器设备、系统或过程（生产、管理过程）在没有人或较少人的直接参与下，实现人的要求，经过自动检测、信息处理、分析判断、操纵控制，达到预期目标。例如现代工业使用电脑数字化控制的机床进行作业，数控机床按照技术人员事先编好的程序自动对产品和零部件直接进行加工。数控机床与传统的机械加工相比，不再是用手工操作普通机床作业，加工时用手摇动机械刀具切削金属，靠眼睛用卡尺等工具测量产品的精度。数控机床的使用大大提高了工作的效率和产品的精度。再如雷达和计算机系统组成的导弹发射和制导系统，能够自动地将导弹引导到敌方目标；无人驾驶飞机按照预定的航迹升降飞行等。

不同于农业社会和工业社会，在信息社会，社会控制能够实现自动化。人的学习、生活、工作大量地利用信息技术，许多复杂多变的信息转变为可以度量的数字、数据，一切事实信息和知识信息都能够被代码化。社控系统利用被代码化的信息作为"中介"，通过影响代码化了的信息，进一步延伸到控制和改变实体空间物质或非物质的状态。在社会控制过程中，客观世界除了接受控制指令改变状态外，生物人还具有趋利避害的本能，在经济学上，理性人的假设是人的动机就是利己。利用生物人的趋利避害的生物本能，配合外在奖惩制度的设计，形成有利于社会秩序的生物人自我控制的动力机制，趋利避害自我控制机制设计同样适用于社会组织机构，因为组织机构的行为、功能，都是由特定相应的自然人来完成，自然人和法人"纠缠"在一起，也就是说组织机构可以"计算"自我利益，会朝着组织机构利益最大化的方向发展。

总之，信息社会就是自动控制社会，高度自动化的社会。自动控制对象有两种，第一类是对"物"的控制，第二类是对"人"的控制，对"物"的自动控制就是工业自动化，已相当成熟，例如电梯、自动扶梯、感应门、饮品自动灌装线、汽车自动生产线等。对"人"的控制就是社会自动化，方兴未艾，例如给驾驶室安装疲劳驾驶面部识别系统且监管部门可获取实时信息，配合奖惩措施，杜绝驾驶员的疲劳驾驶；又如在新型冠状病毒肺炎（COVID-19）事件中，监管部门通过监测个人手机信号位置和出行客票信息等，确认是否为"密切接触者"，配合奖惩措施，促使高风险者自觉执行隔离政策；再如公司员工上下班通过人脸识别打卡，公司制定相关奖惩措施，杜绝员工迟到早退。社控系统利用信息技术对社会（人）的自动化控制，类似工控系统对工业系统的自动化控制，这种控制方式只存在于信息社会。

二、控制模式

社会控制模式是监测和对策的闭环模式。监，具有监视、监听、监督的意思；测，具有测试、测量、测验的意思。对策指的是主动系统应对的办法或策略以及办法和策略的执行。

在本书中，监测指的是监测对象系统的状态和诉求，还要监测对策的实施以及实施以后的结果是否与目标一致。监测的内容包括对象系统的主体、行为、客体、时间和空间，具体包括发现、预测、预警、报警、评估、判定等多种行为。通过监测，我们可以发现问题和分析问题。对策包括决策、执行和监督三种行为，通过对策形成解决问题的方案，通过执行解决问题、达成目标，通过监督实现更科学的决策和更严格的执行，最终实现资源的合理配置和社会的规范有序。组织机构的监测和对策闭环模式实现发现经济社会的现实矛盾、问题及其根源症结，能够分析判断各种成因和复杂关系，研判客观形势和趋势，制订解决各种问题的方案、措施并执行，对已有方案、措施效果进行评价。从信息机制来看，社会控制是主动系统对对象系统的感知、认知和控制的全过程，达到既定目标或通过反馈机制不断减少与既定目标的偏离度。

监测和对策闭环模式是在领域知识工程的范式下展开的，监测的是客观世界的领域任务约束下的确定事件、确定对象的状态变化，对策同样是针对领域任务约束下的确定事件、确定对象，是具体的。例如公安交管部门监测车辆的行驶速度，一旦通过监测设备发现车辆超速，便可通过信息系统通知车辆所属的交管部门对该车辆驾驶员做出扣分处罚，通过这样具体的对策达到车辆驾驶员合规驾驶的目标。在信息社会比农业社会和工业社会更容易获取被监测对象的信息，例如我们能够通过信息技术手段获取被监测车辆的实时、全量、在线的位置信息和行驶速度信息，在工业社会和农业社会对人或物的相关信息的获取不可能是实时、全量、在线的。如图 2-1 是通过车辆实时车速监测。

图 2-1　通过车辆实时车速监测

第二节　感知机制

《现代汉语词典》中的"感知"，指的是客观事物通过感觉器官在人脑中的直接反应。身体上的每一个感觉器官（眼、耳、鼻、舌、皮肤等）都可以看作是外在世界信号的"接收器"，负责接收特定的物理刺激，并转换成为电化学信息，再经由生物自身的神经网络传输到生物思维的中心——"头脑"中进行处理，之后就带来了我们的感知。

在心理学上的"感知"分为感觉和知觉。"感觉"是指人脑对直接作用于各种感官系统的一种个体属性的直接反应。人有五大感官系统，分别为视觉系统、听觉系统、触觉系统、嗅觉系统、味觉系统。人通过感官系统获得对如光、色、声、味、力、冷、热、痛等的感觉。感觉是其他一切心理现象的基础，没有感觉就没有其他一切心理现象。感觉诞生了，其他心理现象就在感觉的基础上发展起来，感觉是其他一切心理现象的源头和"胚芽"，其他心理现象是在感觉的基础上发展、壮大和成熟起来的。在《领域知识工程学》中的"感知"对应的是在心理学上的"感觉"的含义。心理学上的"知觉"对应《领域知识工程学》的"认知"，将在认知信息机制做具体说明。

人的感觉器官对光、色、声、味、力、冷、热、痛等刺激有阈限，即各种感觉都有一个感受体所能接受的外界刺激变化范围——最大或最小的能感受到的刺激，例如，

380nm 至 720nm 是人眼所能感应的光波范围，低于 380nm 的有紫外线、X 光、伽马射线等，高于 720nm 的有红外线、微波射线、雷达射线等，低于 380nm 高于 720nm 的光波人眼无法感受到。人类的五种感官系统是感知现实世界的路径、窗口、界面，在信息社会中感知的过程被数字化，人类发明了符号，用符号表达感知到的内容，信息变成了数据，感官变成了工具，例如摄像头、传感器、雷达设备、遥感卫星等，用人发明的工具直接感知客观世界。信息社会的各种感知工具提高了人感知能力的效率和扩展了人可感知的范围。例如通过各种工具设备可以感知低于 380nm 高于 720nm 的人眼无法感受到光波；通过预警雷达系统可以感知到几百公里外的飞行器；用摄像头感知大型演唱会的几千名观众，高效获取每个观众的面部信息，帮助警方"认知"通缉人员；借助遥感卫星获取到大面积关于农业、林业、海洋、国土、环保、气象等情况（见图 2－2 卫星遥感图）；超视距战争，电波出去感知很远的距离，现在战争能够实现超视距的摧毁就在于人的感觉能力借助设备变得强大。

图 2－2　卫星遥感图

无论是生物人还是组织机构的法人，都需要通过感知信息机制获取信息，实现认知和控制，实现社会组织机构的监测和对策功能。感知类的信息机制包括标识、留痕、公开、共享、汇聚、安全六种信息机制。感知类的六种信息机制是获取信息的重要机制，是实现主动系统认知和控制的基础。其中，公开、共享两种信息机制既属于感知类信息机制，又内涵控制类信息机制的属性。

一、标识

"感知"的第一种信息机制为"标识"，"标识"是为了解决客观世界里面事物辨别的问题。《辞海》里注："标识，即'标志'"，通俗理解为记号，符号或标志物，用于标示，便于识别。中国古代很早就在文献里提到了"标志"，依照《水经注·汶水》中的说法，古代的石碑就起着标志的作用。在《文选·孙绰〈游天台山赋〉》中善注："建标，立物以为之表识也。"标识与标志在中国古代是完全等同的，标识即标志。现实社会里面见到的门牌、车牌、路牌、商标、旗帜、招幌等都属于标识。最常见的自然人的身份证，它代表自然人这个主体，企业营业执照代表的是特定的企业法人这个市场主体。标识，一方面它是意义的载体，是精神外化的呈现；另一方面它具有被感知的客观形式。

人们通过标识来辨别客观事物，标识的技术不断发展变化，不同的技术时代，标识的方法不一样，但"标识"代表的客观事物的属性是一样的。不同"标识"之间，还代表了客观事物之间的权利、义务等相互关系。进入信息社会以后，利用信息技术生成的RFID、二维码、条码等做标识。有了信息技术的标识，产生大量的信息化的事物，能够被数字技术所感知，获取实时的巨量的数据，这是我们大数据的前提，是两系统、五要素、问题目标范式运行的前提。标识是为了在范式内能够全面地、自动地去识别，去感知客观世界和它们的关系，感知特定任务边界内的、范式下的有限的事实、对象。正是有了这种标识，信息社会里面的感知自动化才成为可能，如果没有普遍的标识，那么客观世界感知行为自动化是不可能的。所有的客观世界五要素（主体、行为、客体、时间、空间）都是可以被标识的，才能够被保留和识别，用于后期的使用和分析。信息社会实现了的自动化，根本就在于有了信息技术实现的"标识"这个信息机制。

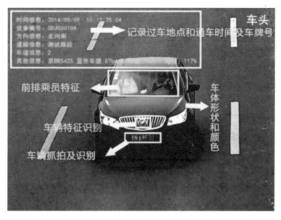

图 2 - 3　对通过车辆的识别

图 2 - 4　对男士针织内衣的数字化标识

标识信息机制应用普遍化，使得在农业社会和工业社会几乎不可能完成的任务，在信息社会得以实现。例如，如何在飞机、高铁上找到新冠病毒密切接触者。运用身份证这种标识，在客票系统里面找到新冠状病毒携带者所乘坐的航班、高铁车次，找到新冠状病毒携带者座位信息关联周边座位的乘客信息，病毒携带者周边的乘客可确定为密切接触者，结合实际情况，甚至整个航班、本列次高铁的乘客都可被认为是密切接触者。信息社会的"标识"能够支撑我们在数字化空间里自动化关联发现需要的信息，是感知的自动化。再如，超视距空战中的雷达敌我识别系统，由装在雷达上的询问机和装在各种飞机、舰艇、坦克上的应答机组成。当雷达发现目标时，询问机向目标发出一组密码询问信号。如属己方目标上的应答机对询问信号进行解码，然后自动发回密码应答信号。询问机对应答信号解码后，输出信号给雷达显示器，识别显示出属于"我方"。当雷达未收到应答信号，雷达显示器上只有目标回波，则判定为"敌方"。其中的应答机对询问信号进行解码，然后自动发回的"密码应答信号"属于"我方"的"标识"，如图2－5是雷达敌我识别示意。

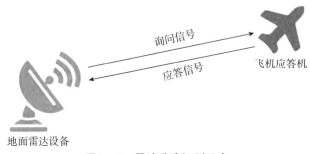

图 2－5　雷达敌我识别示意

二、留痕

"感知"的第二种信息机制为"留痕"，可理解为客观行为留下的痕迹。"痕迹"依据《汉语词典》，可解释为事物留下的印痕或印迹。例如，警察侦查办案中发现的犯罪现场门窗遭到破坏或撬压的痕迹、现场搏斗的痕迹、子弹的弹痕、钝器的划痕等，都属于遗留于犯罪现场的印迹，这些印迹是刑事痕迹侦查的重要内容。这些犯罪痕迹的最直接作用是可以将静态化的实物痕迹进行串联，产生全方位还原犯罪事实的动态效果。

在事实信息里，最重要的信息是痕迹信息。"留痕"是客观事物的直接表征，具有真实性的属性，在数字空间是把客观事物的直接表征数字化。痕迹信息不同于填报信息，我们经常做的填写表单提交各种信息，如财务部门填报的账本，是经过了个人对信息的主观处理的填报信息。一切填报信息是对客观事物的间接描述，描述者认为它客观地还原了事实的本身，或许填报信息者完全没有作假，但从填报信息的哲学属性、本体论和认识论的角度来看该填报信息是失真的。

我们感知客观世界、认知客观世界要以痕迹信息为主，否则对客观世界的感知认知都是不客观的。标识和留痕的是要求全量化，但这个"全量化"不是指全世界有标识，全世界要有留痕，而是在我们任务约束的边界范围内，在满足两系统、五要素、问题目标范式等实现完成任务需求的范围内，获取任务相关的全量留痕信息，全生命周期的信息。

"留痕"信息随处可见，例如账号登录系统的日志信息、车辆行驶过程中被公安交管部门监控设备拍到的照片、在网上购买物品的信息、出行购买车票的信息、入住宾馆登记信息、进出地铁站的支付信息等，都属于痕迹信息。

在信息社会，人和物的时空轨迹留在了数字空间。"留痕"的意义在于，我们通过拟合任务相关的人和物单体时空轨迹，进行事实还原，通过获取特定任务范围的全量留痕信息，追溯该任务相关的全生命周期信息。留痕信息是进行任务相关性分析的基础。

三、公开

"感知"的第三种信息机制为信息"公开","公开"的意思为不加隐蔽的、面对大家的,跟"秘密"相对。"标识"是感知客观世界的前提条件,"留痕"代表的是感知世界的真实性,"公开"是获取信息的基础条件,没有"公开"不能感知。信息总是由不同的主体产生、管理,任务相关的信息往往属于不同的主体,如果不进行信息公开,任务或利益相关方就无从获取,无法完成任务或保障相关主体的利益。信息公开的范围、程度、时限与任务相关,还要以维护利益相关方的正当权益为条件。客观上,在工业社会和农业社会这种信息机制同样存在,只是信息能够公开的时空范围有限。

信息公开是为了实现客观世界里的公平和公正。公平、公正是社会价值,社会的公平、公正是社会相关利益方通过获取相关信息,进行监督博弈实现的。例如,从政府侧的角度讲需要有很多信息的公开,如政府的招投标信息需要公开,是为了体现参与投标主体的公平竞争,没有暗箱操作,信息是否公开也是营商环境的关键指标;在民政局里的低保信息需要公开,体现救济资源分配的公平和公正;法院判案的庭审录像、裁判文书等也需要全面公开,体现判案的公正,不徇情枉法,促进司法公正的重要手段就是司法公开。公开是信息社会的一种机制,只有公开才能够促进和实现公正、公平,使不公正、不公平的事物得到更正,防止暗箱操作不公平和不公正。《中华人民共和国政府信息公开条例》指出:行政机关公开政府信息,应当坚持以公开为常态、不公开为例外,遵循公正、公平、合法、便民的原则。从这个角度讲,信息公开保障了公民、法人和其他组织依法获取政府信息,提高政府工作的透明度,促进依法行政,发挥政府信息对人民群众生产、生活和经济社会活动的服务作用。

信息公开保障了个人和组织的知情权。知情权是指知悉、获取信息的自由与权利,包括从官方或非官方知悉、获取相关信息。结合具体要解决的问题任务,当然不只是政府相关信息需要公开,产业、社会等相关信息也需要在尊重相关主体的法权条件下公开。

图2-6　失信被执行人信息公开

几乎所有地方都看到有信息公开，但谈到"公开"这个信息机制，首先明确的是需要在现实社会解决什么问题，达成什么目标，基于一个具体的任务，那么需要公开的信息是有限的、明确的，在和任务相关的主体法权允许的范围内，通过信息技术手段，可以把全量、实时信息，彻底地实现公开。特别需要注意的是，信息公开要结合具体的任务，关注信息的权属，尊重相关主体的法权。

四、共享

"共享"是"感知"的第四种信息机制，共享本意是分享，是将一件物品或者信息的使用权或知情权与其他所有人共同拥有，有时也包括产权。从哲学层面上讲，只有信息"共享"才能提供给其他主体"感知"的不同内容，感知到完整的信息，只有不同主体间的"共享"才能感知信息全面内容。

在领域知识工程学中，信息共享的客观需求是基于两个及两个以上的特定主体执行任务的行为协同需求，没有协同的任务则没有信息共享的需求，信息在完成任务有关的主体间分享，使相关主体获知事实信息和知识信息。重要的是要确定需要不同部门协同执行任务和需要共享的信息。当确定好的协同任务启动，自然会指向和调用已经确定的共享信息，自动化对信息需求方配置信息资源。由于任务是明确的，该共享信息也是有限的、明确的。

例如，监管禁渔期非法捕捞的事件中，发现的违法捕捞事实信息，要具体作案时间、地点等相关信息共享给地区负责监管的农业农村部门和公安部门，促成两个部门联合执法，实现对禁渔期非法捕捞案件的有效监管。

共享也是控制机制，在一个任务范式展开的时候，如果是以协同的方式展开的，监测和对策也是在多个主体间协同完成，时间空间协同一致，实现协同控制，达成协同目标，必然是在信息共享机制下才能完成。

"共享"是基于两个及两个以上的特定主体执行任务时的需求，基于特定信息的共享。在农业社会和工业社会完成某些特定的任务也需要不同主体间的信息共享，但信息共享的效能较低。在信息社会，任务相关主体可以实时获取需要共享的信息，用数字化、网络化的手段，以自动化、协同化、知识化的方式，倍增政府、产业、社会各范畴中主体解决实体要素中各类问题的效能，也就是"数字倍增"。

五、汇聚

"感知"的第五种信息机制为信息"汇聚"，汇聚指会在一处，没有分开的意思。无论在农业社会、工业社会或信息社会，都需要物质或非物质的汇聚。如清代章学诚所著《文史通义·答大儿贻选问》中所述："《尔雅》之学，古今精字善句所汇聚也。"在信息机制中，汇聚不是物理意义上集中的，它体现在逻辑层面上，基于特定任务，把不同的场景下的信息会合过来，聚合起来，信息汇聚的本质属性是完成特定任务条件，汇聚什么样的信息，由任务决定。

信息天然是分散的，与产生信息的主体有关。在信息社会的信息汇聚是将异地、异构、异主的离散信息汇集起来。在工业社会和农业社会即使知道要汇聚什么信息，但汇聚起大量的信息在技术上实现不了，工程上实现不了，需要的信息可能是档案袋里面的信息，需要人去查，成本很高。信息社会的信息技术将农业社会、工业社会的不可能变成了可能。信息社会可以把我们确定的任务边界范围内，所有的相关信息高效地汇聚起来。当然，不是所有的汇聚信息要放到自己的数据库中去，是通过不同系统间互联互通互操作实现逻辑上的信息汇聚，通过与任务信息相关数据库的关系实现。

信息汇聚可以解决人感知不到、认知不足的问题，因为汇聚是从感知角度讲的，把客观事实汇到一起，使人更深刻地感知客观事物之间的关系、内在联系和事物的演化规律。以前，人对这些复杂关系内在联系的认知，是通过表面现象，通过样本信息或通过很复杂的运算过程去认知，缺少全面的信息。信息社会可以较全面地做到信息汇聚来实现全面认知。在任务边界内的两系统五要素的信息汇聚在技术上可以实现，实现系统汇聚信息自动化，人可以直接感知整体和全面，深刻地认知内在联系，演化规律。例如，结合生态红线信息、城市规划信息、项目规划信息、项目审批信息等，可以发现在生态红线里的违法占地项目，可以关联到项目主管部门和负责人员，找到违法和贪腐线索。再如，我们可以汇聚犯罪嫌疑人的乘坐公共交通的信息、宾馆住宿的信息、购买物品的信息等，还原犯罪嫌疑人的行动轨迹。因此，汇聚起来的信息能够还原客观事实的全貌，没有信息汇聚就没法了解事实本身，就没有确定的任务范围内的全部事实，全部对象的状态，事件的全部过程，五要素的全生命周期信息。从发现问题、实现目标的角度讲，没有信息汇聚，问题和目标甚至或许也是不存在的。现实世界中各个客观事物的信息是高度分散的，高度分散的信息会导致巨大的风险，在信息化条件下靠信息的汇聚来对冲风险。高度汇聚的信息和高度集中的决策可以对冲系统性风险，这是必然规律。信息汇聚不能是泛化的信息需求，需要汇聚什么样的信息，要结合具体的任务，确定了任务也就确定了所需要汇聚的信息。

领域知识工程学研究方法研究的是确定的、范式是确定的、任务是确定的、问题和目标是确定的、方案是确定的，因此汇聚的信息也是确定的、有限的。任务的边界就是信息汇聚需求的边界。

六、安全

"感知"的第六种信息机制为信息"安全"。我们感知在任务边界内的事实信息和知识信息，这些事实信息和知识信息属于不同的主体，信息所有者能不能将信息提供出来或者信息能够提供给谁，应该取决于被感知者的安全能否得到保障，会不会受到威胁，没有安全保障，则信息不能够也不应该被提供出来。能够保护信息代表的权属人的安全和利益是进行感知的条件。信息所代表的相关主体的法权必须受到保护。例如，我们购房的相关信息，在线上购物平台购物的相关信息，通信的相关信息等被泄露出去，不法分子或会利用该信息进行违法犯罪的可能性，对我们来说，我们的权益或会受到威胁、损失，是不安全的。

概括地说，安全问题是指国家、企业、个人的生存和发展有没有受到威胁、危险、危害、损失。信息安全不是指技术手段，不是认证、加密、数字迁移、防护控制、防火墙等。技术是信息安全的实现手段，但不等于安全本身。安全要基于现实世界中各个主体间的法权边界来确定，安全问题发生在实体空间中，映射在网络空间中，耦合在网络空间中，"纠缠"在网络空间中。各个主体的安全问题，是社会价值的概念范畴，不是技术形式，是技术形式和社会价值发生关系的时候产生的问题，影响了国家、企业、个人这些主体的生存和发展。保护国家、企业、个人这些主体的生存和发展就是安全，侵害国家、企业、个人这些主体的生存和发展就是不安全。安全体现为法权，法权包括三方面的内容，第一个方面是指国家的主权；第二个方面是指各个主体的产权；第三个方面是指个人的人权。例如，我们提到的网络主权和信息主权是从国家层面讲，此类的安全问题是一个国家对另一个国家生存或发展的威胁。主权包括管辖权、自卫权、独立权、平等权；产权包括所有权、支配权、收益权、占有权、使用权、处置权；人权包括生命权、财产权、发展权、自由权、尊严权等，信息安全不仅仅是隐私权。各种法权在宪法和专门法中都有明确的规定，通过立法、司法、执法和守法保护各种法权。谈信息安全要看到数据代表的信息，看到信息所代表的事实和事实所具有的法权属性。信息安全的实现首先要将网络空间的信息系统与实体空间的信息所代表的法权建立起映射关系（见图 2－7），将数据的运行机制与实际的法权制度建立起相关关系。

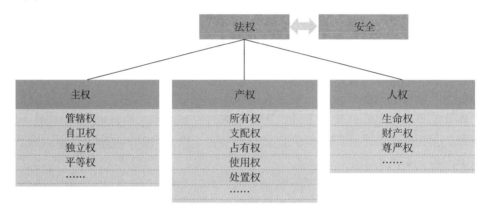

图 2－7　法权映射关系

　　人类现实社会的法权如何进一步落实在网络空间和数字空间，是最重要的安全问题。我们要将实体空间的每种法权对应细分落实到各系统、各业务流程、各设备、各字段、各进程中等，实现真正的信息安全。

图 2－8　常见安全问题

第三节 认知机制

认知是信息机制中的第三类信息机制。认知是指人们获得知识或应用知识的过程。人脑接收外界输入的信息，经过大脑的加工处理，转换成内在的心理活动，进而才能够支配人的行为。

心理学上的"知觉"是指一系列组织并解释外界客体和事件的感觉信息的加工过程。换句话说，知觉是在人的大脑中产生地对客观事物整体的认识。心理学上的"知觉"对应领域知识工程学的"认知"。认知与特定任务涉及的专业知识和知识的积累量有关。人只有通过后天教育学习实现一定知识积累，才能有一定的认知能力。专业知识的积累不一样，即使感知到相同事物，认知产出的结果是不一样的。例如，文学家、生物学家、天文学家等看到了同一个星空，文学家、生物学家显然同天文学家对星空的认知不一样，或许文学家会写一篇文章来描述星空的优美，或许生物学家会分析外星生物存在的可能性，天文学家会分析天体以及天体运行规律。

人不经过教育，认知能力不高，没有经过专业知识培训不可能有专业深刻的认知。在农业社会、工业社会是对人的教育和人自身的学习，就是学习知识和规则，预置相关知识生物人才可以变成社会人，人的社会化，就是人的专业化、领域化。社会人有这个社会所需要的解决问题的必备知识，符合各个岗位必备的专业知识。在信息社会，我们将教育可获取的知识和思维方式在信息系统中进行软件化、自动化，在信息系统中不预置知识，则这个信息系统没有认知能力。数字化时代，我们在计算机系统预置相应特定专业化的知识才够对呈现在计算机里的事实信息进行认知处理，实现智能化，能够自动解决经济问题、社会问题、生态问题、教育问题、社保问题、决策问题、执法问题等，能够实现业务协同。数字政府、数字产业、数字社会的自动化运行，必须要以预置足够多的知识为前提。

认知机制主要包括预置和仿真两种信息机制。认知的实现要求在信息系统预置和任务相关的有限知识、特定知识、确定知识，揭示和实现事物关系的知识规则。

认知的另一种信息机制是仿真，仿真与本真相对，从概念上看，本真指的是事物的本源、真相，那么仿真便是对着这种本源真相的模仿或模拟。实践在展开之前，或没有办法开展实践就要用仿真机制。仿真使我们进一步认识客观事物，在现实世界里帮助我们判断和做选择，在做"决策支持"的时候，仿真的应用最为广泛。仿真技术广泛地应用于人类社会的各个领域。

一、预置

"预置"是"认知"的第一种信息机制，"预置"本意为安置初始值，在本书中"预置"指的是预置知识。生物人要经过教育，预置足够多的知识才能变成社会人，生物人的社会化就是要具备通识知识和领域专业化知识，生物人用既有的知识处理事实信息得到的是新知识信息。在信息社会，信息系统要预置两类知识：程序性知识和描述性知识。程序性知识是"怎样做"的知识，如法律、法规、标准、规范；描述性知识是"是什么"的知识，说明事物的性质、特征和状态，用于区别和辨别事物，如描述事物的原理、原因、方法、方式的内容。预置知识是为了实现系统对现实世界客观事物的规制和引导。如导弹的制导过程，预置的是导引和控制导弹飞向目标的要求、技术和方法；在交管部门的监控系统中预置的是法律法规、交通规则等知识信息，通过预置规则信息去判定车辆是否违规。事实信息进入系统，通过设定好的预置知识，经运算产生新知识信息，这便是认知。系统发出控制指令，按照角色职责，自动地执行各种行为，整个系统被激活运转，就实现了控制。预置知识是数字政府、数字社会、数字产业各角色可实现自动化履职的基础。没有预置足够多的知识信息，只能是流程化的信息系统，不能够提高数字政府、数字社会和数字产业的自动化水平。

预置机制是信息社会实现各种行为自动化、智慧化条件，这种案例随处可见。例如，计算机下棋，要在计算机系统中预置规则和足够多的棋谱。一个棋手算十步棋，计算机可以算几十步、几百步棋，甚至更多步，棋手算不过计算机，最终计算机打败了棋手，确切地说不是计算机把棋手打败了，是过去的大师下棋的棋谱加上计算机的超强运算能力把棋手打败了。又如，为了解决客运车辆司机疲劳驾驶引起的安全问题，根据法律法规的要求，我们设置预置知识。2012 年 1 月 19 日由交通运输部、公安部、国家安全生产监督管理总局联合印发的《道路旅客运输企业安全管理规范》第三十八条，客运企业在制订运输计划时应当严格遵守客运驾驶员驾驶时间和休息时间等规定：（一）日间连续驾驶时间不得超过 4 小时，夜间连续驾驶时间不得超过 2 小时，每次停车休息时间应不少于 20 分钟；（二）在 24 小时内累计驾驶时间不得超过 8 小时；（三）任意连续 7 日内累计驾驶时间不得超过 44 小时，其间有效落地休息；（四）禁止在夜间驾驶客运车辆通行达不到安全通行条件的三级及以下山区公路；（五）长途客运车辆凌晨 2 点至 5 点停止运行或实行接驳运输；从事线路固定的机场、高铁快线以及短途驳载且单程运营里程在100 公里以内的客运车辆，在确保安全的前提下，不受凌晨 2 点至 5 点通行限制。客运企业不得要求客运驾驶员违反驾驶时间和休息时间等规定驾驶客运车辆。企业应主动查处客运驾驶员违反驾驶时间和休息时间等规定的行为，发现客运驾驶员违反驾驶时间和休息时间等规定驾驶客运车辆时，应及时采取措施纠正。

客车驾驶人疲劳驾驶的预置知识示意如表 2 - 1 所示。

表 2 - 1 客车驾驶人疲劳驾驶的预置知识示意

序号	违法指标	指标值	不合规判定标准
1	在凌晨 2 点至 5 点运行或接驳运输	凌晨 2 点至 5 点	此时间段车辆出现运行痕迹
2	车辆日间连续驾驶时间超过 4 小时	4 小时	日间连续行驶时间 >4h
3	车辆夜间连续驾驶时间超过 2 小时	2 小时	夜间连续行驶时间 >2h
4	停车休息时间少于 20 分钟	20 分钟	停车休息时间 <20min
5	24 小时内累计驾驶时间超过 8 小时	8 小时	24 小时累计驾驶时间 >8h
…	……	……	……

二、仿真

"仿真"是"认知"的第二种信息机制，仿真是基于预置知识，把模拟的事实信息进行处理，得出一个新知识。仿真与本真相对，本真指事物的本源、真相、天性、原始状态，也指真实的、不加任何修饰的内心世界及外在表现。在信息机制里面，信息是客观存在的，事实信息作为客观事物的表征能够通过感知类机制获取，知识信息作为预置的内容。事实信息经过预置知识的处理，产生新知识信息是仿真的过程。

仿真是得到新知识的一种路径，我们的人脑经常会有仿真行为。人脑里受过教育的预置知识和人脑创造性地利用各种处理复杂关系的模型和算法，会提出进一步的行动方案。方案本身是仿真的结果，方案在实施以后才能证明该方案的优劣。仿真使我们进一步认识客观事物，在现实世界里帮助我们判断和做选择，在做"决策支持"的时候，仿真的应用最为广泛。

仿真在政府、产业、社会中有广泛的应用，为了解决客观世界的问题要进行仿真，到了数字空间，仿真需要模型和算法，基于预置在系统中的模型和算法，对正在发生和过去已经发生了事实信息进行处理以后就得到新知识。是否具有仿真能力，不仅是说计算机的功能和性能的能力，能够进行仿真最重要的条件是要有特定事件的建模，要有足够多与任务相关的客观世界的事实信息。

仿真技术广泛地应用于社会、经济、生物等领域，如产品设计、交通控制、城市规划、资源利用、环境污染防治、生产管理、市场预测、世界经济的分析和预测、人口控制等。对于社会经济等系统，很难在真实的系统上进行实验也采用仿真手段。因此，利用仿真技术支持分析、决策具有重要的意义。

仿真应用案例广泛，例如在实验室中建立水利模型，进行水利学方面的研究；为了研究飞行器的动力学特性，将飞行器的模型在风洞中进行仿真实验等。地方统计局利用多种样本数据推断地区经济状况，也称为仿真，如果不采用仿真技术则必须获取地区的全量经济数据。一方面统计局获取地区的全量经济数据难度很大，甚至做不到；另一方面获取地区全量的经济数据成本太高，没有必要。因此采取仿真的方法方便、快捷。

例如，国家统计局通过抽样六万到十万户左右的收入，测算出我国的基尼系数，用于还原社会系统真实的贫富收入分布与贫富收入差异，如图2-9所示。

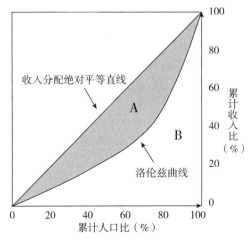

图2-9 基尼系数测算办法示意图

又如，通过采集全国 31 个省（区、市）500 个市县、8.3 万余家价格调查点，包括商场（店）的物价信息，测算出消费者物价指数（CPI），来仿真全国城乡居民生活消费商品与服务（包括食品烟酒、衣着、居住、生活用品及服务、交通和通信、教育文化和娱乐、医疗保健、其他用品和服务等 8 大类、262 个基本分类）价格的整体走势及价格水平变动情况，支持分析和决策价格管控政策。

CPI 计算公式：CPI =（一组固定商品按当期价格计算的价值 ÷ 一组固定商品按基期价格计算的价值）×100%。

再如，茶的直销新零售模式案例。《某直销企业转战社交新零售精细化运营研究报告》如下：

某企业当前采用直销模式取得巨大成功，但是也面临政府监管政策风险、部分长期沉淀在黑盘中人员和 COVID−19 影响下经营业绩下滑预期。在保证传统主打黑茶及对应销售模式情况下，怎样通过微调规避风险。通过开发基于茶的新产品，利用社交电商强势崛起下的新零售模式与之有机结合，开拓新的市场，赢取新的机会实现业绩提升。

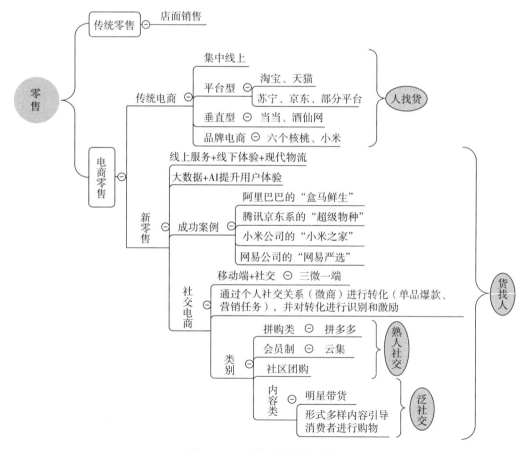

图 2−10　当前常见零售模式

1. 企业碰到的几个经营方面问题。

从外部环境来看，对直销行业监管加强，整个环境不太友好；从销售情况来看，2019 年销售比 2018 年有所降低，2020 年严重的新型冠状病毒疫情会拖累整个经济发展，市场前景预期下滑；目前经营方式中有许多参与者不能从分盘制中出来，估计会占到 70% ~ 80%，担心某些没有赚到钱的人闹事。

2. 当前企业需要达到三个目标。

第一，规避外部和内部两方面风险；第二，让企业的销售业绩有一个合理的增长；第三，当前黑盘中大量沉淀下来人员能出来。

3. 基本思路是对当前销售模式不做大的调整，让茶商稳定，重起炉灶开发一些适合新零售的产品，规避当前一些风险，和茶商以及员工共同推进新模式并分享收益。

先选择袋泡茶和速溶茶这两款产品采用社交新零售电商方式进行试水。销售人员分别是茶商中黑盘中长期不能出来的人员，还有就是企业全体员工，销售的目的仅仅是引流，也是销售。

货物配送销售策略和营销方式在构建时，要站在利益共享基础上设计。采用拼购和社区团购这两种方式，团队裂变的设计是一个重点。销售人员在朋友圈和群中给公众发优惠券二维码，后台记录顾客信息，进行用户画像，根据用户行为，如是否点开、转发等通过 LFM 等算法对用户心理结构做更深一步分析，然后可以进行促销信息的精准营销。产品要有特色，选择一座可以讲故事的茶山，利用这里的茶叶加工成快销品。做一些企业的品牌和文化宣传片，然后对于采茶、茶山等进行直播，让顾客对企业和商品的材料、种植、生产、加工过程都有直观感受。

采取拼购和社区团购两种方式。参与销售者只能选择其中的一种方式，都是先建立一个群，在群中不定时发放福利。在群中或者朋友圈生成二维码，然后用户自己扫码下单，可以通过小程序和 APP 来实现，未来数据的可控，最后还是希望能引流到 APP 中。用户信息进入后台。二维码及后台的支持系统企业自建。对于数据挖掘利用，这个在试点新零售有效后可以考虑建设。企业有专人对群主指导怎样发朋友圈、文案撰写等。

企业社交新零售模式测算模型。基本假设：一共有 n 种产品，每个团队都可以销售所有的产品，假设员工和茶商建立了 k 个群，每一个群由于人员组成及消费能力不一样，因此购买的意愿及产品品类需求不一样，但是本期分析中不做区分，后期有了数据后需要做分类。k 基本上可以按照人头数来算定价。以一个月为基本测算时间段，以一年为一个计算周期。算法模型如下：

收入 Inc

预测第 t 个自然月销售收入：

$$monInc_t = \langle q_t, p_t \rangle$$

其中，$q_t = (q_{t1}, q_{t2}, \cdots, q_{tn})$　　　$p_t = (p_{t1}, p_{t2}, \cdots, p_{tn})$

需要考虑需求的价格弹性，单价和销量之间一般存在一个逆相关关系，这需要销售一段时间后进行总结，本期需要先有一个假设。

$$q_{ti} = f\left(\frac{1}{p_{ti}}\right)$$

于是销量向量可以写成如下形式：

$$q_t = \left(f\left(\frac{1}{p_{t3}}\right), f\left(\frac{1}{p_{t2}}\right), \cdots, f\left(\frac{1}{p_{tn}}\right) \right)$$

其中，f 在本期先假设是某个常数形成的系数，也就是假设价格和销量成反比例关系，根据市场一般情况假设等于 2，这是一个非常粗糙的假设，等有了一定数据后，根据观察得到的样本数据利用 bayes 统计来做一定的测算得到后验分布；

$< , >$：向量的内积；

q_{ti}：第 t 月中第 i 种产品的销售量；

p_{ti}：第 t 月中第 i 种产品的销售单价。

假设员工和茶商建立了 k 个群，k 基本上可以按照人头数来计算。

$$q_{ti} = \sum_k peop_k m \xi \eta \overline{Q}_k$$

$peop_k$：第 k 个群人员数量；

m：每一天发信息次数，早、中、晚各一次，超过了会引起反感；

ξ：每一次信息到达率，不同时间段应该有不同的可能，当前全部取一个固定值；

η：购买概率，这是一个条件概率，如果已经购买了，在一定的时间内就不会再购买，可以构造一个 Markov 模型来预测这个过程。这个需要积累数据才能构造一步转移矩阵的分量。多次后可以得到平稳态数据，本期只能先不考虑这个影响。

一年总收入：

$$Inc = \sum_{t=1}^{12} monInc_t$$

成本 Cost

针对一个类别的产品在一个月中发生的成本进行测算。

单个产品成本 = 变动成本 + 固定成本 = （直接人工 + 直接材料）+ $\dfrac{折旧 + 管理费}{月产量}$

$$c_t = \left(\frac{wagCost_t}{q_t} + matCost_t \right) + \frac{depCost_t + manFee_t}{q_t}$$

都是按照一个月来测算的，不同的产品测算方式都一样，代入的数据不一样。

$wagCost_t$：第 t 月生产某个产品一线员工月工资汇总；

$matCost_t$：第 t 月生产某个产品实际物耗；

$depCost_t$：第 t 月折旧费用；

$manFee_t$：第 t 月管理费；

Q_t：一定范围（不会增加新的设备和管理人员情况下）内月产量，在这个范围内涉及的折旧费变动不大。

下面是第 t 月不同产品的成本向量

$$c_t = (c_{t1}, c_{t2}, \cdots, c_{tn})$$

一个月已经销售的成本要按照以下公式计算

$$monCost_t = \langle q_t, c_t \rangle$$

一年总成本

$$Cost = \sum_{t=1}^{12} monCost_t$$

奖金、福利、拨出比例（拨比）与费用

在分配方面，奖金制度分为设计拨比率（定拨）和实际拨比率（量拨）两种情况。有些直销公司设计拨比率很高，但是实际拨比率并不高，因为有大量业绩沉淀；有些公司设计拨比率不高，但是实际拨比率基本上等于设计拨比率。也就是说有"定拨"和"量拨"的区别。

这是返还给销售人员的最重要部分，也是企业激发员工动力和可以采取措施的重要方法。

这个是可以调节的重要部分。最重要的是拨比，

planRatio：设计拨比

realRatio：实际拨比

θ：设计拨比到实际拨比的传递系数，$\theta \leqslant 1$

$realRatio = planRatio \cdot \theta$

直销企业支付给直销员的报酬只能按照直销员本人直接向消费者销售产品的收入计算，报酬总额（包括佣金、奖金、各种形式的奖励以及其他经济利益等）不得超过直销员本人直接向消费者销售产品收入的30%（直销条例规定）。

零售拨出比不得超过30%，总拨出比不得超过60%，超过的涉嫌违法经营要被查处。

拨比：公司各种奖金（bonus）和福利（weal）的总额占公司的营业总收入的百分比。

$$planRatio = \frac{bonus + weal}{Inc} \times 100\%$$

设计拨比以公司的制度为基准进行分析：

$realRatio = planRatio \cdot \theta = 0.3\theta$

θ是一个非常核心的参数，这个参数依赖的制度设计内容包括提成提取条件，如必须要达到多少额度才能提取，提现手续费，激励收入又用来购买产品等。这个是可以测算的，但是需要明确了解过程才行。

每月的费用测算如下：

$$monFee_t = Inc_t realRatio_t = \sum_{i=1}^{n} q_{ti} p_{ti} planRatio_{ti} \theta_{ti}$$

利润 P 及利润最大化时最优产销量测算

利润 P 构建

利润 = 收入 - 成本 - 费用 - 仓储费

$$monP_t = monInc_t - monCost_t - monFee_t - storFee_t$$

$$= \langle q_t, p_t \rangle - \langle q_t, c_t \rangle - \sum_{i=1}^{n} q_{ti} p_{ti} \, planRatio_{ti} \, \theta_{ti} -$$

$$\sum_{i=1}^{n} (stockQ_{(t-1)i} + q_{ti} - q_{ti}) \, stockCost_i$$

$stockQ_{(t-1)i}$：第 i 种产品第 $t-1$ 月（上月）库存量；

$stockCost_i$：第 i 种产品库存费用，元/件·月。

年利润如下：

$$P = \sum_{t=1}^{12} monP_t$$

在测算过程中，还需要考虑资金的时间价值（贴现率），尤其是在考虑了积压产品数量后，这个需要沟通，如果少就不加入以免模型太复杂。

在利润最大化时最优产量分析

1°：没有考虑约束条件时

$$\max P : = \nabla monP_t(p_{ti}, q_{ti}) = 0$$

2°：需要考虑约束条件时

s. t：饱和销售量、拨比额度、生产规模等

构建 Lagrange 函数，然后利用 Lagrange 乘子法求取

$$L(p_1, p_2, \cdots, p_n, Q; \lambda_1, \lambda_2, \cdots) = \cdots$$

$$
\begin{cases}
\dfrac{\partial L}{\partial p_1} = 0 \\[2mm]
\dfrac{\partial L}{\partial p_2} = 0 \\[2mm]
\vdots \\[2mm]
\dfrac{\partial L}{\partial Q} = 0 \\[2mm]
\dfrac{\partial L}{\partial \lambda_1} = 0 \\[2mm]
\dfrac{\partial L}{\partial \lambda_2} = 0 \\[2mm]
\vdots
\end{cases}
$$

第四节　控制机制

控制就是检查行为是否按既定的计划、标准和方法进行，发现偏差分析原因进行纠正，以确保接近或实现目标。提到控制机制，首先要理解"控制论"的相关内涵。控制论起源于 20 世纪 40 年代，由诺伯特·维纳首先体系化地提出了该理论。维纳把控制论看作是一门研究机器、生命社会中控制和通信的一般规律的科学，是研究动态系统在变

化的环境条件下如何保持平衡状态或稳定状态的科学。

控制论运用数学和物理的原理，分析概括了工程技术领域控制的过程的基本理论和方法，并对生物体内的自动调节规律做了一般阐述，启示人们将工程控制中的有效技术方法运用到生物科学中，并学习生物体内的性能运用于自动机器设计。控制论现已形成了庞大的科学体系，包括工程控制论、社会控制论、生物控制论等。

在本书中，控制类机制包括两种信息机制。"对称"是"控制"类的第一种信息机制。"对称"指的是信息对称，只有信息对称才能够实现有效控制，倘若一方掌握的信息多，另一方掌握的信息少，那么信息少的一方做出的决策以及决策后的行为可能对自身的利益造成损害，信息对称是理性决策的前提条件。在任务范式下，基于对必要信息的把握，通过衡量利弊的理性分析，自然人或组织机构才能够做出最符合自身利益的决策。这种通过衡量利弊的理性分析然后做出决策，我们称之为"博弈"。自然人或组织机构，基于信息对称下的"博弈"才能做最符合自身利益的决策，在实际的决策行为中，通过制定的"趋利避害"制度机制，促使决策者的理性决策和行为符合法律法规和社会价值。

反馈是"控制"类的第二种信息机制。反馈就是信息控制系统不断循环的过程，使我们不断接近目标减少偏离度的过程。反馈又称回馈，是现代科学技术的基本概念之一。信息反馈就是指由控制系统把信息输送出去，又将其作用结果返送回来，并对信息再输出发生影响起到制约的作用，以达到预定的目标。在本书中，反馈是在任务范式下，主动系统对被动系统的监测、对策模式下的循环。

另外，如前所述，公开和共享两种机制也具有控制属性。

总之，在信息社会中，我们通过控制类"对称"和"反馈"的两种信息机制，实现控制效能的提升。

一、对称

对称指的是在主动系统多方主体和对象系统多方主体基于一个任务，相关多方掌握的信息尽可能对称，换句话说，倘若各方掌握的信息或多或少或无，或先或后，或正或误，则信息不"对称"。"对称"是控制的决策条件，通过前文中提到的"标识""公开""共享""汇聚"等信息机制获取信息实现信息对称，信息对称是理性决策的基础。

基于对信息的把握，通过衡量利弊的理性分析，自然人或组织机构做出最符合自身利益的决策，我们称之为"博弈"。具有竞争或对抗性质的行为称为博弈行为。在这类行为中，参加斗争、竞争、对抗的各方各自具有不同的目标或利益。为了达到各自的目标和利益，各方必须借助现有信息考虑对手的各种可能的行动方案，并力图选取对自己最为有利或最为合理的方案。博弈论就是研究博弈行为中斗争各方是否存在着最合理的行为方案，以及如何找到这个合理的行为方案的理论和方法。

在一个策略组合中，所有的参与者都面临这样一种情况，当其他人不改变策略时，他此时的策略是最好的，这时我们称为纳什均衡。在纳什均衡点上，每一个理性的参与者都不会有单独改变策略的冲动。因为当他改变策略时，他的获得将会降低或者他的付出会增多。例如一对策略 a＊（属于 A 的策略）和策略 b＊（属于 B 的策略）为纳什均衡时，对任一策略 a（属于 A 改变的策略）和策略 b（属于 B 改变的策略），总有：对局中人 A 利益而言，偶对（a，b*）≤偶对（a*，b*）；对局中人 B 的利益而言，偶对（a*，b）≤偶对（a*，b*）。

目前经济学家们将博弈论分为合作博弈和非合作博弈，合作博弈也称为正和博弈，是指博弈双方的利益都有所增加，或者至少是一方的利益增加，而另一方的利益不受损害，因而整个社会的利益有所增加。对一个联盟而言，整体收益大于其每个成员单独经营时的收益之和。对联盟内部而言，应存在具有帕累托改进性质的分配规则，即每个成员都能获得比不加入联盟时多一些的收益。非合作博弈是指一种参与者不可能达成具有约束力的协议的博弈类型，非合作博弈研究人们在利益相互影响的局势中如何选决策使自己的收益最大，即策略选择问题。非合作博弈又分为：完全信息静态博弈，完全信息动态博弈，不完全信息静态博弈，不完全信息动态博弈。例如，完全信息动态博弈理论，它是指在世间万物动态运行的过程中，当后一个参与者决策和行动时，自然会根据前者的决策和行动而调整自己的决策和行动，而前者也会理性地预期到这一点，所以前者不可能不考虑自己的决策和行为对后者的影响以及后者将会采取的决策和行动。从我国的经济环境（包括社会、经济、文化等方面）来看，合作与非合作两种博弈相互包含，浑然一体，是同一类事物在不同条件下、从不同角度观察时的不同表现形式。我们可以把现实中的绝大多数博弈问题看作是合作博弈与非合作博弈的混合物。

例如，可进行如下监管创意设计：新型冠状病毒肺炎（COVID‑19）事件中，通过个人手机信号位置确认的密切接触者，对其下达"禁足令"（禁止外出），并通过手机信息告知须"禁足"者博弈条件（按要求执行"禁足令"，由当地政府承担"禁足"期间基本生活费用和提供基本生活保障，一旦发病确诊，收治期间，由当地政府承担全部医疗和生活费用；拒不配合者，由公安部门对其强制"隔离"和处罚，并由被强制执行者自行支付隔离及确诊收治期间的全额生活、医疗费用），公安及卫健委等监管部门通过对密切接触者的手机信号监控等方式，获取其实时位置信息，相关监控信息及时告知被监控者，做到监管部门和密切接触者信息对称并对密切接触者的守规和违规行为做到奖惩措施及时兑现。对整个社会而言，采取这种措施，能够减少新型冠状病毒肺炎（COVID‑19）的扩散，付出成本较小。

如表 2‑2 是新型冠状病毒肺炎事件监管概述。

表 2‑2　新型冠状病毒肺炎事件监管概述

	密切接触者（执行）	密切接触者（不执行）
政府（采取措施）	政府支付此人生活费和医疗费，成本小；密切接触者不用支付隔离和收治期间的生活、医疗费用。	政府获得处罚金，利益极小；密切接触者支付隔离和收治期间的全额生活、医疗费用。
政府（不采取措施）	病毒传播，政府和社会付出巨大成本；密切接触者自行支付所有生活、医疗费用。	病毒传播，政府和社会付出巨大成本；密切接触者自行支付所有生活、医疗费用。

通过表2-2可以看出，对整个社会而言，政府采取措施与不采取措施相比，付出的成本极小；对密切接触者而言，执行政府采取的措施，他的获得最大或者说付出最小。密切接触者理性决策就是执行政府的"禁足令"，自我居家隔离。

获取对称的信息，在系统控制里面是所有角色行为的起点。信息对称是决策条件，有了决策才会有行为。在复杂的博弈过程当中，每一个人或者组织机构都在决策，决策应该在信息对称的条件下做出，但实际情况往往不是，所以在大多数情况下，决策的非理性程度往往很高，因为完全的信息对称是做不到的。但在具体的任务范式中，要做到最大可能的信息对称，实时、全量、在线的信息获取。由于在具体的任务范式中，需要的信息是有限的、明确的、具有确定性，因此能较好地实现信息对称。在工业时代和农业时代不容易做到信息对称，在信息社会，普遍的信息获取能力使社会中信息对称的可能性提高了，离散的信息汇聚使信息对称的可能性越来越大，因此理性决策的能力越来越好。理性的决策，从社会层面上看要符合社会价值的规范要求。要使决策者的个人理性符合社会价值，需要法律法规等奖惩机制的设定，利用决策者的"趋利避害"的内生动力，促使决策者的决策和行为符合社会价值规范。

总之，信息对称是信息机制的核心机制，只有在信息对称的前提下加上"趋利避害"的机制设置，才能够驱使相关人员理性决策，知道如何去制订方案并开展行为。人类社会组织机构的一切行为都是监测、决策、执行、监督的循环，它们的理性化程度、有效性程度、无害性程度，取决于信息对称的程度和"趋利避害"的机制设置。

二、反馈

反馈是"控制"的第二种信息机制。反馈，又称回馈，是现代科学技术的基本概念之一，是《控制论》的三个基本概念之一，是信息在控制系统中的一种特殊传导方式，是保证系统按预定目标实现最优控制的手段。信息反馈就是指由控制系统把信息输送出去，又把其作用的结果返送回来，并对信息再输出发生影响，起到制约的作用，以达到预定的目标或减小与目标的偏离度。

从辩证的哲学观点来看，反馈实质上是结果对原因的反作用，准确地说，是结果的物质载体对原因的物质载体的反作用。通过反馈调节，影响信息再输入的质和量，即调节原因的作用方式，使两个系统都更适合于环境的变化。这种调节，正是范式的两系统的强相关互作用关系生动体现。

无论是在社会控制系统还是在工业控制系统，其自动化控制都依赖于信息反馈机制。主动系统与对象系统运用反馈机制建立信息回流闭环，不断循环监测、对策控制模式，实现改变对象系统状态的预定目标。主动系统，监测到对象系统原始的不合规或不合理状态，制定对策，实施完后，还要进入第二个监测的轮回，主动系统再一次监测对象系统的状态改变，这个改变和目标是偏离还是接近，进而再一次采取对策并实施……就是在这样不断的循环当中确保系统输出的变量最大限度地接近目标值，或者最大限度地保障偏离目标值的偏离度最小。

在工业控制系统里，也能见到"物对物"的基于反馈的监测对策控制场景。例如，智能制造中的自动控制系统，数控装置发出指令脉冲后，当指令值送到位置比较电路时，此时若工作台没有移动，即没有位置反馈信号时，指令值使伺服驱动电动机转动，经过齿轮、滚珠丝杠螺母副等传动元件带动机床工作台移动。装在机床工作台上的位置测量元件，测出工作台的实际位移量后，反馈到数控装置的比较器中与指令信号进行比较，并用比较后的差值进行控制。若两者存在差值，经放大器放大，再控制伺服驱动电动机转动，直至差值为零时，工作台才停止移动，流程如图 2 − 11 数控机床闭环控制系统。

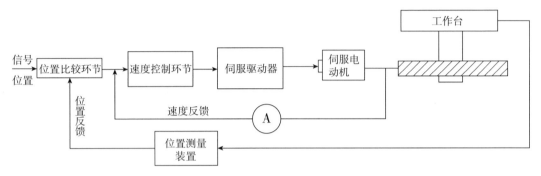

图 2 − 11　数控机床闭环控制系统

在社会控制系统里，常常能见到"人对人""社会组织机构对社会组织机构"的基于反馈的监测对策控制场景。

例如，医生与高血压病人之间建立的信息反馈机制，有效控制高血压。高血压病人（身份证登记，有标识）来医院就诊，医生询问病症、测量血压（感知），然后基于专业的高血压知识，认知高血压病人的血压水平为四级水平（最为严重，可并发脑出血），制订治疗方案，并嘱咐病人按时服胍乙啶或可乐宁等药物。病人在服用一段时间后，病人再次向医生反馈病症及血压，医生在感知、认知到病人血压已降至二级时，采取联合用药的方式降压。高血压病人与医生通过这种"诊断—治疗—再诊断—再治疗"的信息反馈闭环，有效实施高血压病情控制。

又比如，教育资源配置管理，蕴含着反馈控制机制。地方教育部门基于基础教育学龄儿童的上学诉求，开展教育资源规划，兴建一批学校，实现了一定程度的教育资源均衡的控制；但由于外来人口（教育学龄儿童）增加、新生儿出生率增长，仍存在大量家长实名投诉资源不足，仍出现家长提前在夜间排队报名的现象（留痕信息），通过监测外来人口学龄儿童（教育学龄儿童）、新生儿童出生率、家长的合理诉求等信息并反馈到教育部门，就再一次要求教育部门预先配备更多的教育资源，满足学龄儿童的义务教育需求。教育部门与学龄儿童家长等建立起来的"决策—执行—反馈"信息闭环，使得教育资源配置不断趋于高效。

再比如，政务信息服务商与政府部门之间也存在监测对策信息反馈控制模式。作为主动系统，政务信息服务商通过地方政府公开的营商环境评价、自动审批受理时长等信息，感知地方政府营商环境做得好不好、自动审批做得好不好，结合"标杆"的实践做法、经验等预置知识，认知地方政府营商环境、自动审批存在的短板，制定营商环境和自动审批信息化解决方案（对策），评估系统上线效果（仿真）；系统上线后，通过地方政府业务数据、公众评价等反馈信息，对产品、系统进行优化迭代，循环往复，实现不断缩小与"标杆"的差距这个目标。

再如，在人类证券交易这个社会组织行为中，投资者利用反馈机制完成监测对策控制行为过程。其中，以索罗斯的反身理论模型为例（见图 2-12），完美诠释了反馈是怎么贯穿于监测对策控制行为过程的。假设现在的投资者监测感知到股票价格会上涨，他们就会购入股票；由于他们购入股票这个决策行为，产生股票的价格上涨，信息再次反馈给投资者，从而加强了投资者的信心，认为股票会持续上涨的主流趋势，从而使他们做出增加对这只股票的购买决策行为（投资者希望在股票上涨的趋势前期低价购入股票，在股票价格下降前出售股票，赚取差额）。而进一步的股票购买决策行为，会使股价进一步上升，这个信息反馈又对投资者认为股票价格上涨的趋势是一个加强的作用。

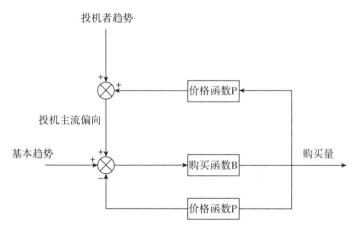

图 2-12　索罗斯的反身理论模型

总之，信息反馈机制，是信息机制的核心机制，是社会控制系统、工业控制系统监测对策的行为过程反馈，是主动系统对被动系统监测、对策模式下的循环感知、认知与控制。主动系统对对象系统中的状态有认知以后，通过反馈再次感知、认知对象状态是否发生改变，然后再决定主动系统的输出各种行为和行为所利用的客体，通过不断重复的信息反馈当中，确保系统输出的变量最大限度地接近目标值，或者最大限度地保障偏离目标值的偏离度最小，实现、改变对象状态的目标。

第五节　信息机制实证

一、典型案例

京昆高速"8·10"特别重大道路交通事故

事故简介：2017 年 8 月 10 日 23 时许，河南省洛阳交通运输集团有限公司一辆车牌号为豫 C88858 的客车（核载 51 人、实载 49 人），从四川成都出发前往河南洛阳，当车辆沿京昆高速公路行驶至陕西安康境内秦岭一号隧道南口（1164公里930米）处时撞至隧道口外右侧山体护墙，导致车辆严重变形损毁，共造成36人死亡、13人受伤。如图2-13所示。

图2-13　京昆高速"8·10"特别重大道路交通事故

《调查报告》显示，该事故的直接原因是："事故车辆驾驶人王百明行经事故地点时超速行驶、疲劳驾驶，致使车辆向道路右侧偏离，正面冲撞秦岭1号隧道洞口端墙"。具体分析如下：

一是驾驶人疲劳驾驶。经查，自8月9日12时至事故发生时，王百明（事发时事故车辆驾驶人，已在事故中死亡）没有落地休息，事发前已在夜间连续驾车达2小时29分。且7月3日至8月9日的38天时间里，王百明只休息了一个趟次（2天），其余时间均在执行川AE0611号卧铺客车成都往返洛阳的长途班线运输任务，长期跟车出行导致休息不充分。此外，发生碰撞前驾驶人未采取转向、制动等任何安全措施，显示王百明处于严重疲劳状态。

二是事故车辆超速行驶。经鉴定，事故发生前车速约为80公里/小时至86公里/小时，高于事发路段限速（大车为60公里/小时），超过限定车速33%~43%。

另经技术鉴定，排除了驾驶人身体疾病、酒驾、毒驾、车辆故障以及其他车辆干扰等因素导致大客车失控碰撞的嫌疑。

二、机制贯通

通过《调查报告》可知，造成此次特别重大道路交通事故的直接原因（根源）是客车驾驶人疲劳驾驶和车辆超速行驶。例如，为了减少客车驾驶人夜间疲劳驾驶（超过2小时和停车休息时间不足20分钟）造成的道路交通事故，进行信息机制运行的设计，也就是针对夜间疲劳驾驶社会系统的自动控制方式的设计。

关于"疲劳驾驶"法律法规的相关规定。例如，《国务院关于加强道路交通安全工作的意见》规定：运输企业要积极创造条件，严格落实长途客运驾驶人停车换人、落地休息制度，确保客运驾驶人24小时累计驾驶时间原则上不超过8小时，日间连续驾驶不超过4小时，夜间连续驾驶不超过2小时，每次停车休息时间不少于20分钟。有关部门要加强监督检查，对违反规定超时、超速驾驶的驾驶人及相关企业依法严格处罚。

2012年1月19日由交通运输部、公安部、国家安全生产监督管理总局联合印发的

《道路旅客运输企业安全管理规范》第三十八条，客运企业在制订运输计划时应当严格遵守客运驾驶员驾驶时间和休息时间等规定：（一）日间连续驾驶时间不得超过 4 小时，夜间连续驾驶时间不得超过 2 小时，每次停车休息时间应不少于 20 分钟；（二）在 24 小时内累计驾驶时间不得超过 8 小时；（三）任意连续 7 日内累计驾驶时间不得超过 44 小时，其间有效落地休息；（四）禁止在夜间驾驶客运车辆通行达不到安全通行条件的三级及以下山区公路；（五）长途客运车辆凌晨 2 点至 5 点停止运行或实行接驳运输；从事线路固定的机场、高铁快线以及短途驳载且单程运营里程在 100 公里以内的客运车辆，在确保安全的前提下，不受凌晨 2 点至 5 点通行限制。客运企业不得要求客运驾驶员违反驾驶时间和休息时间等规定驾驶客运车辆。企业应主动查处客运驾驶员违反驾驶时间和休息时间等规定的行为，发现客运驾驶员违反驾驶时间和休息时间等规定驾驶客运车辆时，应及时采取措施纠正。

客车驾驶人疲劳驾驶的预置知识示意如表 2-3 所示。

表 2-3　客车驾驶人疲劳驾驶的预置知识示意

序号	违法指标	指标值	不合规判定标准
1	在凌晨 2 点至 5 点运行或接驳运输	凌晨 2 点至 5 点	此时间段车辆出现运行痕迹
2	车辆日间连续驾驶时间超过 4 小时	4 小时	日间连续行驶时间>4 小时
3	车辆夜间连续驾驶时间超过 2 小时	2 小时	夜间连续行驶时间>2 小时
4	停车休息时间少于 20 分钟	20 分钟	停车休息时间<20 分钟
5	24 小时内累计驾驶时间超过 8 小时	8 小时	24 小时内累计驾驶时间>8 小时
…	……	……	……

预置：本次信息机制设计是为了减少客车驾驶人夜间疲劳驾驶（超过 2 小时和停车休息时间不足 20 分钟）造成的道路交通事故这个具体的任务，所以预置的知识是表2-3中的第 3、第 4 条。

标识：在实体空间中，对于车辆的辨识主要是通过车牌号。在信息机制运行的设计中，通过客运车辆监管平台获取的全量、实时、在线的车载 GPS 信号或驾驶员手机导航信号标识出的车辆基本信息及关联信息（例如，车牌号、所属运输公司、所属运输公司负责人及联系方式、年检信息等）、驾驶员信息及关联信息（例如，姓名、身份证号、手机号、配偶子女手机号、驾驶证核发地车管所和交警队等）、位置信息、速度信息、连续行驶时间、中途停车休息时间等，根据需求还可标识出道路属性（事故高发路段、急转弯、有 5km 长下坡路等），标识出车辆所在位置天气属性（降雨、降雪、大雾等）等。

留痕：通过客运车辆监管平台获取的全量、实时、在线的车载 GPS 信号或驾驶员手机导航信号，明确客运车辆连续行驶时间、中途停车休息时间、车辆行驶轨迹、在各时点的速度等。

公开：监管部门将具体的客运车辆连续行驶时间、中途停车休息时间等中具有违规属性的信息和公安交管部门、交通运输部门对违规驾驶员等的处罚信息及时公开给违规车辆驾驶员、违规车辆所属运输公司等保证执法部门处罚的公平公正。

共享：监管部门将客车当前的位置、时速、行驶轨迹、连续驾驶时间、出发站、将到达站等信息共享给利益相关方，例如，驾驶员配偶、子女、运输公司负责人等。如若客车驾驶员执意违规行驶，须进行拦截，基于拦截违规行驶客车这个具体任务，相关车辆信息共享给客车驾驶员、车辆注册地公安交管部门、交通运输部门及车辆当前行驶所在地的公安交管部门进行联合执法。监管部门也可将客运车违规行驶相关的信息共享给保险公司，作为保险公司确定该车辆下一年保费的依据。

汇聚：例如，将全国高度离散的客运车辆事故信息（事故发生路段、车辆所属运输公司、车辆、驾驶员注册地）进行信息汇聚，能够发现全国客运事故高发路段，发现监管效能较优劣的地方公安交管部门和交通运输部门等。

安全：须保证在信息空间驾驶员的基本信息、家庭成员信息、客运公司信息、客车驾驶员手机导航轨迹信息等不能泄露，以防造成实体空间中客车驾驶员的权益受到损失。

仿真：例如，监管平台利用获得的客车事故相关信息，包括全年事故高发时段信息、事故路段信息、天气信息、驾驶员状态信息、驾驶员违规驾驶历史信息、车龄车况信息、客运班线长度信息等，仿真计算出该时段某路段某客运车辆出现事故的概率，对于事故发生高概率的车辆，告知相关执法部门对该车辆重点监管。监管平台也可将仿真结果实时发送至客车驾驶员利益相关方。

对称：对称有助于客运车辆驾驶员理性决策。客运车辆驾驶员的行驶状态信息实时、全量、在线掌握在公安交管部门和交通运输部门的手中，客运车辆驾驶员明确知道，自己的违规行驶会得到实时处罚，他将会严格遵守《道路旅客运输企业安全管理规范》的相关规定，合规驾驶车辆。

反馈：例如，当监管平台收到监管的客运车辆夜间连续驾驶将要超过 2 小时（例如夜间已经连续行驶 1 小时 50 分钟），发出预警信号给客车驾驶员，同时相关短信发送给客车驾驶员利益相关人，客车驾驶员会接收到利益相关人"劝说"停车休息的信息，若平台接收到客车驾驶员在规定时间（10 分钟内）已将车辆驶入休息区停车休息，则平台预警信号解除。若客车驾驶员未在规定时间（10 分钟内）将车辆驶入休息区停车休息，还在持续驾驶，则报警信息将发送至车辆注册地公安交管部门、交通运输部门，车辆注册地公安交管部门、交通运输部门的系统自动对客车驾驶员进行驾照扣分、罚款等处罚，报警信息还将发送至车辆当前行驶所在地的公安交管部门，要求该公安交管部门拦截该车辆，直至车辆驶入休息区停车、休息，警报解除。

第三章　任务范式

领域知识工程学认为，人类经济社会活动总是以特定任务的方式存在、呈现、展开的，并以信息社会人类经济社会活动特定任务过程为研究对象，深入探讨人类经济社会活动的基本模式。人类经济社会活动的基本模式有两个最重要的逻辑属性，即领域属性与双子系统属性。领域属性是指人类的任何有意义的经济社会活动，都是且只能是在特定的最小化的领域中展开，这一点也正是本学科命名为"领域知识工程学"的原因；双子系统属性是指人类的经济社会活动都是且只能是以主动系统和被动系统（以下使用"对象系统"进行描述）两个系统互作用强相关的形态方式发生的。

例如，市场监督管理部门审批化工企业提交的企业登记注册申请表。其中，企业登记注册就是领域，主动系统是市场监督管理部门方，对象系统是化工企业方。同时在主动系统和对象系统中都包括主体、行为、客体、时间、空间五个要素，如上述案例中，市场监督管理部门是主动系统的主体、审批是主动系统主体发出的行为，客体是对化工企业提交的企业登记注册申请表批准的内容——营业执照（特定的制度安排与政策要求）。化工企业是对象系统的主体，提交是对象系统主体发出的行为，客体是企业登记注册申请表。主动系统与对象系统之间通过问题与目标产生关联，主动系统的行为总是由解决对象系统的现存问题或改变对象系统状态、满足对象系统需求驱动的。上述案例中，市场监督管理部门就是为了满足化工企业的企业登记注册需求而实施行为的；主动系统行为所涉及的资源条件和任务边界，以及控制反馈总是由解决该问题的有限目标约束的，如为了审批化工企业的企业登记注册申请表，市场监督管理部门的审批行为应该依据《中华人民共和国公司法》《中华人民共和国公司登记管理条例》等明确审批中应注意的事项，如核准其申请表是否符合法律法规规定，审批过程中如果不符合的事项如何处置等。

在人类经济社会活动的基本模式中，任何行为模式的展开，都是由特定的客观事实引起、激活的。市场监督管理部门的审批就是由现实中存在的化工企业的申请激活和引起的，如果没有企业的申请，则市场监督管理部门的审批行为则不存在或不具备合理性；人类经济社会活动过程即任务展开过程也需要利用知识引导、控制完成目标、解决问题，在这个过程中所需要的资源和行动计划都是确定的、可量化的，市场监督管理部门在审批过程中依据的法律法规就是知识，这些法律法规规定了市场监督管理部门在审批过程中的行动计划和资源配置，同时也规定了行动计划的具体实施和资源的具体配置，如"公司登记机关需要对申请文件、材料核实的，应当自受理之日起 15 日内作出是否准予登记的决定"，其中，"15 日内作出是否准予登记的决定"就是对市场监督管理部门的行动计划的具体要求，这个时限的要求是确定的，同时也是可以量化计算的。

至此，我们描述的都是在实体空间中人类经济社会活动的行为，在信息社会中，实体空间中人类的经济社会活动行为都是通过信息系统这个数字空间以数字化、网络化的方式实现时空协同、自动控制和效率倍增的。

章节中为何使用"范式"一词？何为"范式"？"范式"的英文为"Paradigm"，源自希腊词"Paradeig – ma"，意指"模范"或"模型"。范式概念由美国科学哲学家托马斯·库恩于1962年在其经典著作《科学革命的结构》一书中提出，库恩在该书中多次使用"范式"，如在序言部分点明，"范式是公认的科学成就，且在某一特定历史时期为这个科学共同体的成员们提供了模型问题和解决方案"，在探讨常规科学的本质时，库恩指出"范式就是一种公认的模型或模式"①。基于库恩的范式思想，结合领域知识工程学以信息社会人类经济社会活动特定任务过程为研究对象的定位，领域知识工程学利用"任务范式"这一概念定义人类经济社会活动的基本模式。

人类经济社会活动中涉及的两系统（主动系统、对象系统）以及两系统中的主体、行为、客体、时间、空间等五要素、问题、目标、事实、知识、任务共同构成人类经济社会活动的基本模式即任务范式的基本要素。任务范式作为本体论、认识论、方法论的统一，指导我们实现对世界的描述，实现对任务的确定、展开，实现对问题的解决。

本章任务范式将详细描述实体空间任务范式的七大基本要素即七大顶层概念，并结合数字空间的数字化与网络化，突出实体空间在数字空间中的倍增效应。实体空间任务范式基本要素结构如图3 – 1所示。

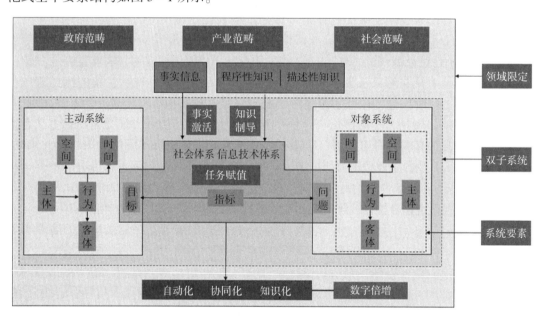

图3 – 1　实体空间任务范式基本要素结构

第一节　领域限定

在任务范式顶层概念描述开始之前，我们需要明确一个基本设定和前提，即人类经

---

① 托马斯·库恩著，金吾伦、胡新和译，科学革命的结构［M］.北京：北京大学出版社，2003.

济社会活动不存在普遍意义上的活动，任何活动、任何任务的展开、实现都是在特定领域中。这也是我们在本章综述里提到的人类经济社会活动模式的领域属性。领域限定是领域知识工程学的基本出发点，是任务范式展开的前提条件。这里的领域限定是从两个方面认识的：从本体论、认识论的角度，人类经济社会活动总是在特定领域范围内展开；从方法论的角度，我们需要有突出的意识去限定领域，识别领域，避免陷入泛知识的误区。进行领域的限定与识别对认识社会本来面貌、设计切实有效提供解决问题的方案有积极意义，同时为后续的工程方法确定边界与范围提供支持。

一般意义上的领域指一种特定的属性范围。领域知识工程学中的"领域"强调人类所有活动都是自带领域属性的，不存在一般意义上的经济社会活动。领域是根据活动主体中主动方的行为来确定的。任何任务，都需要先确定领域才能限定任务的范围和相关属性。例如，危化品的安全生产任务，不同类别的危化品的生产工艺、流程和发生问题的环节不尽相同，如果不确定危化品的最小类别，则无法对其进行生产工艺、流程和发生问题的要点监控。这一点也体现了我们所强调的非泛知识化理论。只有确定具体的领域，我们才能在限定的最小的领域边界内去观察、分析、设计一个确定的、有效的经济社会活动，才能有效地认识世界、改造世界。

一、方法和原则

人类的社会活动泛指两个人以上群体的关系和社会行为。社会活动产生社会关系，关系是活动双方相互作用、相互影响的状态，关系的双方在活动过程中的地位有主次之分，处主导地位的是主动方，处次要地位的是被动方，且主动方的行为直接限制双方活动的属性范围。例如在人们正常有效的交流沟通中，主动方发起的话题就是交流双方要沟通的内容范围，被动方需接收主动方发出的信息并就相关话题内容给予反馈，被动方虽不是机械地接收信息或作出反应，却是处于次要地位的一方，且其交流的内容范围已被主动方限定。由此可知，领域是由社会活动中主动方的行为来确定的，主动方所从事的专门活动或事件的范围就是领域范围。

主动方所从事的专门活动或事件的范围就是其特定职能或职责所规定的范围和边界。因此，领域知识工程学中的"领域"特指主动系统的特定主体的特定职能、职责的边界和范围。领域的范围与边界以任务约束为具体范围，在确定的任务情境下，问题、目标、解决问题的方案都是确定的，进而促进任务的完成，因此，领域要最小化，才能实现任务的确定性、问题与目标、解决问题方案的确定性，问题才是可解决的、方案才是可实现的，任务才是可完成的。在领域知识工程学中，最小化的领域是由最小机构的最小职能、职责事项作为最小领域的划分边界。

领域确定之后不仅确定了主动系统组织机构和自然人主体的行为边界，同时也确定了它所对应的对象的范围和属性。

领域的划分无明文规定，普遍意义上的划分是对意识形态或社会活动的内容和属性等约定俗成的分类，如意识形态领域、科学领域、行业领域等。意识形态的领域有政治的、经济的、文化的、社会的、知识论的、伦理的等；科学的三大领域分别为自然科学、社会科学以及思维科学；行业领域根据《国民经济行业分类》（GB/T 4754—2017）划分为农林牧渔业、采矿业、制造业、建筑业、金融业等类别。领域知识工程学将人类经济社会活动划分为政府、产业和社会三大范畴，即从宏观上划分为三大范畴，政府范畴下的领域指的是公共事务领域，这里的"政府"是指普遍意义上的广义政府；产业范畴下的领域指的是国民经济生产活动范围；社会范畴指的是与群众密切相关的教育、医疗卫生、社会保障等社会事业建设领域。

政府、产业、社会三个范畴的领域划分都是从微观开始的，然后通过中观归并进行中观领域的划分。

1. 政府范畴的领域划分

政府范畴中发挥主动作用的主体是党和国家机关，即中国共产党、人民代表大会、人民政府、人民政协、监察委员会、人民法院、人民检察院等构成的广义政府组织机构主体和公务人员，对象方的主体是企业、事业单位、社会团体等组织机构以及所有自然人。在政府范畴中，依据政府部门的职能来划分领域。中国政府机构设置总体呈现上下贯通的同构性，即中央到地方不同层级的组织机构在职能、职责和机构设置上高度一致，某个层级的微观组织机构的领域确定后，各个层级所有同类组织机构的领域都是相同的。因此，政府范畴的领域是确定的，是可划分的。

以人民政府为例，政府范畴的领域划分以中央政府部门的职能为依据，中央政府部门的职能向下贯穿到乡级，都是一一对应的，如中央的应急管理部和地方的应急管理厅/局其职能范围都是相同的。具体的领域划分依据其职能进行。例如，中华人民共和国民政部下设社会事务司、社会救助司、社会组织管理局、区划地名司、养老服务司、儿童福利司等司局，其中社会事务司的主要职能是：推进婚俗和殡葬改革，拟订婚姻、殡葬、残疾人权益保护、生活无着流浪乞讨人员救助管理政策，参与拟订残疾人集中就业扶持政策，指导婚姻登记机关和残疾人社会福利、殡葬服务、生活无着流浪乞讨人员救助管理机构相关工作，协调省际生活无着流浪乞讨人员救助事务，指导开展家庭暴力受害人临时庇护救助工作。根据职能划分，民政部门社会事务领域的子领域划分可概括为：婚姻管理、殡葬管理、残疾人权益保护、生活无着人员救助管理、家庭暴力受害人救助等。如图 3-2 所示。

2. 产业范畴的领域划分

在产业范畴中，我国产业分三大产业，包含 20 个门类、97 大类、473 中类、1381 小类［2017 年《国民经济行业分类》（GB/T 4754—2017）］，产业范畴的活动作为市场活动分为供给侧和需求侧，供给侧的一方在市场经济活动中发挥主动作用。因此，在产业范畴中以供给侧一方主体组织机构的职能、职责为领域划分依据。

中国企业法人总量超过 5000 万，企业的职能、职责设置没有也不可能有统一的规范，因此，产业范畴的领域划分可以通过微观企业确定个案领域划分。同行业的企业在职能、职责设置上可能存在共性、相似性，所以可以通过归并同类微观企业确定中观层面某个行业的领域划分。

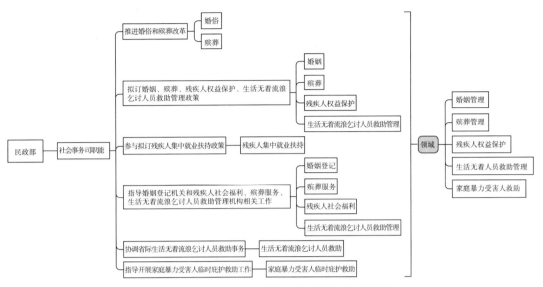

图 3 – 2　民政部门社会事务领域的子领域划分

微观企业的领域即其内部组成部门的职责范围，以某科技股份有限公司为例（见图 3 – 3），主要业务分为市场营销、产品研发、项目服务三类，对应设置市场营销部、研发部和项目部，如图所示，左侧为部门职责细分，将最小机构的最小职责事项进行归纳提炼，得出右侧单个企业的领域划分。确定了单个科技企业的领域划分之后，同类科技企业的职责存在共性，因此可以根据相似点总结规律，确定同类企业生产经营行为的领域划分。

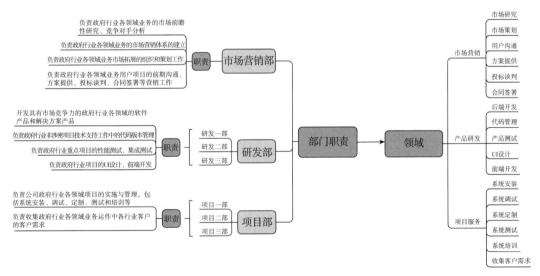

图 3 – 3　某科技股份有限公司其内部组成部门的职责范围

3. 社会范畴的领域划分

社会包括与群众紧密相关的社会治安、教育、医疗、安全生产、就业、社会保障、养老、扶贫等各个方面。社会范畴的组织机构主体包含事业单位、社会团体、基层社区等，因没有职能、职责设置的规范性要求，社会范畴的领域划分可以通过微观确定个案领域划分。同类组织机构在职能、职责设置上可能存在共性、相似性，所以可以通过归并同类微观企业确定中观层面的领域划分。

例如，在新冠肺炎疫情期间，医院与患者就组成了一对主动与被动关系。医院里的呼吸科室、传染科室是确定的，其职能、职责也是确定的，患者的类型、病种也是确定的，因此，同一类医院、同一类患者归并的领域划分也是可以确定的；在大学中，搜集所有大学的建设信息，根据文科、理科、工科等进行划分，划分后的每一类学校，其在学校职能、专业设置、人才培养等方面都存在共性，因此同一类大学的领域划分是可以实现的。

第二节　双子系统

领域知识工程学中，人类经济社会活动的具体展开总是两系统即主动系统与对象系统的互作用强相关的方式展开、呈现的。在确定领域之后，特定领域下的人类经济社会活动的两系统也被确定。两系统之间也因对象系统的问题与主动系统的目标产生关联。两系统中的主动系统因其特定的使命而决定了它的存在与合理性，且对象系统的问题的状态也决定了主动系统的方案、措施、相关资源，由此两系统一直处于一种动态运行过程。还是以上面的案例分析，主动系统主体即市场监督管理部门，其法定的三定文件中，规定市场监督管理部门具有监督检查企业登记注册的职能，职能就是主动系统特定的使命的具体表现。对象系统即化工企业提交的企业登记申请表也决定了主动系统需要"审批"这个行为，同时也制约了审批需要的其他资源配置。

一、两系统假定

人类的任何任务是由两个系统建立起来的，施行行动、主导行动的一方是主动系统，被动接受的一方是被动系统，被动系统呈现为主动系统的工作对象、任务对象、使命对象，它是主动系统的对象系统。"主动"的相对词是"被动"，"被动"一词的基本解释是"待外力推动而行动，受他人影响或牵制而发生行动"，其感情色彩一般都是消极的，而被动系统并不是一味地被动接受，被动系统同样具有主动的历史使命，同样具有能动性，所以为了语言的方便，避免产生歧义，本书中统一使用"对象系统"这一表达。

政府范畴就是公共事务的范畴，公共事务的主导者、管理者是党和国家机关，党和国家机关的使命决定了党和国家机关的法定职能，即通过行使一定的职能，解决企业、事业单位、社会团体、公民等组织机构和自然人的利益诉求和存在的问题，所以党和国家机关属于范式下主动系统一侧，企业、事业单位、社会团体、公民等组织机构和自然人则是对象系统一侧。例如，针对全国范围的保健品虚假广告问题，虚假广告监管属于国家市场监督管理总局下设机构广告监督管理司的职责，广告监管部门是监管行为的施行方，所以属于主动系统，监管对象有广告主、经营者、广告发布者、广告代言人等，他们属于对象系统。

产业范畴中涉及供给侧和需求侧，需求侧是指在经济社会活动中产生需求的一方，而供给侧为满足需求提供设施、产品和服务。供给侧的企业是主动行为者，其行为的对象是需求侧的企业或消费者。因此，供给侧一般是主动系统，需求侧的企业或消费者是对象系统。但是这里的"供给侧"与"需求侧"也是相对而言的，一个供给侧的企业在特定条件下也可能是需求侧，例如，对于购买药品的消费者来说，药品生产企业是供给侧，而对于药品原料生产商来说，药品生产企业就是需求侧。所以，要结合具体的应用场景确定产业范畴的主动系统与对象系统。在产业范畴中的主动系统如果不解决需求侧的问题、满足需求侧的需求，其存在的理由也受到动摇。

社会范畴中同样存在主动方与被动方。例如，在新冠肺炎疫情期间，医院与患者，医院处于主动方，患者及家属处于被动方。医院的传染科室、呼吸科室为新冠肺炎患者提供医疗救助，心理支持，患者接受诊治；在学校中，老师与学生构成一对主动与被动关系，老师通过教案、备课利用多媒体设备向学生传授知识，学生通过课本，完成作业内化知识。

二、两系统运行

主动系统与对象系统之间是互作用强相关的，其互作用强相关主要体现在两个方面：

一是宏观层面。主动系统之所以是主动的、能够对对象系统采取行为是由其使命所决定的。主动系统的使命即解决对象系统的问题、改善对象系统的状态、满足对象系统的诉求，其使命决定了主动系统存在的理由和价值。如果主动系统不履行使命，就无法实现主动系统存在的价值，失去其存在的理由。例如，少数干部在新冠肺炎疫情防控工作中因擅离职守、不担当不作为、信息报送不及时、信息公开错误等失职失责问题而被罢免职务，这些干部因不解决疫情出现的问题，没有完成使命赋予的职能而失去了担任职务的合法性和合理性。危化品安全管理当中，特种设备操作人员的使命就是保障好特种设备的安全使用，控制设备的温度、合理开关阀门，如果因阀门控制导致事故发生，则操作员会被开除或负法律责任甚至刑事责任。

二是微观层面。在具体的工程实践中，在特定的任务场景下，对象的状态，对象的问题，对象产生问题的根源和症结是什么，决定了主动系统用什么方案、手段，用什么资源。对象的状态和诉求的根源和症结决定了主动系统采取的措施和方案。主动系统采取的措施和方案也决定了对象系统是否得到相应改变。对象系统状态的改变和诉求的变化也要求主动系统的措施和方案随之调整。例如，危化品发生爆炸的关键点是某生产环节的安全阀门问题造成的，那么作为其主动系统的政府机构就可以通过下达相关政策文件要求，对相关操作人员设立资质要求，并要求对象系统的市场主体提供自证合规的实时监控信息。而对象系统就要根据主动系统的作为进行一系列的调整、安排和改变。当对象系统在这个环节发生改变后，这个环节的安全性就会提高，但如果其他环节，例如原材料投放的顺序上又引起火灾或者爆炸等事故，则其主动系统又将根据实际问题及情况进行政策方面的新的调整。

第三节 系统要素

要素是构成系统的基本单元，领域知识工程学中的两系统包括主体、行为、客体、时间、空间等五个要素（见图3-4）。系统中的五要素是对客观世界的抽象描述，抽象展现了人类经济社会活动，是特定的主体利用特定的手段和资源在特定的时间和空间开展各种活动以实现特定目的的全过程，这也决定了系统中的五要素是统一的、不可分割的、相互关联的。任何对客观世界的描述都必须同时存在五要素。

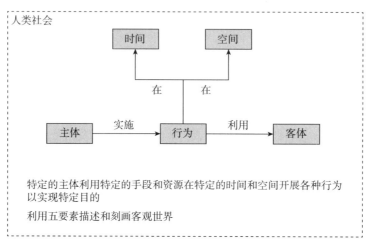

图3-4 系统五要素

一、系统五要素的构成

两系统是由主体、行为、客体、时间、空间五要素组成的。

1. 主体

主体在哲学上指对客体有认识和实践能力的人，根据《中华人民共和国民法总则(2017)》将主体划分为自然人、法人和非法人组织，领域知识工程学研究的主体以法人和自然人为主。法人又可分为营利法人、非营利法人和特别法人。营利法人指以取得利润并分配给股东等出资人为目的成立的法人，包括有限责任公司、股份有限公司和其他企业法人等；非营利法人指为公益目的或者其他非营利目的成立，不向出资人、设立人或者会员分配所取得利润的法人，包括事业单位、社会团体、基金会、社会服务机构等；特别法人包括机关法人、农村集体经济组织法人、城镇农村的合作经济组织法人、基层群众性自治组织法人。非法人组织是不具有法人资格，但是能够依法以自己的名义从事民事活动的组织，包括个人独资企业、合伙企业、不具有法人资格的专业服务机构等。自然人是依自然规律出生而取得民事主体资格的人，自然人按民事行为能力，可以分为完全民事行为能力人、限制民事行为能力人、无民事行为能力人。

两系统中的主体的组织机构主体（法人）可以划分为领导、办公室、职能部门三类角色。不同的角色承担不同的职能、职责。主体里面的法人的角色由分布在组织机构中角色中的自然人承担具体行为。领导、办公室、部门的每一个角色的实际行为，都是由自然人去完成的。

以政府范畴为例，主动系统的主体即政务主体，是指依法行使国家权力，并因行使国家权力的需要而享有相应的民事权利能力和民事行为能力的组织机构和自然人，主动系统的法人主体主要指机关法人，包括党的机关、立法机关、行政机关、司法机关等，每个类按照中央、省级、市级、区县、乡镇的行政层级进行划分，主动系统的自然人主体主要指机关法人的领导人、工作人员。对象系统中的主体是指行政相对人，即行政主体的行政行为影响其权益的法人以及依法设立的其他机构和自然人，对象系统的法人主体包含企业、事业单位、社会团体等，对象系统中自然人的划分维度有多种，可视具体情况而定，如企业中的主体分领导者和工作人员，企业领导有法定代表人、管理者、部门负责人等；如中国共产党领域下的对象主体可分为党务工作者、党员、群众等。

2. 行为

行为是指特定主体为解决特定问题、实现特定目标在特定时间、空间利用特定资源、手段，针对特定对象而开展的一系列操作。

行为可以分为两种，一种是人的生物本能行为，包括人的肢体行为，例如，举手、坐下、躺着、行走；人的感官行为，可以分为两类，一类是人的感官直接可以实现的行为，例如，听、看、摸、闻等感觉器官完成的行为，还有一类是人借助仪器与工具进行感知的行为，例如，利用温度计测量体温，利用超声波仪器获取人耳感知不到的超声波等；人的思维行为，例如，判断推理、作家塑造文学人物形象、画家创作图画等都属于人的思维行为。

另一种是社会组织行为。社会组织行为也可以叫作法人行为，其发出者为法人。但是因为法人没有自动行为能力，法人行为通过自然人履行，所以法人的社会组织行为是由自然人从事的，但是自然人的生物本能行为不能天然的、直接表现、实现法人的社会组织行为。自然人必须通过社会化以后，人的生物本能行为与社会、社会组织行为相耦合、相"纠缠"，才能实现社会行为。生物人的社会化、自然人的社会化，就是自然人对特定组织机构的特定领域行为的相关事实信息和知识信息的学习积累。例如，刚刚出生的人，仅仅是在生理特征上具有人类特征的一个生物，具有人的生物本能行为，但是并不是社会意义上的人，而只有掌握了特定领域内的专业知识、具备了对领域内客观事实的认知能力、具备决策与执行的能力，才能在社会组织内履行组织行为，践行组织使命。而法人需要掌握特定任务下、特定领域（职能职责范围内）为解决对象的问题所需的事实、知识，并利用这些产生新的知识，就需要参与到与对象的交互过程中，这种交互过程就是法人的监测对策闭环模式，其交互过程是由承担不同角色的自然人，利用其生物本能行为，即肢体行为、感官行为、思维行为实现的，组织机构的监测对策行为与人的生物本能行为的耦合实现了法人（组织机构）的使命，完成了法人的任务。因此，从这个层面来讲，自然人自身的三种生物本能行为与自然人所从事的法人职责的社会组织行为是一种耦合的关系、"纠缠"的关系，而耦合与"纠缠"的中介，就是特定领域、特定任务边界内的事实信息和知识信息。

从整体而言，主体的行为与其职能相关。在领域限定中，我们讲到根据最小机构的最小职能、职责确定领域划分，这个领域即行为的边界，领域的范围与边界就是职能、职责的范围与边界，但是职能、职责还能够确定主动系统对应的、其使命所涉及的对象系统的范围和属性，决定主动系统的主体的权限和所能够利用的资源的范围。职能确定了行为的边界，而具体的行为的操作是各类主体的功能的展现。功能行为可以分为监测、对策。监测是主动系统对对象系统的状态、问题的监测，是主动系统主体践行使命、解决问题、实现目标、完成任务的首要前提，具体行为包括发现、预测、预警、判定、报警、评估等。发现指获得对象系统状态的情况、了解对象系统的诉求；预测是根据监测对象目前的状态，运用定性或定量的分析方法，对监测对象可能在未来出现的趋势进行推测；预警是指在监测对象属性值邻近临界值，存在潜在的危险发生可能性，需要将信息反映给相关人员，提示相关人员进行相应活动；判定指判别断定，依据一定的规则对监测对象的行为或状态进行判断，得出是否合理、合规的结论；报警指监测对象已发生的安全状态，进行警示；评估指通过预置的模型方法对监测对象进行定量数据分析和定性状态描述，以呈现监测对象在特定时期的基本情况或危机影响。

根据监测获取的对象系统的情报用于"对策"行为。对策就是根据对象系统实际的状态，利用方案去改变对象系统的状态，满足对象系统的诉求。对策又分为决策、执行与监督。决策环节包括提供情报制订方案、服务领导保障信息、利用情报选择方案等三个流程；执行分为内部执行与外部执行，内部执行表现为内部管理，如办文、办会、保密、机要、档案、人事等。外部执行，在不同范畴描述略有不同。在人民政府中，外部执行即为行政执法，具体包括行政许可、行政确认、行政给付、行政检查、行政处罚、行政强制、行政奖励、行政裁决、行政征收、其他职权，我们简称"9 + X"；在其他范畴，我们用"业务实施"来描述外部执行行为。在具体的领域中，业务实施的细分存在差异，可根据不同领域的不同特点进行归纳整理；监督包括内部监督与外部监督，内部监督与外部监督依据不同范畴其涵盖内容也不同。在政府范畴内，内部监督细分为上级部门的监督、监察部门、审计部门等的监督；外部监督包括全国人大、党的监督、人民政协的监督、社会与公民的监督、司法机关的监督、监察委的监督等。在产业范畴中，其内部监督为企业与行业内部的监督，上下级之间的监督、内部审计部门的监督等，外部监督为政府相关部门的监督、行业协会的监督、社会公众的监督等。在社会范畴中，内部监督为各体系内的上下级的监督、内部审计的监督等，外部监督包括政府相关部门的监督和社会公众的监督等。

软件公司与对象系统发生交互、交付的执行中的业务实施行为；医生与患者，询问症状、患者自述症状、化验检查，医生依据自身专业知识决策，为患者提供治疗方案、下医嘱等都属于"对策"行为。

在监测对策行为中，每一个行为都是承担不同角色的自然人实施的。在前面一节中，我们讲到主体有三种角色即领导、办公室、职能部门，每一类主体角色对应的功能行为都是不同的。领导主要利用情报，选择方案来决策、指挥、协调；办公室主要是为领导决策提供决策支持，服务领导保障信息，同时还参与具体执行，即内部管理；职能部门主要负责为领导提供决策支持、业务实施，参与执行与监督（见图3－5）。

3. 客体

客体是主体为了解决特定问题（消除其根源、消解其症结）和达成特定目标（形成其条件），在一定时间、空间范围内利用、产生的物质和非物质资源（制度、政策）。物质资源通常表现为材料、能源，如在新冠肺炎疫情期间，建立的方舱医院也属于物质资源，给予抗疫一线医护人员的财政补贴属于物质资源，各级各类医疗机构使用的核酸检测试剂也属于物质资源；非物质资源如政策、制度等。

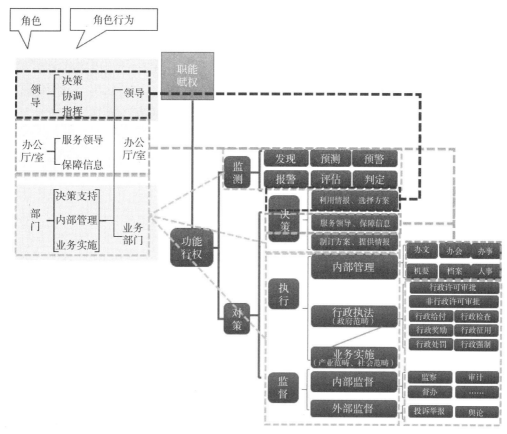

图 3-5 政府角色及对应功能

客体按照归属系统不同划分为主动系统客体和对象系统客体。主动系统客体是指主动系统主体在实施行为中采取的物质和非物质资源，例如政府制定的各种法律法规、规章制度、规范、实施方案、权责清单中的监管事项清单、行政执法清单、监管责任清单等。对象客体是指对象主体在对象行为利用的各种的物质的、非物质的资源，例如在交通运输领域中，各种车辆、道路，以及驾驶员的驾驶证、运输公司的各种执照、地理信息基础数据，如数字地图、遥感影像、主要路网管网、避难场所分布图和风险图等都是对象客体。

4. 时间

从哲学上看，时间源于人们从事物发展变化快慢里意识到的差异，例如一天一年的长短、早中晚的区别，这些事物特征的呈现实质上是自然存在的现象，时间只是表示了现象的特点，而非时间本身，时间是为了诠释现象而存在。从科学意义上说，时间是与空间相对的一种物质客观存在形式。

在现实世界中，时间是主体客体的存在、行为与运动、变化的持续性、顺序性的表现。时间分时点、时段。时点是时间上的某一瞬时，如某日零点；时段又称时间间隔。不同的时间点、时间段等是由时间粒度单位描述的，不同领域、不同任务、不同应用场景下采用的时间粒度单位不一样。时间粒度单位有年、季、月、旬、周、候、日、时、分、秒，长于年的有银河年、前年、世纪、时代，短于秒的有厘秒、毫秒、微秒、纳秒等。

与"时间"相关的概念还有周期、频率。周期是指事物在运动、变化过程中，某些特征多次重复出现，其连续两次出现所经过的时间，周期分数学周期、化学周期、生物周期、物理周期、经济周期，如天体运动中地球绕太阳旋转一个周期是一年；频率是单位时间内完成周期性变化的次数，是描述周期运动频繁程度的量，如党的全国代表大会每五年举行一次。

根据人的习惯和在实践中的用途，时间还可以划分为过去、现在、未来。"过去"是指我们所处时刻前的任意一个时刻或者时间段，可以是一个时刻，但大多指的是一个时间段；"现在"是指说话的时候，有时包括说话前后或长或短的一段时间；"未来"是从现在往后的时间，是相对于现在我们所处的这个时刻而言的未来时间，它是一个时刻，也可以是一个时间段。

不同的时间选择和表述在具体的工程实践中也不同。例如，危化品监管中，硝基苯精制工序中，开启精馏塔进料阀门后两分钟内如果不开启预热器蒸汽阀门，则启动黄色报警信号，这时就需要对特种设备操作人员的操作时间的记录精确到秒的时间粒度单位。而在疫情期间，确诊患者的活动轨迹的统计需要以"天"为单位进行统计、收集。人的出生时间、公司的注册时间、商品保质期等也都有相应的时间描述，如小王出生于2020年1月18日下午五点十分，淘宝网创立于2003年5月，面包的保质期一般为一周等。

5. 空间

哲学上空间的内涵是无界永在，外延是各有限部分空间相对位置或大小的测量数值。从科学意义上说，空间是与时间相对的一种物质客观存在形式，由长度、宽度、高度、大小表现出来。

地理上对于空间的划分用经纬度、海拔（高程），由此形成不同国别、国内不同行政区划，这是空间的基本属性；领域知识工程学中的空间的领域属性就是领域内主动系统主体对应的对象系统的范围。

在领域知识工程学中，我们将空间划分为两种，一种是实体空间，即现实社会，人类经济社会活动开展的现实世界；另一种是数字空间、网络空间、赛博空间。在数字空间中能够实现社控系统的自动化、协同化、知识化。两种空间在实际工程应用中，相互耦合与"纠缠"。

二、系统五要素的关系

首先，五要素在客观上和实践上都是一体的、不可分割的。客观上，五要素是统一整体，任何一个有意义的系统过程、客观存在、事件无一不是由完整的五要素构成。

其次，每个要素之间，既各自独立又相互关联。联系是普遍存在的，多种多样的。一方面，世界上一切事物内部诸要素是相互联系的；另一方面，一个事物与外部其他事物也处于联系之中。各个要素的相互关联具有多样性，可以分为直接的和间接的、内部的和外部的、本质与非本质的，由于相互关联的多样性，各个要素在系统中所起的作用能够更丰富和完整，最终推动目标达成。还要特别注意的是，各个要素之间的相互关联是由主体中不同角色联系起来的。不同的角色承担不同的职能，利用不同的客体实施相应的行为，以完成各自的使命，进而促使任务的完成、问题的解决、目标的实现。

五要素之间的关系的实现在信息社会中是自动化、协同化的。除了单个个体的自动化外，还有因任务聚集的所有个体的自动化以及个体之间的协同化。单一主体的自主行为与其他相关主体的协同行为都是自动化的，才能实现目标、解决问题、完成任务。

在具体工程实践中，可能存在人的认识、感知客观事物存在要素不全，在进行分析的时候，如果要素不完整，则无法科学地接近客观的、与客观还原度最相近的知识、认识。在设计新任务、新方案的时候，要从五要素去考虑，才可能预见、把握未来发生的新的事实、事件，才可以设计出解决问题的任务实施方案。例如，警察破案的时候，目的就是确定关于案件的五要素，即案件发生的时间、案件发生的地点、案件发生的过程（犯罪嫌疑人的行为过程）、犯罪嫌疑人的作案工具，最后锁定犯罪嫌疑人。同时，警察作为主动系统一方，要抓捕犯罪嫌疑人也需要统筹自身的五要素，具备参与抓捕的警察人选、抓捕方式、抓捕的行为、抓捕的时机、抓捕位置等才能完成任务。警察破案的过程其实就是统筹主动系统、对象系统五要素的过程。缺乏任何一个要素，都不能使警察完成抓捕犯罪嫌疑人的任务。因此，无论是对客观事实的认知描述，还是设计任务、方案，都需要全面考虑五要素，考虑两系统五要素互作用强相关的关系，考虑相关个体之间的自动化、协同化，进而形成有效的任务设计、方案设计。

第四节　问题驱动

如果说两系统是客观世界发展的两个轮子，而轮子的前进需要动力驱动和方向正确才能到达目的地，那么推动两系统运行的动力就是"问题"。人类社会发展动力来自每个微观个体对自身问题的解决的冲动和诉求，个体的诉求汇总的总和就变成社会历史发展潮流。问题本身隐含着内驱力，内驱力产生于理想与现状之间的差距，客观的差距会唤醒对象系统内在的诉求，形成主观的精神动力，即驱动力。这种对象系统主体发起的诉求，对两系统运行起到驱动作用，我们就称之为问题驱动。

从价值观角度来说，问题是对象系统的客观状态与社会普适的价值取向相反的负价值的状态。价值取向是由每个历史时代、每个国家的基本制度、传统、历史、意识形态等因素决定的。一个国家、一个社会、一个民族和一个历史阶段都有不同的价值取向。对象系统的主观诉求与"正价值"方向不同则产生问题，与"正价值"方向一致则是我们追求的目标。如何判断客观状态是否存在问题，既要依据客观的指标，也要依从当下对象系统主体的直接的主观诉求。

而问题是如何发挥自身的驱动力的？这体现在主动系统的使命与对象系统主观的诉求两个方面。首先，主动系统存在的理由、依据、原因、合法性、必要性，在于其使命是去解决对象系统的问题的，所以对象系统的问题会驱动主动系统的行为。如果主动系统不能有效解决对象系统的问题，主动系统就有辱使命，影响主动系统存在的合法性、必要性。以新冠肺炎为例，湖北省多名官员被免职的原因在于，没有有效解决对象系统的问题，没有改变新冠肺炎传播的恶劣状态，没有满足武汉人民、湖北人民、全中国人民保护自身生命健康安全的诉求；其次，对象系统不是被动地等待恩赐的对象，它会通过市场公平、高效配置资源发挥自身的决定性作用，对象系统本身的状态会驱动对象系统内部资源配置的方向，改变对象系统的各种行为，使其提出相应的诉求。如在疫情期间，社区居民出于对自身、集体生命健康安全利益的维护，自发监督社区工作者、政府工作人员的抗疫工作，并提出意见和揭发有关违法违规行为。

除此之外，在工程化实践进入具体任务的时候，也必须从问题入手，问题必须是具体的、必须解决而且能够解决的。同时，在产品设计或经济社会活动的数字化的过程中，都需要在确定的领域范围内确定具体的问题，并确定问题的解决程度，以确保任务可进行、可完成。例如，甘肃省在《甘肃省"十三五"脱贫攻坚规划》中，明确了脱贫攻坚目标，即到 2020 年，58 个片区县农民人均可支配收入比 2010 年翻一番以上，确保现行标准下农村贫困人口实现脱贫，贫困县全部摘帽，整体解决区域性贫困问题。其中"脱贫"是任务，"贫困"就是一个具体的问题，那么实现"58 个片区县农民人均可支配收入比 2010 年翻一番以上"就是确定了问题的范围和程度，只有确定了问题的范围和程度才能确保因此制订的方案即任务是可开展、可完成的。

从问题的结构来说，问题可以分为问题的现象、根源与症结。问题的现象、根源、症结都是可以用指标量化的，问题是否得到缓解、解决，也依靠指标值的反馈。指标有理想值、现状值、问题值、目标值、对标值等五类，通过将问题的属性值与指标进行对比，判断对象系统的状态：获取的具体数值如果偏向问题值则表现为问题。

本节将详细描述问题的现象、根源、症结与解决，深层次解剖问题，为问题的解决提供支撑。

一、问题的现象

问题存在的表象是现象，现象是事物表现出来的，能被人感觉到的一切情况，事物在发生、发展、变化过程中所表现的外在联系性和客观形式。现象是可以感知的，如人直接能够看到的、听到的、闻到的、触摸到的；还包括利用感知的工具获得的，例如，利用监控影像获取事件发生经过、利用遥感监测地理信息、利用空气检测仪监测 $PM_{2.5}$、利用体温计测量体温等都属于利用仪器可感知的现象。同时，现象是可进行量化的，如事物的温度、长度、面积、形状、高程、角度等。量化的数值与指标值进行对比，刻画问题的现象。

在数字产业的范畴下，我们以江苏省连云港市聚鑫生物公司"12·9"重大事故为例：2017 年 12 月 9 日凌晨 2 时 20 分左右，江苏省连云港市堆沟港镇化工园区聚鑫生物科技有限公司四号车间内间二氯苯装置发生爆炸，爆炸引发邻近六号车间局部坍塌，造成 10 人死亡、1 人轻伤，直接经济损失 4875 万元。

在这个事故中，能够直接被人感觉的现象有：四号车间的爆炸所造成的巨大声响、火光、浓烟、味道，六号车间的坍塌，以及爆炸之后已经被烧毁的车间。如图 3 - 6、图 3 - 7 所示。

图3－6　江苏省连云港市聚鑫生物公司"12·9"重大事故（一）

图3－7　江苏省连云港市聚鑫生物公司"12·9"重大事故（二）

除此之外，因危化品的特殊性及为避免衍生次生爆炸事故的可能性，所以在这个事故的现象中，还有需要通过仪器进一步测量的现象：爆炸之后附近的环境指标，包括消防水、大气等。具体测量指标如表3－1、表3－2所示。

表3－1　水指标检测表

1. 镍	GB	原子吸收光度法	一般水体、工业废水
		丁二酮肟光度法	清洁水体
2. 铜	GB	原子吸收光度法	。
		二乙氨基二硫代甲酸钠萃取光度法	。
		滴定法	清洁水体
3. 总铁	GB	原子吸收光度法	一般水体、工业废水
		邻菲罗啉分光光度法	一般水体
4. 亚铁	GB	EDTA滴定法	工业废水
5. 总铬	GB	原子吸收光度法	一般水体、工业废水
		硫酸亚铁滴定法	高浓度（>1mg/L）
6. 六价铬	GB	二苯碳酸二肼分光光度	一般水体
7. 镉	GB	原子吸收光度法	一般水体、工业废水
8. 汞	GB	冷原子吸收法	一般水体、工业废水
9. 砷	GB	原子荧光法	一般水体、工业废水

续表

10. 锌	GB	原子吸收光度法	一般水体、工业废水
11. 锰	GB	原子吸收光度法	一般水体、工业废水
12. 硒	GB	石墨炉原子吸收法	一般水体、工业废水
13. 钾和钠	GB	原子吸收法	一般水体、工业废水
14. 总硬度	GB	EDTA 滴定法	一般水体、工业废水
15. 铅	GB	原子吸收法	一般水体、工业废水

表 3 - 2　大气指标检测表

编号	检测项目	样品数量	检测方法	执行标准	检测所需时间
1	＊硫化氢	10L	纳氏试剂分光光度法	HJ 533	3h
2	＊甲硫醇	10L	气相色谱法	GB/T 14676	3h
3	＊甲硫醚硫化氢	10L	气相色谱法	GB/T 14678	3h
4	＊二甲二硫	10L	气相色谱法	GB/T 14678	3h
5	＊二硫化碳	10L	气相色谱法	GB/T 14678	3h
6	＊氨（NH_3）	10L	气相色谱法	GB/T 14678	3h
7	＊三甲胺	10L	二乙胺分光光度法	GB/T 14680	3h
8	＊苯乙烯	10L	气相色谱法	GB 11737	3h
9	＊臭气浓度	—	三点比较式 臭袋法	GB/T 14675	1h

在数字政府的范畴下，我们以 2012 年安徽省新安江流域生态补偿事件为例：在浙江和安徽两省经济迅速发展带来的压力下，被誉为国内水质最好湖泊之一的千岛湖入境水质也呈缓慢恶化趋势。特别是在 2010 年 5 月，部分湖面曾出现了蓝藻异常增殖现象，这为千岛湖的生态恶化状况敲响了警钟。监测数据显示，2001—2007 年，千岛湖入境断面截口的水质以Ⅳ类为主，2008 年已转为Ⅴ类，个别月份总氮指标曾达到劣Ⅴ类。

从上述事例描述中，能够直接被人感觉的现象有：千岛湖湖面蓝藻异常增殖，引发了水华现象，伴有阵阵怪味。蓝藻水华现象如图 3 - 8 所示。

图 3 - 8　蓝藻水华现象

在环境问题所产生的现象中，多数需要通过仪器进一步测量，此事件中的蓝藻水华也需要进一步对水中的各项指标成分进行测量，具体如表3-3所示。

表3-3　某水域蓝藻期间水质检测数据表

年份	氨氮	总磷	总氮
2014	0.58	0.109	1.85
2015	0.41	0.111	2.04
2016	0.46	0.098	1.80
2017	0.42	0.088	1.94

二、问题的根源

根源是问题产生的直接原因，问题的根源和现象是因果性关系，问题的根源是导致问题现象产生的原因，问题的现象是因为问题的根源所引发的结果。问题的根源分为两种：一种是直接的物质原因，是指物理的、化学的、生物的等导致现象产生的最直接的原因，比如导致雾霾的直接原因有汽车尾气、工业排放、建筑扬尘、垃圾焚烧等。另一种是相对间接导致问题现象产生的社会原因或规则等，是根源从物质原因走向了非物质原因的过程，这里的规则可以是法律、自然规则、技术规则等，根源都是因为对已有的相关制度、法律、规则、原理等不执行、不遵循而导致的。例如，汽油、煤油等火灾发生的时候，要救火，如果使用水灭火，则会导致火势越来越严重，而要选用其他救火方式来灭火，例如干粉灭火器、沙土掩埋。这是由原理决定的，因为水比油的比重大，油浮于水面之上跟氧气接触仍能继续燃烧。

在上述江苏省连云港市聚鑫生物公司"12·9"重大事故案例中，通过对事故相关信息的进一步搜集：连云港聚鑫生物科技有限公司一车间尾气处理系统的氮氧化物（夹带硫酸）串入1#保温釜，与加入回收残液中的间硝基氯苯、间二氯苯、1，2，4-三氯苯、1，3，5-三氯苯和硫酸根离子等形成混酸，在绝热高温下，与釜内物料发生化学反应，持续放热升温，并释放氮氧化物气体（冒黄烟）；使用压缩空气压料时，高温物料与空气接触，反应加剧（超量程），紧急卸压放空时，遇静电火花燃烧，釜内压力骤升，物料大量喷出，与釜外空气形成爆炸性混合物，遇燃烧火源发生爆炸。由此，分析出问题的直接根源是保温釜内高温物料喷出与空气形成的爆炸性混合物遇燃烧火源爆炸，间接根源是保温釜操作人员未能对出现异常现象做出正确处理；未执行变更管理要求，擅自变更设备、改造系统等（擅自取消保温釜爆破片，使设备安全性能降低；擅自更改压料介质，擅自改造环保尾气系统，造成事故隐患）。

在2012年安徽省新安江流域生态补偿事件中，我们通过对事件信息的进一步搜集可知，千岛湖是新中国成立后第一个自力更生建设的大型水利枢纽工程——新安江水电站1959年建成蓄水后形成的人工湖，位于浙江、安徽两省交界处，68%以上的水来自安徽境内新安江流域。而在安徽境内的新安江流域氮、磷污染严重，浙皖交接断面水体总氮、总磷指标严重超标，入境断面接口水质达到V类水质。可分析出问题的直接根源是新安江水质污染严重，农业废水、工业废水、企业废水等排放均超标；新安江流域非法采砂船只、捕鱼船只、运输船只等排放不合格或超标，破坏流域生态；新安江流域渔业发展过量，影响了流域生态，鱼饲料也造成了污染；新安江流域部分村庄的住房离水体较近，造成了生活污水的直接排放、倾倒；等等。间接根源是流域内各区域政府偏重辖区利益和官员私利，往往采取默许或者自觉支持的地方保护策略，这种明显的"地方保护主义"使得生态补偿难以有效实施；未按照《环境保护法》、安徽省生态补偿基金制度落实生态保护补偿资金。这些原因造成了安徽境内的新安江流域总氮和总磷的指标严重超标，也就进一步造成了新安江流入浙江境内包括流入千岛湖的水污染，产生了蓝藻水华的现象。

三、问题的症结

症结是根源问题中最关键、起最重要作用的因素。

在上述江苏省连云港市聚鑫生物公司"12·9"重大事故案例中，我们通过进一步搜集事故的主要原因，得出事故发生的主要原因包括：安全管理混乱、装置无正规科学设计、违法组织生产、变更管理严重缺失、教育培训不到位、操作人员资质不符合规定要求、自动控制水平低、厂房设计与建设违法违规等。

再对大量同类原因造成的危化品爆炸事故进行分析，可以分析出问题的症结是：涉事企业为追求经济利益，在未取得危险化学品安全生产许可证的前提下，违法违规生产。并且为了经济利益擅自更改压料介质，擅自改造环保尾气系统。归根结底，就是企业为了追求经济利益而不顾安全生产原则造成的事故；同时，地方政府为发展地方经济，对企业违规行为"视而不见"以及政府官员权力寻租等。

在2012年安徽省新安江流域生态补偿事件中，我们对前面已经找到的问题根源进行进一步的分析可以发现，新安江大部分的污染是工业、农业、企业、采砂、捕鱼、运输、渔业养殖等获得经济行为造成的，这些行为都是必然的。新安江是生态补偿区域，在生态补偿区域持续出现这一系列的污染问题，以及造成污染的行为，也就是说，这个问题的症结点是生态补偿的问题。因此，这个问题的症结在于生态补偿制度的不足、缺失，造成生态治理实际执行无法可依；生态补偿资金的来源过于单一、资金不足，造成补偿标准过低、生态补偿不到位，受偿者所得补偿款与其实际损失相比差距过大，导致受偿者驱动力不足，无法驱动造成污染行为的主体不进行污染行为或减少污染行为，因而导致新安江的生态治理反复。

由此可以看出，症结问题都是和关键要素的内生动力有关。而内生动力是与内禀价值相关联的，与原有的利益机制、利益关系相关。原有的利益格局、利益机制、利益关系如果得不到改变，则无法激发内生动力。内生动力问题不解决，症结性问题也无法得到缓解、解决。

四、问题的解决

问题的解决是主动系统的行为过程和对象系统的响应过程。

问题的解决需要方案的决策与执行。方案即关于解决问题的资源配置和行动计划，也就是主动系统中不同角色主体利用职能范围内的物质、非物质资源对对象系统实施对策的行为。方案要达到方案适用、执行有力就必须依靠部门的决策支持与执行、办公室的信息保障和领导的决策、指挥与协调。同时，问题的解决是通过对对象系统状态的不断监测与反馈中表现的，这里的监测与反馈就是我们在第三节中提到的组织行为中监测对策的闭环行为模式。在监测与反馈的过程中，如果解决问题的方案出现根本性缺陷，则进行新一轮更进一步的决策程序；如果解决问题的方案不存在根本上的缺陷，则继续完善执行行为，促进问题的根源与症结的解决。

前面我们讲到问题是用指标刻画的，问题的缓解、解决也是可以用指标进行量化的，当指标值达到与理想值差异最小的时候，则意味着方案中主动系统主体在一定时空内采取的行为、利用的客体在对象系统中根源性的问题的解决、涉及内生动力的症结性问题的解决、现象的缓解或消失中发挥了正向作用。这里我们要注意的是问题的根源在被解决的时候，也意味着其现象得到了消失或缓解。症结性问题往往被放在稍后的位置进行处理，在利益格局、利益机制、利益关系不得不调整的时候，才涉及症结性问题的解决。同时，对于问题的症结的解决来说，利益机制、利益格局如果不改变，则无法激发内生动力，而调整后的利益机制、利益格局也需要进行制度创新变成体制、制度稳定下来，才能实现内生动力的长效化，才能从根本上解决问题，避免问题的重复出现。

在本节"问题的根源"中，在数字产业的范畴下，我们从江苏省连云港市聚鑫生物公司"12·9"重大事故案例，分析出问题的根源是：保温釜操作人员未能对出现异常现象做出正确处理；未执行变更管理要求，擅自变更设备、改造系统等（擅自取消保温釜爆破片，使设备安全性能降低；擅自更改压料介质，擅自改造环保尾气系统，造成事故隐患）。通过对案例的分析我们发现这是涉及企业内部管理的一起事故，本案例中主动系统主体是连云港市聚鑫生物公司（以下简称聚鑫公司），其对象系统主体也是聚鑫公司。结合前面我们对自然人与法人、自然人的生物本能行为和社会组织（法人）的组织行为的分析，这个事故中承担组织机构生产安全管理职能的聚鑫公司主要负责人与安全生产管理人员为主动系统的主体，对象系统的主体是聚鑫公司的保温釜（特种设备）操作人员。那么，为了解决本次事故根源制订的方案是：首先，聚鑫公司需要严格执行危化品安全生产许可的标准，依法、依规进行危化品的生产、经营，安全生产管理人员进行内部监管。其次，安全管理人员需要对公司的生产设备、压料介质、生产系统等进行深入监管，对于设备的变更、改造系统等，在进行变更和改造前就进行管控，依法依规申请，申请通过后再进行变更，若未获得批准，不得擅自变更或改造。对未获得批准的行为进行高风险预警，并上报公司主要负责人。最后，需要根据历史类似的危化品事故进行分析，找出其中保温釜的异常操作都有哪些，需要针对这些异常操作做出正确的处理手册，并对操作人员进行相应的培训，要求操作人员严格自身要求，积极学习专业操作规范、落实制度要求，在操作特种设备时，不违规操作。同时，这些解决路径需要并行执行，并由公司最高层领导签发相应的管理制度，在公司内部严格执行该制度。若是公司已有数字化系统，则建议在数字化系统中，增加对于本次事故根源——生产许可、设备变更、系统改造、异常现象操作等进行全量、实时、在线的监测，并在数字化系统中预置相关的法律法规、技术标准、管理准则、生产要求、工艺手册、历史事件等知识信息，系统结合监测的事实信息进行实时的判断，及时的预警、告警，为管理人员提供及时的信息支持。无论是聚鑫公司为解决问题而做出的实际行为还是数字化系统的建设监督，最终的行为结果和数字化系统的使用结果都需要与执行前的情况进行对比分析。领导和安全生产管理人员根据执行结果对后续的执行目标进行制定，若执行结果偏离目标或执行效果较差，则需要调整后续的执行行为和数字化规划，若执行效果良好，则可继续执行。这就在聚鑫公司内部形成了一个为了解决事故问题进行监测对策能力和数字化能力的提升，制定目标，执行反馈，持续优化改进的闭环管理，最终实现根源性问题的解决。同时，在主动系统主体执行行为的过程中，对象系统主体即操作人员也需要积极响应、落实制度要求，共同促进问题的解决。

在本节"问题的症结"中，在数字政府的范畴下，我们以 2012 年安徽省新安江流域生态补偿事件为例，分析出问题的症结是：生态补偿制度的不足、缺失，造成生态治理不达标；生态补偿资金的来源过于单一、资金不足，造成补偿标准过低、生态补偿不到位，受偿者所得补偿款与其实际损失相比差距过大，导致受偿者驱动力不足，地方保护主义、政府官员权力寻租等无法驱动造成污染行为的主体不进行污染行为或减少污染行为，因而造成新安江的生态治理反复。

事件中的主动系统主体是安徽省政府及省政府相关部门（包括自然资源厅、农业农村厅、生态环境厅、水利厅等），对象系统则是造成新安江流域污染的相关企业法人（如运输公司、养殖场法人）和其他自然人（如渔民、村民）等。基于主动系统主体，也就是安徽省政府主管国土空间生态修复的自然资源厅所属职能，依赖于省政府的各类物质资源和非物质资源的客体，需要对安徽省政府对于新安江流域污染的监测对策能力进行提升和改进。而本次事件的症结是因为生态补偿问题造成的，那么就要从生态补偿入手解决这个问题。首先，通过申请财政款项、谁污染谁治理等手段增加生态补偿资金的来源。然后调研新安江流域居民的经济收入组成及年平均收入，据此制定出合理的生态补偿政策。同时，要通过创造其他就业条件，比如旅游、农家院等方式增加新安江流域居民的收入。对于污染企业，则通过环保工艺技术的提升和政府补助环保工艺设备的方式，降低排污至合理水平。对于整个新安江流域的沿线进行统一的岸线整治制度，并对其中的采砂、渔业、船只等限制发展业进行严格管控和监督。通过这些综合手段将新安江流域的污染症结破除，若政府已有相应的数字化系统则建议增加对新安江流域的视频监控、移动监控、预测预警、抽查检验等，并同时打通生态补偿执行相关部门的异主异地异构的系统，将系统之间产生的数据、数据的调用和业务关系的实现关联起来，实现信息系统之间的互联互通互操作，高效地执行所有的业务指令。在实体和数字化双重监测对策能力提升的情况下，为了更有效地完成生态补偿的执行，这些手段和方法都必须以制度化的方式安排，鉴于本事件的主动系统主体，这个制度应该由省政府办公厅签发，这样，解决的措施才能够得到及时、有效的落地执行。而这些执行也需要相关企业的积极配合，落实制度要求，规范自身行为，同时，执行的效果会通过新安江流域的生态状态和考核结果等形式反馈出来，根据这些反馈结果也可以进一步地指定下一个周期的治理目标和解决措施，不断地优化执行，形成了一个闭环的反馈过程，从症结上彻底地解决了这个问题。

第五节　目标约束

前面一节我们说到推动两系统发展需要动力驱动和方向把控，问题是动力驱动，目标就是方向把控。目标是对未来要实现、改变的状态的一种设定，同时也是一种对未来状态的量化描述，这种量化涉及相应任务的指标。总的来说，在确定任务的前提下，目标包括两个方面，一是要确定解决的问题的范围，二是界定范围内的问题的解决程度。例如，新冠肺炎疫情期间，湖北省新冠肺炎疫情防控指挥部提出的"应收尽收，应治尽治"，其目标就是解决全省新冠肺炎定点医院和各级各类医疗机构发现的疑似和确诊病例的收治问题，还有就是做到所有疑似和确诊病例的收治，确保一个都不遗漏，确定了解决问题的程度。例如，针对保健品直销企业发布虚假广告问题，全国目前在商务部注册的保健品直销企业一共有91家，那么解决问题的范围就可以确定了，即解决这91家企业发布虚假广告的问题；另外，在确定了范围的基础上，依据相关法律法规，解决虚假广告问题的程度则可以确定为，这91家企业全部（即100%）不以任何介质出现虚假广告的问题。前两个例子均为百分之一百解决问题的情况，而实际上同样存在现阶段无法百分之百解决问题的例子，如2020年安徽省计划提高基础教育的毛入学率，当下安徽省毛入学率的现状是百分之八十，那么实现毛入学率百分之百则是最为理想的状态，但安徽省现阶段的条件和资源还不足以完成百分之百的毛入学率，所以安徽省将毛入学率从百分之八十提高到百分之九十作为现阶段的目标，在这个例子中，解决基础教育毛入学率问题的范围确定，即安徽省；解决问题的程度确定，即百分之九十。

在确定了要解决的问题及解决问题的程度之后，主动系统会针对要解决的问题和解决问题的程度设定要实现的目标，主动系统依据设定的目标进行资源配置和行动计划，以解决问题、实现目标。

本节在阐明目标对实体空间和数字空间中相关要素及信息资源的约束原理基础上，详细叙述在实体空间和数字空间相关范式要素具备什么样的条件可以促进目标的实现。

一、目标的约束作用

目标是有限的、确定的。不是一切问题都要解决，要选定特定问题。同时，受各种主观和客观条件限制，问题的解决也有一定程度的限制。这种对问题的范围和程度的有限锁定即为目标。目标是一种设定的、要去实现的未来预期的状态。

目标约束体现在两个方面，其一是实体空间中对任务中两系统五要素的约束。特定的问题以及特定的问题的解决程度，决定了解决问题的方案是特定主动系统主体制定有限物质与非物质资源配置的方案采取特定行为在有限时间、有限空间内的问题解决。例如，新型冠状肺炎疫情期间，将疑似患者隔离、确诊患者按照病情轻重程度进入方舱医院以及其他定点医疗机构进行诊治，这就是将问题确定，同时确定了问题的解决程度，方舱医院只入住轻症患者，ECMO为出现严重呼吸困难的危重症患者提供救助，这样分级分类的诊疗，确保了患者的及时救治。

其二是数字空间的目标约束。当问题确定之后，就约束了发生问题的对象系统中的实体信息、属性信息等能够刻画问题范围和解决程度的信息、数据的类型和数量。目标还约束了数字化过程中，进入自动化控制过程的不同角色所需的事实信息和知识信息的来源、类别、数量，约束信息系统处理这些信息的能力要求、约束输出的信息的类型、数量。

二、目标实现的条件

目标实现的条件就是问题解决的方案。目标实现的条件是从主动系统出发，根据问题的范围和问题解决的程度，制订解决方案，约束主动系统所需的人力、物质与非物质资源、采取的行动、行为开展的时空条件。如果通过监测对象系统的状态，当反馈到系统认为方案本身有根本性缺陷时，会自动启动决策程序。如果不涉及方案的根本改变，只需再完善方案的执行。而这种反馈，是需要依据知识来决定是否遍历一切角色，还是仅是部分角色。

如在聚鑫公司爆炸事故中，为防止事件再次发生，严格生产设备、操作人员管理，聚鑫公司主要负责人及生产管理人员采取的严格监管、生产设备、操作行为的全量实时在线监管等措施就是目标的实现条件，具备了这些条件就能向目标不断接近，同时，在此过程中，对生产设备、操作人员等的实时监测和反馈，适时调整执行方案，也为制定下一步目标提供依据。

在安徽省新安江流域生态补偿事件中，安徽省政府采取的调整政策、增加生态补偿资金渠道、为周围居民创造就业条件等措施是实现新安江流域生态保护的条件，这些措施被落实之后能不断完善生态环境治理，同时通过水质、环境监测、反馈，安徽省政府合理调整目标、措施，从症结上解决生态环境问题。

第六节　事实激活

在生物学上，激活是指刺激机体内某种物质，使其活跃地发挥作用，如某些细菌侵入人体能激活免疫细胞反应；在工业系统中，工控"指令"能激活工业系统的自动化运转；同样，在人类经济社会活动的基本模式中，具体行为模式的展开，也都是由特定的客观事实信息引发、激活。在信息社会，实体空间的相关主体、行为、客体、关系等映射数字系统，结合预置知识，由被编码化了的事实信息，输入数字系统，激发了数字系统的运转。数字系统的激活不是泛化的激活，需要在特定任务语境、用特定的事实信息，结合了特定的预置知识，实现特定数字系统的运转，解决特定问题，达到预期目标，完成特定任务。

一、社会体系激活

提到"系统激活"，我们首先想到的是工业系统的激活，工业系统自动化运行，需要工业控制"指令"来启动（激活）。工业自动化就是机器设备或生产过程在开始阶段进行人工启动或自动启动（激活），后来在不需要人工直接干预的情况下，按预期的目标实现测量、操纵等信息处理和过程控制。例如，烟雾报警自动消防喷淋系统，一种在发生火灾时，该系统监测到空气出现烟雾或升温异常，自动打开喷头喷水灭火并同时发出火灾报警信号；又如自动门控制系统，该系统可以将人接近门的动作（或将某种入门授权）识别为开门信号的控制单元，通过驱动系统将门开启，在人离开后再将门自动关闭，它是对开启和关闭的过程实现控制；再如，我们启动车辆，按点火按钮或转动车钥匙，激活了发动机运转，等等。上述案例中，出现"烟雾""升温异常""人接近门的动作""按点火按钮或转动车钥匙"都可看作特定工业系统的启动（激活）条件。

我们希望社控系统像工业系统一样实现自动化运行，履行监测和对策循环模式，必然需要一定的启动（激活）条件。人类经济社会活动是由既定事实引发的。社会体系存在的事实一般以三种状态呈现，即发展态、秩序态、突发态。在社会历史发展的过程中，是由发展的、欠发展的、合规的、不合规的事实、突发的事实激发向前不断发展，社会中出现的欠发展的、不合秩序的、突发的不稳定的事实因素，会危害到社会个人或组织的生存和发展，是刺激社会中的个体或组织参与到维护社会发展，保障社会秩序管理中的动力。这些欠发展的、不合秩序的、突发的不稳定的事实因素激活了社会体系的运转，激发了社会中的个体、组织的内生动力，促使他们参与到具体任务中，履行使命和职责，维护自身、组织的利益。

例如，面对这些欠发展的、不合规的、突发的事件，就会激活政府部门的使命和职责，这是由政府本身的价值属性所决定的。同时市场中市场主体出于自身利益、遵守政府管制等因素而主动、被动地采取行为参与社会秩序和发展的管理中。以新冠肺炎疫情为例，面对突发的公共卫生事件，政府部门的使命与职责是维护人民的生命健康安全，因此，政府部门会派出志愿者、领导干部下沉一线，严格管控人员流动，在这个过程中，我们通过新闻可以了解到，社区居民为了维护社区利益、自身生命安全，也自发地对相关志愿者、领导干部的行为进行监督，同时也充当着志愿者的角色，参与到社区安全维护当中。这一次疫情的出现，激活了社会系统中的个体与组织，全民都参与到了这一次抗疫之战。还比如，在这次疫情中，一些企业开辟口罩生产线或转行生产口罩，这些企业在疫情期间精准把握市场需求，调整投资和生产行为，都是由"新冠肺炎疫情"这一事实激活。

二、数字系统激活

在信息社会，实体空间的相关主体、行为、客体、关系等映射到数字空间的"范式"中，结合预置的知识，激活社会体系的事实信息被"编码"化、数字化后进入数字空间"范式"中，激活了数字系统运转。

信息系统里面有两系统五要素、问题、目标的预置的相关知识，如果没有特定任务语境下的、目标约束下的相关事实进入系统，系统是静止不动的，就不是我们所说的人类完成一个经济社会活动任务本身的自动化、协同化、知识化。

系统不是孤立的系统，通过任务相关联的系统互联互通互操作，各个系统才能运转。只有特定任务下的特定对象系统实时状态信息和主动系统实时监测对策信息进入信息系统，才能实现系统反馈控制过程，才能实现任务过程的自动化、协同化和知识化。

例如，我们通过信息技术手段获取的车辆在某路段实时行驶速度，结合我们在系统中预置的该路段规定最高行驶速度（120km/h），判断该车辆是否超速行驶。假如，通过信息技术手段获取该车辆行驶在该路段，实时行驶速度为130km/h，超速事实激活该系统判定该车辆超速行驶，该车辆超速信息和通过监控设备（道路或车载）识别出驾驶人信息，自动关联已经预置在系统的车辆及驾驶员证件注册等信息，该驾驶员超速行驶的信息自动发送至驾驶员驾驶证注册的公安交管系统，基于预置的超速信息扣分知识规则，对该驾驶员证件自动扣分，同时超速信息和扣分处罚信息发送至该驾驶员手机，相关超速及处罚信息同样可以发送至该驾驶员利益相关人，比如保险公司、直系亲属等，促成社会不同的主体协同对该驾驶员"监管"，促使该驾驶员合规驾驶。

第七节　知识制导

信息系统由编码实现的应用软件和数据构成，数据是信息的数字化表达，信息在实体经济社会中分为事实信息和知识信息，特定任务的事实信息进入信息系统后，需要通过知识来引导、控制、制约行为向目标不断接近，从而实现目标的正确性、精准化和高效化。在软件和事实信息、知识信息的共同作用下，通过信息系统对实体经济社会活动进行控制和反馈，进而实现解决问题、实现目标、完成任务的过程制导、结果精准、效率倍增。

上一节讲了事实信息对信息系统的激活作用，本节将描述知识信息对信息系统的制导作用。

一、程序性知识和描述性知识

从哲学角度看，知识是人脑对客观世界的主观反映。从心理学角度看，知识是个体通过与环境相互作用后获得的信息，广义的知识分为陈述性知识和程序性知识，陈述性知识是描述客观事物的特点及关系的知识，也称为描述性知识，程序性知识是一套关于办事的操作步骤的知识，也称为操作性知识。在领域知识工程学中，知识是人对实体经济社会的事实和实体经济社会运行变化的规律的认识，划分为两个维度，描述性知识和程序性知识。描述性知识是描述客观世界"是什么""为什么"和"怎么样"的知识，也就是反映事物的性质、内容、状态和变化发展的原理、原因、缘由的知识。描述性知识主要通过语言或视觉化的方式来表达，比如，"中国的首都是北京""鸟是有羽毛的动物""为什么天是蓝的云是白的""如何预防新冠肺炎"。程序性知识是一套关于办事的操作步骤的知识，这类知识主要用来解决"做什么"和"如何做"的问题。程序性知识通过实践获得，如驾驶飞机的技术，快速记忆的方法。

程序性知识是在描述性知识的基础上推导、证明得出的，任何程序性知识都有描述性知识的原理支撑，例如，解方程首先要知道等式两边平衡的规则，对这一规则的表达就是描述性知识，而关于解方程的过程的技能则是程序性知识，了解方程的规则是获得解方程的技能的基础。人类经济社会活动过程本身，无一不是由程序性知识制导的，人在洞悉原理后，将描述性的知识转化为程序性知识，指导解决实践中的问题。比如，在雾、雨、雪等低能见度底的气象条件下，驾驶车辆应开启雾灯而不能使用远光灯，原因是雾灯的波长比较长，可以尽量减少衍射，让更多有效光线穿过浓雾、微小水珠，雾灯的光线是发散的，而远光灯的光线是汇聚在一起的，很难穿透浓雾、水汽，高亮度的灯光打在雾气上面，产生丁达尔效应，能让前方的雾气变成一堵光亮的"墙"，从而妨碍驾驶员观察路面情况。依此原理，《中华人民共和国道路交通安全法实施条例》第八十一条规定，机动车在高速公路上行驶，遇有雾、雨、雪、沙尘、冰雹等低能见低气象条件时，应开启雾灯。这就是基于原理性知识转化为法律规范（程序性知识）来规范人的行为。又如，在普通人的意识里，只要着火就应该用水来灭火，而在了解水与不同物质的反应原理后，我们知道有些火灾不能用水扑灭，如汽油火灾，其原理是汽油的密度比水小，如果汽油着火用水扑救，密度大的水往下沉，轻质的汽油往上浮，浮在水面上的汽油仍会继续燃烧，并且汽油会随着水到处蔓延，扩大燃烧面积；又因为二氧化碳能够起到窒息和冷却作用，所以遇到汽油着火时，可用二氧化碳灭火器灭火。

社控系统或信息系统的控制过程中起制导作用的主要是程序性知识，无论是人的遵法守法，还是机器的自动控制，这些都是规定好的，都属于程序性知识制导的范畴。但是，程序性知识是不完美的，人的经济社会活动越来越复杂，不断出现新的活动，这时就会产生新的程序性知识。新的程序性知识同样来源于描述性知识。描述性知识有两种状态：一种是现有的成果足够制定新的程序性知识，二是不够或没有描述性知识，科学研究还没到那一步，这时就对科学研究提出新需求，由此产生知识的原创，知识的原始创新由此开始。领域知识工程学不光是识别和集成现有的知识形成知识解决方案，更重要的是能够发现、指出实践当中所需的、所缺的、具体的描述性知识和程序性知识，指出创新点、发力点在哪，以及创新以后的价值点在哪。

二、知识制导的作用和方式

制导是自动控制中的概念，有制约、引导、控制的含义。知识制导就是用既成的描述性知识和程序性知识来主导、引导、制约、规范、强制行为的方式、方向、结果。知识制导的目的在于在任务中实现目标的准确性、精准化和高效化，从而还可以实现自动化。一切自动化控制都是因为有知识规则（程序性知识）的制约、引导，信息系统的自动化过程其实就是知识制导的数字化，也就是软件化与数据化。将人类社会实体空间中的知识制导关系数字化，通过自动化、协同化，实现在数字空间的效率倍增。

现实空间是一个充满规则的世界，客观世界中的五要素都有相应的规则，规则即上文描述的程序性知识，在特定场景下，使五要素按规则运行，这就是制导。制导主要针对的是特定主体的特定行为，利用知识进行制导是为了规范行为过程，制约行为在正确的时间、空间下开展环节之间的互动。从实体空间中人的角度来看，在社会活动中法律法规制约、引导人的行为动作、行为规范，使主体行为合规，比如，法律规定"红灯停　绿灯行"，行人及行驶车辆都需要遵守规则，在交通灯为红色时停止行走，绿色时继续行进。

在信息系统中，一切要素都可以被控制，使其按规定好的路径去达到目标。在特定任务中，系统中的单一要素和所有相关要素的行为规则全部被指令设定好，通过预先设置好的规则使每一个系统要素和相关的系统要素协同，共同实现目标，这一过程没有人为干预，通过自动化、协同化、精准化实现效率倍增。例如，无人驾驶，就是将安全行驶路线、道路线条的识别、车辆位置和障碍物信息的识别等一系列知识规则预置在车载传感系统中，使系统能够感知环境信息，控制车辆的转向和速度，从而使车辆能够安全、可靠地在道路上行驶；泊车辅助系统靠的就是倒车雷达，通过使用声呐传感器，监测车辆周围因素，并通过声音给予司机警示，引导司机将车停在正确的位置。

知识制导是一个推理、判断、调用规则的过程，这一过程中运用的所有规则都是确定的，并已预置在知识库中。事实信息进入系统后，通过描述性知识和程序性知识判断事实状态，由此产生新知识信息，并判断事实的合理性、合规性，然后针对判断结果调用行为规则，对相关主体发出指令，使其执行后续动作，如果事实合规系统就可维持前期状态继续输出信息，不合规就要进行矫正。

知识制导的作用是通过监测对策的反馈方式来实现的，反馈的依据是持续、无限地接近目标。在系统中行为发生的时间、地点、利用的资源、实施的主体都是由描述性知识和程序性知识规定好的，监测对策就是对事实信息作出响应、反馈，针对问题、根源、症结以及主动系统的方案、计划这两个事实信息不断进行判定、反馈，通过决策的执行与完善，始终保持输出行为的结果接近目标而不是偏离目标。在监测对象状态的过程中，对每一次行为的结果就可以靠预先设定的目标的偏离或接近进行判断，系统不断反馈判断的结果，当反馈到系统认为方案本身有根本性缺陷时，会自动启动决策程序。如果不涉及方案的根本改变，已经决策了的就不要改变，只需再完善执行，如果方案与问题关联性不够，方案本身有缺陷就要启动决策程序，方案改动不大就是小决策，如果方案改动大甚至更换方案，就是一次更高层次、更复杂、更苛刻的决策，决策不能随便推倒重来，监测对策的反馈方式，要便利一切决策的反馈还是便利部分决策的反馈，都是由做好的知识规则来判定的。

例如，盲降系统，亦称为仪表着陆系统，它由一个甚高频（VHF，雷达波段）航向信标台、一个特高频（UHF，雷达波段）下滑信标台和几个甚高频（VHF）指点标组成。信标台和指点标都是引导飞机着陆的机场地面设施，航向信标台负责给出与跑道中心线对准的航向面，下滑信标台则给出仰角 2.5° ~ 3.5° 的下滑面，这两个面的交线就是飞机进近着陆的准确路线；同时指点标沿下降路线提供校准点，即距离跑道入口一定距离处的高度校验。从建立盲降到最后着陆，如果飞机低于或高于盲降提供的下滑线，盲降系统就会发出警报并做出修正以确保飞机进近着陆的准确性。在飞机的降落过程中，通过对飞机的飞行方向、飞行高度、下降角度等一系列规则的预置，指引飞机根据预置的路径调整自身位置，使飞机沿正确方向飞向跑道并平稳下降，这就是知识制导的过程。

又比如老人儿童使用的防走失的 GPS 定位器，在定位器中设置监护人或紧急联系人信息，当老人或者小孩遇到危险或者紧急情况的时候，按下 SOS 求救按钮，系统就能第一时间通知紧急联系人，并自动拨打紧急联系人的电话并进行远程通话，或者远程听音；另外可以给定位器在位置服务软件中设置一个安全范围，当老人或小孩超出此范围时，定位器会第一时间发消息给监护人，提醒已经超出安全区域。

第八节　任务赋值

人类的经济社会活动不是泛泛存在的，是根据特定领域的问题而来，是有渊源的和有边界的，也是可以被预设、被结构化和量化的。我们认为的任务赋值是指主动系统针对特定被动系统的特定问题，采取相应的措施和手段，从而解决问题的过程。任务赋值就是真实发生的系统过程，系统过程中的所有要素都是明确和定量的。以政府环境治理为例，主动系统主要是生态环境部门，被动系统是工业、农业、生产服务等污染源、重金属、化学品等污染物和水、土、气等纳污介质。从一般规律而言，主动系统从认识问题、发现根源和症结、提出方案措施，到有效解决问题，是有预见性的，是可以被预设和规划的，比如政府管理、企业管理、质量管理等。我国坚持社会主义制度的一大特点就是制订预设性的规划，从每五年一次党的代表大会报告，到国务院每五年发布的国民经济和社会发展规划纲要，再到每一年总理做的政府工作报告，都是对一定时期内的国家建设发展的任务提出规划和要求。每一项重大任务，往往都要对任务进行细化分解，比如十九大报告是在全局宏观层面对国家整体发展的规划，而《中共中央关于坚持和完善中国特色社会主义制度、推进国家治理体系和治理能力现代化若干重大问题的决定》是作为十九大报告中的关于"国家治理能力和治理体系现代化"的分解任务单独存在，而这个子任务中还有更多的孙任务，每一项孙任务都明确了任务目标、执行年份、牵头负责领导、牵头责任单位、协同责任单位、指标名称、指标类型、指标值、指标单位、执行区域、任务类型、任务来源等元素。任务的实施需要明确解决问题的方案即解决特定问题需要的资源配置（物质资源和非物质资源）和行动计划的任务元素（主体、客体、行为、时间、空间）。实体空间问题的解决和任务的执行，可以通过信息化系统实现任务执行的自动化、协同化与知识化，从而指数级提升主体、客体、行为、时间、空间等要素关联能力，从而极大化地改善资源配置的效率。建立一个高效的满足问题解决和任务执行的信息化系统，关键在于提前预置和锁定资源配置及行动计划相关信息的数量、形式、频率等信息。以危化品监管中的硝基苯精制过程为例，难点在于及时识别硝基苯生产企业操作人员的违规操作导致的重大生产风险，以及实时触发危化品生产企业、应急管理部门的应急响应，这就需要预置风险特征、硝基苯生产规范、应急资源配置和行动计划，以及企业安全生产人员和政府的应急管理人员等信息，只有通过预置的知识信息才能高效保障任务赋值的过程。

一、任务的预设

任务是由领域和边界进行限定的，要描述真实发生的系统过程，就必须保证任务的确定性。而任务之所以能够被确定，是因为人都是有预见性的。抽象出来的问题有大小之分，而为了解决问题的任务也存在时间跨度、区域范围上的差异。任务总是被预设的，从制订到执行解决方案都属于任务的范畴。例如，党的十九大报告从战略层面对国家经济、社会主义民主政治、文化、民生、生态文明、国防和军队建设、"一国两制"、构建人类命运共同体、党的建设等作出宏观规划。之后每年的中央全会中的重要决议或讲话也是任务，都是在党的十九大精神的指示下开展的对于国家的阶段性的规划，如十九届四中全会通过的《中共中央关于坚持和完善中国特色社会主义制度　推进国家治理体系和治理能力现代化若干重大问题的决定》也属于任务。按照这一逻辑，信息系统可以根据其承担的不同职能初步确定角色功能。此时任务的预设是根据"三定"职能的规定而来，并将行为软件化的过程。"三定"职能是已经预设好的，因此，在系统中不同角色要完成的任务也是可以预设的。

任务赋值的前提是对任务的预设。任务的预设不仅体现在实体空间中对任务的预设，还体现在数字空间中对任务的预设。只有预设、赋值之后，在数字空间才能根据系统内的预置知识，结合实时的反馈，对任务的元素进行合规性判定，判定监测的对象系统的元素的指标与系统内预置的相关元素的指标是否一致、匹配，进而实现系统的运转，促进任务的自动化、协同化、知识化。

二、任务的结构化

确定好的任务还要在结构上进行横向和纵向的分解。横向上，按照任务的共性元素结构可以参考解构出任务名称、一级任务、二级任务、任务目标、执行年份、牵头负责领导、牵头责任单位、协同责任单位、指标名称、指标类型、指标值、指标单位、执行区域、任务类型、任务来源、起止时间、法律法规依据、领导批示、反馈时间、任务描述、处室任务、任务牵头处室、任务协同处室等元素。

纵向上，从宏观到微观，按照层级从高到低进行解构。任务是一个大的集合，区域范围确定后，不同层级的主体在不同范围内规划好、计划好被确定的问题、目标，这一系列行为都是任务，层级越高的任务越从宏观上去把握，层级越低的任务越涉及微观。例如，党的十九大报告中提出"社会矛盾和问题交织叠加，全面依法治国任务依然繁重，国家治理体系和治理能力有待加强"，"明确全面深化改革总目标是完善和发展中国特色社会主义制度、推进国家治理体系和治理能力现代化"。在此要求下，党的十九届四中全会通过《中共中央关于坚持和完善中国特色社会主义制度、推进国家治理体系和治理能力现代化若干重大问题的决定》就是对十九大的治理能力和治理体系现代化的发展要求的进一步细化。之后，各省委、市委在十九届四中全会决定的前提下，出台相应实施意见，例如，《中共福建省委深入贯彻〈中共中央关于坚持和完善中国特色社会主义制度、推进国家治理体系和治理能力现代化若干重大问题的决定〉的实施意见》，是对"国家治理能力和治理体系现代化"这一任务结合地方实际的进一步细化。由此可以看出，层次越低，对任务、区域、领域的规定就越详细、越具体。

三、任务元素的量化

任务元素的量化是从静态预设到动态实施的过程。任务元素包括范式中的所有要素，即两系统五要素、问题的选定、问题解决的程度、目标的选定、指标的确定及量化、解决问题方案的制订、决策过程中的需求、目标实现过程的推进等。

任务元素确定之后，要进入具体的系统发生过程，就必须对任务元素进行量化明确，实现从宏观整体到微观具体的落实，这个过程就是任务赋值的过程。任务赋值的过程是层层自顶向下的过程，例如，国家层面发布的任务计划，需要通过部门去实现落地，部门制订具体的任务之后，再由下属机构去执行；在具体的工作中，根据客户的区域、领域的层级，从总任务细化到部门任务中去。

第九节　数字倍增

在领域知识工程学中，数字倍增就是用数字化、网络化的手段，以自动化、协同化、知识化的方式，倍增政府、产业、社会各范畴中主体解决实体要素中各类问题的效能。数字倍增的本质就是，在信息社会中基于计算机、软件、通信技术的发展，人类超越了农业社会、工业社会中时间和空间对人的约束和限制，实现了具体任务开展的自动化、协同化。在领域知识工程学看来，任务所需要的、预置的知识越深刻、越丰富，仿真能力越强，自动化和协同化的水平越高，效率倍增的倍数越大，所以，知识化能够使实体社会的效应在自动化和协同化的基础上得到高倍提升。数字倍增就是范式实例的自动化，自动化实例的普及率越高，倍增效果越好，而实体创新后才有倍增的价值，其倍增效应将是指数级的。本章前八节描述了领域知识工程学中实体空间任务范式的基本概念，本节则介绍数字空间范式实例的自动化、自动化实例的普及化及实体创新产生的倍增效应。

一、角色和角色行为的数字化

数字化是信息社会的基本特征，从技术逻辑层面讲，数字化就是将许多复杂多变的信息转变为可以度量的数字、数据，再以这些数字、数据建立起适当的数字化模型，把它们转变为一系列二进制代码，引入计算机内部，进行统一处理的过程。在领域知识工程学的应用场景中，数字化包含两个方面，一是将实体经济社会一切客观存在的事实信息和人类对客观存在规律的认识的知识信息数据化，二是将实体经济社会中人的生物本能行为和社会组织行为软件化。在数字空间，人的生物本能行为全等于信息技术，如将视觉变成视频技术，触觉、嗅觉变成传感技术，社会组织行为全等于软件流程，如将执行业务中的办文、办会、办事、人事、财务等内部流程管理行为变成 OA 等软件中功能组件。将实体世界的实时信息和知识信息变成数据，将社会组织行为细分后的流程和自然人角色在流程上用到的生物本能行为耦合纠缠后变成软件，结合相应的信息技术，从而实现实体世界的数字化、自动化。

不论是实体空间还是数字空间，人的生物本能行为都要与社会组织行为相耦合。实体空间中，自然人通过社会化过程把生物本能行为和社会组织行为进行耦合。人类经济社会活动中的主体分为法人和自然人，法人主体（也可称为社会组织主体）按角色分为领导、办公室和职能部门，自然人行为即包含肢体行为、感官行为和思维行为的生物本能行为，法人行为即监测对策的社会组织行为，在实体社会中，自然人分布在组织角色中，并承担组织角色的具体行为。然而人的生物本能行为不能天然表现为实现社会组织行为，人的生物本能行为只有在学习和掌握特定领域的事实信息和知识信息后，才可以在特定领域的特定组织机构内去履行组织的行为，实现组织的使命。人的生物本能行为和社会组织行为通过任务所需的事实信息和知识信息实现耦合。

在数字空间中，信息技术可以实现人的生物本能行为的数据化、软件化，并在一定程度上替代人的生物本能行为，但是信息技术对人的生物本能行为的实现和替代不能直接等同于对社会组织行为的实现和替代，因为信息技术就是没有经过训练的"生物人"，就像人要经过社会化过程才能完成社会行为一样，社控系统/计算机系统也要把特定领域、特定任务相关的事实信息和知识信息数据化、软件化后，才能实现社会组织的各种角色的各种行为。社会组织行为是以特定领域、特定任务相关的事实信息和知识信息来表达的，特定领域、特定任务相关的事实信息和知识信息转化为数据进入系统，就是角色行为的数字化。例如，数控机床，将人和人的操作等事实信息与工件运动轨迹、工艺参数等知识信息转换成代码化的数字信息，数字信息输入计算机后通过计算处理对机床发出控制指令，从而对工件加工所需的各种动作，实现自动控制，由此完成工件的高效加工。

二、任务实施的自动化、协同化、知识化

特定领域、特定任务中角色和角色行为的数字化，就是范式实例实现自动化的前提。自动化是指用机器（包括计算机）代替人的体力劳动并且代替或辅助脑力劳动，以自动地完成特定的作业。机器能识别的语言有代码、指令、程序，所以将信息和行为以编码的形式进行数字化，机器才能进行自动化处理。数字化的对象包含实体空间的一切信息和人的一切行为。实体数字化后，人由"生物的人"而变成了"数字的人"，客体的物变成以信息和数据为载体存在的物，一切存在客观事实的信息和关于客观事实规律的知识信息变成数据，信息系统利用信息技术，将人的行为变成软件操作，实现和控制现实中的实体系统自动化，进而促使效率实现倍增。自动化解决了农业社会、工业社会在时间上对人类活动的限制，极大地提高了生产效率，如数控机床通过代码指令自动控制零件加工的各种动作，实现高效加工，又如 OA 软件将人的办公流程和操作转换成流程管理、会议管理、任务管理、项目管理等功能，实现自动化办公，改变了过去低效的手工办公方式，提高了行政效率。实例自动化能够提高实体社会的效率，将自动化实例进行广泛普及，实体社会的效率将成倍提高。比如盲降系统能在气象条件恶劣和能见度差的条件下向飞行员提供引导信息，保证飞机安全着陆，提高安全系数，当前中国省（区）局级及以上机场和大部分航站都已装有盲降，如果盲降系统在全国普及，那中国航空安全效能将成倍提升。

随着信息社会的发展，自动化程度不断加深，但各系统之间是离散的，实体效率倍增是有限的。在领域知识工程学视角下，由特定任务、特定目标关联起来的实体系统及系统要素之间是互联互通互操作的，以自动化的方式实现协同化，进而倍增实体效率。协同就是特定任务所关联的、分布在任何空间的角色在系统运行过程中相互协调与合作，共同推进任务目标的达成。协同化的实现是由于通信技术解决了空间的约束问题，它把一个任务相关的任何一组角色的行为以自动化的方式协同起来，使系统中的所有单体在同一个时间点上、在不同的空间做同样的事情，比如在网络时代，人类借助手机、电脑、卫星、无线局域网等通信设备，可在全球范围内甚至星际之间进行最短时间的协同。任

何一个范式的展开，任何一个范式的有效实例一定是一体化的，任务中的系统过程是一体化的、协同化的，人类社会的行为过程才是高效的，成本最低的，才能够满足解决特定问题的客观需求。比如数字政府建设中，改变以前行政审批单位按序逐家进行行政审批的模式，对涉及两个以上部门共同审批办理的事项，实行由一个中心（部门或窗口）协调、组织各责任部门同步审批办理的行政审批模式，做到"一窗受理、并联审批、统一收费、限时办结"，这一审批模式逐步实现了跨部门、跨区域、跨层级的业务的协同化，部门与部门之间、层级与层级之间、地域与地域之间的政务数据边界被打破，极大地节约了行政成本，提高了行政效率，并有利于实现资源共享。

在领域知识工程中，自动化和协同化的实现及其实现的深度取决于知识化的程度，计算机系统替代人处理事实信息、知识信息的范围越广、程度越深，自动化、协同化程度就越深。而数字空间实现知识化的深度、广度取决于信息技术自身的发展，即信息技术对人的生物本能行为的实现，以及在实现生物本能行为的过程中承载达到一定程度的任务所需的事实信息和知识信息的能力。没有信息技术的突破，就不可能代替更多、更深层次的人的行为。自动化、协同化、知识化的范围越广、程度越深，实体效率、效能的倍数就越高。人在解决问题的任务过程中实现自动化、协同化和知识化，其实质就是实体社会走向智慧化的过程。

三、实体创新的高倍效应

在信息社会中，特定任务的实施过程只要实现了自动化、协同化、知识化，实体的效率就是倍增的。数字倍增分为算术级倍增和指数（几何）级倍增，实体在创新或不创新的不同条件下，其倍增的倍率是不一样的。实体不创新也可以提高效率，创新后的倍增效益才是高等级的，创新后的数字倍增才是有价值的。没有数字倍增也要实体创新，因为信息社会自然会进入数字倍增的场景。实体创新不是理念、口号，是由制度来实现的。政府、产业、社会都是通过制度将创新物化的，通过制度物化的创新成果在社会中是普适的、不断重复的过程。

如前文所述，问题分三个维度，现象、根源和症结，从现象层面解决问题不能避免问题的再次发生，实体的创新点在于找到问题产生的根源和症结，通过制度创新进行措施前置，激发两系统的内生动力，从而消除根源和症结，倍增实体效应。我们以"11·3"兰临高速兰州南收费站重大交通事故为例，根据案件审判结果，事故发生的直接原因有重卡司机频发刹车导致刹车失灵、车速过快等，症结在于重卡司机内生动力不足。事故发生后重卡司机被判刑，这是相关机构对这一事故的处理结果，但这并不能从根源和症结上解决问题，为了避免同类事件的再次发生，可以从政府侧和对象侧两个方面着手充分调动司机的内生动力。一是政府侧协同监管，基于特定任务协同办理业务，并以数字化的方式实时共享事前、事中、事后的监管数据，如公安部、交通部门、应急管理部门等相关部门联合发布政策，利用导航软件实时定位车辆位置，监控车辆行驶速度，若超速行驶，则对司机进行扣分、罚款等处罚；二是让司机的相关利益方参与进来，如家属、运输公司、保险公司等，从情、理、利各方面调动司机的内生动力，促使其主动遵守交通规范。这是一种对利益关系、利益机制的创新，能够实现对重型卡车安全监管效能的倍增效应。

　　实体创新是领域知识工程的特点和追求的目标，领域知识工程实践不是把现有的数字化，而是把现有的创新之后再数字化。没有实体创新，实体空间没有解决问题的方案，就没有进行数字化的价值。在创新的基础上，使实体状态实现自动化、协同化、知识化，实体空间得到的效率倍增、价值倍增将是指数化的。

第四章　范式演化

任务范式中的范式代表的是经济社会活动中的行为模式，如果把人类经济社会活动看作一个复杂系统过程，范式的七个概念则是系统中顶层元素，是一种"面"上的分类，但是是一种抽象的、顶层的描述。在任务范式这一章节中，我们理解了抽象的、顶层的范式的要素之间的关系和作用，但是不能具体地走向实践。将任务范式进行演化，使其走向实践、走向实例、走向现实世界，需要中间过渡、转换。而本体构建就是这种中介、转换的形式。本体构建为任务范式向工程实践的演化提供了理论与方法的中介作用。

在走向工程化的过程中，本体构建的对象是信息资源。在第一章中，我们已经明确信息社会中的信息包括两类，一类是狭义的信息，即客观事物的表征，还有一类是人类对客观事物的感知与认知。这两类信息在现实生活中，人们都是利用发明的符号来记录、表达、承载客观世界中的信息的。例如，语言文字就是一种重要的符号的形式，人类可以利用文字记录信息，传递情感。而信息社会的其中一个显著特点就是把这两类描述客观存在、客观事实和关于存在的知识变成数据，信息通过符号的形式数据化，又通过计算机二进制编码实现信息的数据化。

在实现信息数据化的过程中，对人类经济社会行为的范式的认知、描述与实现都是通过本体实现的。本体是描述两系统的系统行为过程的知识体系，是由人从知识中抽象出来的，但在这之前，其本身已经存在于知识之中，可以理解为知识本来就是建立在本体的基础之上的。在形成知识之前，本体已经存在，经过人类文明的发展，逐渐形成了知识。由于知识的飞速积累，本体一定程度上被掩盖，而我们的本体构建则是要将本体从知识中萃取分析，通过建构本体表达人的行为过程。从知识中萃取本体的过程就是本体构建的过程，在这个过程中，人与机器都参与其中，萃取出来的本体依据不同本体属性在计算机系统中形成本体网，供后面的工程设计利用。

本章主要是在任务范式顶层概念构建好的前提下，通过构建本体，从"线"上进行分级分类，从顶层"类"的概念逐步走向实例，完成顶层抽象的、一般的概念到现实具象的、个别的工程化应用的转换，实现范式向工程实践的演化、过渡。同时从领域知识工程角度来讲，领域知识生产过程的工程化就体现在从范式的顶层概念到本体的分类分级，利用数字化，形成数据库，以达到范式向具体工程应用演化的过程中提供支撑的目的。

本章主要分为五节，分别是信息能力、本体构建、事实还原、事件建模、指标量化。第一节信息能力中首先描述了信息的基本含义以及信息的形式和内容属性，紧接着描述了信息在信息系统中的闭环流动，即信息的输入、处理、输出与使用效果，同时也描述了信息以数据的形式进入信息系统中的基本原理。在有了对基本的信息能力的了解之后，回归到范式演化的中介作用即本体构建的阐述。第二节本体构建中在明确领域本体含义的基础上，叙述本体构建的基本原则和构建方法以及本体构建形成的本体网的形态与应用。第三节事实还原映射了范式演化的本质。事实还原描述本体的事实还原基本原理，即本体和本体体系的构建根源于还原描述客观事实的事实信息，利用事实信息还原客观存在，同时基于任务选择不同类型的事实信息以更高程度地还原客观世界。第四节事件建模、第五节指标量化回答本体和本体间的关系如何在信息系统中应用的问题，也是对范式演化最终落地的具体描述。事件建模重点描述在建构本体的基础上，通过具体的事件中建构的本体及本体关系，形成事件模型，用于形成已经发生事件的控制框架、用来对未来同类事件的控制。同时在系统中预置定量描述事件业务模型的业界研究成熟数学模型，预设求解模型、训练模型常用算法。指标量化则基于任务定性的前提，进一步强调所有任务涉及的所有相关要素的确定性和可量化，同时也描述在计算机系统中如何实现指标计算的基本原理。

第一节　信息能力

随着人类迈入信息社会，信息系统大量出现并在人类经济社会活动中发挥的作用越来越重要，信息系统对信息的获取、利用能否有效解决问题、实现目标、完成任务，成为关注的话题。在这其中，信息系统对信息的获取、处理、利用集中表达为信息系统的"信息能力"。

具有完备的信息能力不仅顺应信息社会的发展，同时植根于信息社会，信息社会的信息化建设与发展为信息能力的建设也提供了可能。两系统的任何主体在解决问题实现目标的过程中需要信息能力，在信息社会这一点尤其突出；在信息社会中信息系统的普及与信息技术的发展也使建设信息能力具备一定可能。信息社会的信息数字化、行为的软件化、范式约束下的任务展开的自动化，这些无一不依赖于完备的信息能力。只有形成并具备完备的信息能力，才能发掘完备的事实信息、知识信息，产生完备的、适用的新知识信息，进而促进问题的解决、目标的实现和任务的完成。

同时还要注意，我们这里所说的信息能力，不是指一个信息系统的功能性能力，更不是一个信息系统的性能能力，而是指一个任务范式的实例中所有角色的解决问题/实现目标行为的信息能力，这种能力形态，也是信息机制的实例。或者也可以看作一个任务范式的实例中相关的多主体的信息系统，通过互联互通互操作机制形成的信息输出，被这个实例中所有的角色所使用时产生的解决特定问题/实现特定目标的能力。

本节将从信息能力中的信息的本质入手，在对信息的形式属性和内容属性有基础了解之后，详细描述特定的、因任务围绕的各个离散的信息系统聚合形成的信息能力。

一、信息的本质

领域知识工程学的研究对象都是从信息资源开始的，信息能力来源于信息资源，本体也是从信息资源中萃取出来的，是从关于事实和知识的信息里面去萃取出来的用符号记录和表达的以语词形式展现的概念，因此要了解信息能力之前要对信息、信息属性有基本的了解和认知。

信息是对客观世界中各种事物的运动状态和变化真实地反映，并揭示客观事物的内在联系和客观规律。信息社会中的信息一般从广义和狭义两个角度进行描述。广义信息是指人类自己才有的概念，是用人类发明的符号来记录、表达人对客观事物的感知和认知。感知是人的感官所感知的事实；认知的是客观事实的内在规律，是知识。两者都用符号来表达。狭义信息是指客观事物的表征。

信息是用符号记录和表达对客观事物的感知与认知，用符号体系表达的信息具有形式和内容的属性。形式和内容是哲学范畴上的一对含义。信息实体是形式和内容的统一体。信息依托于形式和内容才能得以显现。信息的形式和内容互相联系、互相制约，所有的形式和内容都不能脱离对方单独存在。

1. 形式属性

形式是指事物内在要素的结构或表现方式。信息的形式属性有符号、体裁和形态。符号下面又可以细分为标签、声音、图像、图表、公式等，现在常说的信息技术其实处理的就是信息的"符号"这一属性；体裁细分为法律法规、标准规范、公文、事务文书、专用文书、记录性文书、传媒等；形态分为作用、粒度与格式。作用分为数据、信息、知识、情报与方案，粒度分为条、字、词、句、段、行、本、卷、篇、章等。例如，《广州市番禺区促进退伍军人就业创业办法》，从形式的符号来说，它是一种语言文字的表达；从形式的体裁来说，它是一种公文，是公文里的办法。从形式的形态来说，它是一种知识，格式包括条、款、段、行、句等。

2. 内容属性

内容是指构成事物的一切内在要素的总和。信息的内容属性有两大板块，即事实信息和知识信息。事实信息是指表现事情的真实情况，即客观存在，包括事物、事件、事态的信息。事实信息包括填报信息、时点信息、样本信息、痕迹信息、全期信息、全量信息。事实信息中痕迹信息是客观事物的直接表征，表达的是事实本身，是事实还原度最高的信息；填报信息是人对客观事物的间接表达，对事实的还原性不足，还原度不高，具有哲学认识论层面上的"失真"性（但未必是虚假）。

信息的内容属性跟第二章里面提到的信息机制具有一定关联性。信息机制的划分中有一类是感知信息机制，里面包含标识与留痕，说的就是人类感知到的信息。

知识信息是人类对事实、客观事物的内部内在联系、客观规律、特征、特质、属性的认知、认识、总结和理论化。知识信息进一步划分为程序性知识信息和描述性知识信息，程序性知识信息如法律、法规、标准、规范；描述性知识信息如原理、原因、缘由、方法、方式。

而在每一个确定的任务中，随着对事实信息和知识信息的不断利用，也会产生一种新的知识信息。新的知识信息是人类利用既有的知识对正在发生的客观事物进行观测、分析而得到的判断、结论，以及为了解决问题生化的措施和方案。新知识包括监测结果等情报信息和对策中产生的方案、措施等信息。

我们这里所说的三类信息内容，事实信息、知识信息和新知识信息内容是指在任务范式模式下的内容，即包括两系统五要素、问题、目标等各要素的事实信息、知识信息和新知识信息。

3. 信息与本体

思维与存在的关系问题是哲学的基本问题，回答世界的本原是精神还是物质、二者是否具有同一性的问题，同时也是人类实际生活中的基本问题，它普遍存在于人类的实际生活并决定着人们思想和行动的出发点和方向。

领域知识工程学的基本理论继承马克思主义哲学的基本思想，认为物质、自然和客观存在为第一性，且在认识的本质上认为世界是可知的。人的思维方式其实就是把握或表达物质世界客观存在的逻辑过程。人的思维方式从人脑到现实需要借助一定的表达形式，即语言文字这一符号。领域知识工程学中的信息与信息资源是利用符号表达对客观存在感知与认知的形式与内容的统一体，因而，信息利用符号表达了人对客观世界的逻辑过程，包括判断、推理。

而信息又由意义和符号组成。有意义的信息总是从概念开始的。信息表达一个特定边界的事实、表达对这些事实规律总结的知识，在事实和知识表达上具有完整性、复杂性。人在提取表达属性和关系的概念也就是本体的时候，总是从一个样本的信息中来的，只有在识别任务语境下的事实和知识的时候，针对的是更为广泛的信息。本体是从有限的资源中抽取出相关事实、知识的特征和关系，而概念是人对客观存在的特征的抽象表达。

本体是对客观事实、事实之间的关系的抽象表达。它不仅利用概念表达这些抽象特征，同时利用概念之间的关系来表达事实、事实之间的关系。

二、信息流闭环

前面我们从哲学角度理解了信息，并且了解了信息在本质上是客观事物的表征，是人类用符号记录下的感知和认知的世界，是可感知、可测量的。其中，利用符号体系表达的信息具有形式和内容的属性，这是对于信息的一种静态的描述和阐释，而在信息社会中，在信息系统中信息是如何流动的，这就是我们本节要阐述的主要内容。

信息在信息系统中的流动表现为信息的输入、处理和输出等形式，而这些集中表达为"信息能力"。

领域知识工程学所说的信息能力是特定信息系统的输入、处理和输出能力。信息社会中普遍存在越来越多的信息技术系统，我们的信息社会在本质上其实是信息系统和社会系统、非 IT 系统的耦合，是信息系统对社会系统、非 IT 系统的自动化控制，而我们这里所讲的信息能力是指信息系统自动控制过程的输入、输出，表现为输入、处理和输出，即 IPO。这里说的"信息系统"是在任务范式下构建的信息系统，这里描述的信息系统并不是孤立的、单个的信息系统，而是因一个确定的任务相关的涉及所有两系统五要素的所有离散的信息系统的整体表达。同时这些系统都是确定的、具体的、有限的，信息系统的 IPO 即输入、处理和输出也都是确定的、具体的、有限的，都是围绕特定任务、问题和目标，最终这些单个系统的 IPO 汇聚成为解决问题、实现目标、完成任务的整体的信息系统的 IPO。

而信息要实现在信息系统中的流动，必然要转换成信息系统可接受的表达形式，即数据，并与数据建立映射关系。信息只有以数据为转换形式才能在特定的信息系统的输入、处理、输出中流动，形成闭环，并通过使用对象的效果进行反馈。同时，与数据建立映射关系也便于对信息的存储，用数字化的工具承载信息。

这一节里我们要特别注意的是第二章中的信息机制是一种普适化的信息能力，信息机制解决信息的形式、意义、获取、关系、作用的问题，它解决的是信息化和信息能力的原理性问题。本章节中的信息能力是指聚焦到任务范式下的特定的两系统五要素的相关信息系统的输入、处理和输出的总和形成的能力，是信息机制的任务化、具体化、确定化、有限化。

(一) 输入信息 (I)

所谓输入信息能力主要是指特定的信息系统需要具备任务所需的多种信息类别、多种来源、利用多种方式获取完备的信息的能力。

从严格意义来讲，完备的输入信息能力要能够支持输入任务所需的多种类别的信息，如事实信息和知识信息，同时还支持事实信息细分为填报信息、时点信息、样本信息、全量信息、痕迹信息、全期信息；信息来源方面，要能够支持从不同主体角度获取开源信息和闭源信息；信息获取的方式方面，可以通过购买服务、机构提供等方式获取；信息数量方面，要能够表达信息获取的分数、时长等要素；信息传输方面，要支持利用不同的传输方式和介质进行信息的传输，如 U 盘拷贝等。

(二) 信息处理 (P)

所谓信息处理能力是指信息系统对于输入的信息能够实现不同主体角色、不同角色行为的信息处理能力。

信息处理包括信息的流程化处理和知识化处理两个方面。流程化处理和知识化处理也正表明了不同的自动化内容。如领导角色，其行为是决策、协调、指挥，信息处理的主要形式和内容是对应于人的思维行为的"知识处理"，部门角色的监测、决策支撑的行为的信息处理能力同样是对应人的思维行为的"知识处理"能力，而部门的执行行为对信息的处理主要是对应人的肢体行为的"流程处理"能力，"流程处理"也有自动化和半自动化的处理差别。如果是自动化处理，也会涉及相关的流程判定的知识规则。

流程化处理是指直接引用程序性知识，对事实信息进行判定。流程化处理有两种现实场景，其一表现为半自动化的人机模式。例如，办公自动化。在这种场景下系统本身并不参与信息的处理，而是人在引用程序性知识或人脑中储备的描述性知识进行信息处理，并将处理的结果输入信息系统中，系统指引走向下一个处理流程。这个场景下，知识的调取与处理的结果都是在人脑中发生的。其二是在自动控制的时候，在某个任务场景下，系统直接识别、调取、传输下一环节确定的程序性知识，这是一种自动化的机机模式。

知识化处理相对于流程化处理特指机器完成特定的思维活动的自动化处理，本质是用一部分软件将人的思维行为软件化，具体是指机器调取知识信息处理事实信息，包括现状、问题、目标。知识信息又分为既有知识信息和新的知识信息，这里说的新的知识信息并非新的原理性知识，而是指用既有知识信息处理事实信息，得到的新的知识信息。利用新的知识信息，去改变事实，解决事实当中的问题，从而支撑两系统的主体完成它们的使命。同时知识化处理的内容和过程要求信息系统预置与解决问题、实现目标、完成任务相关的知识信息，并要具备相应的仿真能力。

（三）输出信息（O）

所谓输出能力是指信息系统基于对事实信息和知识信息的流程化和知识化处理之后能够具备产生或创造新知识信息的能力。

输出的信息包括数据、信息、知识、情报、方案。数据是信息的载体，信息是客观事物的表征，知识是人对客观世界的主观认知，情报是利益相关方的状态和诉求，方案是解决问题的资源配置和实施计划。

新知识的输出对象有两种。一种是输出给人的，是信息实体，眼睛可见的，耳朵可听的；另一种输出就是系统对系统的输出。从输出形态上看，输出给人的是一个特定角色的工作场景下特有的文本，输出给系统的是指令。无论是输出给人的特定文本还是给系统的指令，在输出形态上都有一个共同的特点，即输出一定是结构化的。只有结构化的才是确定的，只有结构化的才能被机器处理，只有结构化的才是工程化的。

（四）信息使用效果

IPO 始终围绕信息的使用效果。信息的使用效果始终围绕问题的解决、目标的实现、任务的完成。信息的使用效果是由信息的使用主体反馈的。信息的使用主体特指系统输出信息的用户，非信息系统用户。信息的输出是为了服务社会的，因此，这里的输出信息的用户是指任务范式下所涉及的两系统所有相关主体（见图 4 - 1）。

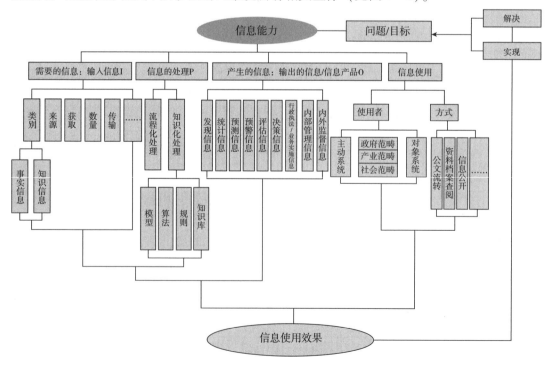

图 4 - 1　信息能力框架图

（五）信息与数据的映射

社会体系、技术体系的自动控制需要信息转换为电子态、数据。信息与数据建立映射能够实现从实体空间到数字空间的转换，信息和数据是实体空间与网络空间的转换中介，只有建立信息与数据的映射关系，才能最终实现数字倍增的目的。

同时，这种信息与数据之间的映射关系映射了前面所讲的信息能力，信息能力之所以在信息社会如此重要，能够实现自动化，正是因为它在信息与数据中建立的联系关系。而信息社会的一个重要特点就是实体社会中的信息转换成数字空间中的数据，实体世界中的行为转换为计算机系统中的软件操作。

信息与数据建立映射也能够为后续的工程方法中的逻辑化存储提供前提条件。只有信息转换为数据，才能进入信息系统，实现信息的流动。

第二节 本体构建

任务范式描述人类经济社会活动的基本范式，这种基本范式依然停留在顶层的、较为抽象的描述层面，如何将范式演化，走向实例，回归真实的客观世界，需要借助"本体构建"这一中介形式。本体构建从信息资源中萃取本体及本体间关系，由此形成本体网支撑工程设计，完成范式向工程的演化。例如，《中国共产党工作机关条例（试行)》中"机构编制管理部门……科学编制党的工作机关职能配置、内设机构、人员编制规定……"，"机构编制管理部门"是主体本体词，"编制"是行为本体词，"职能配置、内设机构、人员编制规定"是客体本体词，本体词之间也存在一定关系，即"编制"的动作发出者是"机构编制管理部门"，动作的接受者或结果是"职能配置、内设机构、人员编制规定"。

本体构建这一节在明确本体的含义基础上，描述其建构的分类分级相关相连的构建原则，在人工标引和机器自动标引的方式下通过对两系统五要素的系统行为过程的标引产生本体与本体网，形成的本体网应用在后续的工程设计中，支撑任务范式向实例的演化。

一、领域本体

本体构建要先明确我们所说的本体是什么，本体（Ontology）的概念源自哲学领域，在哲学中的定义为"对世界上客观事物的系统描述，即存在论"。哲学中的本体关心的是客观现实的抽象本质。而在计算机领域，本体可以在语义层次上描述知识，可以看成描述某个学科领域知识的一个通用概念模型。德国学者 Studer 在 1998 年给出了本体的相关定义"本体是共享概念模型的形式化规范说明"。这个定义包含了四层含义：共享（Share）、概念化（Conceptualization）、明确性（Explicit）和形式化（Formal）。共享指本体中体现的知识是共同认可的，反映在领域中公认的术语集合；概念化指本体对于事物的描述表示成一组概念；明确性：指本体中全部的术语、属性及公理都有明确的定义；形式化指本体能够被计算机所处理，是计算机可读的。

本体通常用来描述领域知识。我们可以这样理解它：本体是从客观世界中抽象出来的一个概念模型，这个模型包含了某个学科领域内的基本术语和术语之间的关系（或者称为概念以及概念之间的关系）。本体不等同于个体，它是团体的共识，是相应领域内公认的概念集合。

我们这里的本体区别于广泛意义上说的本体，是特指在领域知识工程学中的两系统的系统行为过程的知识体系，产生于两系统五要素互作用强相关的过程中。

本书里面提到的"本体"作为概念最早是以"知识本体"的描述出现的。在本章的综述中我们也提到了本体是从知识中萃取出来的，本体以知识为基础，所以在较早的研究中，常常出现"知识本体"这样的表述。在人工智能研究中，格鲁伯（Gruber，1993）给知识本体下的定义是："知识本体是概念体系的明确规范"（An ontology is an explicit specification of conceptualization）。这个定义比较具体，也比较便于操作，在知识本体的研究中广为应用。1997年，波尔斯特（Borst）对格鲁伯的定义做了修改，提出"知识本体是可以共享的概念体系的形式规范（Ontologies are defined as a formal specification of a shared conceptualization）。1998年，施图德（Studer）等人在格鲁伯和波尔斯特的定义的基础上，对于知识本体给出了一个更加明确的解释："知识本体是对概念体系的明确的、形式化的、可共享的规范"（An ontology is a formal explicit specification of a shared conceptualization）。在这个定义中，"概念体系"是指所描述的客观世界的现象中有关概念的抽象模型，"明确"是指对于所使用的概念的类型以及概念用法的约束都明确地加以定义，"形式化"是指这个知识本体应该是机器可读的，"共享"是指知识本体中所描述的知识不是个人专有的而是集体共有的。

从领域知识工程学的角度来看，领域知识工程学的研究对象是两系统的特定任务的活动过程。所以，在领域知识工程下的本体都是从两系统、五要素、问题、目标等的研究过程中产生的。因此领域知识工程学中的本体一定是任务范式展开的本体，是两系统的系统行为过程的知识（本体）体系，并逐步走向实例，在这个过程中，每一个类节点、级节点都是本体。同时，在构建本体的具体操作角度上讲，本体来源于信息资源中的事实信息、知识信息和新知识信息。在信息资源中，在不同的信息类型中都可以萃取出本体词。

本体的结构是基于领域知识工程学所对应的研究对象的定义、规定产生的，是在领域和任务的双重约束下确定的，并且每一个本体都包括本体概念及其属性、概念间关系。

（一）概念

概念是反映事物特有属性的思维形态，具有抽象性和普遍性，是充当指明实体、事件或关系的范畴或类的实体。在它们的外延中忽略事物的差异，所以概念是抽象的。它们等同地适用于在它们外延中的所有事物，所以它们是普遍的。概念是意义的载体，而不是意义的主动者。一个单一的概念可以用任何数目的语言来表达；概念是人类对一个复杂的过程或事物的理解。从哲学的观念来说概念是思维的基本单位。概念通常用语词作为形式。

属性是指事物的性质与关系。一个事物与另一个事物的相同或相异，是区分事物之间属性的特征。通过对事物属性的划分，可以对事物进行分类，具有相同属性的事物形成一类，具有不同属性的事物分别形成不同的类。同一事物可以有多种属性，同一属性也可以在多个事物中存在。属性是某类事物特有的，对事物起着决定性的作用。

领域知识工程学中对本体属性的理解主要是两个方面：一是从范式角度。前面一小节我们提到本体是在范式的顶层设计中逐步向下分类分级展开，走向实例化，因此本体概念具备范式属性，可以分为两系统、五要素、问题、目标等范式顶层概念的不同属性；二是从信息资源角度。本体是从信息资源中提取的，并分为事实信息、知识信息、新知识信息，因此本体概念具有信息属性。我们上面一节提到的信息的内容属性特指且仅指范式模式下的信息内容，具有确定性。

两系统的五要素都是以语词作为形式存在的本体概念和属性的统一体，其属性是基本属性和领域属性的统一表达。一个事物的基本属性是一种物质表现形式用一种特定的方式，来反映某种属性和状态，其具有客观性，不以人类的感觉、意识、精神所转移，是一种事物固有的特性，区别于其他事物的本质特征。例如，自然人的基本属性有姓名、性别、出生年月、户籍地、民族、年龄等属性。领域属性是指在领域限定下，领域的职能职责赋其特有特征。例如，政府范畴，自然人进入公务员系统后，其不仅拥有作为自然人的基本属性，还具有在从事领域中的职能职责赋予其领域属性，如职务名称、岗位类别、分管工作、决定或批准任职的时间/文号、任职方式、进入本单位日期、考核结论类别、考核年度、培训类别、培训离岗状态、培训班名称等与其从事领域相关的特征。属性值依据领域不同、任务不同存在差异。

除此之外，需要注意的是，在领域知识工程学中的本体、语词形式都是从词源学、其他相关不同专业领域、领域知识工程学本身三个方面来定义本体、揭示本体概念的内涵的。例如，"监管"，从词源考察的角度来看，监管最初是通过英文 regulation 或 regulation constraint 来表达监管之意。我们在《英汉词典》与《牛津高阶英汉双解词典》中检索 regulation 可发现，该词是指作为规范意义的规则本身，同时又是指一种动态的管理行为和状态。而目前 regulation 又有管制、规制、规管等译法。在汉语体系中，三者与监管的内涵是有所差异的。政府管理部门和行政学家们多称为"监管"，意指保持一定距离的监督和管理，区别于传统的直接行政干预，既可以是强制性的，也可以是非强制性的。从其他专业领域角度来看，经济学对于监管的理论研究主要集中在自然垄断产业的进入与价格控制上，研究的重点在于监管的效率以及对受监管产业产生的影响。经济学理论主张，监管是运用国家权力对市场经济的干预，监管往往是受监管产业争取而来的。在此，regulation 常被译为"管制"，就是以经济管理为目的实行政府干预行为。法学界则从监管活动中的权利义务和责任追求等角度对其加以研究和分析。从监管的定义可知，监管活动的开展需要依据一定的规则，而对这种规则的研究也正是法学的关注焦点。从法治社会对监管型国家的时代选择意义来看，这种监管依据的规则，就应当是法律意义上的规则和约束机制。政治学上的监管强调的是监管决策的政治与行政内容，注重研究监管决策制定和形成过程中各相关利益主体的博弈形式和博弈结果。学者米尼克指出，在监管实现的过程中，监管决策这一重要行为是一个各利益主体矛盾最为集中的爆发，各种带有个人倾向性的利益表达会在决策的过程中争执不下，甚至不断激化，并且在这一过程中形成最具代表性的利益主张。梅尔则认为，监管是一种政府实现对市场主体控制欲望的活动，是实现政治目的的一种路径和手段。在领域知识工程角度来看，监管讲的是社会秩序。秩序的存在是人类社会内在客观决定的，人类社会中两个以上个体之间的互动会产生社会行为，这个时候秩序的要求就是内在客观的。社会的秩序问题，其实本质上就是合规性问题。社会秩序问题描述的就是两系统五要素如何去符合规范以达到有序的状态。有序就是规则的实现，就是规范、法律、制度、要求得以实现的状态。而社会合规性和有序状态的构建需要政府侧和对象侧共同构建。在政府侧，说的是政府的管制，政务主体利用公共权力约束对象行为；在对象侧，说的是对象的自制，对象主体利用一切可以采取的措施和形式自控合规，并且还可以自证合规。

（二）关系

在社会中对于"关系"的理解有很多。哲学上的关系是反映事物及其特性之间相互联系的哲学范畴，是不同事物、特性的一种统一形式。哲学上认为，世界上的任何事物都与周围的事物相互联系，而正是这种联系表明他们在某些方面某种程度存在一致性、共同性，从而在此基础上形成不同的事物、特性的统一形式，即表现为一定的关系。关系是客观的、为事物所固有的，存在于相应的事物之间，任何事物总处在和其他事物的一定关系中，只有在与其他事物的联系中，事物才能存在和发展，才能表现自身特性。事物的存在和事物的相互关系是统一的。随着事物的发展变化，该事物同其他事物原有关系会改变、消失和产生新的关系。同时，在哲学范畴中，原因与结果是唯物辩证法的一对基本范畴，是揭示事物紧密相连、彼此制约关系的一对哲学范畴，原因是引起某种现象的现象，结果是被某种现象所引起的现象。原因与结果的关系是对立统一的。原因是设定的一方，结果是被设定的一方，在事物的因果联系中，原因和结果的区别是确定的。但二者相互依存、相互作用、相互转化。如对象侧的行为是"因"，主动侧的方案措施是"果"，如果主动侧的方案措施是"因"，那么对象侧行为状态则为"果"，这不仅体现了主动侧与对象侧之间的互作用强相关，也体现了因果的依存性与转化关系。因果关系的重要性在于能够解决问题。

数学上，二元关系指 A×B（叉乘）两个集合的笛卡尔积（直积）的任意一个子集，可以是空集，也可以是有序对构成的集合，计算机科学中的关系指的是二维表，行和列名称可以理解为 A 和 B 的元素，表的每一行对应一个元组，每一个元组的分量就是对应行和列元素间形成有序对（序偶）的关系 R。表的每一列对应一个域。由于域可以相同，为了加以区分，必须对每一列起一个唯一的名字，称为属性。计算机科学中数据结构的关系指的是集合中元素之间的某种相关性。

形式逻辑中的概念指的是反映事物特有属性的思维形态，并将概念划分为概念的内涵与外延。概念的内涵指的是概念所反映的事物的特有属性。概念的外延指的是具有概念所反映的特有属性的事物。概念间的关系是从概念外延角度去看的，概念外延是一个类，这里所说的概念间的关系其实就是表现在两个相应的类之间的关系。形式逻辑中认为两个概念之间存在全同关系、上属关系、下属关系、交叉关系、全异关系等五种关系。

领域知识工程学以解决问题为使命，致力于实现解决问题、实现目标、完成任务的自动化、协同化和知识化，因此领域知识工程学中利用哲学中的事物之间存在的相互关系发现知识本体的本质和规律性；同时，利用因果关系分析对象系统中问题本身现象、根源与症结之间的关系，分析主动系统方案措施与对象系统问题解决之间的因果关系等；利用计算机科学中数据结构的关系实现数字空间中的本体构建，揭示本体之间的相关性，同时利用本体间的关系进行逻辑推理，产生新的知识本体。利用本体与本体之间抽象的关系，通过本体网、本体库的构建、知识引擎的利用在具体任务约束下结合输入的事实信息、知识信息、新知识信息等实现自动识别、集成本体之间的关系，进而实现对现实客观世界的关系的还原；而领域知识工程学中，哲学意义和计算机科学中的两种关系形成以语词形式表达的本体的过程利用了形式逻辑中的关系含义。

二、构建方法

领域本体的构建方法包括两个部分，即构建原则与操作方法。本体的建构是从范式的顶层要素向下分类分级逐步走向实例，走向实体世界的不断演化的过程。在演化的过程中，每一个面与线上的本体节点都是相关相连的。我们在之前讲到本体是蕴含在知识中的，是在信息资源中萃取出来的，信息资源以数据介质形式存在信息系统中，那么在信息系统中，本体的构建就需要从信息资源中萃取出本体。

（一）构建原则

本体构建是领域知识工程的基础出发点，是以范式的基本要素为顶层概念向下的分类分级形成一个整体的系统过程的架构，而非静态的架构，其中分级分类的过程就是建立本体体系的过程，是范式的具体的向下展开，而形成的本体与本体体系就是范式的具体化，并支撑人类本身的经济社会活动的数字化过程。

建立本体体系的过程也是体现本体构建相关相连的过程。相关相连不仅体现在任务范式上的相关相连，也体现在向下分类分级的过程。例如，在任务范式中，对象系统表现的问题与主动系统的方案就是一对相关相连的存在，主动系统的方案是针对对象系统的问题制订和存在的，并随之变化、更新。同时向下分类分级的时候，问题划分为问题的现象、根源与症结，也体现相关相连的原则。

相关相连是利用关系进行的。利用哲学意义上的关系、计算机科学中的数据结构关系以及形式逻辑中的不同关系，实现在实体空间和数字空间完备的本体体系构建。

从领域知识工程学的一般意义上讲，任务范式确定了人类经济社会活动的顶层模式，通过分类分级逐步走向实例的过程，是一种普适性原则。这个过程是一种自顶向下的过程，可以无限延伸。分类分级的层次依据不同本体属性存在差异导致这种分类分级无法持续向下，必须走向实例，必须与具体的领域、具体的任务、具体的工程设计相关联，才能实现有效的本体分类分级，走向实体世界。只有走向实体世界，与具体的工程设计相关联，具体工程设计中的本体才能自下而上与七个顶层概念相契合，遍历顶层概念的全部逻辑要素，并达到实例化。

（二）操作方法

本体构建是从信息资源中识别、抽取、标引本体的过程。本体构建的类型按照构建的动作者可以分为人工标引与机器自动标引，按照构建的本体的属性类型可以分为信息属性标引和范式属性标引。在本体构建的实际操作中，往往是两类主体与两种属性的交叉和交替进行。人工标引标注本体的信息属性和范式属性；机器自动标引同样也可以标注本体的信息属性和范式属性，同时人工标引和机器自动标引也具有一定关系。一次本体构建的开始往往是人工标引，在人工标引之后，根据人工标引出来的本体，机器通过挖掘规律，实现对知识本体的自动识别。机器自动识别出的本体经过人工核查，检测识别效率和质量，进一步促进机器自动识别的完善，实现人机的持续互动。

接下来，本体的构建操作将从人工标引和机器自动标引两个方面进行描述。

人工标引的过程中，领域知识工程师通过信息资源标注本体的信息属性，在信息系统中判断摘取出来的主题词属于事实信息、知识信息或是新知识信息。再根据事实信息的类别，判断属于事实信息中的痕迹信息、填报信息、样本信息、全量信息、全生命周期信息还是时点信息；根据知识信息的类别，判断属于程序性知识还是描述性知识。新知识信息指的是特定任务、时间节点下的判断、推理信息。

领域知识工程师通过信息资源标注本体的范式属性，在系统中判断摘取出来的主题词属于主动系统、对象系统还是问题目标，是属于主动系统的主体、行为、客体、时间还是空间要素，是属于对象系统的主体、行为、客体、时间还是空间要素，是属于问题还是目标，是属于问题中的现象、根源还是症结等。除此之外，还标注相关本体之间的关系。

机器自动标引一方面是为缓解人工标引由于人员身体情况以及心理情绪等因素带来的标引质量和速度降低的负面影响，另一方面自动标引也是适应信息社会而产生和不断发展的，机器自动标引凭借高速的处理速度、强大的处理能力、卓越的稳定性和低廉的成本，在信息处理方面的应用愈加广泛。

机器自动标引是在人工标引中通过技术手段挖掘本体识别、分类的规律，自动化完成本体萃取、分类和关系标引的工作。

在这里还要注意一点，这里的标引信息属性其实就是对范式属性的标引。标引是在具体任务下进行的，而范式属性原本是抽象的，在进入具体任务的时候就具体化的，所以在任务确定的前提下，信息属性的标引就是对范式属性的标引。

人工标引和机器自动标引在信息系统中的具体操作在本书第六章工程方法主题化标引中详细展开。

（三）建模语言

一个本体可以由类（class）、关系（relations）、函数（function）、公理（axioms）和实例（instances）五种元素组成。其中类也称为概念。

（1）类：描述领域内的实际概念，既可以是实际存在的事物，也可以是抽象的概念，如大学、电影、人等；

（2）关系：用于描述类（概念）之间的关系，如 part - of、kind - of 等；

（3）函数：函数是一类特殊的关系，在这种关系中前 $n-1$ 个元素可以唯一决定第 n 个元素，如 mother - of 关系就是一个函数，mother - of (x, y) 表示 y 是 x 的母亲，x 可以唯一确定它的母亲 y；

（4）公理：公理代表本体内存在的事实，可以对本体内类或者关系进行约束，如概念甲属于概念乙的范围；

（5）实例：表示具体某个类的实际存在，如云财是大学的一个实例。

本体类（概念）之间的关系有四种基本关系。

关系描述

part – of：局部与整体的关系

kind – of：父类与子类之间的关系

Instance – of：在类中填充实例，类与实例之间的关系

Attribute – of：类的属性，有对象属性和数据属性

本体的描述语言众多，而 W3C 推荐的本体描述语言主要有 RDF、RDFS 和 OWL。

1. RDF（Resource Description Framework，资源描述框架）

客观世界中任何一种关系都可以用一个三元组（主体/主语、谓语、客体/宾语）来进行表达。RDF 用于描述 Web 上的资源，是使用 XML 语言编写、计算机可读的，不是为了向用户展示。RDF 使用 Web 标识符（主体/主语）来标记资源，使用属性（谓语）和属性值（客体/宾语）来描述资源。这里的资源、属性和属性值就构成了一个陈述（或者被称为陈述中的主体、谓语和客体）。

比如一个陈述：这本书的作者是李强。

这里陈述的主体是"作者"，谓语是"是"，客体是"李强"。

本体中的类（概念）就是 RDF 三元组中的主体/客体，类的属性就是 RDF 三元组中的谓语。RDF 数据也可以被表示为一个带有标记的有向图，图上的节点对应三元组中的主体和客体，边对应谓语。

2. RDFS（RDF Schem，RDF 词汇描述语言）

RDFS 是在 RDF 基础上对其进行扩展而形成的本体语言，解决了 RDF 模型原有的缺点，定义了类、属性、属性值来描述客观世界，并且通过定义域和值域来约束资源，更加形象化表达了知识。

3. OWL（Web Ontology Language，Web 本体语言）

OWL 是由 W3C 开发的网络本体语言，用来对本体进行语义描述。OWL 保持了原有 RDF、RDFS 的兼容性，有保证率较好的语义表达能力，根据表达能力的增强顺序 OWL 分为三种子语言：OWL – Lite、OWL – DL 和 OWL – Full。OWL 本体中有 3 种基本元素：类、属性和实例。

大规模领域本体的构建比较复杂，耗时耗力，而且需要具备领域背景知识的专家参与。手工构建一个规模化的领域本体是不可能的，为了方便领域本体的构建，许多研究机构提出了半自动化构建领域本体的方法，这包括流行的本体编辑工具 protege。protege 是斯坦福大学医学院基于 Java 语言编写的，本体构建工具，它提供了一个图形化和交互式的知识本体开发环境。支持 RDF、RDFS、OWL 等本体语言在系统外对本体进行编辑和修改。

三、本体网的形态和作用

第一，在领域本体的介绍中，我们知道本体包含概念与概念之间的关系，这是本体的

核心内容，从这个角度讲，本体实质上就是一个概念网络。概念可以作为网络中的节点，关系就是网络中的边。其次，从本体分类分级的角度讲，本体可以划分为不同的类，并在分类分级的过程中，不断走向实例，在每一个类的内部、类与类之间都存在关系，而正是这种关系，将不同类本体、类中不同的本体连接成为一个网状结构，即形成本体网。

从本体网的形成中，我们可以看出本体网与本体的构建原则和操作密切相关。从另外一个角度来讲，本体网中的本体由人工和机器从信息资源中萃取出来，本体来源于信息资源，因此信息资源形成的信息资源库与本体网密不可分。

同时，方法论里面形成的本体网是没有实例的本体网，只有类，是与范式的七个要素环环相扣形成的本体网。本体网是范式的逻辑表达，是一个有机的整体，表达有内生动力演化的系统运动的过程。在具体的工程里面要形成的是走向实例，且有实例的本体网。本体网在走向实例的过程中不断穷举、不断完善，在实例、具体应用场景中达到丰富。

第二，本体网是实体空间转向数字空间的中介，是在实体空间和数字空间之间起联系作用的环节，是实体空间的数据形态，是数字空间的信息形态，是人类的行为即生物本能行为与社会组织行为相耦合、相"纠缠"的编码化，进而实现自动化、协同化。实体世界的控制过程通过本体网实现其运动控制过程规则、逻辑的数字化，本体网反映现实世界的知识体系、是任务包含的事实信息的聚合，是对过去的已经发生的场景的经验的优化、结构化，通过对过去已经发生的事件的运动规律的认知，为未来发生的同类事件的现实状态提供自动控制。

在具体的工程设计中，有了确定的任务、事实信息，需要任何范式要素的本体及关联的相关本体都可以在本体网中以某一个确定的节点进入，抽取出所需的范式要素的本体及相关的本体网络。

第三节　事实还原

事实还原是范式演化的规律。任务范式走向实例就必须以事实还原为基本要求。事实还原也要求后续的工程实现、工程设计在对事实信息的分类、处理要非常重视，同时也对工程方法中相关功能构件的形成、组成提出了要求。

前面我们说到，信息社会中有两类信息，其中一类表达事情的真实情况、客观存在，即事实信息。事实信息是客观世界的直接表达，我们通过从信息资源中进行本体构建要做到的是本体能够还原事实信息，这就要求建构的本体具备还原为事实信息的能力，同时，在走向工程实践、在具体领域面向具体任务的时候，依据不同任务做到高度还原，进而展现真实或几近真实的客观世界。

一、还原性

领域知识工程学中，我们说的本体是表达事实的本体，是描述客观现实存在的本体。建构的本体表达的是事实信息，因此本体应具备还原为事实的能力。

本体的还原性是指本体是否具有还原为事实的属性。本体的还原性也能进一步辅证

第三章任务范式中的事实激活。事实激活就是利用表达事实信息的本体，只有将具备事实还原能力的本体进入信息系统，才能实现与任务相关的系统的自动化运转和互联互通互操作，实现社会系统的自动化控制、效能与效益实现数字倍增。

二、还原度

本体所表达的事实信息是客观世界的直接表征，范式演化为具体工程实践的时候，在未来的工程实践中，需要哪些事实信息、哪些事实信息需要什么类别的信息进行刻画，是需要去定义的，根据具体任务所需的事实信息的需求定义去甄别信息资源中的本体。这就涉及了本体还原度的问题，还原度是事实信息对事实的还原程度。在事实信息中，痕迹信息是对客观事物的直接表征，表达事实本身，是事实还原度最高的信息。填报信息是人对客观事物的间接表达，对事实的还原性不足，还原度不高，具有哲学认识论层面上的"失真"性（但未必是虚假）。

同时，这些事实信息在信息系统中都有对应的数据来承载，信息与数据建立映射能够提高本体对事实的还原度。

例如，在新型冠状肺炎疫情期间，我们需要的是全量信息、全生命周期信息、痕迹信息，全方位地监测每一个生命个体的行动轨迹。这些信息往往以监控系统中的视频信息、图片、音频等数据形式存储在信息系统中。

第四节　事件建模

建模中的"模"可理解为模型。模型最早出现在冶金领域，后经社会发展，进入机械制造、建筑浇筑、计算机、数学、社会学等领域。建模可以理解为建立系统模型的过程，在普遍意义上，用一套简化的易于理解的系统去描述研究对象系统就是建模，模型最好是能与对象系统同构，即对象系统中要素及要素间关系在模型中都有表现，并且能进行预测。建模分为物理建模、事件建模与数学建模三种。物理建模揭示客观事物的内在联系，而事件建模是物理建模在领域知识工程中的一种具体化，是一种范式的实体应用。在利用物理建模和事件建模之后，利用数学建模实现计算机的运转，实现对数据的量化分析。

我们这里的事件建模详细来说就是从一个个具体的事件中抽取相关要素，并明确要素间关系，形成事件分析模型，即业务模型。事件模型依据事件的不同类型和不同要素组成存在多样化，但同类事件因其存在共性，会抽离并形成相对稳定的分析模型。

一、事件分类

事件的分类对应人类社会的三种状态，即发展态、秩序态、突发态，分为发展事件、秩序事件、突发事件。

发展事件指的是解决资源配置的问题即解决资源配置的效率和公平问题，发展本质上就是在效率和公平之间做平衡选择。发展的最终目的是打造经济社会资源的高效配置和公平分配。所以发展事件就是涉及资源配置的效率和公平性的事件，解决的是社会合理性的问题。例如，地区教育资源不足，适龄儿童到了入学年龄，缺少学校学位，需要根据地区新生儿数量去比对未来可提供学位资源，提前规划教师、学位等资源配置。

秩序事件则解决社会合规性问题。规范和有序是合规性的两个展开。一要有规，就是要规范；二有了规范才会有序，规定是解决要有序的问题。合规性问题就是要达到整个社会有法律体系且社会有序。合规性问题就是监管的问题，监管就是要解决合规性问题，其本质上就是人类经济社会的规制、管制、公共管理。例如，政府监管安全生产、金融监管、信用监管等，目的都是使相应主体的相应行为符合社会秩序和法律规定。

突发事件指的是突然发生的，造成或可能造成社会危害或影响的，需要立即采取处置措施的事件。突发事件主要有四类：自然灾害类、公共卫生类、社会安全类、事故灾难类。突发事件涉及类别与等级。等级即突发事件预警级别：一般依据突发事件可能造成的危害程度、波及范围、影响力大小、人员及财产损失等情况，由高到低划分为特别重大（Ⅰ级）、重大（Ⅱ级）、较大（Ⅲ级）、一般（Ⅳ级）四个级别，并依次采用红色、橙色、黄色、蓝色来加以表示。例如，2019年8月的超强台风"利奇马"就属于突发自然灾害事件，造成人员伤亡、房屋倒塌、农作物受灾；2019年底发生的新冠肺炎疫情就是突发的涉及公共卫生安全的事件；2005年"6·26"池州群体性暴力事件，就属于一种突发社会安全事件；2019年12月杭州化工厂发生爆炸、同月福建晋江民宅火灾事故等都属于突发事故灾难事件。

二、事件要素

在对事件进行解构时，会拆分出关于事件描述的相关要素，例如事件名称、事件分类类型、领域、区域、主动系统与对象系统要素、问题、目标、指标等要素。对事件进行拆分能够为事件分析模型提供属性参考，通过事件元素及元素与元素之间的关系可以构建事件分析模型，即业务模型。

例如，国家应急管理部通报"江苏响水天嘉宜化工有限公司'3·21'特别重大爆炸事故"。2019年3月21日14时48分许，位于江苏省盐城市响水县生态化工园区的天嘉宜化工有限公司发生特别重大爆炸事故，造成78人死亡、76人重伤，640人住院治疗，直接经济损失198635.07万元。这就是一个具体的"事件"。在这个事件的描述中，事件要素可以拆分如下：事件的名称为"江苏响水天嘉宜化工有限公司'3·21'特别重大爆炸事故"。事件类型为突发事件中的事故灾难事件。事件发生时间为2019年3月21日14时48分许，涉及领域为危险化学品管理领域，区域为江苏省盐城市响水县。主动系统主体为应急管理部门，对象系统为天嘉宜化工有限公司。问题的现象为"78人死亡、76人重伤，640人住院治疗，直接经济损失198635.07万元"。

三、模型抽取

建立事件分析模型就是解决事件的规律性问题，提取已经发生事件的规律，变成未来可能发生的同类事件的原理、方法、工程、规则、要求、条件。

事件分析模型是通过抽取每一个事件的要素及要素间关系，并利用软件模型方式形成的对于事件产生、发展过程的分析框架。在事件分析模型中，我们能够很明显地看到事件的领域、区域、与事件相关的主体、行为、客体、时间、空间等要素，同时，在同类事件要素和要素间关系不断累积后，同类事件的分析模型也会形成，在同类事件的分析模型形成的时候，我们能够发现这类事件发生的规律，抽离出新的监管点，进而对未来可能发生的同类事件进行监测，这也是事件分析的最重要的成果（见图4-2）。

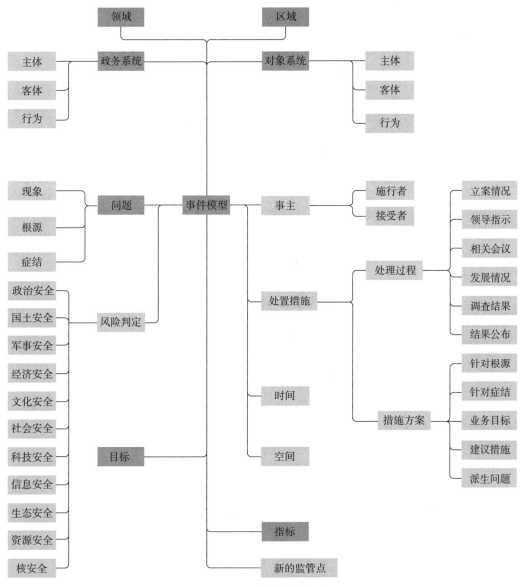

图4-2 事件分析模型

四、模型运用

事件建模确立了业务分析模型，在应用到信息系统中需要转化成数学模型与算法实现。事实上在不同领域都有了许多成熟的通用模型，通用模型指或遵循一定目的（如优化），或内在结构变化在时间上反应（时点间对象状态关系），或模拟现实手段（仿真），或对象间联系理念认知（反馈、延迟）等抽象原则、理念与通用方法建立的模型，是与具体领域无关的无差别模型，可以实例化后应用到不同领域中。如各种规划（线性、整数线性、目标、确定性动态）、Markov 模型、微分方程模型、排队论模型、系统动力学模型、Monte Carlo 仿真模型、Agent 建模等。除了通用模型，还有专业模型，专业模型指在一个领域或多个确定领域中，应用专业的领域知识，结合通用模型建模理念或者特定领域理论、常识等建立的模型，针对特定领域如医学中的流行病模型、经济领域的投入—产出模型，能源领域的 LEAP、MARKAL 模型，计算机领域完整性强制访问的 BIBA 模型，跨人口、资源、环境、社会、经济的 CGE 模型等。在一个特定领域内充分利用一个领域内特定知识解决具体问题的模型即应用模型，如利用图论和规划建立最优救灾物资运输线路，基于统计和临床医学实验的双盲实验模型，基于问题目标分析方法就新农保构建的参保率模型，利用对于一个化学分子让其组分和结构进行编码映射到向量空间，通过分类、频繁项挖掘等算法基于药物分子—靶点大分子—生理效应（药理效应/副作用）在新药寻找和药物有效成分分析的化学分子指纹模型等。

模型运用主要是把为了一定目的描述现实世界业务模型进行必要简化和假设后映射到数学模型。业务分析模型中要素与数学模型中的变量一一对应，业务分析模型中要素之间的关系在对应的数学模型变量中以算术运算（加、减、开方等）、逻辑运算（与、或、非、蕴含等）、集合运算（交、并等）等表示出来，形成一种保持运算不变的双射。要求能正确反映业务模型主要因素、特征和结构，还能推断和预测。在模型运用中，可以充分利用各个专业领域中已有的模型，如经济领域中的计量、投入产出、运筹学模型，流行病领域中的 SIR、SEIR 等模型。对于只是描述了状态和需求的事件模型，需要细化建模，可以从宏观、中观、微观不同层面入手，考虑微分方程、Markov、Agent 等方法建模。

以上只是搭建起了模型结构，但是还需要根据历史数据求参数。可以获得解析解的，通过微积分、线性代数或者是抽象代数方法求解，对于不能直接求解的，通过数值法设计算法来求解，如用 Monte Carlo 仿真、BP 等算法求解。当然，对于比较复杂现象或者只有数据时，我们可以利用数据自己说话发现其结构，使用算法训练和验证模型。

因此，我们能够预置和业务模型相关的已经有的专业模型，还有可以建模的工具方法，如线性规划、排队论模型等，还有就是实现分类、回归、聚类、概括、相关性建模、变化和偏差检测等任务需要的 SVM、关联规则、遗传算法、决策规则等算法，对于深度学习的 CNN、NLP 中的各种分词及词向量空间嵌入等算法都留了接口。利用这些算法求得业务模型映射的数学模型参数或者利用数据直接发现这些业务模型更细微的结构。

第五节　指标量化

人类经济社会行为都是真实发生的系统过程，而真实发生的系统过程都是确定的、具体的、定量的，里面涉及的所有的要素都是具体的，都需要形成指标，而指标涉及对象系统诉求的满足与状态的改变，因此需要具体的值来衡量。例如，党建领域组织生活参与情况，这一状态的考核指标可以分解为当前参与党组织数、较去年增减幅度、当前参与党员数、较去年增减幅度、参与党组织数近七个月变化趋势、参与党员数近七个月变化趋势等。

首先，范式的确定、本体的构建是自顶向下的，保证了两系统五要素的完整性，但依然不能具体化，只有走向实例，确定领域、确定具体的任务，才能实现范式要素的具体化，才能走向具体量化。任务的确定是从定性的角度看，具体的量化需要依靠指标。

其次，指标值分为理想值、现状值、问题值、目标值、对标值。描述对象系统状态应该是怎么样的是理想值。现状值是对象系统状态实际发生的。现状值与理想值之间的差是问题值。问题的范围缩小到什么程度与实际解决的程度，两者的结合即为目标值。从价值背景角度看，两系统中都存在理想值与现状值。例如，在新冠肺炎事件中，缺少医生、缺少床位，这些是对象系统中的客体，但是作为应急处置的主动系统的政务系统出于自身存在的价值，必须要将这些相关指标进行量化；除此之外，指标之间并不是孤立的，指标之间存在因果关系，指标是在强相关和弱相关关系下体现的指标，是此消彼长的关系。

一、指标的确定

七个范式的要素都可以指标化，而指标化不仅是静态的构建指标，还包括动态的因果关系指标，包括不同条件下的权重指标。

指标实际上是一种度量。在技术层面，一个好的指标，通常具备：容易收集快速衡量；准确度高、可被多维度分解；单一数据源等特点。

通常意义上，首先，要确定指标来源。指标通常可能来源于政府部门的相关法律法规、专项政策，如考核办法、部门"三定"等，企业的经营目标、企业岗位职责等制度要求。其次，指标的确定有两个方法：一为指标分级，二为OSM模型。OSM模型回答满足什么样的需求、为满足需要我们采取的策略、这些策略随之带来的数据指标变化有哪些等问题。指标选取的原则一般有全面性原则、整体性原则、科学性原则、简明性原则、可操作性原则、动态性原则、稳定性原则。

指标是指描述对象属性及属性间关系的指标，从统计学角度来讲，指标分为绝对指标和相对指标两种。

1. 绝对指标

绝对指标又称为总量指标，是反映社会经济现象总体规模或水平的一种综合指标，表现形式为有计量单位地统计绝对数。在社会经济统计学中，总量指标是最基本的统计指标，是计算相对指标、平均指标和变异指标的基础。

按其说明总体的内容不同，分为总体单位总量和总体标志总量。按其反映总体的时间状况不同，分为时期指标和时点指标。

计算总量指标数值时，或在统计运算中，涉及一系列变量值或标志值的全部或部分相加，是最常用的一种运算，需要采用简便的记法来表示其总和。代表总和的通用符号就是希腊文大写字母 $\sum$（Sigma），也称连加和号，最常用的形式为 $\sum_{i=1}^{n} X_i$，其中 X_i 代表各个变量值，总和号上下方的标号表明计算总和的 X_i 的起止点，即从 X_i 开始加到 X_n 为止：

$$\sum_{i=1}^{n} X_i = X_1 + X_2 + X_3 + \cdots + X_n$$

为方便起见，常以 $\sum$ 作为 $\sum_{i=1}^{n}$ 的简写。

2. 相对指标

相对指标又称为"相对数"，是用两个有联系的指标进行对比的比值来反映社会经济现象数量特征和数量关系的综合指标。相对指标也称为相对数，其数值有两种表现形式：无名数和复名数。无名数是一种抽象化的数值，多以系数、倍数、成数、百分数或千分数表示。复名数主要用来表示强度的相对指标，以表明事物的密度、强度和普遍程度等。例如，人均粮食产量用"千克/人"表示，人口密度用"人/平方公里"表示等。

随着统计分析目的的不同，两个相互联系的指标数值对比，可以采取不同的比较标准（即对比的基础），而对比所起的作用也有所不同，从而形成不同的相对指标。相对指标一般有六种形式，即计划完成程度相对指标、结构相对指标、比例相对指标、比较相对指标、强度相对指标和动态相对指标。

（1）计划完成程度相对指标

计划完成程度相对指标是社会经济现象在某时期内实际完成数值与计划任务数值对比的结果，一般用百分数来表示。基本计算公式为：

$$\text{计划完成程度相对指标} = \frac{\text{实际完成数值}}{\text{计划任务数值}} \times 100\%$$

（2）结构相对指标

研究社会经济现象总体时，不仅要掌握其总量，而且要揭示总体内部的组成数量表现，亦即要对总体内部的结构进行数量分析，这就需要计算结构相对指标。

结构相对指标就是在分组的基础上，以各组（或部分）的单位数与总体单位总数对比，或以各组（或部分）的标志总量与总体的标志总量对比求得的比重，借以反映总体内部结构的一种综合指标。一般用百分数、成数或系数表示，可以用公式表述如下：

$$\text{结构相对数} = \frac{\text{总体某部分或组的数值}}{\text{总体全部数值}} \times 100\%$$

概括地说，结构相对数就是部分与全体对比得出的比重或比率。由于对比的基础是同一总体的总数值，所以各部分（或组）所占比重之和应当等于100%或1。

（3）比例相对指标

比例相对指标是总体内部不同部分数量对比的相对指标，用于分析总体范围内各个局部、各个分组之间的比例关系和协调平衡状态。它是同一总体中某一部分数值与另一部分数值静态对比的结果。其计算公式如下：

比例相对指标 = （总体中某一部分数值÷总体中另一部分数值）×100%

比例相对指标计算结果通常以百分比来表示，还有以比较基数单位为1、100、1000时被比较单位数是多少的形式来表示。

（4）比较相对指标

比较相对指标就是将不同地区、单位或企业之间的同类指标数值作静态对比而得出的综合指标，表明同类事物在不同空间条件下的差异程度或相对状态。比较相对指标可以用百分数、倍数和系数表示。计算公式可以概括如下：

比较相对数指标 = ［甲地区（单位或企业）某类指标数值÷乙地区（单位或企业）同类指标数值］×100%

（5）强度相对指标

强度相对指标就是在同一地区或单位内，两个性质不同而有一定联系的总量指标数值对比得出的相对数，是用来分析不同事物之间的数量对比关系，表明现象的强度、密度和普遍程度的综合指标。其计算公式可以概括为

强度相对指标 = 某一总量指标数值÷另一个有联系而性质不同的总量指标值

（6）动态相对指标

动态相对指标就是将同一现象在不同时期的两个数值进行动态对比而得出的相对数，借以表明现象在时间上发展变动的程度。通常以百分数（%）或倍数表示，也称为发展速度。其计算公式如下：

动态相对指标 = （报告期指标数值÷基期指标数值）×100%

选取指标之后，需要搭建指标体系。指标体系是通过场景流程来综合进行分析。这里要注意的是分析维度的选择。一个好的指标是可以多维度拆解划分的。好的指标结合完整的维度，可以做到前后场景化的分析，维度即将点串联成场景的那根线。搭建指标体系的逻辑思路：选择指标—针对每个指标作出可能要的维度—将指标和维度重新组合。构建指标体系可以采取变异系数法、熵值法、相关系数法、条件广义方差极小法、极大不相关法等。

同时，指标的确定与领域、任务相关。不同领域、不同任务，其指标表达也不同。任务范式的要素都可以建立其对应的指标和指标体系。例如，以党建领域，组织生活参与情况为例，通过阅读党建领域关于组织生活的相关政策、法律法规，如《关于新形势下党内政治生活的若干准则》《中国共产党支部工作条例（试行）》等，梳理组织生活参与情况的相关指标：指标1：当前参与党组织数、较去年增减幅度；当前参与党员数、较去年增减幅度。指标2：（参与度分析）参与党组织数近七个月变化趋势、参与党员数近七个月变化趋势。

指标说明：指标1：A. 当前参与党组织数（Ps：本月只要有开展规定中的活动中的任意一个或几个，都算是当前参与党组织数）、较去年增减幅度；B. 当前参与党员数（Ps：本月只要有参加8种活动中的任意一个或几个，都算是当前参与党员数）、较去年增减幅度。指标2：C. 参与党组织数近七个月变化趋势，并显示近七个月峰值，D. 参与党员数近七个月变化趋势，并显示近七个月峰值。

二、指标的量化

指标的量化是指用具体数据来体现指标。五个要素的绝对值、相对值表达客观事物属性的含义。对事实的还原性和还原度的要求决定了采用什么样的量化指标。还原度很

高的时候，我们要采用全量数据、还原度要求不高的时候，我们采取样本数据即可。而全量数据和样本数据的指标如统计口径、抽样方法等也存在差异。其他的全期数据、时点数据、痕迹数据、填报数据等的指标确定也不一样。

有一些指标可以直接用数据展现，也存在一些指标需要通过数据之间的计算实现。同时，指标与指标间的变动关系也依靠预置数学算法模型实现，本节内容在第六章工程方法中的数量化计算中详细展开。

为深入了解指标与指标体系，以上述党建领域组织生活的参与情况为例，其指标、字段与计算方法、数据来源如表4-1所示。

表4-1　党建领域组织生活参与情况指标、字段与计算方法、数据来源表

指标	字段和计算方法	来源表	备注
当前参与党组织数、较去年增减幅度	党组织代码；党员大会召开日期；党员大会闭幕日期 支委会召开时间；支委会结束时间 党小组会召开时间；党小组会结束时间 党课召开时间；党课结束时间 党组织生活会召开时间；党组织生活会结束时间 谈心开始时间；谈心结束时间 开展评议日期；结束评议日期 活动开始时间；活动截止时间 【(本年截至当前参与党组织数－去年同期参与党组织数)/去年同期参与党组织数】	党员大会信息集； 党支部（总支）委员会信息集； 党小组会信息集； 党课信息集； 党组织生活会信息集； 谈心活动情况登记信息集； 党员民主评议信息集； 主题党日信息集； 主题党日参与人员信息集	
当前参与党员数、较去年增减幅度	党组织代码；党员大会召开日期；应到会人数；实到会人数；参会人员代码；人员是否到场标识 支委会召开时间；应到会人数；实到会人数；参会人员代码；人员是否到场标识 党小组会召开时间；应到会人数；实到会人数；参会人员代码；人员是否到场标识 党课召开时间；党课结束时间；应参加人数；实参加人数；参与人员代码；人员是否参与标识 党组织生活会召开时间；党组织生活会结束时间；应到人数；实到人数；出勤率 支委会参加人员；谈心开始时间；谈心结束时间；第几次谈心；应参加人员数量；参加人员数量；人员标识 开展评议日期；结束评议日期；应到人数；实到人数；参会人员代码 活动开始时间；活动截止时间；应到会人数；实到会人数；出勤率；参会人员代码；人员是否到场标识 【(本年截至当前参与党员数－去年同期参与党员数)/去年同期参与党员数】	党员大会信息集； 支部党员大会参会人员集； 党支部（总支）委员会信息集； 党支部委员会参会人员集 党小组会信息集；党小组会参与人员集 党课信息集；党课参与人员集 党组织生活会信息集 谈心活动情况登记信息集； 谈心活动参与人员集； 党员民主评议信息集； 民主评议信息人员集； 主题党日信息集； 主题党日参与人员信息集	

续表

指标	字段和计算方法	来源表	备注
参与党组织数近七个月变化趋势	党组织代码；党员大会召开日期；党员大会闭幕日期 支委会召开时间；支委会结束时间 党小组会召开时间；党小组会结束时间 党课召开时间；党课结束时间 党组织生活会召开时间；党组织生活会结束时间 谈心开始时间；谈心结束时间 开展评议日期；结束评议日期 活动开始时间；活动截止时间 【统计求和当月开展组织生活的党组织数】	党员大会信息集； 党支部（总支）委员会信息集； 党小组会信息集； 党课信息集； 党组织生活会信息集； 谈心活动情况登记信息集； 党员民主评议信息集； 主题党日信息集； 主题党日参与人员信息集	
参与党员数近七个月变化趋势	党组织代码；党员大会召开日期；应到会人数；实到会人数；参会人员代码；人员是否到场标识 支委会召开时间；应到会人数；实到会人数；参会人员代码；人员是否到场标识 党小组会召开时间；应到会人数；实到会人数；参会人员代码；人员是否到场标识 党课召开时间；党课结束时间；应参加人数；实参加人数；参与人员代码；人员是否参与标识 党组织生活会召开时间；党组织生活会结束时间；应到人数；实到人数；出勤率 支委会参加人员；谈心开始时间；谈心结束时间；第几次谈心；应参加人员数量；参加人员数量；人员标识 开展评议日期；结束评议日期；应到人数；实到人数；参会人员代码 活动开始时间；活动截止时间；应到会人数；实到会人数；出勤率；参会人员代码；人员是否到场标识 【统计求和当月参加组织生活的党组织数】	党员大会信息集； 支部党员大会参会人员集； 党支部（总支）委员会信息集； 党支部委员会参会人员集； 党小组会信息集； 党小组会参与人员集； 党课信息集； 党课参与人员集； 党组织生活会信息集； 谈心活动情况登记信息集； 谈心活动参与人员集； 党员民主评议信息集； 民主评议信息人员集； 主题党日信息集； 主题党日参与人员信息集	

三、指标的简单统计描述

利用指标能够对对象集中和离散趋势进行简单描述的统计描述。

描述统计学就是运用数字和数字运算来总结原始数据，用描述性数据指标来揭示数据规律，揭示指标间的关系，主要是数据的集中和离散趋势。

1. 集中趋势描述

描述一组观察值分布集中位置或平均水平的指标称为平均数。它能使人对资料有个简明概括的印象，并能进行资料间的比较。常用的平均数有算术平均数、几何均数和中位数。

（1）算术平均数。算术平均数简称均数，有总体平均数（μ）和样本平均数（$\bar{x}$）之

分，平均数描述一组数据在数量上的平均水平。样本均数的计算公式为

$$\bar{x} = \frac{\sum x}{n}$$

均数适用于表示对称分布，特别是正态分布的资料的平均水平，不适用于偏态分布的资料。如有数据 3、4、5、6、12，可见数据多在 3 ~ 6，但均数为 6，显然不能代表这组数据的中心位置，此时应用中位数描述其集中趋势。

（2）几何平均数。几何平均数适用于原始数据分布不对称，但经对数转换后呈对称分布的资料。这类资料可以是呈倍数关系的等比资料，如医学上血清抗体滴度资料。在应用中应注意观察值不能同时有正有负，同一资料算得的几何均数小于算术平均数。计算公式为

$$G = \sqrt[n]{x_1 x_2 \cdots x_n}$$

（3）调和平均数。又称倒数平均数，是总体各统计变量倒数的算术平均数的倒数。调和平均数是平均数的一种。但统计调和平均数，与数学调和平均数不同，它是变量倒数的算术平均数的倒数。由于它是根据变量的倒数计算的，所以又称倒数平均数。调和平均数也有简单调和平均数和加权调和平均数两种。

$$H_n = \frac{1}{\frac{1}{n} \sum_{i=1}^{n} \frac{1}{x_i}} = \frac{n}{\sum_{i=1}^{n} \frac{1}{x_i}}$$

加权调和平均数的应用：在很多情况下，由于只掌握每组某个标志的数值总和（M）而缺少总体单位数（f）的资料，不能直接采用加权算术平均数法计算平均数，则应采用加权调和平均数。

（4）中位数。中位数是指将一组观察值从小到大排序后居于中间位置的那个数值。全部观察值中，大于和小于中位数的观察值个数相等。直接由原始数据计算中位数时，若 n 为奇数，则中位数为将观察值从小到大排序后中间位置那个观察值；若 n 为偶数，中位数为将观察值从小到大排序后中间两个观察值的算术平均数。用频数表计算中位数时先根据频数表计算累计频数和累计频率，百分之五十分位数即为中位数。计算公式为

$$M = L_m + \frac{i_M}{f_M}\left(\frac{n}{2} - \sum f_M\right)$$

式中，L_M 为中位数所在组段的下限，i_M 为中位数所在组段的组距，f_M 为中位数所在组段的频数，$\sum f_M$ 为中位数所在组段的以前的累计频数。

中位数用于描述偏态分布资料的集中位置，它不受两端特大值、特小值的影响，当分布末端无确切数据时也可计算。同时任何分布的定量数据均可用中位数描述其分布的集中趋势，适用范围较广。

（5）众数。众数是指一组数据中出现次数最多的那个数据，一组数据可以有多个众数，也可以没有众数。众数是由英国统计学家皮尔生首先提出来的。所谓众数是指社会经济现象中最普遍出现的标志值。从分布角度看，众数是具有明显集中趋势的数值。

2. 离散程度描述

集中趋势是数据分布的一个重要特征，但单有集中趋势指标还不能很好地描述数据

的分布规律。为了比较全面地描述数据分布的规律，除了需要有描述集中趋势的指标外，还需引入描述数据分布离散程度的指标。描述离散趋势的指标有多种，最常用的有极差、四分位数间距、方差、标准差和变异系数。

（1）极差。又称全距，即最大和最小观察值之间的间距，用极差描述资料的离散程度简单明了，但它不能反映观察值的整个变异度，而且样本的例数越多，极差的可能就越大，因此用极差来描述离散趋势就不够稳定，易受奇异值的影响。

（2）四分位数间距。四分位数是特定的百分位数，其中 P25 为下四分位数 Ql，P75 为上四分位数 Qu。四分位数间距即 Qu – Ql。四分位数间距比极差稳定，是两个统计学点值之间的距离，但仍未考虑每个观察值的变异度。

（3）方差。离均差的绝对值之和或离均差平方和（SS）可用来描述资料的变异度。SS 的均数（即均方）不受观察值个数的影响，用来描述资料的离散程度较离均差的绝对值之和或离均差平方和更好。方差也有总体方差和样本方差之分。样本方差的计算公式为

$$S^2 = \frac{\sum (x - \bar{x})^2}{n - 1}$$

（4）标准差。因方差的单位是原单位的平方，所以使用仍不方便。为保证单位的一致性，取方差的算术平方根，即标准差，作为描述离散趋势的指标。标准差也有总体标准差和样本标准差之分。样本标准差的计算公式为

$$s = \sqrt{\frac{\sum (x - \bar{x})^2}{n - 1}}$$

标准差可用于描述变量值的离散程度，与均数结合还可描述资料的分布情况，此外，还可用于求参考值范围和计算标准差。

（5）变异系数。在比较多组资料的离散程度时，如这组资料的单位不同或均数相差悬殊时，用标准差就不合适。此时需要用到变异系数又称离散系数来比较，它实际上是标准差占均数的百分比例。计算公式为

$$CV = \frac{s}{\bar{x}} \times 100\%$$

第五章　工程创意

工程创意是领域知识工程学从理论走向实践应用的逻辑起点，是任务范式展开的灵魂，是实现实体创新数字倍增的关键。也就是说，工程创意是运用本书前述的原理性和方法论知识，针对政府、产业、社会三大应用范畴里的特定问题，以创造性思维和结构性方法找到解决问题的路径，从而逐渐展开领域知识工程产品的设计、开发和运营，是一个从零到一、从无到有的"关键一跃"。

工程创意中的"创意"是在领域知识工程学的知识框架和话语体系下的创意，是指源于问题、针对问题的创意。任何创意都是针对解决问题的思路的创意。创意的结果会演化为系统性解决方案，是设计的触发点，是整个未来范式实例化及其自动化展开运行的内在规定性。

问题不仅仅是创意的触发点，更进一步地说，特定的经济社会问题是领域知识工程学的触发点。领域知识工程学就是根据问题，通过任务范式确定其互作用强相关的两系统，并构建出有效的、自动化运行的工程系统。如果没有问题的驱动和触发，就没有两系统强相关互作用这个任务范式的存在。可以说，整个人类社会的发展史就是无数个系统对不断地在问题的触发和解决的循环中走过来的。

"问题"，是创意的动力、灵感的来源，因为一切解决问题的方法和方案都蕴含在问题中，只是要善于透视问题、解构问题，并建构一个新的系统来解决问题。创意不是灵光一现的，也不是偶然发生的。在领域知识工程学的理论框架下，创意是有规律的、结构化的。

"问题"，是确定的，所有的问题都分布在经济社会内禀价值的三个外显物质形态中，即分布在发展态、秩序态和突发态中。领域知识工程学只研究确定性的内容，只针对这三态中的确定的问题，设计确定的方案。任何问题的现象、根源和症结都是客观存在的，人们对问题的感知都是真切的，对问题的认知也是系统的，尽管这种系统性往往会体现为离散的知识。领域知识工程学就是对这些已有的哪怕是离散的知识，对同类问题的前因后果及解决方案等，进行识别、解析，找到其规律和特点，找到创意的灵感，找到解决问题的方案。也就是说，创意是通过逆向实证的思维获取的。逆向实证就是向历史要未来，就是从过去为未来找出路。

那么，在哪儿创意和怎么创意，就成了创意的核心点。

通过问题解构的方法，识别出问题的根源和症结，就找到创意核心点的两个维度。其中和根源相关的创意，通过微创新实现，和症结相关的创意则需要通过深度创新才可实现。同时，任何创意最终演化形成的工程，要在现实中实现，必须以相应的制度安排为保障，制度安排是社会内禀价值的精神外化，无论是政府的立法，还是企业和社会机构的规章，都是这种对价值的制度固化。

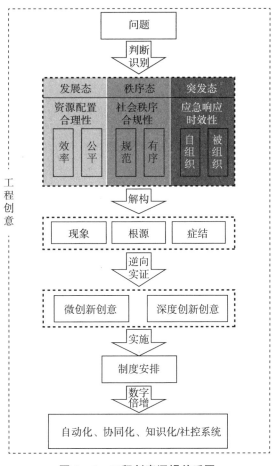

图 5 - 1　工程创意逻辑关系图

　　工程创意所指向的工程设计并不是传统意义上的信息系统设计，而是人机复杂巨系统的设计概念，进一步说就是社会体系的自动化控制设计，或者说通过社会控制系统的设计而实现对社会体系及其相关技术体系的自动化控制设计。也就是说，工程创意的内容，既要有针对实体空间的创意，也要有针对数字空间的创意。本章从问题与价值、问题三维度、逆向实证、微创新创意、深度创新创意、制度安排六个方面，描述工程创意的主要内容。

第一节　问题与价值

　　问题与价值的关系是识别问题的重要前提。在领域知识工程学中，"问题"是对象系统所表现出的一种负价值状态。价值是客观的、内禀的，而内禀价值是静态的，它从精神形态上外显为文化、法律和伦理三种形态（非规范的表达是习俗），从物质形态上外显为发展、秩序和突发三种形态。因此，价值取向也要综合内禀价值的外显形态进行分析、阐述。

一、价值取向

从宏观层面来讲，问题是对象系统在当前的客观状态下，所呈现出的与社会价值取向相反的负价值属性。价值取向既是识别问题、判断问题的标准，也是经济社会形态的量化反映。那么，什么是社会价值取向？从哲学角度来说，价值取向是指特定主体基于自己的价值观在面对或处理各种矛盾、冲突、关系时所持有的基本价值立场和态度。

社会价值观是回顾、观察、预见一个社会发展水平的标尺之一，是人们关于好坏、得失、善恶、美丑等价值的立场、看法、态度和选择，是社会多数成员普遍认可的内禀价值，各种复杂多样的价值观，经过长期反复的整合和消解，最终才能形成，体现一个社会价值理念的价值体系。

在人类社会的不同发展阶段，从农业社会、工业社会到如今的信息社会均有与之相对应的一套完整的价值体系，而这个价值体系表现为当下社会不同领域的价值取向、价值尺度、价值评价。每个领域都有其自身独特的价值体系和价值标准。比如，我国的宏观社会价值取向就是社会主义核心价值体系是富强、民主、文明、和谐、自由、平等、公正、法治、爱国、敬业、诚信、友善。所以，可理解为与宏观社会价值取向相同的就是正价值，与宏观社会价值取向相反的是负价值。

以上是对宏观的普适社会价值取向与其对应的是微观领域具体的价值取向之间的关系，普适性的社会价值取向落实到越是具体的层面，越能够说明问题。因为，在经济社会的运行过程中，每个问题、每个任务都是具体的、微观的，问题总是在特定的领域内存在、发生的，识别、判断问题的时候，也是针对特定领域内存在的具体问题进行调查和判断的。

所以，将微观领域中存在具体问题，自下而上进行归纳，上升到宏观层面的具有普适性的社会价值中。尤其在信息社会，随着科学技术的发展，社会分工愈加复杂而精细，价值中所表现出的问题的微观领域特征会更加突出。

而微观的具体领域中的价值取向是由这一具体领域中的政策、法律法规、行业标准、区域性规范、伦理等描述的。因此，在具体问题发生的时候，对其进行识别和判定既要综合宏观的普适社会价值，也要综合微观领域具体的价值取向，才能够做出客观的判断。

无论是价值还是价值取向都反映在前面提到的经济社会的三种形态中——发展态、秩序态和突发态。发展态是对应资源配置的效率和公平，即合理性，指向资源配置的方式。秩序态指向的是社会秩序的规范和有序的治理方式，是主动系统独治，还是两系统共治，即合规性。突发态是应急响应预案和预案启动的时效性，指向处突方式——自组织还是被组织。在现实社会中，所有问题都可以分为合理性问题和合规性问题。所以，现实社会的所有问题其实也是在发展态和秩序态里面表达的。比如，基础教育资源不足的问题就是发展态的问题，危化品因操作问题导致的爆炸就是突发态的问题，而黑臭水的环境问题既是发展态的问题又是秩序态的问题，它是因为负面的发展态造成的结果，也是因为秩序不合规导致的状态。

二、问题的现状值与目标值、理想值、对标值

在领域知识工程学中，问题是在两系统五要素的任务范式下，以领域化的形式存在，

而领域化的具体问题是社会价值形态的具体体现。

结构化地认识问题是对问题进行操作的前提。问题的关键状态指标包括现状值、目标值、理想值和对标值。对象系统客观存在状态的指标量化就是现状值，与社会价值取向相同的最高标准，能够达到堪称最完美、最接近理想的状态就是理想值。与社会价值取向相悖的、呈现负价值属性的就是问题。问题值就是理想值和现状值之间的差值。因政策法律、资源分配、客观条件等多方面的约束，总会出现一系列各种问题，遇到问题也不是每次都够按照最理想的状态来解决的。在"问题驱动、目标约束"范式下解决任何问题的选择总是有限的，从解决的范围到解决的程度都是有限的，而约束这个问题的有限性就是目标。这个"目标"指的就是根据目前能够达到的标准，将目标进行指标量化就是目标值。目标值应该是比现状值更趋近于理想值的状态。此外，当解决特定问题的时候，往往会设定一个对标值，对标值是根据类似国家、地区、领域等各种意义设定的同类发展差异较大的对标的指标值。对标值、理想值、问题值和目标值的关系如图5 -2所示。

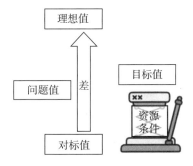

图5-2 对标值、理想值、问题值和目标值的关系图

问题值是识别出来的，而目标值、理想值和对标值是通过进一步分析来确定的。目标值是主动系统的主体受到主观思维局限性和客观的资源、条件等多方面约束设定的。目标值的确定可以通过历史经验总结、参照对标值等，综合主动系统主体的自身条件约束所设定的。理想值的确定方法有两种，一是从一个任务的学术研究中提取；二是在一个具体领域任务中，发达地区的现状值往往是发展中地区或欠发达地区的理想值，所谓"前面的鞋子是后面的样子"它们之间具有强大的关联性。一般而言，在政策和法规中提到的都是目标值，是根据客观条件的限制所设定的。对标值的设定在方法上有利于全面、客观的判断问题、设计目标值，甚至有利于设计出更全面、更合理、更具有发展性的解决方案，所以对标值是一个必不可少的参照值。但对标值不是一个统一的标准，它需要根据不同的空间、不同的领域、不同的行业标准等不同的意义或情况来进行设定。针对特定问题开展形式化的文献资料搜集工作，往往就包含很多对标值，对标值不是由政府决定的，而是由客观需求决定的，即产业和社会决定的。但是，当产业、社会不具备这方面能力的时候，政府才会进行干预。

我们以教育领域的高等教育毛入学率为例，国际上通常认为，高等教育的毛入学率在15%以下时属于精英教育阶段，15%～50%为高等教育大众化阶段，50%以上为高等教育普及化阶段。也就是说，国际上的参照标准可以理解为对标值，而100%的高等教育毛入学率是理想值。2011年，我国的高等教育毛入学率是26.9%，就是2011年我国的现状值。当时，提出的目标是2015年达到36%的高等教育毛入学率。那么，36%与26.9%之间的差就是问题值，代表着当下高等教育所存在的问题。而我国在2018年的高等教育的毛入学率就达到了48.1%，甚至已经超出2011年制定的2020年的目标，更加地趋近于对标值中的国际高等教育普及化的标准了。

第二节　问题三维度

从哲学角度看，维度是指人们观察、思考与表述某事物的"思维角度"。例如，"月亮"这个事物，既可以从月亮的"内容、时间、空间"三个思维角度去描述，也可以从月亮的"载体、能量、信息"三个思维角度去描述。量子力学创始人海森堡曾说过，"提出正确的问题，往往等于解决了问题的一大半。"从这可以看出，"提出正确问题"的重要性。然而，在现实社会中，问题往往是随着对象系统的主观诉求和客观状态来产生的，而不是"正确"的模式提出的。回到领域知识工程学的问题上来，可按照"现象、根源、症结"三个维度去描述。导致问题的原因有很多种，只有对"问题"本身进行深入分解，通过问题现象看到根源和症结（本质），才能"对症下药"，找出更针对性的解决方案。问题的"现象、根源、症结"三个维度并不是领域知识工程学新创，是问题客观存在的天然属性，只是人们未曾以领域知识工程学的方法正确地去感知和认知而已。

一、问题解构

问题是创意的来源，是工程创意的起点，更是工程创意的关键点和触发点。因此，判断问题、识别问题就是开启创意的唯一路径。问题是一种负价值状态的表现，判断问题就是判断问题所表现出来的价值状态，解决问题就是价值的实现。判断问题就需要结合宏观状态的普适价值标准和微观领域的具体价值标准进行研判。而识别问题其实就是将问题进行深度的解构，解析问题三维度，触发创意灵感。

问题解构是指运用工程化的方法将问题按三个维度进行分解、拆解。问题解构方法的核心内涵来自"解构"，解构一词来源于哲学，所以解构不仅仅是指分解和拆解，更是指每一次分解、拆解的结果都会产生新的结构，其释放形式和体量是具有无限可能性的。举一个简单的例子来说明解构这个词，比如一个打火机，将它的外壳和各种零件、配件一一拆卸分离，摆放在桌子上，此时，它不再是一个打火机，因为它失去了作为一个打火机的实际意义，它就是一堆零件。然后，再将这些零件随意粘起来，就变成了一个小摆件，而这就是解构。

前面提过经济社会的三种形态：发展态、秩序态和突发态。这三种形态是受合理性和合规性的问题所影响的。而无论什么问题都能够通过解构形成现象、根源、症结三维度，它们之间是互为因果的强相关关系。通过问题的解构，触发并形成创意，又通过创意形成系统性的解决方案，而解决方案的形成以及方案的具体实施过程，实际上就是一个新的建构。这个新的建构就是针对问题设计出的新的系统功能、新的模式，因此也就产生出新的输出态，也就实现了一个状态的改变，这是一个趋近目标的改变。这个改变反馈到经济社会的问题中，就会影响发展态、秩序态和突发态的状态。而反馈的效果就会进一步地影响后续目标、任务的改变。如果反馈的效果是正向的、趋近目标的，就说明这个创意是合理的、有效的，可以继续执行循环。如果反馈的效果未能够达到目标，或存在其他的负价值的影响，就说明这个创意是有问题的，就需要进行修正或终止。

二、识别现象

现象是事物表现出来的，能被人感觉到的一切状况，是事物在发生、发展、变化过程中所表现的外部联系和客观形式，是事物比较表面的、多变的方面，其含义与"本质"相对应，是本质的外在表现。

在领域知识工程学中，现象可以通过两种方式进行识别：第一种是人通过感官系统直接可感知到。例如，通过眼睛看纯色满园的风景、用耳朵去听优美的旋律、用鼻子去闻花香、用舌头去尝酸、甜、苦、辣等；第二种是人借助感知的工具获取现象信息。通过仪器测量事物的温度、长度、密度、面积、形状、高程、质量等，比如温度计可以测量温度，气压表可以测量气压等。

因此，问题的第一个维度——现象就是问题发生后，人通过感官可感知的、通过仪器可测量的问题外在的表象。对问题现象的分析要尽可能做到真实、全面、深刻，因为问题的现象是深度解构问题根源和症结的前提。

比如，在数字社会的范畴下，以2018年8月安徽省合肥市发生的常春藤事件为例，合肥市常春藤少年宫幼小衔接班的家长提供的视频，视频显示事情发生在8月2日中午12时许，监控中显示，数十名孩子正在午休，一名女老师正在"巡视"。女老师转了几圈后来到卞先生女儿边上，她突然伸手打向孩子的脸，其间打了两三下。另一段监控中，卞先生朋友的女儿则被女老师用脚踩了脸。根据进一步调查发现，在学校厨房内可以看到，洗碗机底部留有食物残渣和剩饭粒、部分餐台未擦拭干净、炒菜锅具锈迹明显、蒸饭锅具储水池水渍泛黄。此外，在厨房储存食物的冰柜里，发现了部分过期食品和三无食品。很多都是2017年生产的，已经过期一年或半年了，还有一些食品是2016年生产的。并且，少年宫的安全通道被杂物占据，烟雾报警器成为"摆设"。

从上述实例描述中可分析出的问题现象是：视频中能够看到教师打孩子脸，用脚踩了孩子的脸。而进一步检查的时候，检查人员能够看到——学校厨房洗碗机底部留有食物残渣和剩饭粒、部分餐台未擦拭干净、炒菜锅具锈迹明显、蒸饭锅具储水池水渍泛黄，厨房的过期食品和三无食品，以及安全通道被杂物占据等都是通过人的感官可以感知的现象。

在数字政府的范畴下，以城市黑臭水为例，当水体遭受严重有机污染时，有机物的好氧分解使水体中耗氧速率大于复氧速率，造成水体缺氧，致使有机物降解不完全、速度减缓，厌氧生物降解过程中生成硫化氢、氨、硫醇等发臭物质，同时形成黑色物质，使水体发生黑臭。在城区内，呈现令人不悦的颜色（黑色或泛黑色），或散发出令人不适气味（臭或恶臭）的水体就是城市黑臭水了。

黑臭水的问题现象中，能够被人直接感知的现象有：黑臭水的颜色是黑色的，是眼睛可以看到的；黑臭水的味道是令人不适的臭味或者恶臭味，是鼻子可以闻到的。如图5－3所示。

图5－3　某地黑臭水照片

黑臭水的问题现象中，需要通过仪器进一步测量的现象是黑臭水中的各项指标成分，具体如表5－1所示。

表5－1　某地黑臭水的指标检测结果

指标名称	数值
pH 值	8.3
化学需氧量（COD）	213mg/L
氨氮（NH_3-N）	14.53mg/L
总磷	1.28mg/L
总氮	21.04mg/L

三、识别根源

根源是事物产生问题的根本原因，是事物问题的起源。问题的根源与现象之间有因果性关系，问题的根源是导致问题现象产生的原因，问题的现象是因为问题的根源所引发的结果。只要问题的根源一直存在，问题的现象就会不断地发生。

问题的根源就是造成问题现象的直接原因。领域知识工程学中，问题的根源分为两种：一种是直接根源，即导致问题现象出现的物理的、化学的、生物的最直接的原因，这类根源通过现象较容易识别和发现。另一种是间接根源，即导致问题现象出现的潜在原因，往往涉及法律、技术规则等社会原因、规则等较深层次原因，根源这里的规则可以是因这类根源是从物质原因走向了非物质原因的中间过渡，需通过现象更深一步去挖掘和分析。

导致问题的根源，可能是法律法规的执行问题，或者是法律法规缺失问题，抑或是法律法规、技术标准等的时间落点和空间普及的问题，以及对原理的违背和方法的错用等，也就是说，问题的根源产生是已有的、现有的或既有的程序性知识和描述性知识出现问题导致的。

在数字产业范畴下，我们以 2017 年明光"11·26"事故为例，2017 年 11 月 26 日 18 时许，位于滁州明光市的明城国际城市商业综合体维也纳国际酒店在建工地发生一起客运电梯安装施工事故，造成 4 人死亡。分析问题的根源是：事故电梯坑底内未发现安装人员作业安全带；电梯井道顶板预埋吊钩前期未按照规定设计；电梯预埋吊钩锚入混凝土长度不足，末端未做 180 度弯钩；顶板板底钢筋混凝土保护层厚度不足，且钢筋搭接位置不符合设计文件要求等。

在数字社会的范畴下，我们以 2018 年安徽省合肥市常春藤事件为例，分析的问题根源是：常春藤少年宫幼儿班涉事教师素质低，缺乏教学经验；常春藤少年宫对食品的采购质量和加工卫生的检查不严、监督不足；常春藤少年宫内部安全设施管理不当。

在数字政府的范畴下，我们以 2018 年河南驻马店发生的货车追尾重大交通事故为例，2018 年 11 月 19 日早晨 7 时 30 分左右，大广高速河南省驻马店市平舆杨埠收费站附近发生 3 起货车追尾事故。截至目前，共造成 9 人死亡，9 人受伤。这个问题的根源是：因当时气象的团雾的原因，造成司机视野不清、受限，导致连环追尾事故的发生。

针对根源性问题，包括通过上述实例中分析出的具体根源，存在普遍的一个特点，就是这些根源性问题在已有的相关法律法规、制度文件中均有明文规定，只是对象侧不按规则执行、不遵循而导致的。

由此可以推断，如前面提到的电梯安装的这一个根源性风险，在不同的时空范围内同类电梯安全事故可能大规模地发生产生。也就是说，同一个根源可能会导致一个问题的多种现象或多个问题的多种现象的重复产生。所以问题根源的产生，就意味着同类事物发生这个问题现象具有普遍的可能性，且同类事物都存在这种可能性转为现实性的内在属性。就本案例来讲，只要上述问题根源不解决，那么问题就会不断地重复发生。就算解决了问题的现象，也仅仅是治"标"的过程，但解决问题的根源才是治"本"的过程，只有"标本同治"才能够解决问题。

四、识别症结

症结是问题现象产生的最根本原因，是问题产生的深层次的本质原因，是问题根源的根源。问题的症结、现象、根源三者之间存在因果性关系，问题的症结是造成问题现象和根源的最本质的原因，问题的根源和现象是由问题的症结所导致的结果。

症结问题通常与相关主体的内生动力有关，而内生动力是与原有的利益机制和内禀价值相关联的。症结的产生是现有的、已有的或既有的程序性知识和描述性知识的不足、缺失、缺位所导致的。因此要找到问题的症结，首先要分析问题根源产生的原因，要深入分析问题中相关主体的利益机制和内生动力机制。

要解决内生动力问题，一是要打破既有的利益格局，重组利益机制。因为，不打破原有的利益机制，不改变既有的利益关系，则无法有效解决动力机制而引发的症结性问题。二是适当调整和完善既有的利益格局。只有适当调整现行制度，对其进行必要的创新，才能从根本上解决和规避同类问题的重复发生。

在数字产业的范畴下，我们以 2017 年明光"11·26"事故为例，2017 年 11 月 26 日 18 时许，位于滁州明光市的明城国际城市商业综合体维也纳国际酒店在建工地发生一起客运电梯安装施工事故，造成 4 人死亡。这个问题的症结是：施工公司落实企业安全生产主体责任不到位，安全管理混乱。电梯安装前卫队预埋吊钩进行确认，安全技术交底不到位，安装人员未佩戴安全带，安装现场安全防护措施未落实。建设单位施工现场管理混乱，未按照设计规范预埋吊钩，未向施工单位明确电梯井道顶板吊钩使用范围。监理公司质量监理责任不到位。电梯生产商对施工安装单位的安全指导和监控不到位。相关部门对于特种设备安全监管责任不到位等。

在数字社会范畴下，合肥市常春藤事件问题的症结是：合肥市常春藤少年宫对幼儿教师综合素质考核、监督存在不足；食品监管部门、少年宫内部监督部门对常春藤少年宫食品卫生检查力度不足，信息不公开，不透明；消防安全监管部门、少年宫内部监督部门对常春藤少年宫的消防安全检查不深入。

在数字政府范畴下，2011 年安徽省因生态补偿机制不足影响生态修复问题的症结是：生态补偿制度缺失、机制不足；生态补偿资金来源单一，不足；生态治理不到位；生态资金应用范围窄；生态补偿不到位、补偿标准低，受偿者损失和收益差距较大，对象主体驱动力不足。

在数字政府范畴下，以 2012 年河北钢铁集团鑫达钢铁有限公司违法占地建设厂房为例，2012 年 5 月，河北钢铁集团鑫达钢铁有限公司未经批准占用唐山市迁安市木厂口镇佛峪院村 50.07 公顷（751.10 亩）土地建设厂房，其中永久基本农田 22.18 公顷（332.70 亩）。原迁安市国土资源局立案查处，依法申请法院强制执行，法院裁定准予执行后一直未能执行。2019 年 6 月，在自然资源部督促下，迁安市政府组织拆除了违法建筑物和其他设施。木厂口镇党委书记耿某（时任镇党委副书记、镇长）、主任科员付某分别受到党内警告处分，木厂口镇国土资源所所长王某被撤职，时任佛峪院村党支部书记兼村主任任某受到留党察看两年处分。案件涉嫌构成非法占用农用地罪，公司总经理康某被移送公安机关追究刑事责任。

通过对此事件的相关信息进行搜集可知，这个案件历经 7 年，经自然资源部督促、通报才最终执行。案件所在区域的自然资源主管部门在违法行为执法查处、后续跟踪等方面不同程度存在慢作为、消极作为问题，向政府报告不主动、不及时，与法院等部门沟通协调不力，简单搁置问题，违法行为未能得到有效处置，上级督促才能有实质性进展。经分析总结，这个案件的症结是：中央政府、地方政府市场三方主体的信息不对称，利益出发点的方向不一致导致的冲突，是客观必然的。中央政府站在全国宏观的角度上，站在中国现阶段的发展情况倾向于自然资源的保护，对于国土资源均衡性的调控和管理；地方政府面对地方局部的国民经济和社会发展的需求倾向于资源投入刺激市场的发展和本地国民经济发展的提高；市场则是趋利而行。

这些案例涉及的法律法规、制度和规则是已经存在的，但是在相关主体执行的时候，却存在较为严重的问题，各项管理和规范都不到位。而究其根本原因就是各主体的内生动力不足，所以导致包括执法者、守法者在内的各主体的违规表现，最终导致严重后果。

无论是问题的现象、根源还是症结，一步一步地进行深入分析，是为了透彻地认知问题，是为了触发解决问题的思路和创意。

第三节　逆向实证

一切创意来源于具体问题，又反射到问题，是两点一线式的循环试验、演进和验证过程。创意设计最重要的前期工作是逆向实证。逆向实证就是向历史要未来，从过去找出路、找答案，去面向未来。它是从同类问题的现有事实、已有事件出发，找到事件的前因后果以及解决方案等，加以分析形成事件的基本结构、属性等，找到其规律和特点，再通过规律、特点等内容进行创新创意。

工程创意最终完成的目标是解决问题的整体解决方案，而创意就是针对问题所制定出的系统性解决方案的思路、方向、方法，是解决方案的雏形，是整体解决方案的前身，是设计的起点，是范式展开的灵魂。创意不是偶然想到的，也不是拍脑袋得来的，创意是针对问题，通过一定的调查研究分析得来的，是继承了同类问题的历史解决方案、思路、建议、政策、思想、经验等所产生的。所以创意不是偶然发生的，创意是有一定规律性和必然性的。

创意归根结底是针对问题实施的。因此，基于问题的深度分析，得出两个最重要的创意点：一是针对问题根源的微创新，二是针对问题症结的深度创新。针对根源的微创新是改变现有的、有效的规则体系中时空落点的创新。针对症结的深度创新是改变内生动力，改变现有利益机制的创新。但无论哪种创意、创新，都需要先根据历史经验展开逆向思维，拼叠已有资料，预置资源，才能够为创意提供更多的思路、参考和依据，而逆向实证就是这个过程中搜集历史经验，展开逆向思维，激发创意灵感的前期工作。只有通过一定样本量的同类问题的历史事件来进行逆向回推，查找此类问题的根源、症结、规律、特征、属性、经验等，再将事件分门别类地建立事件模型，才能够找到创意点，有效地激发创意，完成创新创意。

一、事件样本量

逆向实证的用意是站在巨人的肩膀上，展开逆向思考，寻找解决问题的最佳路径，而这个"巨人"就是特定问题的巨量历史事件信息。既然需要巨量的事件样本信息，那么第一步自然就是展开大量搜集并存储样本事件、历史经验，搭建起这个激发创意灵感"巨人"的过程。

事件样本量是需要通过将已经产生的各类样本，尽可能多地将同类事件的样本收集起来，进行拼叠研究，这个拼叠研究就是拼叠事件的属性，拼叠的属性就是能够覆盖未来可能发生的同类事件的属性。所以，事件样本量越大，对未来的预见性越好。从历史上已经发生的、确定的事件样本中，去发现尽可能多的现实性，去预见未来同类事件发生的可能性。就是向历史要未来的过程，就是从历史的现实性向未来的可能性转化的过程。

在搜集事件样本的过程中，针对事件样本的历史经验可以分为两类进行搜集：一类是没有实践过的方案，这类方案描述了解决问题的经验、方法、原则、思路、原理、研究、分析结论、方案，具体建议、方案建议，甚至是系统性的解决措施、建议等。另一类则是案例，也就是已经实施过的方案，包括成功实施的方案和实施失败的方案，这类方案里包括已有的解决同类问题的路径、方法、探索、研究、教训、总结等。

在搜集事件样本的时候，可以顺着同类问题相同现象，或相同根源，或相同症结，同一领域的类似现象、根源、症结等多方面，在不同的区域、不同的经济社会形态中进行搜集、存储、标引等。

在数字产业范畴下，以硝基苯在生产环节产生的事故的问题事件为例，建立样本库，进行样本事件的搜集，搜集如表 5 - 2、图 5 - 4 所示。

表 5 - 2　硝基苯样本库搜集/标引内容表

实例的工程方法属性	引用的实例 1
	危化品生产环节监管
形式化搜集	共搜集了 12 大类 226 件资料： 1. 中央文件 国务院安委办启动危险化学品重点市县专家指导服务工作，中共中央　国务院关于推进安全生产领域改革开展的意见 2. "两会" 文件 2018 年 "两会" 资料汇编 关于 2019 年 "两会" 学习资料内容整理 3. 法律法规 硝化工艺体质安全提升参考标准 《上海市安全生产事故隐患排查治理办法》（沪府令第 91 号） 4. 专项政策 危险化学品安全综合治理工作的通知 甘肃：对防风险隐患保安全专项整治行动开展督查 ……
主题化标引	针对中石油双苯厂实例关键词进行标注： 1. "中油吉林石化双苯厂" 标注为 "事故法人"； 2. "精制塔操作人员" 标注为 "事故主要相关人"； 3. "车间巡检人员" "当班班长" "生产调度人员" "车间和厂生产调度人员" 标注为 "事故相关人" …… 共 57 条

图5-4　危化品事件样本数据搜集

在数字政府的范畴下，以自然资源的国土资源问题为例，建立样本库，进行样本事件的搜集，搜集如图5-5所示。

二、分门别类建模

搜集大量的样本事件需要按照一定的类别进行存储和分析。从工程的角度来讲，问题事件都不是由我们直接触发的，但这些确定的问题事件在领域知识工程学的研究应用范畴内。所以，可以通过逆向工程的方法来对问题事件进行层层剖析，从事件现在的状态、现有的结果出发，回溯事件从发生到目前的所有经过，对事件进行一个完整的还原。通过对这个事件的完整还原，可以分析出问题的现象、根源、症结，找出问题的现状值、理想值和对标值。再通过这些来找出一定样本量的同类问题事件，找出同类事件发生的原因、发生的规律、已有解决思路和方法，再进一步总结、创新就能够完成针对这类问题的创新创意——未来处理同类事件的解决方案（包括处理的基本原则和预防措施等）。这样就从根本上解决了此类事件，未来就不会重复发生。

序号	案件名称	案件内容	案件类型	所属地市	案发时间	最终执行时间	责任部门	相关部门	是否执法	处理结果	原因	备注
1	河北省邢台市南和县金昭建设投资有限公司非法占用土地	2015年10月，南和县金昭建设投资有限公司未经批准占用南和	土地案件－占用耕地	河北省	2015年10月		南和县国土资源和城乡规划	国家土地督察机构	是	责令退还非法占用土地		
2	山西省忻州市保德县赵家沟煤有限公司非法占用土地	2016年6月，保德县赵家沟煤有限公司未经批准占用保德	土地案件－占用耕地	山西省	2016年6月		保德县国土资源局	国家土地督察机构	是	责令拆除不符合规定的建筑物及设施		
3	江苏省泰州市姜堰经济开发区管理委员会未经批准占用南	2016年7月，姜堰经济开发区管理委员会未经批准占用南	土地案件－占用耕地	江苏省	2016年6月		泰州市国土资源局	国家土地督察机构	是	退还非法占用土地拆除本符合规定的建		
4	安徽省阜阳市界首市东城街道办事处非法征用土地	2016年2月，界首市东城街道办事处非法征用土地23.50余亩	土地案件－占用耕地	安徽省	2016年2月		阜阳市国土资源局	国家土地督察机构	是	收回被非法占用的土地		界首市东城街道办事处非法批准
5	贵州省黔南州贵州西南交通投资实业集团公司非法占用	2016年6月，贵州西南交通投资实业集团公司未经批准非	土地案件－占用耕地	贵州省	2016年6月		黔南州国土资源局	无	是	责令退还非法占用土地		
6	云南省昭通市昭阳区旧圃镇沙坝村民委员会非法使用土地	2016年8月，昭阳区旧圃镇沙坝村民委员会未经批准使用土地	土地案件－占用永久基本农田	云南省	2016年8月		昭通市国土资源分局	国家土地督察机构	是	责令拆除不符合土地利用总体规划的建筑		昭阳区旧圃镇沙坝村民委员会未
7	河北省沧州市渤海新区综合保税区二期围海造田项目	2015年4月，沧州渤海新区综合保税区未经批准占用海域	海洋案件－违法填海	河北省	2015年4月（第二次督察）	2016年8月（第二次督察）	沧州市海洋与渔业资源分区分局	国家海洋督察组	执法两次	责令退还非法占用海域，恢复海域原状		
8	广东省湛江市东头头品市珍海生态渔业安全公司非法围海	2013—2014年期间，港汇市东头头品市珍海生态渔业安全公司非	海洋案件－违法围海	广东省	2017年10月	2017年10月	被海大渔业与渔业局	无	是	责令退还非法占用海域，恢复海域原状		
9	湖南省株洲市茶陵县某某某非法采矿案、朱某某等人非法采矿	2011—2014年至2017年5月，茶陵县某某某非法采矿建村村村宁某、朱	矿产案件－非法开采矿产	湖南省	2017年7月	2017年7月	茶陵县公安局	公安机关	是	追究相关责任人刑事责任		
10	广东省湛江市广东某某海域水资源有限责任公司	2015年9月至2017年2月，湛东市某某水资源有限公司非法开采砂石	矿产案件－非法开采矿产	广东省	2017年2月	2017年3月	广东省国土资源厅	公安机关	是	责令停止开采		
11	四川省雅安市石棉县鑫丰工化工有限责任公司非法开采界界	2015年，四川鑫丰工化工有限责任公司在石棉县新联乡建设铺	矿产案件－非法开采矿产	四川省	2015年	2015年	石棉县国土资源局	无	是	责令退还非法占用矿区规范内开采		
12	四川省攀枝花市海某某某人非法采矿案	2016年2月至3月，某某甲等人在攀枝花市仁和区大	矿产案件－非法开采矿产	四川省	2016年2月至3月	2017年6月	攀枝花市国土资源局	公安机关	是	追究相关责任人刑事责任		
13	福建省南平市延平区海西高速公路南南延线工程项目非	2014年，海西高速公路南南延线工程项目占用森林非	林业案件－违法使用林地	福建省	2014年	2017年10月	南平市公安局	公安机关	是	行政处罚，相关领导受到诫勉		
14	云南省湛江市云际新矿业有限公司及滨某某占用林地	2008年以来，湛江永胜云新矿有限公司及滨某为某砂石场	林业案件－违法使用林地	云南省	2008年以来	2017年12月	永胜县森林公安局	公安机关	是	罚款		
15	宁夏回族自治区贺兰山国家级自然保护区违法占地	2017年8月，张某甲未办理任何使用林地手续的情况下，填某	林业案件－违法使用林地	宁夏回族自治区	2017年8月	2017年12月	宁夏回族自治区森林公安局	无	是	罚款，相关领导受到刑事责任		
16	新疆昌吉尔自治区阿克苏地区某毛边开垦	2013年7月至2015年10月，阿克苏地区某毛边地某某某	林业案件－破坏林地	新疆昌吉尔自治区	2013年7月至2015年10月	无	阿克苏地区森林公安局	无	是	相关领导进行诫勉、免职等处分		被破坏林地已全部恢复植被
17	云南省文山市文山市嘉得冰水鹅繁殖合作社位于文山市新平镇某某某村违法占	2019年10月，嘉得冰水鹅繁殖合作社位于文山市新平镇喜嘉某村	土地案件	云南省	2019年10月		文山市国土资源局	云南省自然资源厅	立案查处中	无	特别值得关注，整改不力，有的是不执行	
18	云南省红河州自贸综合桥农户型品交易市场管理有限公司违法	2015年8月，蒙自双普桥农户型品交易市场管理有限公司未经	土地案件	云南省	2016年1月	2019年8月（第二次督察）	蒙自市国土资源局	云南省自然资源厅（2016	查处、整治中		3年未能执行
19	云南省昆明市官渡区某社区某某社个人违法占地建房	2018年，该宗位于昆明市官渡区某社区某某社个人违法占地建房	土地案件－占用永久基本农田	云南省	2018年	仍在调查中	昆明市官渡区自然规划经	云南省自然资源厅督办	无	仍处违法状态	1年仍在调查中
20	云南省昆明市富民县经开区内工北发展园地	该宗地于2017年立项之后开建设，至2018年仍为闲置	土地案件－占用耕地	云南省	2018年	仍未执行	原国土资源局	无	是	截至今年仍处违法状态	1年仍未执行
21	云南省德宏州瑞丽市某某某青石有限责任公司	某某某项目位于德宏州瑞丽市，该项目用地时间为2017年3月。	土地案件	云南省	2018年3月	仍未执行	原国土资源局	无	是	仍未验收，处违法状态	2年仍未执行
22	云南省德宏州瑞丽市某喜嘉县基镇镇某某基镇镇马某青石有限	永嘉县某喜嘉镇镇某某基镇镇马某青石有限公司，某矿许可证于2016年12月	矿产案件－违法开采	云南省	2019年6月	仍未执行	云南省自然资源厅	无	是	截至目前，某某石某开采	理地政府两次到政府责务会的形
23	湖南省邵阳市邵阳县某色渔泉水上世界违法占地建设	2017年4月，邵阳县某色渔泉水上世界（个人独资企业）未	土地案件－占用永久基本农田	湖南省	2018年		邵阳县政府	无	是	拆除了违法建筑物和其他设施	
24	宁夏回族自治区中卫市沙坡头区某某违法占地	2017年8月至2017年8月，沙坡头区滨河村民某某未经批准占	土地案件－占用永久基本农田	宁夏回族自治区	2018年4月（第二次督察，不确定）	2018年4月	中卫市政府	无	是	拆除了违法建筑物和其他设施	
25	陕西省榆林市榆谷县某县建煤矿有限责任公司违法	2016年8月至2017年8月，榆谷县某县建煤矿有限责任公司违法开采煤矿	矿产案件－违法开采煤矿	陕西省	2016年8月至2017年8月（第二次督察，不确定）	2019年8月至	榆林市国土资源局	无	是	相关责任人追究刑事	
26	河北省钢铁集团鑫达铁矿有限公司违法占地	2012年5月，河北钢铁集团鑫达铁矿有限公司未经批准占用	土地案件－占用永久基本农田	河北省	2012年5月（第二次督察，不确定）	2019年8月	唐山市自然资源局督促	自然资源部督促	是	迁某市政府组织拆除了违法建筑物及其他		7年，那委督促执行
27	广东省汕尾市陆丰市比德牌矿业有限公司违法占地	2017年3月，陆丰市比德牌矿业有限公司未经批准占用土地	土地案件－占用耕地	广东省	2017年3月	2019年7月	汕尾市自然资源局	自然资源部督促	是	陆丰市政府组织拆除了违法建筑物及其他		2年，那委督促执行
28	陕西省宝鸡市（玻璃）集团有限公司违法占地	2017年2月，宝鸡市（玻璃）集团有限公司未经批准占	土地案件	陕西省	2017年2月	2019年6月	宝鸡市高新国土资源局	自然资源部督促	是	高新区委县组织拆除了违法建筑物及其他		2年，申请法院强制执行后被强拆
29	吉林省北方巴厘岛游乐有限公司违法占地	2018年4月，北方巴厘岛游乐有限公司未经批准占用土地	土地案件－占用耕地	吉林省	2018年4月	2019年只执行了一部分	梨树县政府	无	是	梨树县政府仅拆除了围墙、其他设施		1年，仍未完全执行
30	湖北省武汉市某某食品有限公司违法占地	2018年2月，武汉某某食品有限公司未经批准占用土地	土地案件	湖北省	2018年	仍未执行	江汉区国土资源局	公安机关	无	目前违法建筑尚未处置		1年，仍未执行
31	宁夏尔泰新型材料有限公司违法占地	2017年3月，宁夏兴尔泰新型材料有限公司未经批准占用土中	土地案件	宁夏回族自治区	2017年3月	仍未执行	原中宁县国土资源局	无	是	目前违法建筑尚未处置		2年，仍未执行
32	云南省昆明市某乡村旅游农民专业合作社违法占地	2017年9月，昆明市某乡村旅游农民专业合作社未经批准占	土地案件－占用永久基本农田	云南省	2018年9月	2019年只执行了一部分	原国土资源局	无	是	目前违法建筑仅当事人自行拆除了餐厅和吴园外		3年，仍未完全执行
33	河北省保定市九彩农业开发有限公司违法占地	2017年3月，保定市九彩农业开发有限公司违法占用土地	土地案件－占用永久基本农田	河北省	2017年3月，立案时		曼政府	是	是	拆除了违法建筑物和其他设施，恢复土地		
34	上海利润建工房产有限公司违法占地储料场车	2017年7月，上海某某房产有限公司违法占用清河起	土地案件－占用永久基本农田	上海市	2017年7月，立案时		青浦区国土资源局、土地管理局	镇政府	是	整改，相关领导受到诫勉谈话		
35	江西省鹰潭新能源有限公司违法占地储料场	2017年7月，某有限公司违法占用某清潭违法的余江	土地案件－占用永久基本农田	江西省	2017年7月，立案时		余江区国土资源局	区政府	是	区政府组织清除了光纤线，水泥和停站		

图5-5　国土资源违法违规样本事件搜集

因此，针对搜集的事件样本和历史经验要通过一定的方式方法进行分析：

● 针对正面的、成功的事件和经验，要"取其精华，去其糟粕"。在经验中总结经验，通过对相关性和因果性的分析，最大限度地利用已经成熟的措施和建议。这个分析成果既可以作为触发创意的重要来源被创意继承下来，也可以成为创意的重要依据。

● 针对反面的、失败的事件和经验，就要"反其道而思之"。对历史案例、经验进行深度分析，找到这些问题未能成功解决，依旧重复发生的根本性原因，而这些已有的解决方案、方法可能就是存在问题的，分析出这其中的问题，规避错误的方法是一种宝贵的经验，更是为创意提前"排雷"。

● 对所有的事件样本都要进行逆向分析、研究，通过逆向工程方法最大限度地还原事件，推演分析每一个事件的问题三维度（现象、根源、症结）、发生原因、处理过程、处理方法、处理结果、方案措施的成效、方案的普及情况、反馈应用等。再进一步分析同类事件样本的发生规律、问题、方法等，就形成了完整的分析过程。

根据以上的分析方法，对事件样本和历史经验进行综合分析后，建立事件模型，这个建模就是要建立起通过对同类事件样本的分析到每一个关键节点进行管控，这样就能够指向同类问题未来的解决措施、模式、预防规则等。逆向实证是透过历史经验，面向未来。基于此，就需要广泛搜集事件样本，根据领域分门别类建模，积累预置资源的工作，这也是领域知识工程学方法论的基础。

逆向实证的展开可以是由一个特定的问题或是一个特定的任务，或是一个想定的研究内容等触发展开的。所以逆向实证不是临时抱佛脚展开的，它是有一定预置性的。而这个预置性就体现在随着领域知识工程学的发展和未来的发展需求，在领域知识工程建设这个特定的供需过程中，逐渐演变成一种特定的商业活动，成为一种新产业中的业态，形成一定量的社会力量和产业分工。这部分的社会力量就是为未来的领域知识工程产品做资源预置、产品化的资源积累专门服务的。这些资源预置和积累会成为数字产业、数字社会、数字政府范畴下任何一个特定应用的预置资源、预置构件、预置组件。在领域知识工程学的引导推动下，它将成为信息社会中的一种独有的业态现象，它是领域知识工程学的特点。所以，领域知识工程的产品和产品研发过程是完全区别于现有 IT 行业中的先有客户需求或订单需求，再根据客户需求进行研发、实施的过程。因为领域知识工程下的构件、组件、资源等都是提前预置的，并且领域知识工程的知识框架下的产品和产品研发过程都是标准化的、工程化的，体现了工业化的思想，是信息社会高级阶段发展的全貌。

解决当下问题和解决未来同类问题的一切方法都在过去已经发生过的事实中存在。只要通过逆向实证的方法，就能够找到解决未来问题的大部分的措施和方法。当然，未来事件的发生在模式上，是不可能与现有事件百分之百相同的，但绝大部分是与已有事件相同的，而不相同的只是一小部分事件。也就是说，未来世界可能发生的事件与已经发生过的事件的重合率很高，那么，未来将发生的事件中已知的成分占比很大，而未知的成分占比很小。我们利用已有事件总结出的经验、模式就能够解决未来将发生的绝大部分事件，而剩下少数未知事件，就可以集中最有效的资源去解决这些历史上未出现过的根源和症结，就不至于出现全面失控的情况。这就是逆向实证的方法。

由此，通过大量地搜集和存储既有的事件样本，并将这些历史经验、事件问题进行总结、分析，分门别类地建立事件模型，就能够对未来同类事件的发生起到良好的预判和控制效果。搜集、存储的既有事件样本量越大，就越能够解决更多领域的更多问题。逆向实证为微创新创意和深度创新创意奠定了素材、奠定了基础资源，更奠定了资源预置的基础。

在数字政府范畴下，我们以安全事件分类为例，按照 12 类安全分类，具体如表 5 - 3 所示。

表 5 - 3　安全事件分类

安全级别	
政治安全	
国土安全	
军事安全	
经济安全	涉案经济活动参与人数；
	涉案金额；
	影响的市场进入秩序；
	影响的市场行为秩序；
	影响的市场结构秩序；
	影响的市场退出秩序；
	影响消费者利益的商品销售秩序；
	影响的市场经营主体合法权益的交换关系秩序；
	影响社会公共利益的生产经营秩序；
	影响的关键要素；
	生命安全；
	财产安全；
	群体性事件
文化安全	
社会安全	生命安全；
	财产安全；
	群体性事件
科技安全	
信息安全	
生态安全	占地面积；
	砍伐面积；
	过火面积；
	排放浓度；
	污水排放量；
	生命安全；
	财产安全；
	群体性事件
资源安全	
核安全	
生物安全	

在数字政府范畴下，我们以危化品—硝基苯在生产环节产生的事故为问题事件，建立的事件模型，具体如表 5 - 4 所示。

表 5-4　危化品监管监测对策能力建模

实例的监测对策属性		引用的实例 1
		危化品生产环节监管
监测属性	发现	2019 年 3 月 21 日 14：48 分，发现有 10 家硝基化合物生产厂商的车间人员进入视频监控区，准备开始开启蒸馏塔生产硝基化合物。17：52 分，系统监测到江苏省盐城市响水县生态化工园区的×××化工有限公司第一生产车间作业人员先打开了预蒸治卷门龙门加热，后启动粗硝基苯进料系进料。
	预测	系统预测：这家生产厂商在 30s 后，温度将上升到 200 度，100s 后温度将上升到 400 度，5 分钟后，反应釜可能发生爆炸。
	预警	系统自动判断，精馆单元开车时先后开启预热器阀门、进料泵阀门超过两分钟未处理，发出黄色预警；超过五分钟仍未处理，发出红色预警。
	报警	最终，该公司发生爆炸，系统向该公司的实际控制人、江苏省应急管理厅、国家应急管理部发送报警信息，××公司危化品生产车间发生爆炸事故。
	评估	根据实时采集的爆炸造成的人员伤亡数量、经济损失、对水源造成的污染、疏散人数等事实信息，结合预置知识、模型分析评估事故可能造成直接经济损失在 6000 万元、造成人员伤亡数量不低于 10 人，按照《生产安全事故报告和调查处理条例》的规定，初步评定该爆炸事故为危化品生产环节重大事故
	判定	通过实时采集的事实信息，公司及车间生产员工分别违反《中华人民共和国安全生产法（2014 年修正本）》《重点监管危险化工工艺目录（2013 年完整版）》等相关规定，生产员工未培训上岗并违规操作开关阀门程序；同时，该企业在接收到红色预警未及时处理，该公司的工业自动控制系统发出指令，采取强制控制行为，但该厂商未及时维护工业控制系统导致发生突发故障。可以初步判定责任人为南通新邦化工科技有限公司的实际控制人黄××，涉嫌构成重大责任事故罪；同时，车间主任、安全总监也涉嫌构成重大责任事故罪。
对策属性	决策	事故发生后，党中央、国务院高度重视，正在出访途中的习近平总书记立即作出重要指示，要求全力抢险救援，搜救被困人员，及时救治伤员，做好善后工作，切实维护社会稳定；李克强总理作出批示，强调要科学有效做好搜救工作，全力以赴救治受伤人员，最大限度地减少伤亡，采取有力措施控制危险源，注意防止发生次生事故。要求各地进一步排查并消除危化品等重点行业安全生产隐患，夯实各环节责任。韩正、孙春兰、刘鹤、王勇、肖捷、赵克志等领导同志也作出批示。党中央、国务院委派王勇国务委员率领由应急管理部、工业和信息化部、公安部、生态环境部、卫生健康委、全国总工会和中央宣传部等有关部门负责同志组成的工作组赶赴现场，指导抢险救援、伤员救治、事故追查和善后处置等工作。
	执行	王勇国务委员率领由应急管理部、工业和信息化部、公安部、生态环境部、卫生健康委、全国总工会和中央宣传部等有关部门负责同志组成的工作组赶赴现场，指导抢险救援、伤员救治、事故调查和善后处置等工作。依据有关法律法规，经国务院批准，成立了由应急管理部牵头，工业和信息化部、公安部、生态环境部、全国总工会和江苏省政府有关负责同志参加的国务院江苏盐城"3·21"特别重大爆炸事故调查组（以下简称事故调查组），并分设技术组、管理组、综合组，下设专家组，聘请爆炸、消防、刑侦、化工、环保、国土、住建等方面的专家参与事故调查工作。
	监督	中央纪委国家监委成立责任追究审查调查组，对有关地方党委政府、相关部门和公职人员涉嫌违法违纪及失职渎职问题开展调查。

第四节　微创新创意

前面主要阐述了在领域知识工程学的任务范式模式下，怎么识别人类经济社会活动中的政府、产业、社会范畴的具体问题，以及如何分析具体问题的现象、根源、症结的方法。针对人类经济社会活动中存在的具体问题，我们怎么"创意"地形成解决问题的方案，以此来实现目标、完成使命。为此，本节围绕人类经济社会中存在的具体问题，如何"创新"以及创意地解决特定范畴里的具体问题的过程，并以理论结合实例的形式详尽说明。

微创新创意的最终目的是解决特定任务范式下的具体问题，不针对具体问题的创意就会变成"无本之木、无源之水"。以创新创意的方式，去解决经济社会活动中出现的具体问题，而对"创新创意"本身而言，它的提出不是偶然的，也不是某个领域知识工程师灵光一现突然提出的一个概念，而是在特定任务范式下研究具体问题时，实证研究该领域内涉及的法律法规，以及历史中同类问题的解决方案、政策建议、经验教训等基础上凝练而成的，其过程中隐含着解决同类问题的一般规律，也是领域知识工程学理论与实践相结合的必然结果。

微创新创意是基于对历史经验的逆向实证，应用已分析的问题根源进行的创意。微创新创意是指解决特定问题的规则、制度、体制、条件、资源等都是已经具备的，将这个问题的根源结合对同类问题的历史经验逆向实证进行透彻分析后，就可以发现实际上是时间落点前置和空间普及的问题。微创新的"微"是因为规则、资源、条件都是已有的，而"创新"是因为历史的案例中从没有人在这个根源点上作为。微创新创意相对于深度创新创意最大的特点就是现实可行性高、成本低，易见效、施行难度相对低。

一、创意点

微创新创意的创意点在问题的根源上。也就是说，这个问题的解决措施的行为要前置到根源点上进行展开，并且要将同类措施普及可能发生同类问题的相关主体上。人们总是当某个类别里面某个实例发生问题以后，才会针对这个实例的问题去解决它的现象，针对现象解决问题，而不是针对这一类的根源来解决它。

而微创新创意就是针对问题根源进行创意的。所以，微创新创意是在两个点上的创新，一个是时间落点前置的创新，另一个是空间的普及率。

前面已经分析过问题的根源可能是法律法规的执行问题，可能是法律法规的缺失问题，也可能是法律法规、技术标准等执行环节、时间落点的问题。例如，长春长生疫苗事件中，企业未按照报备的生产工艺进行疫苗生产，在原液生产过程中，将抗原含量低（小于生产工艺标准）的不合格的原液，经过二次浓缩并检测达到配置标准后再次使用。而对疫苗生产企业来讲，批签发是一道"生死关卡"，企业生产出的疫苗最终经过批签发才可以上市销售，所以当企业在疫苗生产过程中出现违规情况时，为了顺利通过批签发，会"千方百计"地掩盖违规事实，对生产资料进行修改，试图蒙混过关批签发的审核。

因此，从源头上解决企业在原液生产过程中的不合规问题，进而防止在批签发环节造假，一是当原液生产环节中发现原液抗原含量记录不合格问题时，由质检部门管理负责人批准后，对同批次的所有原液进行处理，并记录相应情况；二是疫苗生产在无批准的规程及相应评估记录情况下，不得对其进行重新加工。具体如图5-6所示。

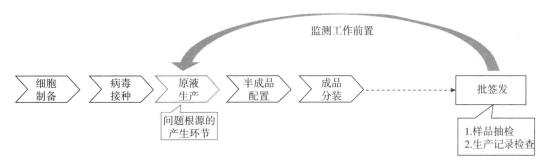

图5-6　疫苗生产过程中监测落点前置示意图

一个特定的问题是个案，是一个微观的实例，而产生问题的同类事物是一个量级的实例，是若干实例的一个集合，并不是一个孤立的实例。这就说明同类事物发生的问题，是具有一定普遍性的。因此，对这个量级的实例集合、批量的事物解决同类的问题时，就要在同类事物的根源没有发生，或没有发挥实际作用、问题现象还没有出现的时候，就需要针对根源按照已有的制度、方案去普遍实施制度和方案。

因为，同类事物的集合是存在一定的空间分布的，而方案和措施需要在时间上还没有发生问题的时候实施。所以，微创新创意的创意点就是把解决问题的措施在时间点上提前，在空间上普遍实施，这就是时间落点前置空间普及的含义。

当微创新创意真正落地实施的时候，创意普及得越广，在微创新的角度上落实得就越充分，解决问题的力度就更大、范围就更广，最终的效果就会越好。因此，在创意执行的时候，普及率将变成重要的指标，用来体现制度的创新性，根源解决的有效性，以及解决根源的程度。若普及率达到90%，问题就可以解决90%；若普及率达到100%，问题就可以解决100%。若在全面普及后因为相同的根源引发的问题，有两种可能，一个是极小概率的意外事件，另一个就是由其他原因造成的。在全面普及的情况下，相同的根源是不会再导致问题重复发生的。

综上，微创新创意的创意点就是依托于现行的制度、条件、资源，利用现行的、有效的程序性知识和描述性知识，在时间落点的改变和空间的普及进行创新的创意。因此，微创新具有现实可行性高、成本低、见效易的特点。

二、创意应用

在数字产业的范畴下，我们以2015年青岛7天酒店电梯事故为例。

问题现象：2015年3月23日，青岛营口路32号7天连锁酒店的电梯从6楼坠落，导致电梯内一名老人和一名幼童当场死亡。

问题根源：维保人员未及时更换磨损严重的制动闸瓦衬，致使制动器失效。

事故处理结果：加强所有电梯的维保质量检查。对电梯使用责任单位、维保单位分别处以行政罚款 10 万元、20 万元。以重大责任事故罪判处两名被告人有期徒刑 2 年。

这个处理结果并没有针对问题根源的处理和改变，只是针对现象的问题解决，所以电梯因制动器造成的安全隐患还在，同类问题仍会发生。

按照领域知识工程学的知识理论，针对这类事件进行微创新创意。首先，对此类事件进行一定样本量的分析：2004 年 3 月 11 日，北京解放军三〇四医院电梯蹲底，5 人受伤；2007 年 3 月 12 日，大连世贸大厦电梯事故，19 人受伤；2011 年 9 月 9 日，东莞市鸿福广场电梯坠落，20 人受伤；2015 年 3 月 23 日，青岛"7 天酒店"电梯事故，2 人死亡；2015 年 7 月 15 日，沈阳华阳大厦电梯坠落，12 人受伤；2017 年 9 月 2 日，重庆江津区小区电梯蹲底，15 人受伤……

根据对同类电梯的坠落、蹲底的问题事件进行逆向实证，可以得出此类问题的关键控制点在电梯的制动器上，而这个问题属于维保环节的问题。也就是说，如果在电梯维保的过程中，能够对制动器等关键部位的状态进行维保，那么就能够有效地避免后续同类电梯的坠落、蹲底问题产生的电梯安全事件。

在领域知识工程学的知识框架中，在数字产业的范畴下，电梯的维保公司和业主单位是主动系统的主体。那么，针对电梯坠落和蹲底引发的安全问题，如果想要从根源处解决同类问题的发生，就需要从根源处进行微创新创意，并应用实施。

微创新创意的创意点是围绕电梯制动器失效这个问题根源展开的，创意的实体设计是：电梯维保公司需对电梯的运行状态、维修状态等要进行全量、实时的监测对策，这种监测对策行为包括：对维保范围内的所有电梯进行统一编码，并对电梯上关键部件如制动器进行统一编码，其相关信息统一归档管理。对电梯的制动器需要维保的关键部位需采用 RFID 射频识别或其他技术，实现对制动器关键部位状态和维保记录的监测、留痕。利用信息化或其他技术手段，对制动器关键部件更换后的制动性能试验过程进行控制等。业主单位作为使用主体的监测对策行为是：电梯检修时，监督验证维保人员资质证件，确保维保人员"双证作业"。

针对以上行为所产生的痕迹信息需要进行全过程留存，这些痕迹信息一方面便于发生问题的追踪，另一方面可以为后期的数据分析、反馈控制提供信息资源。这些留存的痕迹信息包括：每次现场维保的维保人员资质信息与验证信息；电梯的平衡系数；制造单位对电梯制动衬磨损量、制动器铁芯磨损量以及制动弹簧压缩量的规定；维保时，制动衬磨损度、制动器铁芯磨损度、制动弹簧压缩量的检查数据或图片信息；制动鼓、限速器绳轮无油污的图片信息；制动器的机械组件内无锈迹、磨屑等异物；接触器防粘连装置工作正常的信息；电梯制动性能试验的实施过程信息等。

以上实体设计中，维保工作是维保公司本身就会定期进行的工作，在创意设计中，只是在其原本要求的工作内容上突出对制动器这个关键点的维保工作，并让业主单位参与监督，与前文提到的时间落点前置的含义一致。前文还提到了一个要点就是普及率，在数字产业范畴，这个普及率就是行业内部或企业内部对下游环节进行要求的范围，是覆盖全行业还是覆盖全企业，普及率的不同，未来出现同类问题的概率也是不同的。

对维保公司的监测对策能力提出了要求，但这其中的工作量和信息量是巨大的，所以维保公司需要将自身的监测对策行为进行数字化，实现对电梯的全量、实时、在线的监测对策，以达到数字倍增的最终目的。若是维保公司已有信息系统，可以增加对应的功能，若是没有，可以选择建设信息系统或购买具备此类功能的 SaaS 应用（以下统称"维保数字化系统"）。这个维保数字化系统要对本公司服务范围内的所有电梯展开 24 小时的实时在线监控，并在系统中预置电梯的相关信息，其中预置的知识信息包括：电梯出厂的参数、关键部件的参数，电梯平衡系数、电梯制动性能模型、电梯预警模型等；预置的事实信息包括：每天载客情况使用频率、维保公司人员信息及资质认证、电梯维保时的平衡系数、制动器磨损情况、制动弹簧压缩量、限速器情况、制动性性能试验信息及痕迹信息。并且通过制动器失效的逆向实证进行事件建模，设计事件预警、报警等仿真模型预置到系统中。通过这些信息，模型维保数字化系统可以自动预测每台电梯进行维保的时间并进行维保人员的自动匹配和工作任务排班；及时预警急需维保的特殊电梯；对于临时发生的问题进行及时的预警、报警等；还可以在系统中给维保公司对接的业主单位留一个入口，业主单位可以随时上报电梯的相关信息（如问题、维保需求、技术反馈等）。维保公司通过维保数字化系统能够在监测对策的模式下对电梯的全生命周期形成一个闭环的自动化控制，一旦发现问题及时解决，而这个问题的根源又将成为系统中新的监测重点，这样循环起来，就形成了一个反馈机制，维保公司的电梯安全能力将在这个过程中不断提升。

这样的能力提升和效率提升是人力所达不到的，所以数字化是创新的必选路径，既节省了人力，又能够倍增效率。若未来政府相关的监管部门对电梯安全有了数字化的要求，而维保公司本身对于电梯的监测对策能力已经数字化了，那么维保公司只需要按照相关部门的要求进行数据对接、信息上报即可。

这是因为制动器失效引发电梯安全问题的一个实例的创新，是青岛市一家维保公司的创新。要想在青岛全市从根本上解决电梯制动器失效的问题，就需要在青岛市 6.22 万台（2019 年数据）电梯的所属维保公司 100% 普及这个微创新创意，这个创意才能够在电梯维保环节产生普适效应，才能够在青岛市有效地解决这个问题。要想在全国都有效地解决这个问题，就需要在全国这个范围内，提高这个创新创意的普及率，比如全国有600 万台电梯，就需要对这 600 万台的电梯都进行监测对策，它们所属的维保公司都要进行这个微创新创意的实施应用，这个创意在全国电梯维保公司的普及率越高，社会的成本就越低，全国解决电梯制动器失效安全问题的有效性就越高。

在数字政府的范畴下，我们以 2013 年"4·20"雅安地震为例："4·20"雅安地震是北京时间 2013 年 4 月 20 日 8 时 02 分四川省雅安市芦山县发生的 7.0 级地震。震源深度 13 公里。四川省成都市、雅安市、乐山市，陕西省宝鸡市、汉中市、安康市等地均有较强震感。据雅安市政府应急办通报，震中芦山县龙门乡 99% 以上房屋垮塌，卫生院、住院部停止工作，停水停电。截至 2013 年 4 月 24 日，共发生余震 4045 次，3 级以上余震 103 次，最大余震 5.7 级。受灾人口 152 万，受灾面积 12500 平方公里。地震共计造成196 人死亡，失踪 21 人，11470 人受伤。

突发自然灾害的微创新创意设计：

4 月 20 日，突发雅安大地震，被列为特别重大的自然灾害突发事件，四川省政府立刻启动一级应急预案，预案执行节点指令全员分发，直接根据预案的规定将省领导的指挥决策分发给四川省应急管理厅、相关职能部门（如省公安厅、省交通厅、省水利厅、省民政局、省卫计委、省气象局等）、社会相关机构（如运输企业、物资生产企业、民间救援队、红十字会、公益基金会等），这些部门将任务信息、相关情报等上报给四川省政府领导，为领导的决策提供信息保障，同时相关信息同步上报给应急管理部，如需要，应急管理部也会根据预案向下进行业务指导。四川省政府和应急管理部将雅安地震相关情报、信息等向上提供给国务院领导，为领导的决策提供信息保障；同时四川省政府和应急管理部接受国务院领导下达的指挥、决策指令等。突发自然灾害的微创新创意设计图如图 5-7 所示。

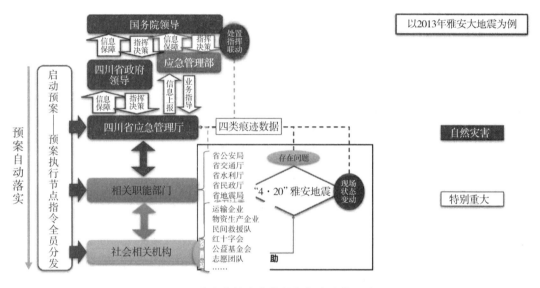

图 5-7　突发自然灾害微创新创意实体设计图

相关部委、地方也同时启动应急预案，中央协调处置指挥调度相关资源，赶往灾区救灾，达成多部门、多地联动的状态。四川省交通厅上报震区主要道路交通图的实时情况，省应急管理厅、民政厅等部门上报受灾资源需求，省政府根据汇聚的信息情报，协调各地区、各部门的资源调配及运输路线规划，确保救灾资源的统一调配、统一规划、统一应用。在灾难发生的第一时刻，省政府指挥通信公司及相关供应商，在受灾地区紧急搭建 5G 毫米波移动基站，实时监控现场动态变动，建立视频通信、指挥通道。

同时，通过各通信公司获取受灾地区手机数量。通过灾区内手机数量及分布、手机移动数量及活跃情况，分析出受困灾民数量及位置，及时展开救援。并根据手机数量及分布情况推算灾民分布情况，及时投放资源、搭建临时救援站，展开就近救援工作。并通过通信公司向受灾区手机发送灾民救援通知信息，通知其最近的救援站、联络人等相关信息，保障与灾民的通信。

以上描述的主要是实体创新的设计，这些创新创意的落地会受到人力受限、实时情况不足等情况的影响，尤其是自然灾害的应急性和时效性的需求，如果仅凭实体的创新，是无法达到预期目标的，所以必须通过数字化的手段倍增实体创新。而这个数字化的手段就是建设一个应急数字化系统，但这并不是要建设一个覆盖上述的所有角色、所有角色行为、所有过程等的万能系统。在应急预案中，涉及的角色和部门大多数已建有各自的信息系统。而这个应急数字化系统的设计是要最大限度地应用已有的各部门、各角色的信息系统，通过与这些异主异地异构的信息系统的对接，将系统之间产生的数据、数据的调用和业务关系的实现关联起来，实现信息系统之间的互联互通互操作，比如相关信息的实时上报、汇聚，及时上报给领导，并实时将领导下达的指令任务传递给对应角色，用数字化的手段提高对自然灾害的响应时效和处理效率。

若想达到微创新创意的预期目标，应急数字化系统在实现互联互通互操作的基础上，利用信息机制构建应急任务所需的监测对策行为和监测对策控制过程的知识体系。这个信息机制指的就是本书第二章的内容，而在这里着重应用的是信息机制中的预置、仿真、对称和反馈。在应急数字化系统中，首先需要预置应急领域内所有的法律法规、自然灾害、部门规章、地方性制度、"两会"文件等这些知识信息，同时还要预置历史自然灾害事件的事实信息；对这些信息分类分级进行细化分析，针对已发生事件的演化规律进行分析、建模，这就做好了应急数字化系统的前期工作。在应急数字化系统启动的时候，系统对灾害进行全量、实时、在线的监测，同时将监测信息共享给系统内所有角色，保证各角色理性决策。应急数字化系统在每次启动直到灾害的解决，全过程的所有信息，系统都会进行自动的留痕，在保障全过程可追溯的同时，可通过这些信息帮助进行灾害复盘，可进一步地用于应急预案的优化，这样就形成了一个相对闭环的反馈过程，不断的优化提升对于自然灾害的应急响应能力和效率。

这个数字化的新创意是针对关键角色的关键行为进行数字化的设计，比如对接地图信息、交通信息、灾害情况等通过 GIS 地图对整个应急资源（包括救援物资、队伍、避难场所等）进行调度、管理的功能；对各类物资进行实时的调配和管理的功能；对接通信公司实时获取受灾群众移动情况，并将避难所及救援位置进行推送，以及对避难所进行使用情况和实时监控管理的功能等进行综合设计的一个应用系统。以上功能的应急数字化系统设计展示如图 5 – 8、图 5 – 9、图 5 – 10 所示。

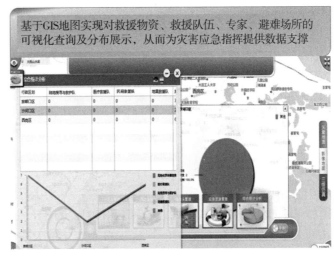

图 5 – 8　应急数字化系统——资源管理 PC 端应用

图 5-9 应急数字化系统——物资管理 APP 端应用

图 5-10 应急数字化系统——避难场所管理 APP 端应用

这种突发的应急事件并不是偶然性的，这个应急数字化系统也不是一次性的应用。这个创新创意的普及率将影响全国自然灾害、突发事件响应的及时性和处理过程时效性的提高，它在雅安地震可以用，在攀枝花地震可以用，在台风席卷时可以用，甚至在2019 年新型冠状病毒的时候也可以用。

针对突发自然灾害的微创新创意，在实体创新的设计上就是在实际已有的应急预案、相关制度规定的基础上，将某些动作的时间落点进行了前置，并在空间上建议全国普及，只有全国应用的普及率提升了，全国的自然灾害应急效率才能够提升。在数字化创新的设计上必须注意这并不是设计一个完整的、独立的万能大系统，而是基于突发的、紧急的发生重大事件的任务临时形成的，尽可能对接已有的异主异地异构的信息系统，利用预置、仿真、对称、反馈的信息机制，实现多系统之间互联互通互操作，实现监测对策能力，实现对自然灾害应急响应有效地解决和提升的数字化系统。

第五节　深度创新创意

创新创意的最终落脚点在于被解决的"具体问题"。解决问题的前提是识别、分解问题，在前面章节中阐述到，具体问题可分解为现象、根源和症结。通过对问题的深入分析，领域知识工程学理论有两种创意点的解决方法，一是对根源问题要微创新；二是对症结问题要深度创新。上一小节就针对根源问题的微创新创意进行了应用方法的阐述，本小节是针对根源问题的深度创新创意进行阐述。

深度创新创意是针对问题症结进行的工程创意设计。前面已经分析问题的症结是由特定问题中相关主体（利益相关方）的内生动力所导致的问题，是相关主体的利益机制的问题。深度创新创意是针对症结的创意，就需要重新设计新的利益机制、动力机制，解决原因利益机制所产生的问题，全面激发相关主体的内生动力，消解症结。深度创新创意相对于微创新创意的难点是更深层次的利益机制和动力机制的创新设计，触动了原有利益相关方的既有利益，应用实施难度相对较大。

一、创意点

深度创新创意是针对问题症结的创意设计，那么它的创意点就是利益机制、动力机制的创新设计，目的是激发相关主体的内生动力。内生动力不是随时随地就能够产生的，是需要有一定的刺激条件、激发条件、激活条件的。而这个条件的设计、激发内生动力的动作就是动力机制的设计。只有将动力机制设计得恰当，才能够合理地激发内生动力、唤起内生动力、激活内生动力。

因此，也只有被激活的内生动力才能够产生决策、行动和执行，才能够实现客观的、内禀的价值，内禀的利益。这个内禀的价值或利益并不是某个人或某个机构的个人主义利益和价值，而是被社会普遍人群公认的社会价值。既然是社会公认的社会价值，就不是人群的极端化，那么就一定是一个折中的、均衡的，是相关利益主体妥协所达到的一个均衡的价值点。

对于深度创新创意而言，就是找到并设计出这个均衡的价值点。所以说内禀价值、内禀利益、内生动力、动力机制和动力机制的设计都在同一个逻辑层次上。动力机制是一种唤起内生动力的方式，能够唤起相关主体的内生动力，从而激发相关主体所从事的相关的行为，做相应的决策，开展相关的执行，从而在协同当中实现社会的、实现领域和任务范式内的相关主体的内禀价值，并外显为它们的特定状态，展现为它们的现状。通过这个逻辑实现了这个状态的达成，也就是更加趋近于价值取向的正向价值、价值的理想值，也就达成了深度创新创意的根本目标。

深度创新创意的"深度"有三大难点：认识难、调整难和制度化难。

认识难是指在深度创新创意的原因上相较于微创新创意更难。深度创新创意既要分析到相关利益博弈者的内生动力，又要深入分析到它们错综复杂的利害关系，所以无论是认识上还是方法上，都要更难。

调整难是难在深度创新创意触动到了已有的利益格局。无论是政府范畴、企业范畴还是社会范畴，对于已生成的利益关系、利益格局要打破都很难。这涉及复杂的相关利益博弈者的关系，其中涉及的协调的难度，改变的难度以及受损失利益者的补偿等多方面都是很难兑现的。

制度化难说的是，无论是政府的立法制度，企业内部的制度建立，还是社会的制度建设，其制度建设本身的程序就很难。所以说，认识的难度（客观事物的认识难度和制度建设上面的认识难度）、利益关系调整的现实难度和制度化本身都是很有难度的。

这三个难点，决定了针对症结的创新，决定了对这个问题的创新是深度创新。从宏观上来讲，针对利益机制的重新设计从而唤起内生动力，实现更普适的内在价值、内禀价值，才是社会的发展趋势。深度创新创意就是要打破现有的利益格局，当问题症结出现的时候，就说明现有的利益格局在资源配置上存在问题，也就是在合理性上存在问题，现有的利益格局是不具有普适性的，是不公平的。但落到微观的时候，落到现实执行的时候就很难落地实施，这触动了既有利益获得者的利益，既有利益者可能是大多数人也可能是掌权的少数人，但无论是哪种情况，都会造成利益格局的调整困难。

但深度创新创意是针对问题症结的创意，所以在一些重大问题的创意点必须落在解决深层次的症结上，必须紧扣两系统五要素各方主体之间的利益平衡关系上，必须断然地进行深度的创新创意。因为无论是政府、产业、社会，都只有这么做，才能够深层次地、有效地解决复杂的社会问题。

当同类问题发生的时候，在实际施行过程中，微创新创意因其现实可行性高、成本低、易见效、施行难度相对低（相较于深度创新创意）等特点，而受到大量关注和选择。但问题的解决不能急功近利、图眼前的利益，更要着眼于这类问题必然存在的深度创新，必然存在更深层次的利益机制和动力机制的创新设计。只有设计实现良好的利益机制和动力机制，才能够在实践中，焕发出各主体真正的内生动力，从而在根本上解决这个任务所要解决的问题。

在实际的工程项目建设过程中，进行工程创意的时候，针对根源的微创新创意和针对症结的深度创新创意都要进行设计。但是在工程实施的时候，要根据目标、条件、资源等约束条件选择一种工程创意实施。当用户现有的条件并不具备进行深度创新创意实施的时候，就会优先选择微创新创意进行落地实施。但当用户条件具备的时候，就会紧接着推动深度创新创意的展开，所以，在做工程创意的时候，微创新创意和深度创新创意都要做。这样做的目的是一方面让设计走在了实施和用户的前面，另一方面，让用户对后续工程的展开有所目标，并为目标所需的条件、资源等进行积极的准备和运作。

二、创意应用

在数字政府的范畴下，我们以 2018 年河南驻马店发生的货车追尾重大交通事故为例。

问题现象：大广高速河南省驻马店市平舆杨埠收费站附近发生 3 起货车追尾事故，造成 9 人死亡，9 人受伤。

问题根源：因当时气象团雾的原因，造成司机视野不清、受限，导致连环追尾事故的发生。

针对同类事件进行事件样本分析："11·3"兰州重大交通事故；2010 年兰临高速公

路交通事故；2017 年大广高速信阳息县段因团雾先后发生 4 起交通事故，共致 7 人死亡，4 人受伤；2016 年大广高速开封通许段 1980 公里东半幅因团雾 1 公里内发生 5 起事故，6 人死亡，8 人受伤无生命危险，一辆拉沥青制品的车起火燃烧。

对大量的事件样本进行分析发现：

兰海高速公路 5 年内，200 余起事故，致 66 人死亡，G75 兰海高速公路 21.5 至 0 公里长下坡路段被称为"夺命路段"。自 2013 年至 2017 年 4 月，大广高速河南段共发生交通事故 3906 起，死亡 165 人，伤 530 人，因团雾引发多车相撞事故 14 起，占总数的不足0.4%，但死亡 43 人，占总数的 26% 等。

对事件样本进行分析，从车辆、人、环境、管理四个方面总结事故原因，得出事故的原因如图 5-11 所示。

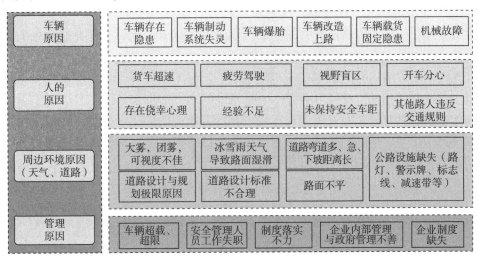

图 5-11　重卡事故原因分析

对事件样本进行分析，并针对目前不同事故发生后制定的响应措施，涉及的部门进行分析，具体如图 5-12 所示。

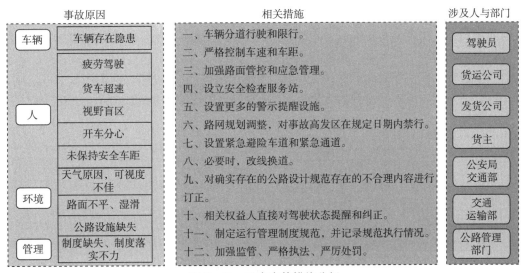

图 5-12　重卡事故措施分析

当前主要的措施一般为对事故高发路段设定新的规则，包括降低最高车速标准，按照车型划分车道，设置警示牌、设置应急车道等，当前的这些规避措施，主要从客观及设施角度降低事故风险，这些规则的执行需要司机主动性执行。没有充分考虑利用互联网等技术解决车辆、司机及相关利益人之间的驱动力用于规避事故风险。

通过以上的分析可以发现，对于重型卡车事故的问题症结是人为主观懈怠因素。而这个症结需要动态、实时地调动司机自身的警醒要素，结合不同路段的实际情况及时通知司机的方式，才能真正有效降低重大交通事故。

所以，针对重卡事故问题的深度创新创意就需要激发司机的内在动力。通过分析，能够激发司机的内在驱动力的相关角色有：家人、保险公司、货车运营公司、货主、交通运输部门、公安局交通部、公路管理部门、应急管理部门、财政部门、道路设计单位等。

在领域知识工程学的知识框架下，进行深度创新创意，政府的相关部门作为重卡事故的主动系统主体，需要对重卡车辆及驾驶人进行全量、实时的监测对策。其监测能力主要体现在对属地内运行的所有重卡车辆状态、实时车辆速度、货物运载信息、行驶道路信息、道路气象信息、交通运输管理情况等综合信息的实时状态进行实时的、持续的、全流程的监测。其对策能力主要体现在利用不同部门的法律法规、规章制度及专家知识等构建预置知识库，建立相关风险预测、预警、评估等模型，对车辆事故风险进行实时评估。根据实时的评估，当车辆出现事故预警时，政府相关部门要将信息实时通报给司机、司机的家人、火车运营公司、货主、保险公司等相关角色，提醒他们此车辆有事故风险；若监测到超速等违规行为直接将信息同步给公安局交通部进行扣分处理，并将扣分情况实时地反馈给司机，并告知司机若持续超速将造成更高的扣分及罚款等处罚；若司机一直处于有效地执行交通规则避免出现安全事故，就可以定时提醒他积分数，积分级别，可获得的保费优惠和过路费优惠等信息。

这个深度创新创意的核心要点就是通过激发司机的内生动力，减少因为人为懈怠造成的重卡事故。在上述的实体创新过程中，主要是通过家人对司机的关心，货车运营公司的管理规定，货主的损失，保险公司的保费增加，公安局交通部门的扣分和罚款等，反向激发司机的内生动力；同时，也通过保费优惠、过路费减免等奖励政策，正向激发司机的内生动力。

但上述的创新中涉及大量的预置信息、时间模型和全量对象的信息实时交互、通知等，这就不是人力所能够达到的，因此必须进行数字化倍增的创新设计。在数字化的设计中，若交通运输管理部门已有信息系统可在此基础上扩建，若需要也可以单独建设。但这个系统的建设并不是建设一个覆盖实体设计中所有角色、所有角色行为、所有过程的万能系统，而是最大限度地应用已有的各部门、各角色的信息系统，通过与这些异主异地异构的信息系统的对接，将系统之间产生的数据、数据的调用和业务关系的实现关联起来，实现信息系统之间的互联互通互操作。

这实际上就是一个超级系统，在重卡事故的设计里，建设的是重卡重大事故监控系统，实际上就是"互联互通互操作+预置/仿真/对称/反馈"。这个重卡重大事故监控系统的建设目的就是圈定重大事故相关角色的共同利益，通过相关角色使命的共同性，来驱动这个系统互联互通互操作的运行机制。

重卡重大事故监控系统所涉及对接的系统包括但不限于：高德等地图类 APP——用于定位重卡司机的实时位置、速度和运行轨迹，公安局交通部门的违章扣分系统——用于直接同步重卡司机违章情况进行实时扣分和处罚，交通运输管理部门系统——用于进行连续行驶 4 小时以上、擅自改装车辆等违法行为的处罚，保险公司系统——用于保费关联变动，财政部门系统——用于核减高速公路公司对司机过路费减免的支出，货车运营公司系统——用于制度处罚、奖金扣除等，公路管理部门、应急管理部门和道路设计部门的系统——用于事故预警的信息同步、事故响应救援、改造路网规划等。

重卡重大事故监控系统根据实体设计的思路（见图 5-13），对重卡相关的多源信息进行实时监测，通过预置相关的法律法规、部门规章制度、地方性法规及专家知识等相关知识信息构建预置知识库；并通过对历史重卡事故的深度分析建立算法库、模型库；利用相关信息对重卡的风险进行实时预测、预警、报警等。重卡重大事故监控系统将对重卡进行全量、实时、在线的监控，并将监控到的重卡车辆当前状态及危险登记等信息动态实时推送给司机、司机的家人、货车运营公司、货主、保险公司等相关角色以激发重卡司机的内生驱动力，保证重卡安全的行驶状态。

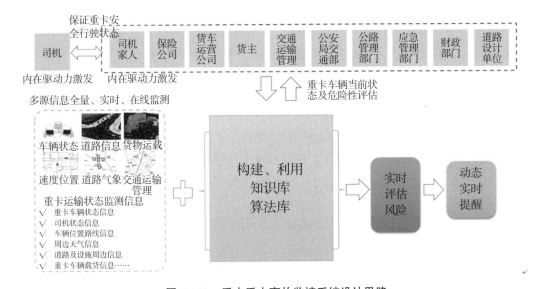

图 5-13 重卡重大事故监控系统设计思路

重卡重大事故监控系统向各角色推送重卡实时动态信息，保证各角色的信息对称，相关的角色会根据信息对司机进行直接驱动，如保险公司会根据司机的异常状态推送给司机保险费增加的提醒；司机家人担心司机的安危进行的提醒电话或信息；交通运输管理部门发出的扣分或其他处罚提醒等，如图 5-14 所示。

重卡重大事故监控系统是对重卡重大事故问题深度创新创意的数字化实现是一个超级系统的设计，所以重卡重大事故监控系统是"互联互通互操作+预置、仿真、对称、反馈"的，这是创意应用的数字化的基本特点，是超级系统的基本要求，也是社控系统的基本要求，更是重卡重大事故监控任务完成过程的自动化、协同化的基本要求。

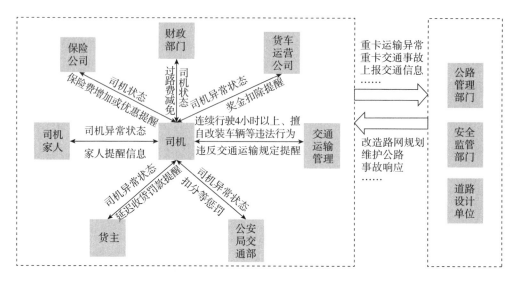

图5-14 重卡重大事故监控系统动态推送信息对司机的驱动

在数字化创新的设计上必须注意这并不是设计一个完整的、独立的万能大系统，而是基于重卡重大事故监控的任务形成的，尽可能对接已有的异主异地异构信息系统，利用预置、仿真、对称、反馈等信息机制，实现多系统之间互联互通互操作，实现监测对策能力，实现对重卡全量实时在线监控的，有效地解决重卡重大事故的数字化系统。

在数字政府的范畴下，我们以2014年秦岭违建别墅事件为例。

事件的背景是：

2003年至2007年，陕西省西安市长安区推出较多建设项目，并进行了乡镇合并等，在这种背景下，坐拥秦岭西安境内最优质资源的长安区，成为违建别墅的重灾区。西安市委市政府保留的一些文化旅游项目中，被开了在秦岭北麓从事房地产开发、修建商品房和私人别墅项目建设口子。

2014年5月13日，习近平总书记就秦岭北麓西安段圈地建别墅问题作出第一次重要批示，要求陕西省委省政府主要负责同志关注此事。

2014年5月17日，西安市接到习近平总书记的重要批示文件。6月10日，西安市成立"秦岭北麓违建整治调查小组"，由一位退居二线的市政府咨询员担任组长。7月，调查小组向西安市反馈：违建别墅的数量已经彻底查清，共计202栋。8月，陕西省向党中央报告，秦岭违建别墅的数量已经查清。

2014年10月13日，习近平总书记又作出第二次重要批示，要求"务必高度重视，以坚决的态度予以整治，以实际行动遏制此类破坏生态文明的问题蔓延扩散"。

2014年11月15日，西安市委向陕西省委报告称：202栋违建已全部处置到位，其中拆除145栋、没收57栋，比原计划提前17天。

2015年2月至2018年4月，习近平总书记又针对秦岭违建别墅作出过第三次重要批示指示。但陕西省西安市仍然没有做到总书记要求的"不彻底解决、绝不放手"。

2018年7月，习近平总书记对秦岭违建别墅作出第六次批示："首先从政治纪律查起，彻底查处整而未治、阳奉阴违、禁而不绝的问题。"中央专门派出中纪委领衔的专项整治工作组入驻陕西，展开针对秦岭违建别墅的整治行动。

2019 年 1 月 10 日，共清查出 1194 栋违建别墅；其中依法拆除 1185 栋、依法没收 9 栋；支亮别墅全面拆除复绿；依法收回国有土地 4557 亩、退还集体土地 3257 亩；实现了从全面拆除到全面复绿；一些党员干部因违纪违法被立案调查。

从 2014 年 5 月到 2018 年 7 月，习近平总书记先后六次就"秦岭违建"作出批示。秦岭违建别墅事件从发生直到 2019 年，历经 4 年 8 个月，才彻底查清、拆除所有的违建。

事件的处理结果是对违建别墅依法拆除、复绿，退耕还林，并进行全面修复，相关的党员干部均被立案调查。但这个处理结果并没有针对问题症结的处理和改变，只是针对现象的问题解决，此类问题仍会发生。

针对同类事件进行事件样本分析如图 5 - 15 所示。

序号	案件名称	案件内容	案件类型	所属地市	案发时间	最终执行时间	责任部门	相关部门	是否执法	处理结果	原因	备注
1	河北省邢台市南和县金阳建设投资有限公司非法占地建设农业养殖化项目案	2015年10月，南和县金阳建设投资有限公司未经批准占用耕地	土地案件-占用耕地	河北省	2015年10月		南和县土地资源和城乡规划局	国家土地督察机构公安机关	是	责令退还非法占用土地 罚款		
2	山西省忻州市保德县旭阳洗煤有限责任公司非法占地建设洗煤厂案	2016年6月，保德县旭阳洗煤有限责任公司未经批准占用耕地	土地案件-占用耕地	山西省	2016年6月		保德县土地资源局	国家土地督察机构公安机关	是	责令拆除不符合规划的建筑物及设施		
3	江苏省泰州市姜堰经济开发区管理委员会非法占地修建道路案	2016年7月，姜堰经济开发区管理委员会未经批准占用耕地	土地案件-占用耕地	江苏省	2016年6月		泰州市国土资源局	国家土地督察机构	是	退还非法占用土地 拆除不符合规划建筑		
4	安徽省阜阳市界首市东城街道办事处非法批地建设进出口企业案	2016年2月，界首市东城街道办事处非法批准使用	土地案件-占用耕地	安徽省	2016年2月		阜阳市国土资源局		是	收回非法批准使用的土地	界首市东城街道办	
5	贵州省黔南州贵州西南交通投资实业集团有限公司非法占地修建	2016年6月，贵州西南交通投资实业集团有限公司非法占地修建	土地案件-占用永久基本农田	贵州省	2016年6月		黔南州国土资源局	无	是	责令退还非法占用的土地 拆除不符合规划建筑		
6	云南省昭通市昭阳区旧圃镇沙坝村民委员会非法占地建设挖机	2015年8月，昭阳区旧圃镇沙坝村民委员会未经批准使用耕地建设挖机	土地案件-占用永久基本农田	云南省	2015年8月		昭通市国土资源局	国家土地督察机构公安机关	是	责令拆除不符合土地利用总体规划建筑	昭阳区旧圃镇沙坝	
7	河北省沧州市黄骅港综合保税区二期填海项目行政处罚案。	2015年4月，沧州黄骅港综保建设有限公司未经批准填海	海洋案件-非法填海	河北省	2015年4月	2016年6月（第二次责令退还时间）	沧州市海洋局渤海新区分局	国家海洋督察组	执法两次	责令退还非法占用的海域，恢复海域原貌		

······

图 5 - 15 样本事件表（部分）

通过以上的分析可以发现，此类违建、占地等问题的症结是中央政府和地方政府之间信息的极度不对称导致的，中央对地方无法实时地进行监测，地方向中央提供的情报信息不足。归根结底这是因为中央和地方、市场方的利益点不一致所导致的冲突，这是发展过程中客观必然存在的。中央政府站在全国宏观性发展和政策的角度上，立足中国现阶段的发展情况倾向于自然资源的保护，对于国土资源均衡性的调控和管理；地方政府面对地方局部国民经济和社会发展的需求倾向于资源投入刺激市场的发展和本地国民经济发展的提高；市场方包括项目业主、投资人、老板，甚至是官员则更多是为了追逐巨大的个人利益，这一点从本案例中就可以看出，被巨大的个人利益所驱动，市场中的利益相关方是置国家和集体的利益于不顾的，更有甚者则贪腐成瘾，而这更是能够激发个人极其强大的内生动力的一点，要想从根本上解决这个问题必须有效地遏制才行。因此，这个问题的深度创新创意的创意点是信息的实时、对称。

基于信息实时、对称的设计原则，在实体创新设计上需要建立从地市、区县到省级政府，再到中央、部委，实现信息的全量、实时、对称。建立中央政府参与的"充分博弈"机制，当上级政府和部委无法对地方存在的不合规项目进行有效执法或执法不到位时，则需要中纪委、监察委及组织部门这些间接的利益方介入，这既能够变相驱动直接利益方，又能够保证这些间接利益方的有效作为。只有通过充分博弈机制，让博弈中的所有利益相关方的信息都是对称的，才能够保证每个角色、每个当事人的决策更趋近于理性，他们的行为也能够更趋近于理性。同时，建立各层级、各角色的信息对称机制，实现自然资源治理的自动化、协同化和知识化。实体设计框架如图5-16所示。

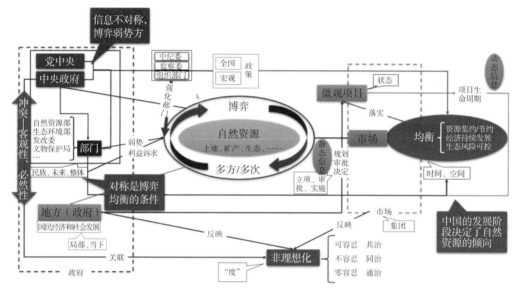

图5-16 自然资源博弈实体设计框架图

要完成信息的实时、对称的设计就必须从实体创新出发，进行数字倍增的设计，只有通过数字化的手段，才能够真正实现中央与地方信息的实时、对称。这个深度创新应用的数字化将构建一个自然资源数字化系统（互联互通互操作+预置、仿真、对称、反馈），这是一个超级应用、一个针对自然资源的社控系统、一个任务自动化、协同化的控制系统。

在自然资源数字化系统上，要预置自然元素的知识信息（比如中国领土范围内的平原、草地、林地、矿产等）、多规合一的知识信息（比如生态保护红线、耕地保护红线、城市开发边界等）、法律法规、技术标准、地方规章等知识信息。并对所有预置的自然资源结合多规合一等规则信息进行统一的标识，既要标识出其自然属性，又要标识出所有的规则属性。比如一块地在项目规划的时候，本系统就会结合这些属性自动匹配出这块地的项目规划可以做什么，不可以做什么。并且根据前面已经搜集的事件样本深度分析建立算法库、模型库等，利用监测的事实信息对自然资源的风险进行实时预测、预警、报警等。

自然资源数字化系统不是构建一个大而全的系统，而是最大限度地应用博弈中各部门、各角色已有的信息系统，通过与这些异主异地异构的信息系统的对接，将系统之间产生的数据、数据的调用和业务关系的实现关联起来，实现信息系统之间的互联互通互操作。自然资源数字化系统结合对接地方的项目规划部门信息系统上报，或从互联网上实时获取地方项目信息，对自然资源进行实时地监测，结合预置的知识信息对项目的情况进行实时地发现、判定，并将结果实时报告、预警给地方领导，同时，将上报信息推送至党中央、中纪委、监察委、组织部门等，保证各方信息的实时性和对称性。具体如图 5 - 17 所示。

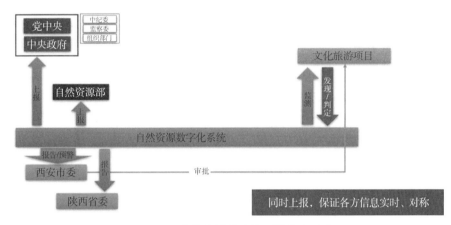

图 5 – 17 自然资源数字化系统信息对称

自然资源数字化系统通过从生态环保部门获取各类生态红线等规划数据图层建立规则，通过遥感等方式对区域内国土资源进行监测。系统根据已经预置规则、标识的信息等，实现系统自动预警、报警、上报、留痕等。如图 5 - 18 所示就是系统的遥感监控反馈影像。

图 5 – 18 自然资源数字化系统通过预置知识判定事实信息预警影像

自然资源数字化系统通过遥感信息，系统将违建信息向各级领导上报，发出预警和相关风险分析等内容。如图 5 – 19、图 5 – 20、图 5 – 21 所示。

图 5 – 19　系统向市委领导预警信息推送 PC 端

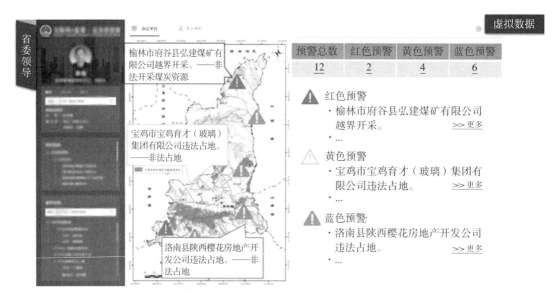

图 5 – 20　系统向省委领导预警本省自然资源风险 PC 端

自然资源数字化系统通过预置、构建的知识库，对接相关系统汇聚实时信息，对自然资源实现实时的监测，并综合预置规则、标识信息等，实现对违法违规现象的判定、预警、报警，并利用信息对称机制，实现中央、部委、地方、市场方的多方信息全量、实时、在线的对称。

图 5 – 21　系统向部委领导预警全国不合规项目风险 PC 端

自然资源数字化系统是对自然资源违法违规事件深度创新创意的数字化实现的是一个超级系统的设计，所以自然资源数字化系统是"互联互通互操作＋预置、仿真、对称、反馈"的，这是创意应用数字化的基本特点，是超级系统的基本要求，也是社控系统的基本要求，更是自然资源监测任务完成过程的自动化、协同化的基本要求。

在数字化创新的设计上必须注意这并不是设计一个完整的、独立的万能大系统，而是基于自然资源监测任务形成的，尽可能对接已有的异主异地异构信息系统，利用预置、仿真、对称、反馈等信息机制，实现多系统之间互联互通互操作，实现监测对策能力，实现对自然资源全量实时在线监控，有效地解决自然资源违法违规情况的数字化系统。

第六节　制度安排

制度安排是承接创意的成果，是将创意点制度化，即用制度的方式部署创意点。只有将创意进行制度化，将创意注入最初的项目规划、设计等环节中，才能确保它的可实施、可实现性，其未来设计开发出的系统才是可交付、可运营、可使用的。如果不进行制度安排，那么一切的规划、设计，甚至系统的上线、信息的来源、运营使用都会受到层层阻碍，执行力度都将大打折扣，最后无法实现预期的目标，更是无法达到效率倍增的最终目的。因此，制度安排是工程创意中重要的组成部分。

一、制度安排方法

从社会科学的角度讲，制度是指规则或运作模式，是规范个体行动的一种社会结构，而这些规则蕴含着社会的价值，其运行表达着一个社会的秩序。在领域知识工程学的知识框架下，制度安排是将工程创意设计形成产业、社会、政府的办事规程或行动准则。

工程创意中的微创新创意和深度创新创意都是对现有制度的调整或打破，而这种调整合打破若不落实到新的制度、准则、规范的话无法切实执行，更是无法达到创意的目的。工程创意就在于任何系统和任务新系统的运行都是基于范式的具体化和实例化，都是制度的安排。

无论是在产业范畴、社会范畴还是政府范畴下，范式都必须基于一种制度的安排才是可运转的。制度安排就是基于范式模式，以创意点为核心，围绕创意实施所需的信息需求和控制需求展开的。只有进行合理的、完善的制度安排，系统的自动化、数字化才能够顺利展开。没有制度安排创意形成的新的机制就不可运行，创意形成的系统就将变成"假、大、空"的系统——假信息、假数据、大功能、大框架、空有功能却无法实际运行的系统工程。

只有经过制度安排将创意机制固化，政府、产业、社会范畴下的相关角色才会按照创新创意形成的机制运转、工作，而只有在这个情况下，再利用数字化的手段，才能够达到数字倍增的目的。

然而，制度安排指的不是简单的文件部署，而是以制度的方式将创意点形成特定问题或任务所涉及的系统内所有对象都能够共同遵守的规章或准则。在产业范畴内，这个制度安排可能是行业的技术标准、规范，也可能是企业内部的规章制度。在政府范畴内，这个制度安排可能是政府颁布的法律法规、公共政策，可能是部门或地方制定的规范、制度等。

总之，制度安排是以主动系统的不同角色身份的主体将创意点或创意安排上升到制度层面。比如在政府范畴下，省委发出的制度文件是省委文件；省级部门发出文件的就是厅局级文件，而这两种文件无论是限定范围还是效力都有着明显的差距。

综上所述，制度安排也是跟着角色走的，不同的角色设定的制度的法律效力、限定范围、作用等都是不一样的。而制度安排的层级和制度安排的角色都是与用户强相关的。而用户在领域知识工程学的范畴下分为系统用户和系统信息用户，系统用户指的是系统功能的实际使用者，若系统是根据客观存在的实际用户设计的，那么这个用户就是系统用户；而系统信息用户指的是系统产生的信息输出给用户，这类用户不一定实际使用系统功能，但一定使用系统所产生的信息。所以制度的安排被系统用户和系统信息用户共同决定，这一点尤为重要，因为制度安排的层次低了，会造成领域知识工程的设计、运行达不到角色、行为数字化的效果，也就达不到解决问题自动化的目标。

既然制度安排是承接创意的成果，而创意的成果又分为微创新创意和深度创新创意，因此制度安排的展开也分为微创新创意的制度安排和深度创新创意的制度安排。

微创新创意的制度安排同微创新创意的核心思路一样，是对已有的规则、制度等进行微创新，将改变现有制度执行的时间落点要求和空间普及率的要求进行制度化。也就是说，微创新创意的制度安排是在已有制度的基础上进行内容的修改、补充或调整，但已有制度的基本框架或理念是保留的、不变的。这样的制度安排不会造成大幅度地改变，相关主体的接受度高，制度落实的可行性高、成本低、见效快、易施行。需要关注的是制度安排中所涉及的相关主体的普及性，一定要做到全面覆盖，才能够达到微创新创意的预期效果。

深度创新创意的制度安排秉承深度创新创意的核心理念，将重新设计新的利益机制、动力机制进行制度化。深度创新创意是打破了现有的利益机制，调整优化现行的制度，而进行的新利益机制的设计。

因此，深度创新创意的制度安排就是要推翻已有的制度，建立新的制度，这个新的制度里面包含了对相关利益主体的新利益机制的内容。相对于微创新创意的制度安排，深度创新创意的制度安排有一定的难度，这个难度在于涉及相关主体利益关系调整的制度化。

二、制度安排应用

（一）微创新创意的制度安排

在数字产业的范畴下，我们以在第四节微创新创意应用中的 2015 年青岛 7 天酒店电梯事故为例，关于本事故的相关背景、实体设计和数字化设计等信息详见本章第四节微创新创意中的创意应用。根据第四节的创意设计的内容具体如下。

针对这个实例的微创新创意的实体设计是：电梯维保公司需对电梯的运行状态、维修状态等要进行全量、实时的监测对策，这种监测对策行为包括：对维保范围内的所有电梯进行统一编码，并对电梯上关键部件如制动器进行统一编码，其相关信息统一归档管理。对电梯的制动器需要维保的关键部位需采用 RFID 射频识别或其他技术，实现对制动器关键部位状态和维保记录的监测、留痕。利用信息化或其他技术手段，对制动器关键部件更换后的制动性能试验过程进行控制等。业主单位作为使用主体的监测对策行为是：电梯检修时，监督验证维保人员资质证件，确保维保人员"双证作业"。

针对这个实例的微创新创意的数字化设计是：这个维保数字化系统要对本公司服务范围内的所有电梯展开 24 小时的实时在线监控，并在系统中预置电梯的相关信息，其中预置的知识信息包括：电梯出厂的参数、关键部件的参数，电梯平衡系数、电梯制动性能模型、电梯预警模型等；预置的事实信息包括：每天载客情况使用频率、维保公司人员信息及资质认证、电梯维保时的平衡系数、制动器磨损情况、制动弹簧压缩量、限速器情况、制动性性能试验信息及痕迹信息。并且通过制动器失效的逆向实证进行事件建模，设计事件预警、报警等仿真模型预置到系统中。通过这些信息，模型维保数字化系统可以自动预测每台电梯进行维保的时间，并进行维保人员的自动匹配和工作任务排班；及时预警急需维保的特殊电梯；对于临时发生的问题进行及时的预警、报警等；还可以在系统中给维保公司对接的业主单位留一个入口，业主单位可以随时上报电梯的相关信息（如问题、维保需求、技术反馈等）。维保公司通过维保数字化系统能够在监测对策的模式下对电梯的全生命周期形成一个闭环的自动化控制，一旦发现问题及时解决，而这个问题的根源又将成为系统中新的监测重点，这样循环起来，就形成了一个反馈机制，维保公司的电梯安全能力将在这个过程中不断提升。

在制度安排方法里面已经阐述过，无论是微创新创意还是深度创新创意必须以制度的方式将创意进行固化，制度化的内容包括创意中的实体设计和数字化设计，只有形成相应的规章制度，相关角色才会按照创新创意形成的机制运转、工作。因此，维保公司对电梯制动器维保问题的微创新创意进行制度安排如下。

电梯维保工作管理规范

一、范围

本规范规定了乘客电梯及货载电梯维修应遵守的准则，以保证电梯安全运行，防止维修时发生伤害人员、损坏货物和电梯的事故。

二、引用标准

GB 7588—1995　电梯制造与安装安全规范

GB 10060—1993　电梯安装验收规范

GB 10058—1997　电梯技术条件

GB 10059—1997　电梯试验方法

三、电梯监督检验规程

电梯维保管控标准

1. 维保人员每半月维保，保证制动器各销轴部位润滑、动作灵活，制动衬与制动轮不应发生摩擦。

2. 每季度维保时，半月维保项目符合要求的同时，保证制动衬清洁，磨损量不超过制造单位要求。

3. 每半年维保时，季度维保项目符合要求的同时，保证制动器工作正常。

4. 每年度维保时，半年维保项目符合要求的同时，对制动器铁芯进行清洁、润滑且保证磨损量不超过制造单位要求，制动弹簧压缩量符合制造单位要求，保持足够制动力。

四、维保数字化系统使用要求

1. 所有进厂电梯、安装电梯或维保范围内的其他电梯在第一次维保前所有电梯进行统一编号，并将电梯出厂的参数、关键部件的参数，电梯平衡系数、电梯制动性能等电梯的相关信息录入到维保数字化系统中。

2. 所有电梯的关键部件（无论是否安装至电梯里的还是电梯自身的）都必须按照公司的统一要求进行统一编号，使用或归还的必须走出入库流程。

3. 本公司所有维保人员必须将个人资质等相关信息在维保数字化系统中进行认证，并根据实际情况进行维护。

4. 本公司所有维保人员均为维保数字化系统使用用户，维保人员对电梯的所有维保行为必须在维保数字化系统中进行登记，并根据维保情况实时更新维保数字化系统中电梯的信息。

5. 本公司所有维保人员电梯维保时必须将痕迹信息进行实时上报，包括但不限于电梯的平衡系数、制动器磨损情况、制动弹簧压缩量、限速器情况、制动性能试验信息等。痕迹信息必须包括关键照片及视频等。

6. 在维保数字化系统中产生的预警、报警等任务，所有维保人员必须根据风险等级进行及时的响应。

7. 所有维保环节遇到的问题，维保人员需定期录入到系统中，并进行问题原因和解决方法的分析。

青岛××电梯安装有限公司

二〇二〇年四月二十七日

（二）深度创新创意的制度安排

在数字政府的范畴下，我们以在第五节深度创新创意应用中的2014年秦岭违建别墅事件为例。

针对这个实例的深度创新创意的实体设计是：建立从地市、区县到省级政府，再到中央、部委，实现信息的全量、实时、对称。建立中央政府参与的"充分博弈"机制，当上级政府和部委无法对地方存在的不合规项目进行有效执法或执法不到位时，则需要中纪委、监察委及组织部门这些间接的利益方介入，这既能够变相驱动直接利益方，又能够保证这些间接利益方的有效作为。只有通过充分博弈机制，让博弈中的所有利益相关方的信息都是对称的，才能够保证每个角色、每个当事人的决策更趋近于理性，他们的行为也能够更趋近于理性。同时，建立各层级、各角色的信息对称机制，实现自然资源治理的自动化、协同化和知识化。

针对这个实例的深度创新创意进行制度化安排，这个安排包括实体设计的安排和数字化设计的安排。在制度安排方法中已经阐述了信息系统用户和信息用户的区别，以及在制度安排中的重要作用——制度安排必须是信息用户和信息系统用户中的最高决策者下达，制度安排的层次低了，会造成领域知识工程的设计、运行达不到角色、行为数字化的效果，也就达不到解决问题自动化的目标。这一点在这个实例中也是如此，这个实例中的信息用户是中央政府，所以最佳的制度安排角色是国务院办公厅，具体的制度安排如下。

关于自然资源创新监管改革的指导意见

各有关单位：

自然资源是宪法和法律规定属于国家所有的各类自然资源，主要包括国有土地资源、水资源、矿产资源、国有森林资源、国有草原资源、海域海岛资源等。自改革开放以来，为健全完善自然资源的保护和使用，现提出以下意见。

一、总体要求

（一）指导思想

全面贯彻党的十九大和十九届二中、三中、四中全会精神，深入贯彻国家治理体系和治理能力现代化的战略思想，认真落实党中央、国务院决策部署，坚持和完善生态文明体系，促进人与自然和谐共生，试行最严格的生态环境保护制度，全面建立自由高效利用制度，推进自然资源统一确权登记法治化、规范化、标准化、信息化，健全自然资源产权制度，落实资源有偿使用制度，实行资源总量管理和全面节约制度。加快建立自然资源统一调查、评价、监测制度，健全自然资源监管体制。加快建立健全国土空间规划和用途统筹协调管控制度，统筹划定落实生态保护红线、永久基本农田、城镇开发边界等空间管控边界以及各类海域保护线，完善主体功能区制度。努力提升自然资源保护和合理利用水平，切实维护国家所有者权益，为建设美丽中国提供重要制度保障。

（二）基本原则

保护优先、合理利用。坚持人与自然和谐共生，坚守尊重自然、顺应自然、保护自然，健全源头预防、过程控制、损害赔偿、责任追究的生态环境保护体系。正确处理资源保护与开发利用的关系，对需要严格保护的自然资源，严禁开发利用；对可开发利用的自然资源，使用者要遵守用途管制，履行保护和合理利用自然资源的法定义务。除国家法律和政策规定可划拨或无偿使用的情形外，全面实行有偿使用，切实增强使用者合理利用和有效保护自然资源的意识和内在动力。

市场配置、共享公开。充分发挥市场配置资源的决定性作用，按照公开、公平、公正和竞争择优的要求，明确自然资源有偿使用准入条件、方式和程序，鼓励竞争性出让，规范协议出让，支持探索多样化有偿使用方式。推动将自然资源纳入自然资源数字化系统中进行统一管理，完善自然资源的评估和管理，构建完善的信息共享机制，建立健全自然资源规划、使用信息的公开制度，确保国家所有者权益得到充分有效维护。

明确权责、分级行使。自然资源数字化系统应用试点可依照现行法律规定和管理体制，明确试点地区自然资源信息的标识和汇聚，在试点地区可结合地区实际规划，创新管理体制，明确和落实主体责任，实现效率和公平相统一。

创新方式、强化监管。建立健全市场主体信用评价制度，强化自然资源主管部门和财政等部门协同，发挥纪检监察、司法、审计等机构作用，完善国家自然资源资产管理体制和自然资源监管体制，创新管理方式方法，健全完善责任追究机制，实现对自然资源有偿使用全程动态有效监管，确保将有效保护和合理利用资源、维护国家所有者权益的各项要求落到实处。

（三）主要目标

截至2023年，完成全国自然资源的统一标识，建立从中央、省（自治区、直辖市）、国务院各部委、各直属机构之间自然资源信息的全量、实时、在线的对称机制，形成地方规划为主、中央政府参与、相关部委（如纪检监察部门）实时知晓的自然资源规划的"充分博弈"机制。市场配置资源的决定性作用和政府的服务监管作用充分发挥，所有者和使用者权益得到切实维护，自然资源保护和合理利用水平显著提升，实现自然资源开发利用和保护的生态、经济、社会效益相统一。

二、重点任务

（四）加强对自然资源的监测对策能力

加强监测对策能力。各地区、各部门要切实加强组织领导和细化落实对于自然资源监测对策能力的提升。按照本意见和自然资源"充分博弈"机制的要求，抓紧研究制订具体实施方案。地方各级政府要结合地方实际，加强研究和探索，为深化自然资源创新监管提供实践支撑。各有关部门要按照职责分工，各司其职，密切配合，明确责任主体和时间进度，加强协调指导，确保各具体领域改革任务落到实处。

充分博弈，理性决策。统一全国自然资源编号，从中央到地方各级的自然资源的属性保持同一性，自然资源的实时状态保持一致性。建立中央、省（自治区、直辖市）、国务院相关各部委（如纪检监察部门）、各直属机构对于自然资源全量信息的实时对称机制，保证博弈内的所有相关方均能够实时、同步接收自然资源的状态信息，达成充分博弈、理性决策的目标，实现自然资源治理的自动化、协同化和知识化。

（五）创新构建自然资源数字化系统

构建信息机制，建设数字化系统。加快建设国家自然资源数字化系统，完善国家自然资源信息数据的全量、实时、在线的监测对策业务。构建自然资源数字化系统信息机制：在系统中预置自然元素的知识信息（如中国领土范围内的平原、草地、林地、矿产等）、多规合一的知识信息（比生态保护红线、耕地保护红线、城市开发边界等）、法律法规、技术标准、地方规章、案件信息、规划信息等知识信息。根据预置的自然资源知识信息和事实信息，标识自然资源天然属性、应用属性和规则属性。系统自动留痕所有自然资源发生变化的客观状态、地方规划发生改变的客观事实、项目或非项目实时的遥感和非遥感信息。通过系统对接、信息上报、互联网信息抓取等方法汇聚各类资源信息、各类规划信息、各类申请项目规划信息等离散自然资源信息至系统中。系统将所有自然资源的监测信息、项目审批信息等实时共享、公开到中央、地方各级、相关部委、纪检监察机构等部门，实现全量信息的实时、对称。深度分析历史的自然资源违法违规事件样本建立算法库、模型库等。

加快与其他相关系统对接，实现业务同步。为了加快自然资源数字化系统的建设，各地区、各部委、各机构要负责加快相关信息接口与自然资源数字化系统的对接工作，打通异主异地异构的信息系统，实现系统之间产生的数据、数据的调用和业务关系的关联，达成信息系统之间的互联互通互操作的建设目标。

第六章　工程方法

本书前五章介绍了领域知识工程学的定义与核心理念。领域知识工程学是顺应信息社会发展时代潮流的原创新学科。其底层原理性知识是描述自动化感知、认知和控制的信息机制。学科研究和实现的对象是任务范式——由"领域限定、双子系统、系统要素、问题驱动、目标约束、事实激活、任务赋值、数字倍增"等逻辑元素构成（详见第三章）。范式的演化包括"信息能力、本体构建、事实还原、事件建模、指标量化"。简而言之，领域知识工程学是以信息社会人类经济社会活动特定任务过程为研究对象，具体研究并设计出针对特定任务的特定问题的解决方案及其实施方式的自动化、协同化和知识化方案。而工程实现需要特定的工程方法。利用工程方法构建出领域知识工程产品，从而完成前述两个"方案"的工程落地。

工程方法是领域知识工程学任务范式实例化、产品化、工程化的具体方法，是本学科应用于实践的具体步骤与过程。类同于建筑学原理与土方工程、排水与降水/回填土施工方法、软件工程原理与软件开发方法（例如，Parnas 方法、SASD 方法）等之间的关系。从本质上讲，工程方法是以领域知识工程学的理念为指导；以领域知识工程产品及其生产过程为导向；以领域知识工程师为团队；以形式化搜集、主题化标引、逻辑化存储、关联化分析、数量化计算、结构化表达、反馈化控制和可视化呈现为步骤，通过领域知识工程产品的设计、开发和运营三个阶段，完成对预置资源的建设、伴随服务的运营和工程过程的管理，从而实现领域知识工程产品结果形态的工程化与生产过程的工程化的统一。

工程方法的最终目的是生产领域知识工程产品。领域知识工程产品本身是一种"超级系统"——面向特定领域和特定任务，由实体社会的信息及角色行为所耦合的数据和软件所构成的，用于实现实体社会自动化、协同化和知识化运行的"超级系统"。这种超级系统是在特定任务的视角下，以信息机制中的预置、仿真、对称和反馈为基本需求；以软件为行为过程、数据为信息载体，实现范式两系统中相关主体的信息系统间互联互通互操作的社会控制系统。

工程方法为领域知识工程产品的实现提供了基本方式和路径，是领域知识工程产品生产的基础。工程创意则赋予领域知识工程产品灵魂——创新性地解决经济社会中存在的问题。为了实现领域知识工程产品的工程化生产，工程团队一定是由具备哲学、逻辑学、语言学、数学史、信息通信科学、图书情报学等多种条件知识的知识工程师组成的（关于领域知识工程师的要求及培养将在本书第七章详述）。工程团队分为设计团队、开发团队和运营团队。三大团队在过程管理的要求和工具支持下，通过八种生产方法在不同的工程阶段输出不同的工程成果，其中重要的成果包括由预置信息构件和预置功能组件的预置资源、提供循环式的伴随服务，如图 6-1 所示。

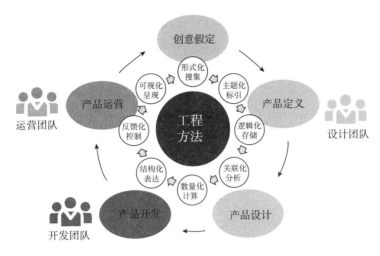

图 6 - 1 工程团队、生产方法作用示意图

综上所述，在领域知识工程学任务范式下，工程方法是一套贯穿领域知识工程顶层与产品实现的综合性方法，涉及人力、信息、技术和管理等多个方面，并强调各个元素之间的结构性、联系性和完整性。同时，工程方法还是一种注重解决问题的科学方法，在任务范式的约束下，从社会价值体系和价值取向研判系统状态是否存在问题，并根据系统间和系统内的要素关系分析解决问题的措施，使系统运行过程符合客观事物的发展规律。本章将从工程产品、工程团队、生产方法、工程阶段、资源预置、伴随服务和过程管理七个方面阐述领域知识工程学的工程方法。

第一节　产品业态

什么产品——领域知识工程产品、社会控制系统产品、任务范式的自动化、协同化、知识化系统产品、基于特定任务两系统相关主体信息系统间互联互通互操作 + 预置、仿真、对称、反馈 + 相关角色行为系统的超级应用系统。

领域知识工程学的产品应用于政府、产业和社会三大范畴，是在范式约束下以任务相关主体自身使命和任务为产品设计为前提的。产品本身就是用户自身的数字化，关乎用户价值的创新和倍增，是用户所渴望和需求的。而用户又是一个组织机构，是法人，法人没有行为能力。法人的行为由构成法人的自然人去履行、完成。能代表用户的自然人（最高、最佳的用户代表）对用户数字化的产品将产生深切的体会和迫切的需求，该角色一定是产品的"粉丝"，是产品提供者的"粉丝"。这是产品应用范畴中领域知识工程产品注定带来的粉丝经济业态。关于业态的描述我们将在本书第七章展开。

而基于上述业态，领域知识工程学的产品则由部件和元件构成。此处我们简单介绍元件及部件的概念，在本章第五节将进一步详细叙述。

元件的构成——信息构件加功能组件。

信息构件——是元件所代表的组织行为。其输入、处理、输出的信息包括事实信息，既有知识信息（程序性知识和描述性知识）也有新知识信息。其取决于对监测、对策等具体行为的细化。有了元件才可以刻画最小范围的信息需求。

功能组件——即软件。分为两种：（1）人的生物本能行为——肢体、感官、思维的软件实现（关于信息技术本身就是实现人的生物本能行为。例如，人工智能对思维行为和部分感官行为的实现，遥感、视频监控技术实现感官中的视觉，物理传感和化学传感实现触觉、味觉的自动化）。选用什么样的技术，技术选型取决于组织行为中的角色（自然人充当）在行为中的需求。如监测时就对应感官分析对策，即感官＋思维。（2）人的社会组织行为——监测、对策中的行为细分，细分后的行为流程。流程软件和生物行为软件耦合纠缠则成为功能组件。功能组件和信息构件耦合成为范式中、任务过程中的某种功能完成的、自动化的、数字化的元件。元件全等于相关实体及其数字化的集合。

最终由元件组成部件，部件再构成成品。有了这些基本概念后，我们将从一个产品的生产过程、生产方法、生产团队等多维度入手，向读者展开领域知识工程产品的全貌。

领域知识工程产品从无到有、从创意假定到作用于现实社会、改变现实社会、解决现实问题的过程及方法，其本身就是未来信息社会发展的全新业态。关于这个全新业态，我们将在第七章为读者们展开并解读。领域知识工程师按工程方法、工程阶段、生产工程产品的过程，就是领域知识工程学所描绘的未来信息社会发展新业态。在这个业态下，高校按照第七章内容进行人才培养，以全新的定位融入生态，本身将成为领域知识工程开源空间的重要组成部分；供给侧（企业）按照工程方法和过程运行，本身就是在新业态下供给侧商业模式创新的表现；最终，需求侧的自我认知唤醒和粉丝经济下对"偶像"的理性"追捧"，构成全新业态的最后一张拼图。

第二节　工程团队

工程团队是贯穿领域知识工程产品生产各阶段的关键要素，是产品从创意到实现再到通过运营作用于现实社会这一全生命周期的执行者。按照领域知识工程产品生产阶段划分，工程团队包括设计团队、开发团队和运营团队，三个团队的职责任务是互相接续的。工程团队都是由领域知识工程师组成的，他们均具备领域知识工程学条件性知识和所服务应用范畴的基础知识（或称之为识别、集成、利用相关应用范畴专业知识的能力）。通过设计、生产、利用领域知识工程产品，从而综合性、数字化、自动化地解决政府、产业、社会等不同范畴中的特定问题。而设计团队、开发团队和运营团队所承担的职责任务差异也导致各类团队的人力资源组成和能力偏向有所不同。

一、领域知识工程师

领域知识工程师是指掌握领域知识工程学及其条件性知识，在政府、产业、社会三大应用范畴中从事社会体系自动化控制系统的设计、开发、运营的专业人员。领域知识工程师工作的对象是客观实体世界中的信息，他们在领域知识工程学范式指导下识别和集成各类任务相关的专业知识，在特定范畴和领域中扮演综合性问题识别和解决的统筹者、协调者的角色。

（一）领域知识工程师的特点

领域知识工程师是一个新兴的职业群体，他们的使命是面向人类社会经济活动中出现的复杂问题，统筹、协调各方面的专业知识，制订一个综合、创新、有效的问题解决方案。为实现使命，领域知识工程师以特定的任务为边界，以事实信息、知识信息为对象和原料，从而识别问题、分析问题的根源和症结，最终找到解决问题的措施和方案，并以数字化、自动化的方式去执行方案解决问题。这些解决问题的方案和方案的执行就是领域知识工程产品本身。

领域知识工程师和其他专业工程师，如建筑工程师、机械工程师、IT工程师等一样，都是对特定对象进行加工，以改变对象的状态，产生一个具有价值的结果。建筑工程师把建筑材料变成建筑物；IT工程师把信息技术元件、构件和技术加工成各种信息系统；领域知识工程师把事实信息、知识信息作为对象，加工成领域知识工程产品——实现社会体系自动化控制的系统。但是，与其他专业工程师不同的是领域知识工程师不是从具体专业知识内部去分析问题、解决问题，而是从综合的角度集成专业知识、组织协调其他专业工程师共同完成一个特定任务、问题的解决。如在治理黑臭水体问题时，领域知识工程师不是从黑臭水体的分析水质入手，而是从综合考虑引起黑臭水体产生的根源，解决黑臭水体的症结入手，最后集结水质检测专家、水文地质专家、水资源管理专家等采用综合、创新、有效的方案，从源头防控、水体实时监管、事发预警等方面统筹解决黑臭水体问题，实现黑臭水体治理数字化、自动化。

领域知识工程师与其他专业工程师解决社会问题的区别诠释了作为"新兴"人类的领域知识工程师最显著的特点：综合性。领域知识工程师是综合性人才，他们不是全能全才、百科全书式的博学者，而是能从各个专业知识的外部特征去识别和集成专业知识，以解决复杂任务和问题的综合者、统筹者、协调者。

（二）领域知识工程师的知识结构

领域知识工程师的知识结构是指领域知识工程师在特定领域和任务条件下进行问题识别、问题根源和症结分析、制订综合性解决方案，设计开发解决问题的社会体系自动化控制系统等，所必须具备的各类知识及能力的搭配，即履行领域知识工程使命，完成特定任务所必须具备的各类条件性、基础性知识和能力的组合搭配。领域知识工程师综合性的特点决定了他们的知识结构不是包罗所有知识和能力的。

领域知识工程师是在领域知识工程学基本范式指导下，在政府、产业和社会三个应用范畴之中开展活动的。本书在第三章阐述的任务范式——特定领域、双子系统、五要素、问题驱动等是领域知识工程师必须具备的知识；在第五章和本章阐述的领域知识工程创意及工程方法——形式化搜集、主题化标引、问题识别、问题解构等是领域知识工程师必备的能力。这些知识和能力是基础性的、条件性的，不具备此基础和条件就不能称之为领域知识工程师。同时，为了更好地识别和集成所在应用范畴中的专业知识，形成综合性的解决方案，领域知识工程师还需要了解和部分掌握所在范畴及领域的基础性知识。以甲级流行病防治为例，若领域知识工程师只掌握了领域知识工程学基本范式，而不了解基本的流行病学知识，那么他就无法有效识别甲级流行病防控、治疗存在的问题，难以有效地分析问题并综合集成技术和方案。因此，领域知识工程师的知识结构包含领域知识工程学基本知识和能力、应用范畴的基础性知识和能力两部分。如在政府范畴中开展领域知识工程活动，领域知识工程师需要具备领域知识工程学基础知识和能力，以及政府范畴的基础性知识：政治学、法学、公共管理学等。

二、领域知识工程师岗位

根据社会体制自动化控制系统的生产过程中的不同职责分工，知识工程师分为六类岗位：创意设计师、领域运营师、产品集成师、功能设计师、知识萃取师、情报整编师。其各自的具体职责将在第七章进行详述，此处只作概要性介绍。

1. 创意设计师

创意设计师是负责领域知识工程产品问题识别和创意假定，向设计团队提供理论、创意、工艺建议与参考，指导产品设计、开发和运营的知识工程师。

2. 领域运营师

领域运营师是负责连通设计团队和领域知识工程产品面向的市场及用户，并制定产品运营战略，督导运营实施的知识工程师。

3. 产品集成师

产品集成师是基于特定任务边界设计领域知识工程产品功能与能力，对领域知识产品各构件、组件进行规划的知识工程师。

4. 功能设计师

功能设计师是负责领域知识工程产品监测对策功能设计的知识工程师。功能设计师以产品创意和产品定位、边界为约束，分析边界内的角色和角色行为、角色使命和目标等，最终设计出针对边界内角色及行为的数字化、知识化、协同化的领域知识工程产品。功能设计师的主要职责是进行顶层设计、详细设计、原型设计。

5. 知识萃取师

知识萃取师是负责对作为知识载体的信息资源文本、图表按照工程方法要求进行信息资源分析和知识提炼的知识工程师。

6. 情报整编师

情报整编师是负责根据特定的任务从开源（如互联网）或闭源（如专业手稿、内部资料）中搜集文本、图表、表格数据等信息数据并进行初级加工处理的知识工程师。

三、工作团队

（一）设计团队

设计团队主要在设计阶段进行领域知识产品创意假定、产品用户及用户行为数字化设计等任务，并识别和集成任务边界内所需的多类别专业知识，形成解决问题的实体方案和数字方案。

设计团队的主要产出成果是领域知识工程产品设计稿，包括顶层设计、详细设计以及原型设计等，这些设计稿是开发、运营阶段任务开展的主要依据。同比在服装生产行业，真正开始裁剪布料缝制服装是在服装设计图之后，服装设计师根据灵感创意和流行趋势，针对目标人群年轻女性、婴幼儿或老年人等设计出样式图稿，并在图稿中规定材质、制作工艺（刺绣、镂空等）、配饰形状及配色等。服装按设计图纸打样并进入车间量产。领域知识工程产品生产之前也必须由专业的设计团队对基于目标用户使命和行为进行产品设计，产品形态及功能的规范约束。

为了能够顺利地完成领域知识产品设计阶段的任务，避免因为设计方案缺漏导致产品功能的缺陷，设计团队最佳的人力资源组合是文科背景的知识工程师，且具备视觉设计、系统交互设计的能力和一定的信息通信技术知识。例如，具备财政学、金融学等知识背景的知识工程师可以更恰当地对政府范畴中的宏观经济监管进行问题识别和产品设计。同时具备视觉设计、系统交互设计能力则可以在产品设计时兼顾产品设计美学和用户使用体验。而具备一定的信息通信知识是确保领域知识工程师在设计社会自动化控制系统产品时，能够恰当地选用并描述特定的信息技术应用和产品。

（二）开发团队

建筑设计稿的价值在于其切实可行地指导生产建设团队构筑出可观可感的建筑，如大兴国际机场、世贸大厦、广州塔等。同理，设计团队产出的领域知识工程产品设计也是需要变为现实产品才能体现出它的价值。开发团队就是将设计团队的输出成果——领域知识工程产品设计及预置资源，转变为实体产品的角色群。

开发团队在设计团队成果发布后，接续进入领域知识工程产品的生产过程中。利用领域知识工程生产方法和相关现有的软件工程方法及技术实现领域知识工程产品设计的落地。开发团队的主要任务是实体开发，既开发生产预置资源和预置功能组件作为完整成品的组成部件，也开发直接可用的领域知识工程产品。

开发团队最佳的人力资源组合是具有文科知识背景的同时又具备熟练的信息技术和软件开发能力的知识工程师。在开发团队中信息软件开发能力极其重要，但是并不意味着传统的 IT 工程师可以直接开发出领域知识工程产品。因为领域知识工程产品是基于任务范式，在完整的实体创新，数字倍增的逻辑体系中设计出来的，没有前序领域知识工程学知识背景的铺垫，缺乏对任务所涉及的各类专业知识的识别和集成能力，传统的 IT 工程师难以恰当地理解和开发出领域知识产品。若开发团队中没有兼具较强文科知识背景和软件实现能力的知识工程师，那么开发团队的人力资源组合应当存在具备文科背景且能够与具备软件开发实现能力的知识工程师有效沟通，从而将设计成果转变为数字化形态的角色。

（三）运营团队

运营团队是与用户代表交流互动，将用户转变为领域知识产品粉丝且持续跟进用户体验及产品维护的角色群。运营团队以领域运营师为主，按照开展运营活动时的偏向差异，可以将运营团队中的角色分为以将用户最高代表和最佳代表转化为领域知识产品粉丝为目标的首席运营师和在领域知识产品交付后提供伴随服务的伴随服务人员。

首席运营师的主要任务是将市场客户引进来，把客户的最高、最佳代表变为粉丝。他需要具备恰当的表达能力和适应所服务应用范畴的知识结构。伴随服务角色是在领域知识产品上线后，在用户长期使用过程中对产品包含的领域和用户自身内部的跨域应用进行深化、细化。伴随服务人员往往是在产品设计和开发中形成的、精通用户业务的人。

第三节　生产方法

上一节强调了工程团队的人员角色、职责以及所需具备的素养和能力。团队工作中每种角色通过相互合作生产制造出一个完整的知识产品，该知识产品的特点在于其结果形态是工程化的，生产过程也是工程化的。因此，工程团队作业时必须使用满足对领域信息资源工程化处理的生产方法。

这种领域知识工程学的生产方法，是工程团队为特定问题的解决和特定目标的实现，从既有的、离散的信息资源中提取出任务相关信息要素，经过设计、加工和制造最终生产出具有特定功能的知识产品的过程中所应用的方法。类比建筑工程中砌砖工程、抹灰工程等工程方法——建筑工程师以建筑材料为对象，通过这些建筑工程方法把水泥、钢筋等建筑对象变成高楼，把原来对象的形态变为有具体价值属性的工厂、写字楼等。知识工程师通过领域知识工程学的生产方法，以记录和表达人类对客观事实的规律性认识的知识为加工材料，按照特定任务所需的特定功能要求设计出一个可用的领域知识工程产品。

本节讲述的领域知识工程学生产方法是知识工程的工艺流程——既包括每个方法的环节和步骤，还包括输出成果的形态和要求；是对信息机制、任务范式、本体构建等理论内容的实践应用，也是对工程创意和实训实战的方法指导；是领域知识工程学从理论到实现的桥梁，也是知识工程师完成使命所使用的工具和途径。此外，知识产品的生产过程是工程化的这一特点，注定了领域知识工程学的生产方法是系统化、结构化和模块化的。同时，工具生产、方法设计和要求制定的过程也是工程化的。如果没有高度结构化的工具、方法和要求，就不可能进入计算机世界和数字世界，建立高度结构化的信息和数据本身，更遑论构建出一个高度结构化的工程。只有这种工程化的生产过程，才可以生产出工程化的知识产品、知识体系、表达范式和范式系统运行过程的客观对象。

生产方法一共包括八种，分别是形式化搜集、主题化标引、逻辑化存储、关联化分析、数量化计算、结构化表达、反馈化控制和可视化呈现。在第四章所提及的信息能力中对信息"输入、处理、输出"的视角下，形式化搜集是对领域信息的搜集和整编，其实现了知识产品所需信息的输入；主题化标引、逻辑化存储、关联化分析是对输入信息的处理——涉及本体构建、数据存储和关系分析等方面；结构化表达、反馈化控制和可视化呈现是对设计产品的输出，覆盖产品输出中信息的内容和形式两大方面。只有通过结构化表达明确知识产品的输出形式，才可以有效地保障反馈化控制、可视化呈现的自动化实现。如图 6 - 2 所示。

本节对每种生产方法从方法定义、特点、作用、实现环节等方面进行论述，并在论述过程中给出相应的实例——组织建设领域、藏药领域、社会保障领域、危化品领域等。每个研究领域的简述介绍如表 6 - 1 所示，通过用不同领域的实例对生产方法进行说明，可为知识工程师在后续生产方法的实际应用过程中提供有效指导。同时，跨领域的实例贯通也能进一步说明领域知识工程学的通用性及普适性。

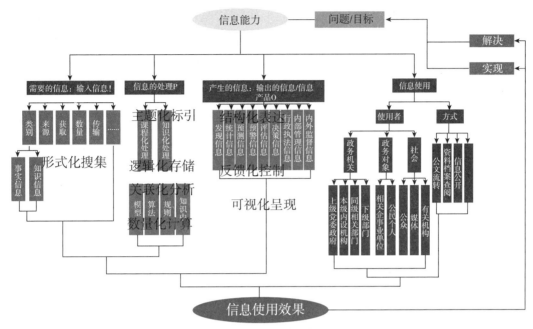

图 6 - 2　信息能力

表 6 - 1　领域的简述

序号	领域	简述
1	组织建设	组织建设是中国共产党自身建设的一个重要方面，是指党根据形势发展和党的政治任务的要求，遵循党的组织原则和组织路线，不断改进和加强的组织制度、组织机构、组织纪律，提高党员队伍素质的活动
2	藏药	藏药是我国历史悠久的民族药之一，是藏族人民在广泛吸收、融合了中医药学、印度医药学和大食医药学等理论的基础上，通过长期实践所形成的独特的医药体系
3	社会保障	社会保障是以国家或政府为主体，依据法律，通过国民收入的再分配，对公民在暂时或永久丧失劳动能力以及由于各种原因而导致生活困难给予物质帮助，以保障其基本生活的制度。本质是追求公平，责任主体是国家或政府，目标是满足公民基本生活水平的需要，同时必须以立法或法律为依据
4	危险化学品	根据《危险化学品安全管理条例》，危险化学品（简称危化品），是指具有毒害、腐蚀、爆炸、燃烧、助燃等性质，对人体、设施、环境具有危害的剧毒化学品和其他化学品

一、形式化搜集

　　形式化搜集是在任务范式下，根据特定任务的信息需求确定有限搜集范围后，以信息的形式为出发点，通过人工搜集与自动搜集两种方式，系统化、标准化、结构化的搜寻事实信息和知识信息，并集成为预置信息资源库的工程方法。利用该方法的角色一般为工程团队中的情报整编师。比如，在国务院官网的国务院政策文件库中，只按照高级检索中的决议、决定、命令、公报、公告、通告、意见等公文种类，搜集教育领域的文件，就是在对教育领域的预置信息资源进行形式化收集，如图 6 - 3 所示。从信息资源建设理论与信息行为学的角度看，形式化搜集是领域知识工程学对信息资源建设过程中的信息选择、采集与组织总结的一种新模式，是一种基于领域价值判断与需求感知的信息搜寻行为。

图 6 - 3　国务院政策文件库

形式化收集输出的主要成果是预置信息资源库，预置信息资源库也是形式化的、是和范式的逻辑元素相互映射的，是知识产品的预置信息构件。其作用是为知识产品的生产提供原材料。根据事实信息与知识信息进行分类，可以将预置信息资源库分为三大类十一小类，如图 6 - 4 所示。

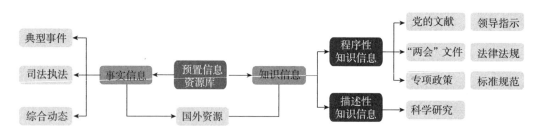

图 6 - 4　预置信息资源库分类

第一大类是事实信息资源库，包括典型事件、司法执法和综合动态。第二大类是知识信息资源库，分为程序性知识信息与描述性知识信息。程序性知识信息资源库包括党的文献、"两会"文件、专项政策、领导指示、法律法规和标准规范。描述性知识信息资源库包括科学研究。第三大类既包含事实信息又包含知识信息的国外资源信息资源库。每种信息资源库覆盖范围与实例如表 6 - 2 所示。

表 6 - 2　信息资源库覆盖范围与实例

序号	预置信息资源库	范围	举例
1	党的文献	指中国共产党各大会议的信息，包括中国共产党全国人民代表大会、中央委员会全体会议、中央政治局会议、中央政治局常委全体会议等	中国共产党第十九届中央委员会第四次全体会议公报
2	"两会"文件	指全国各级人民代表大会、政治协商会议的信息	对十三届全国人大一次会议第 3789 号建议的答复
3	专项政策	指中国共产党与各级人民政府部门发布的各领域信息，包括中央办公厅、国务院组成部门等发布的规则、通知、意见、决策等	《"十三五"国家信息化规划》
4	领导指示	指主动系统内领导角色所发出的信息，包括政府领导、企业领导的讲话，批示和活动等	习近平：在湖北省考察新冠肺炎疫情防控工作时的讲话
5	法律法规	指中国现行的法律体系的信息，包括宪法法律、行政法规、部门规章、地方性法规，以及党内法规、规定等	中华人民共和国食品安全法
6	标准规范	指在《中华人民共和国标准化法》（2017 年修订）中，中国标准分为国家标准、行业标准、地方标准、企业标准和团体标准	法人和其他组织统一社会信用代码编码规则
7	科学研究	指论文、图书、期刊、研究报告、年鉴、专利等信息	新发展理念下养老服务机构供给侧改革探析
8	典型事件	指各领域内发展事件、秩序事件，以及突发事件的信息	三聚氰胺毒奶粉事件、长春长生疫苗事件
9	司法执法	指司法活动与执法活动的信息，包括裁判文书、行政监察等	青海省投资集团有限公司、广大兴院信托有限责任公司金融借款合同纠纷二审民事裁定书
10	综合动态	指事件内各要素的全量、实时、在线的信息	新冠肺炎疫情实时动态、通信大数据行程卡
11	国外资讯	指来自中国以外国家的信息，包括美国、英国、法国、日本等	Critical Engagement for Active Paticipation: The Digital University in an Age of Populism

　　形式化搜集可以通过人工搜集和自动搜集两种方式实现，这两种方式之间相互独立，又相互关联，如图 6 - 5 所示。相互独立是指人工搜集和自动搜集均可完成对预置信息的收集，其问题在于人工搜集的预置知识数量有限，可能无法满足任务需要，而自动搜集的完成必须依赖高度智能的搜集工具。相互关联是指在形式化搜集的初级阶段，一般是人工搜集为自动搜集的实现提供收集范围和样例模板及范围；自动搜集在对样板学习的基础上，通过相关的自动爬取工具，比如八爪鱼、简数的网络信息搜集等平台对已有信息进行批量获取，形成特定领域的预置资源，为后续的主题化标引、关联化分析、数量

化计算、逻辑化存储、结构化表达和可视化呈现工程方法的实现奠定知识基础。

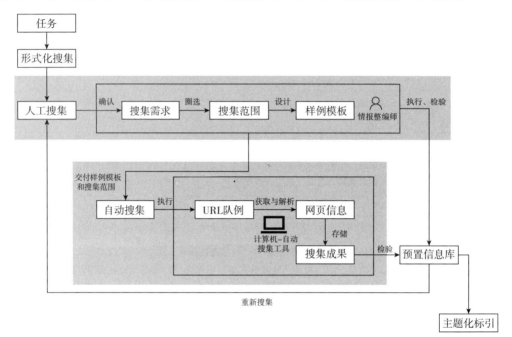

图6-5 人工搜集与自动搜集的关系图

图6-5为形式化搜集在人工搜集和自动搜集相关联的一般性流程，其中，人工搜集分为确认搜集需求、圈选搜集范围、设计样例模板，以及执行、检验预置信息库四个环节，其中，前三个环节同时为自动收集确定交付样例模板和搜集范围。以组织建设领域的形式化搜集为实例，详细说明形式化搜集的每个环节、步骤以及相应成果，具体内容如下：

（1）确认搜集需求。首先要明确本次形式化搜集任务需求，也就是需要采集的是哪些内容的信息、哪种类型的信息等，最后输出本次任务需要进行搜集的主题词，这些主题词一定是和任务范式相对应的，是分级分类的结果。比如，根据《中国共产党章程》、十九大报告《决胜全面建成小康社会夺取新时代中国特色社会主义伟大胜利》《深化党和国家机构改革方案》以及组织部文件有关规定，可知组织部的职能任务主要有组织建设、干部工作、人才工作、机构编制等四个方面，其中对组织建设任务分类分级表如表6-3所示。

表6-3 组织建设任务分类分级表

一级主题词	二级主题词	三级主题词
基层党组织建设	组织设置	流动党支部、独立党支部、联合党支部、临时党支部、党总支、基层党委
	换届选举	党的基层委员会换届选举、党的总支部委员会换届选举、党的支部委员会换届选举

续表

一级主题词	二级主题词	三级主题词
发展党员	申请入党	申请年龄、入党申请书、与入党申请人的谈话
	入党积极分子的确定和教育培养	入党积极分子的确认、入党积极分子集中培训、入党积极分子教育考察
	发展对象的确定和考察	发展对象的确定、发展对象政治审查、发展对象集中培训、发展对象教育考察
	预备党员接收	支部委会审查、基层党委预审、入党志愿填写、上级党委派人谈话
	预备党员的教育、考察和转正	预备党员编入党支部情况、预备党员教育、预备党员考察、预备党员入党宣誓、预备党员转正申请
	发展党员工作的领导和纪律	发展党员工作计划、发展党员工作检查、发展党员工作指导、发展党员工作制度

（2）圈选搜集范围。圈选搜集范围的第一个步骤是根据预置信息资源库，结合搜集需求中的主题词确定搜集渠道。比如，根据组织建设领域需要采集信息的体裁类型，到组织建设相关的网站上查找信息来源，若有信息栏目的资源符合我们的需求，即可进行记录，如表6-4是本次组织建设领域的部分信息搜集渠道和网络地址。

表6-4 组织建设领域的部分信息搜集渠道和网络地址

预置信息资源库	搜集渠道	网络地址
党的文献	共产党员网 - 中共中央组织部	https：//www.baidu.com/link？url=BR1ZxEb6TD8VcEd4J2Lf3JUWcNoQnqZA82FcgiL-g87&wd=&eqid=dc1ed1c6002bcc14000000035e8c124c
	直属机关党委 - 中华人民共和国教育部政府门户网站	https：//www.baidu.com/link？url=5TSupWyeboWAp-0crq1ItzvMXcGSrZsdbOgEC7n7YM6ivGlA6PAOzy2e4X2H1ngK&wd=&eqid=997b543b002ad214000000035e8c12fa
"两会"文件	中国人大网	https：//www.baidu.com/link？url=hPS1lh-RQRLVxxLs46-pM5mPNIy39B0qvAY7oFXnN_3&wd=&eqid=c992a1d3000ac05700000003 5e8c19ae
	中国人民政治协商会议全国委员会门户网站	https：//www.baidu.com/link？url=n5g-UY0L49OtjC352Bf6gnfdeE5jICr8hWPabmtaF8BeK0f4p5vclnUqFtb3SBrWK8W_D8YYo3UQFFzvyx-0Cq&wd=&eqid=89f7d28000020047000000035e8c1999
专项政策	中国机构编制网	https：//www.baidu.com/link？url=WphHrwlfdoArtgCb90tCEzH3bhmDww7hKKGFUJHY8XqpQpyrE1Y0PopAW9N_wj9m&wd=&eqid=d2bf8f0300334655000000035e8c193e
	浙江省人民政府门户网站 省政府组成部门	https：//www.baidu.com/link？url=FQD62MxLRZgVm1loMkKvsyHEsPeXk3n9eMzUZOGeBfAV8pFhb7tTBcMymZv11Ii3VcAX9J6Mn-
领导指示	习近平时间 - 学习进行时	https：//www.baidu.com/link？url=xS0OvdTDtLokh5W9t77CuFaQfx-O1dj4FwD3imBmkN755T30kxFfRPGUSWzQj8xtwTuxdb8T78wEGxyufpCNs_&wd=&eqid=8a65db0100322b2c000000035e8c1a60

预置信息资源库	搜集渠道	网络地址
法律法规	法律法规数据库	http：//search. chinalaw. gov. cn/search2. html
	"三定"规定－河南省人民政府门户网站	https：//www. baidu. com/link？url＝6Eh_ zny－dsKaZQIkhtUQ0tu_ Ycp4Xytn6U122p4vAsJACCXtnp6t4h3ZdEWCHYKM&wd＝&eqid＝d19 585260007be54000000035e8c1402
标准规范	国家标准全文公开系统	http：//www. gb688. cn/bzgk/gb/
	全国标准信息公共服务平台	http：//std. samr. gov. cn/
科学研究	中国知网	https：//www. baidu. com/link？url＝fSU8zsTTcf9aselExQIFt9pbArsDE DRAQ_ j1163P8U7&wd＝&eqid＝dc1ed1c60033f6fa000000035e8c19d6
	万方数据知识服务平台	https：//www. baidu. com/link？url＝_ 1hclbagh2LonfreKB4r1F7ctAu7 axWfDlo7guyMv6y4hLW－aMGviJDhiAd6q3lT&wd＝&eqid＝c4b4c2c2001 ad926000000035e8c19c4
典型事件	中央纪委国家监委网站－中共中央纪律检查委员会	http：//www. ccdi. gov. cn/scdc/
司法执法	中国裁判文书网	http：//wenshu. court. gov. cn/
综合动态	党建综合动态发布－陕西党建网	https：//www. baidu. com/link？url＝SXkEsiMcpfqhM3IdT5ZZ9yz4FDh hEj2UX8ukiivoc49JZLrVhcjzeTRyx7UU4gkMMhEufMlGTq0cLsKJ0d6Tq &wd＝&eqid＝a673c3a3001d1198000000035e8c1ad9
媒体资讯	北京市直机关党建	https：//www. baidu. com/link？url＝tSw4kxo_ DKX1OKLVUQK12Vrn NYnEqp6PzPkwaaVD9k－I10YG2MyweOuixYE－7595&wd＝&eqid＝d4 f68d9f00328e24000000035e8c18da
	搜狐新闻	https：//www. baidu. com/link？url＝ubDHtIzrdWUxRT1lXVA3JoY6d9 eZPXG7zGqvapHXAfa&wd＝&eqid＝b787d584000a5a49000000035e8c 1897
国外资源	WOS	https：//www. baidu. com/link？url＝T－too0m6DQ－txHdtmkgV8khY dm9bxA432IgmVpfeZCZQ4C0Ywg7gSMXVvwu4oPTz&wd＝&eqid＝869 c5a4e0030c039000000035e8c186b

第二个步骤是梳理不同信息资源属性，在搜集过程中所需记录和保存的信息属性。信息属性分为两类，一是基础属性，是预置在信息资源库中的属性，包括分类目录、归属领域、主题分类、采集地址、数量、体裁、发布者、来源等。二是扩展属性，扩展属性是除基础属性之外，需要进一步进行补充说明的属性。在组织建设领域中，对预置信息资源中的不同体裁信息的拓展属性进行了总结，以法律法规、标准规范、公文、领导指示、会议信息等体裁为例，具体如表6－5所示。

表 6-5　法律法规、标准规范、公文、领导指示、会议信息等资源属性

序号	类型	基础属性	拓展属性
1	法律法规	唯一资源编号、版本文号、标题、版本号、发布者、创建者、发布日期、归属领域、粒度、体裁、来源、摘要、原始地址等	发布机关、施行日期、失效日期、效力等
2	标准规范		标准号；中国标准分类号；国际标准分类号；标准状态；实施日期；主管部门；归口单位
3	公文		抄送机关；成文日期
4	领导指示		领导人；领导人职务；讲话主题
5	会议信息		会议届次；会议时间；会议地点；会议主题
6	提案		案号；案由；提案人；提案形式；承办单位；主办单位
7	论文		作者；作者单位；基金；关键词；分类号；期刊号；导师
8	中标公告		项目编号；项目名称；采购人名称；中标供应商名称；中标金额；评审日期；采购方式

第三个步骤是确定搜集的方式，也就是选择人工搜集还是自动搜集。

人工搜集是形式化搜集必须要使用的实现方式，是知识工程师基于自身的信息搜寻能力，完成对特定领域内特定任务预置知识的搜集和集成，相比自动搜集，人工搜集更适合小范围的、不适合批量获取的文献的采集工作。比如，在本次实例中，发现中纪委的官网该篇信息文件单独存在，不符合批量获取的要求，因此只能通过人工方式进行手动单条采集，如图 6-6 所示。

图 6-6　中纪委官网某篇信息文件

自动搜集是指知识工程师在人工搜集基础上，通过网络爬虫技术自动化、高效地实现预置知识的获取。其中，人工搜集过程中圈定的搜集范围为自动收集提供了 URL 清单，样例模板提供了数据存储格式作为参考。网络爬虫技术的工具根据是否需要编码分成两类，第一类是通过集成软件，包括八爪鱼、爬山虎与集搜客等，第二类是可以编码工具，包括 Java、Python、R 与 PHP 等。比如，在本实例中，通过浏览发现中共中央组织部官网（共产党员网）"组工文件"（见图 6-7）这一栏目列表中的信息资源类型、

数量等符合网络爬虫的自动化需求，因此我们利用领域知识生产系统提供的网络爬虫进行批量获取。目前，自动搜集技术已经相当成熟，一般性的步骤包括梳理 URL 队列，解析并获取网页信息，存储搜集成果，详细内容可参考网络爬虫技术相关书籍。

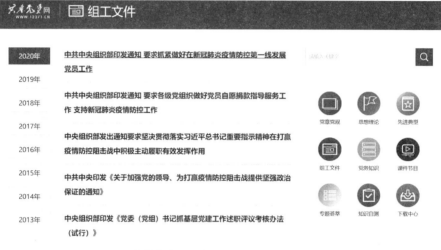

图 6-7　中共中央组织部官网"组工文件"信息栏目

（3）设计样例模板。如果没有样例说明和标准模板，那么搜集的成果质量将更加难以把控。所以，在完成确定需求和圈选搜集范围的环节后，可以根据关键词和搜集范围，选择多个主题词通过表格工具做一个样例模板。在组织建设的实例中，根据形式化搜集的规范化要求，须统一设计形式化搜集样例模板 Excel 文档，包含归属领域、主题分类、采集地址、数量、体裁、发布者、来源、更新规则等字段信息。模板示例如图 6-8所示。

资源库	一级分类	二级级分类	归属领域	标题	采集地址	数量	体裁	发布者	来源	备注
法律法规库										
		党内法规								
		党章	组织建设	《中国共产党章程（2017年修改）》	http://www.12371.cn/2017/10/28/ARTI1509191507150883.shtml	1	章程	中国共产党第十九次全国代表大会	共产党员网	
		准则	组织建设	《关于新形势下党内政治生活的若干准则》	http://news.12371.cn/2016/10/27/ARTI1477566918346559.shtml	1	准则	中共中央	共产党员网	
		条例	组织建设	《中国共产党党内法规制定条例（2019修订）》	http://www.czimt.edu.cn/jwjcc/2019/0919/c5421a116954/page.htm	1	条例	中共中央	共产党员网	
		规则	组织建设	《中国共产党纪律检查机关监督执纪工作规则》	http://www.12371.cn/2017/10/28/ARTI1509191507150883.shtml	1	规则	中共中央办公厅	共产党员网	
		规定	组织建设	《中国共产党党内法规和规范性文件备案审查规定（2019修订）》	http://www.12371.cn/2017/10/28/ARTI1509191507150883.shtml	1	规定	中共中央	共产党员网	
		办法	组织建设	《中国共产党党内关怀帮扶办法》	http://www.12371.cn/2017/10/28/ARTI1509191507150883.shtml	1	办法	中共中央办公厅	共产党员网	
		细则	组织建设	《中国共产党发展党员工作细则》	http://www.12371.cn/2017/10/28/ARTI1509191507150883.shtml	1	细则	中共中央办公厅	共产党员网	

图 6-8　模板示例

（4）任务执行和检验。第一个步骤是任务执行，即通过两种方式进行信息搜集。在组织建设的实例中，按照网络的基本操作流程对组织建设领域中需要的不同来源信息进行采集。将信息文件单独存在不符合批量获取要求的信息进行人工手动采集，并将其手工录入到预置信息资源库中。比如，上述中纪委官网的《中国共产党领导优势和组织特征》是一条单独存在不符合批量获取要求信息的文件，可按照上述规定的资源设计模板，完成相关属性信息的填写即可。第二个步骤是入库抽检，即对搜集的成果进行检验。比如，针对网络爬虫结果通过检查采集日志进行检验，采集日志比较直观地反映了采集过程中出现的问题。浏览采集日志，检查是否出现"获取的资源内容有误""标题为空""内容为空""KeyError""ValueError"等问题。如果校检结果不理想，那么必须进行重新搜集，即进入新一轮的提取主题词，直至搜集成果通过检验，交付样例模板和收集成果。

综上所述，形式化搜集就是从信息的形式入手进行搜集，而非是从信息内容开始，因此领域知识工程师可以不受专业知识约束，应用于任何领域去识别专业知识。从信息机制的角度看，搜集的过程就是信息汇聚的过程，并以领域、区域和任务为限定，这与领域知识工程学反泛知识论、条件约束性和确定性的学科特点紧密相关。另外，形式化搜集的工作是不断进行的，在完成设计、开发与运营之后，还要向用户提供伴随式的终生服务，这是由信息社会的需求决定的，即不断地搜集了数字化状态的知识工程原料，将现实世界中高度分散的信息，汇聚起来还原客观事实的全貌，为未来的产品设计、开发和运营提供预置信息资源。

二、主题化标引

主题化标引是知识萃取师在任务范式下，以预置信息资源为标引对象，通过对信息形式和内容属性进行标注和关系指引，建立本体库的工程方法。其作用是指出任务范式下的客观存在要素，并标示要素间相关相连的关系，以及解决问题、达成目标的动态行为过程。例如，近年来我国青藏高原上素有"软黄金"之称的藏药材——冬虫夏草，在采集期间常有越境采挖、无证采集等违法行为发生，为了治理虫草采集过程中的问题，西藏自治区政府颁布《西藏自治区冬虫夏草采集管理暂行办法》等文件，在该份文件中可以标引出对象系统中与客体存在映射关系的"冬虫夏草"，以及与行为存在映射关系的"采集"，并且指引出冬虫夏草与采集之间存在"作用于"的关联关系，用于建立中藏药领域内冬虫夏草采集问题的本体库，如图6-9所示。从本体论的视角看，主题化标引就是将领域知识工程学的任务范式作为通用本体，在聚焦于特定领域后，基于通用本体构建领域本体，继而建立与领域内实体的关联关系。

主题化标引的成果是根据形式化搜集的预置资源建立起的特定领域的本体库。本体库包含三个层级的内容，一是通用本体——以任务范式为主的本体，包括主动系统、被动系统、主体、行为、客体、时间与空间等，通用本体是固定不变的；二是领域本体——在任务范式下，通过分类分级的方法构建的、具有映射关系的不同领域的本体库；三是实例——领域本体所对应的实体。本体库最大的作用是将特定领域内的真实世界用语义进行表示，把复杂知识体系通过本体进行表示，描述该领域的发展动态及规律，为该领域未来的智能化发展提供知识支持。在组织建设、藏药、社会保障，以及危险化学品等不同领域都可建立相应的本体库。此处以藏药领域内本体库的部分成果为例进行展示。如图6-10所示，左边区域是通用本体，包括政务系统和对象系统，对象系统内容包含主体、行为、客体、时间和空间五要素；中间区域是对应主体和客体的藏医生和藏药，是领域本体的一部分，并且两者之间存在使用的关系；最后是实体层，神猴二十五味肺病丸就是领域本体藏药的一个实例，以及本实例的相关的属性。

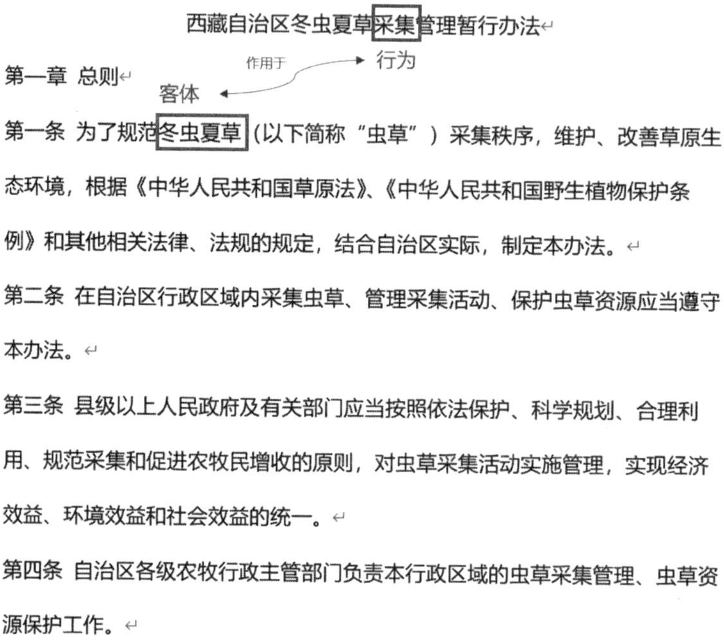

西藏自治区冬虫夏草采集管理暂行办法

第一章　总则

第一条　为了规范冬虫夏草（以下简称"虫草"）采集秩序，维护、改善草原生态环境，根据《中华人民共和国草原法》、《中华人民共和国野生植物保护条例》和其他相关法律、法规的规定，结合自治区实际，制定本办法。

第二条　在自治区行政区域内采集虫草、管理采集活动、保护虫草资源应当遵守本办法。

第三条　县级以上人民政府及有关部门应当按照依法保护、科学规划、合理利用、规范采集和促进农牧民增收的原则，对虫草采集活动实施管理，实现经济效益、环境效益和社会效益的统一。

第四条　自治区各级农牧行政主管部门负责本行政区域的虫草采集管理、虫草资源保护工作。

图6-9　冬虫夏草信息主题化标引示例

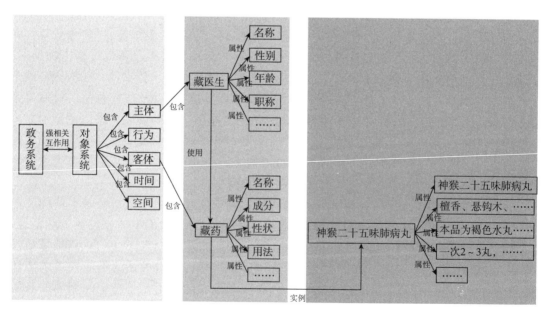

图6-10　建立藏药领域内本体库

主题化标引的实现包含两个环节，一是对预置资源的属性标注，包括形式主题标注和内容主题标注，二是对利用属性关系的指引，构建本体与本体之间的关系，以及本体与实体之间明确的、客观的、动态的关联关系。

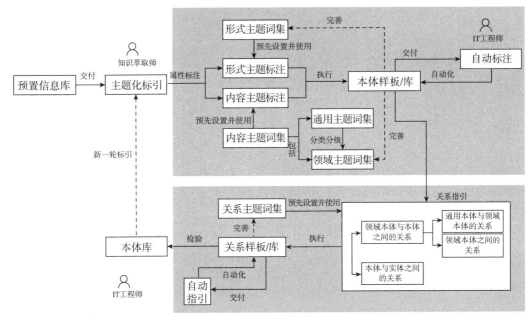

图 6-11　主题化标引的环节、步骤以及成果

我们根据图 6-11 对主题化标引的环节、步骤以及成果进行详细说明。

第一个环节是属性标注，第一个步骤是设计用于标引的主题词集，包括形式、内容的主题词集；第二个步骤是设计、执行样例和模板；第三个步骤是交付 IT 工程师通过软件工具实现自动化标注，具体内容如下：

（1）设置形式主题词集。根据领域知识工程学对信息的形式属性的定义，信息的形式包括符号、体裁和形态，设置形式主题词集就是通过对符号、体裁和形态的分类分级形成一个词集以供标注的时候进行选择，即标注的结果来自原形式主题词集。形式主题词集并非一成不变的，而是根据任务进行调整，一般默认的形式主题词集包括 4 个层级、65 个词，如表 6-6 所示。

表 6-6　形式主题词集

一级	二级	三级	四级
形式	符号	文字	—
		音频	—
		视频	—
		图表	—
		公式	—

一级	二级	三级	四级
形式	体裁	公文	决议
			决定
			命令（令）
			公报
			公告
			通告
			意见
			通知
			通报
			报告
			请示
			批复
			议案
			函
			纪要
		现代文学	诗歌
			议论文
			记叙文
			小说
			说明文
			散文
		新闻学	新闻学
			消息
			特写
			通信
			专访
			评论
	形态	作用	数据
			信息
			知识
			情报
			方案
		粒度	篇
			章
			节
			款
			项

（2）设置内容主题词集。根据领域知识工程学对信息的内容属性的定义，信息的内容即为"两系统五要素"的任务范式，设置内容主题词集就是基于任务范式所形成的通用主题词集，内容主题词集中任务范式的本体不需要修改，但是需要根据不同领域新增领域内的通用本体。与形式主题标注不同，在对预置知识进行内容主题标注时，是将预置信息中的内容根据分类分级的原则，对应地放置到通用主题词下，形成映射关系，标注的结果并非来自内容主题词集。在组织建设、藏药、社会保障，以及危险化学品等不同领域都可有对应的一套内容主题词，在研究藏药领域时，主动系统即为政府，也可称为政务系统，对政务系统中的行为进行分类分级建立相应的内容主题词集，任务范式中的行为没有修改，而是根据政府的行为特征，在分类分级的过程中设置了行政许可、行政检查、行政处罚等词，如表6-7所示。

表6-7 内容主题词集

一级词	二级词	三级词	四级词	五级词	六级词	七级词
政务系统	行为	职能	经济调节			
			市场监管			
			社会管理			
			公共服务			
			生态保护			
		功能		发现		
				预测		
				预警		
				告警		
				评估		
				判定		
			对策	方案选择		
				决策	决策支持	服务领导
						保障信息
						制订方案
						提供情报
			执行	内部管理	办文	
					办会	
					机要	
					保密	
					档案	
					人事	

续表

一级词	二级词	三级词	四级词	五级词	六级词	七级词
政务系统	行为	功能	执行	行政执法	行政许可	
					行政检查	
					行政强制	
					行政处罚	
					行政奖励	
					行政给付	
					行政征用	
					其他类	
				监督	内部监督	
					外部监督	

（3）设计、执行标注样例模板。根据任务的不同，并非是形式主题词集合内容主题词集中的所有词都需要进行标注，所以在进行标注前需要设计一个模板，具体说明需要标注的成果。同时，为了检验模板的效果，需要根据模板做出样例，加以解释和说明，对预置信息在信息的形式和内容属性上均提出标注要求。在对组织建设、藏药、社会保障，以及危险化学品等不同领域内的预置信息进行标注时，其中对典型事件的标注既复杂又重要，因为一个典型事件中往往涉及任务范式中的所有要素，同时对典型事件的标注又关系着业务模型的建立。在藏药领域内，根据设计的一个标注模板，对搜集的甘肃博祥药业有限公司飞行检查通报的典型事件中的问题进行标注，内容如图6-12所示。

（4）自动标注。自动标注由IT工程师通过软件工具实现，根据软件工具的技术水平，可以将自动标注分为高级自动化和初级自动化，初级自动化相对比较基础，是将前两个步骤的数字化，是通过软件辅助知识萃取师实现标注；高级自动化是全自动标注，即由计算机根据前两个步骤的成果进行机器学习，在标注过程中不需要知识萃取师的干预。以组织建设在领域知识生产管理系统中的初级自动化为例（见图6-13），实现对一篇文章的形式和内容的标注，基础信息资源基础属性配置、扩展属性配置、形态标注等，基础属性包括唯一资源号、标题、发布者等信息，在扩展属性中，可以根据预置好的主题词集进行标注。

企业名称	珠海亿邦制药股份有限公司	企业法定代表人		吴培山
药品生产许可证编号	粤20160251	社会信用代码（组织机构代码）		91440407543288217Y
企业负责人	钟柏辉	质量负责人		陈壮生
生产负责人	陈小梅	质量受权人		陈壮生
生产地址		珠海市金湾区三灶金海岸大道东9号		
检查日期		2018年06月21日～2018年06月24日		
检查单位		国家食品药品监督管理总局核查中心 广东省珠海市食品药品监督管理局		
检查发现问题				

针对该企业的注射用克林霉素磷酸酯、注射用伏立康唑等品种进行重点检查，发现该企业主要存在以下问题。

一、产品无菌检查不符合要求

（一）多批次产品无菌进行复检。注射用克林霉素磷酸酯（规格0.3g，批号17010601；规格0.25g，批号17010603）首次无菌检查不合格，企业未结合生产情况进行全面偏差分析，第二次无菌检查合格后将成品放行。注射用伏立康唑（规格：50mg，批号：16080113）首次无菌检查不合格，未经偏差调查，重复无菌检查合格后将成品放行。

（二）2017年8月23-25日停电期间，企业未对因培养温度失控受影响的5批注射用克林霉素磷酸酯和2批注射用左卡尼汀的无菌检验结果进行全面的风险评估，也未重新取样进行检验。

二、生产过程控制不符合要求

（一）车间无菌区洁净度、沉降菌、人员进出的指静脉的检测结果，多次发生超警戒限、纠偏限或超标准情况，但部分没有进行全面的调查分析和风险评价，缺乏有效的纠正预防措施。

（二）注射用克林霉素磷酸酯（规格：0.3g，批号：17010601）动态监测沉降菌检验记录结果与质量受权人QA系统调取的《2017年1月生产异常管控异常登记表》中记录结果不一致。

（三）关于注射用克林霉素磷酸酯使用的橡胶塞，企业允许已灭菌未使用的橡胶塞退回仓库进行第二次清洗灭菌使用，但未开展胶塞二次灭菌的风险评估和质量分析，部分胶塞超过三次清洗灭菌后使用。

已采取的措施

珠海亿邦制药股份有限公司的上述行为违反了《药品生产质量管理规范》（2010年修订）的相关规定。该企业自2018年6月飞行检查结束后开始停产整改。广东省药品监督管理局针对该企业存在安全隐患的产品实施暂时扣押。并已收回该企业相关药品GMP证书（广东省收回药品GMP证书公告2018年第6号）。http://www.gdda.gov.cn/public/files/bussness/htmlfiles/jgjzx/s10806/201812/362480.htm）。

事件	问题	对象系统 五要素				
		主体	行为	客体	时间	空间
对珠海亿邦制药股份有限公司飞行检查和处理结果通报	多批次产品无菌进行复检。注射用克林霉素磷酸酯（规格0.3g，批号17010601；规格0.25g，批号17010603）首次无菌检查不合格，企业未结合生产情况进行全面偏差分析，第二次无菌检查合格后将成品放行。注射用伏立康唑（规格：50mg，批号：16080113）	珠海亿邦制药股份有限公司	无菌检查		/	/
			复检		/	/
			全面偏差分析	注射用克林霉素磷酸酯	/	/
			成品放行		/	/
			偏差调查		/	/
	2017年8月23-25日停电期间，企业未对因培养温度失控受影响的5批注射用克林霉素磷酸酯和2批注射用左卡尼汀的无菌检验结果进行全面的风险评估，也未重新取样进行检验。	珠海亿邦制药股份有限公司	无菌检验	5批注射用克林霉素磷酸酯	2017年8月	/
			风险评估	2批注射用左卡尼汀	/	/

图6-12　甘肃博祥药业有限公司飞行检查通报的典型事件中问题标注

图6-13　领域知识生产管理系统中的初级自动化标注

此外，还可以通过领域知识生产管理系统，按照篇、章、条、段、节等粒度对信息资源的形态标注，它主要包括自动分段和人工分段两种处理方式，其中自动分段功能是指通过模板规则，匹配资源文本内容，自动识别出需要形式标引的段落，自动处理碎片化资源，如图6-14所示。

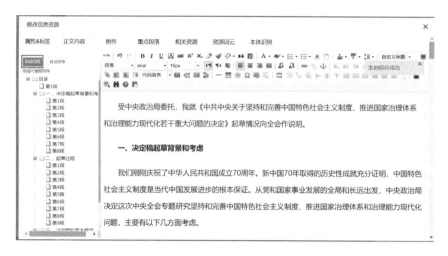

图 6 – 14　领域知识生产管理系统的形态标注

第二个环节是关系指引，包括三个步骤，第一个步骤是设计用于标引的关系主题词集，为关系指引提供基础值；第二个步骤是设计、执行样例模板；第三个步骤是交付 IT 工程师通过软件工具实现自动化指引，具体内容如下：

（1）设置形式主题词集。主题词集既包括通用本体库中的关系词，通用本题库的关系词是用于映射不同领域本体的关系的，往往是预置好的，在任务范式图中通用关系主题词集包括 17 组关系词。如图 6 – 15 所示，主体与行为之间的关系词为"实施/实施者"，行为与目标之间的关系词为"实现/实现行为"。

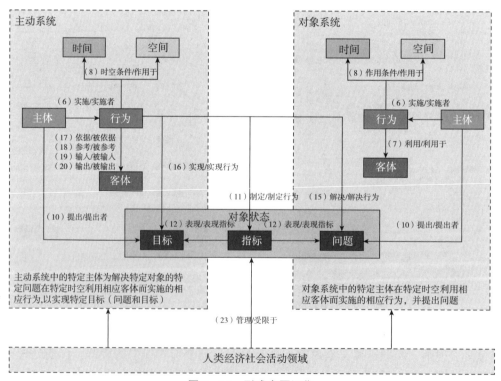

图 6 – 15　形式主题词集

在不同领域本体建设的过程中，要形成不同领域的关系词。在第四章本体构建内提出关系词的设计，至少可以从哲学、计算机科学、形式逻辑三个范围去设计关系词。比如，根据马克思主义哲学的对立统一规律中的矛盾关系，可以提出主要矛盾、次要矛盾等关系词；计算机科学的实体关系的一对一、一对多和多对多等关系词；形式逻辑内表示概念关系的全同于、交叉于、全异于等关系词，如表6-8所示。

表6-8　哲学、计算机科学和形式逻辑的关系词

范围	关系词实例
哲学	矛盾关系（主要矛盾与次要矛盾、主要方面与次要方面、内因与外因）、整体部分关系（a组成b）……
计算机科学	实体关系（一对一 [1∶1]）、一对多 [1∶n] 和多对多 [m∶n]
形式逻辑	全同关系（a全同于b）、上属关系（a是b的上位概念）、下属关系（a是b的下位概念）、交叉关系（a交叉于b）、全异关系（a全异于b）……

（2）设计、执行关系样例模板。根据领域和任务的不同，并非是所有的关系词都会被使用，所以在进行标注前需要设计一个模板，具体说明需要标注的成果。同时，为了保证模板的效果，需要根据模板做出样例，加以解释和说明，对预置信息标识出指引的关系。比如，在组织建设领域内，对政务系统本体库建立过程中就要重点标识出不同部门概念之间的层级关系，用关系词"父类"表示，通过设计并执行表6-9中的关系样例模板，就建立了不同部门之间的父子关系。

表6-9　组织建设领域内关系样例模板

名称	主管领域	使用领域	归属系统	行政层级	父类
中共广东省委组织部	中国共产党-组织	中国共产党-组织	政务系统	省级	中共广东省委组织工作部门
中共广东省委组织部办公室	中国共产党-组织	中国共产党-组织	政务系统	省级	中共广东省委组织工作部门
中共广东省委组织部调查研究室	中国共产党-组织	中国共产党-组织	政务系统	省级	中共广东省委组织工作部门
中共广东省委组织部农村组织处	中国共产党-组织	中国共产党-组织	政务系统	省级	中共广东省委组织工作部门
中共广东省委组织部组织处	中国共产党-组织	中国共产党-组织	政务系统	省级	中共广东省委组织工作部门
中共广东省委组织部干部一处	中国共产党-组织	中国共产党-组织	政务系统	省级	中共广东省委组织工作部门
中共广东省委组织部干部二处	中国共产党-组织	中国共产党-组织	政务系统	省级	中共广东省委组织工作部门
中共广东省委组织部干部三处	中国共产党-组织	中国共产党-组织	政务系统	省级	中共广东省委组织工作部门

续表

名称	主管领域	使用领域	归属系统	行政层级	父类
中共广东省委组织部干部四处	中国共产党－组织	中国共产党－组织	政务系统	省级	中共广东省委组织工作部门
中共广东省委组织部干部五处	中国共产党－组织	中国共产党－组织	政务系统	省级	中共广东省委组织工作部门
中共广东省委组织部干部六处	中国共产党－组织	中国共产党－组织	政务系统	省级	中共广东省委组织工作部门
中共广东省委组织部干部培训处	中国共产党－组织	中国共产党－组织	政务系统	省级	中共广东省委组织工作部门
中共广东省委组织部干部监督处	中国共产党－组织	中国共产党－组织	政务系统	省级	中共广东省委组织工作部门
中共广东省委组织部信息处	中国共产党－组织	中国共产党－组织	政务系统	省级	中共广东省委组织工作部门
中共广东省委组织部人事处	中国共产党－组织	中国共产党－组织	政务系统	省级	中共广东省委组织工作部门
中共广东省委组织部人才工作处	中国共产党－组织	中国共产党－组织	政务系统	省级	中共广东省委组织工作部门
中共广东省委组织部电教中心	中国共产党－组织	中国共产党－组织	政务系统	省级	中共广东省委组织工作部门
中共广东省委组织部党代表联络工作处	中国共产党－组织	中国共产党－组织	政务系统	省级	中共广东省委组织工作部门
中共广州市白云区委组织部办公室	中国共产党－组织	中国共产党－组织	政务系统	区级	中共广州市白云区委组织工作
中共广州市白云区委组织部组织一科	中国共产党－组织	中国共产党－组织	政务系统	区级	中共广州市白云区委组织工作
中共广州市白云区委组织部组织二科	中国共产党－组织	中国共产党－组织	政务系统	区级	中共广州市白云区委组织工作
中共广州市白云区委组织部干部一科	中国共产党－组织	中国共产党－组织	政务系统	区级	中共广州市白云区委组织工作

（3）自动化指引。同自动化标注，初级自动化是知识萃取师通过现有软件工具，在关系主题词集的基础上进行半自动化指引，高级自动化是通过机器学习实现对关系的完全自动化的抽取与指引，自动化标引可通过预置功能中本体识别、本体推理等组件实现。

上述就是主题化标引的全过程。从系统论的相互关联原理看，系统整体通过系统各要素之间的相关关联、相互作用组成的，这种关联关系包括本质关系和非本质关系、稳定关系和非稳定关系、必然联系和偶然联系等，其中，稳定联系构成了系统的结构，本质联系形成了系统的规律。因此，必须要建立其预置资源间的稳定关系，只有保证该领域内双子系统的正常运行，也只有利用系统的规律性，才能够有效地向人和机传递出系统运行过程的下一个环节，展示出两系统互作用的过程关系。知识萃取师通过对预置资源的信息属性的标注，提取出特定领域的本体与实体，然后建立词与词之间的关系，只有这样才能引导人和机进入系统运行的下一个环节，实现描述和展示一个具体的、确定的、动态的系统运行过程。

三、逻辑化存储

逻辑化存储是在任务范式下，以形式化搜集的预置信息资源库和主题化标引的本体库为基础，通过对两个库内的信息以及承载信息的数据类型进行标准化分类，建立信息数据交错映射关系，对未来任务运行过程中所需要保存的数据提出性能指标要求的工程方法。比如，温度是影响药材质量的重要因素，那么在对冬虫夏草的贮藏监管过程中，可以通过温度传感器记录实时温度信息，这就需要将温度信息以及传感器中的数据，以及传感器设备本身建立关联关系，按照这种温度信息与传感器的数据之间的交错映射关系进行信息存储，这就是对冬虫夏草温度监管过程中的逻辑化存储。

逻辑化存储的成果，包括信息数据交错映射关系表与数据存储技术要求。信息数据交错映射关系表主要包含数据、信息的分类分级以及数据与信息之间的关系，其中数据的分类参考现有公开的"文件类型查询数据库"中的分类标准，可以将数据分为文本文件格式、图书文件格式、数据文件格式等26种格式，共54812条数据，包含每种数据所涉及的产品或设备，比如，扩展名为".LRX"的数据，与其相关的产品是索尼便携式阅读器，涉及的主要软件包括"Sony Reader Library"，如图6-16所示。

图6-16 文件类型查询数据库部分数据样例

信息数据交错映射关系表的主要作用是明确地预置好数据和信息之间的映射关系，当然这种关系包括一对一、一对多和多对多，而数据作为信息的载体，没有对应的数据，就无法将事实信息和知识进行表达、传递和记录。在具体任务中建立起数据和信息的交错映射关系，就建立起信息和相关产品及设备等客体的关系，为任务中现有及未来的信息提供逻辑架构，如图6-17所示。

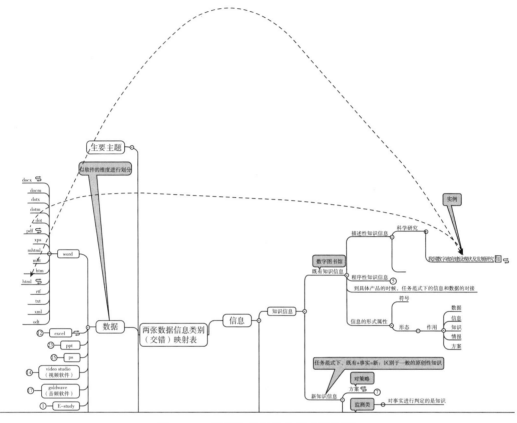

图6-17 数据和信息的交错映射关系

另一个成果是数据存储技术要求，数据存储技术要求是逻辑化存储实现的技术分析，只有根据数据库存储技术提出具体实现的技术参数，才能有效地识别研判数据存储实现的可行性，是知识产品实现的重要基础，也是贯穿于任务实现全过程的数字化支撑。常见的数据存储技术就是数据库技术，它可分为七类，如图6-18所示。

一是关系型数据库，即采用了关系模型来组织数据的数据库，比如有 Oracle、DB2、MySQL、Microsoft SQL Server、Microsoft Access 等；二是键值存储数据库，使用简单的键值方法来存储数据，比如 Rdeic、ROMA、Memcached 等；三是面向文档的数据库，此类数据库可存放并获取文档，可以是 XML、JSON、BSON 等格式，比如 MongoDB 与 Couch-DB 数据库；四是时序数据库，主要用于指处理带时间标签的数据，比如 TimescaleDB、KairosDB、CrateDB、InfluxDB、Kudu 等数据库；五是图形数据库，就是一种存储图形关系的数据库，比如 GDB、Neo4j、FlockDB、AllegroGrap、GraphDB 等数据库；六是空间数据库，空间数据库是某区域内关于一定空间要素特征的数据集合，是 GIS 在物理介质上存储的与应用相关的空间数据总和，比如 ArcGIS 和 PostGIS 数据库；七是分布式文件系统，是指文件系统管理的物理存储资源不一定直接连接在本地节点上，而是通过计算机网络与节点相连，比如 GFS、HDFS、Lustre、Ceph、GridFS 等。

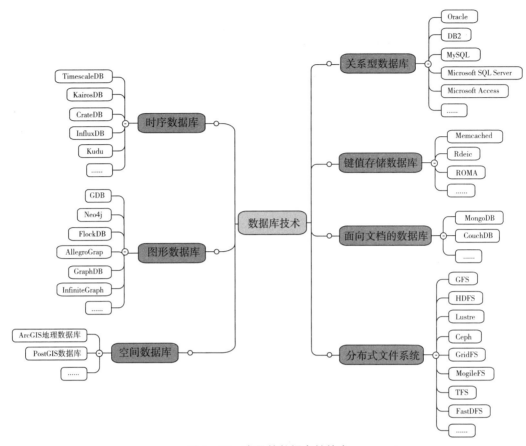

图 6 – 18 常见的数据存储技术

根据逻辑化存储的成果，该方法的实现包含两个环节，一是设计数据信息映射关系，即梳理出任务中需要存储的信息以及其对应的数据格式，包括信息分类、数据分类两个小步骤；二是对数据存储性能要求，即根据梳理出来的需要存储任务中的信息需要以及现有的存储设备，明确说明对数据存储的具体参数要求，具体包括提出存储技术、对应的最低参数要求两个步骤，整个生产过程如图 6 – 19 所示。

本生产方法选择以对鲜冬虫夏草（简称鲜虫草）的温湿度监管为实例，对逻辑化存储的每个环节、步骤以及成果进行具体说明。在本实例中，温度是影响冬虫夏草质量（新鲜程度）的重要因素，鲜虫草的保存温度是零下 3 摄氏度到零下 10 摄氏度。要实现在鲜虫草直营模式中，对从跑山人从牧民手中收购虫草，再到最后由直营商发送到消费者手中一批虫草温度风险预警信息的数据汇集。

第一个环节是设计数据信息映射关系，在本实例中信息分类聚焦源于不同生产数据渠道的温度信息，如保温箱、冷库、冷藏车的温度信息。在数据分类中，温度的测量一般由温度传感器将电流信号转为数字信号，这种数字信号可以被使用文本文件格式、数据文件格式等多种数据承载，比如文本数据格式".log"、数据文件格式".sql"，具体内容如图 6 – 20 所示。

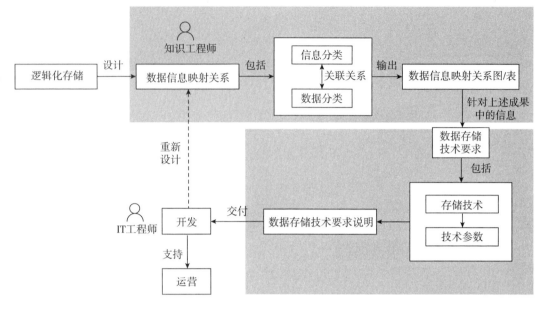

图 6 – 19　逻辑化存储生产过程图

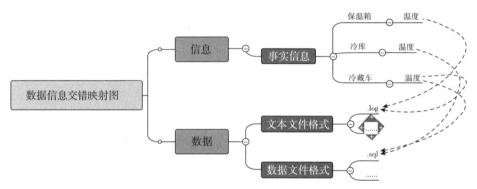

图 6 – 20　数据信息交错映射图

第二个环节是提出数据存储技术要求。由于温度数据类型较多，适用于温度数据的存储技术也就相对较多。一般常用时序数据库适合存储监控冬虫夏草运输过程中的实时产生的温度数据，比如，本次采用 TimescaleDB 时序数据库，TimescaleDB 是目前市面上唯一的开源且完全支持 SQL 的时序数据库，它在 PostgreSQL 数据库的基础上进行开发，本质上是一个 PostgreSQL 的插件。可根据虫草运输过程中温度数据存储任务需求，在 TimescaleDB 数据库的选型过程中，提出关于运维成本、稳定性、性能、安全等方面的技术要求。

总之，逻辑化存储至少包括两个要点。第一，逻辑化存储对象是现有预置信息资源库和本体库中信息资源，按照特定的逻辑结构存储起来，并当涉及未来的信息资源时，也会按照预设的逻辑结构进行存储；第二，逻辑化本质上是任务所需的信息与数据之间相互映射的关系，因为数据是信息的载体，这种承载关系是客观存在的，如果没有数据，就无法在计算机世界中进行信息的存储、传递和表达。这种存储模式不仅满足现有的数据存储的需要，更重要的是可以解决未来系统的需求，满足了自动化控制的计算，实现了系统资源开销最小，是系统高效的原因，当然也只有通过逻辑化存储建立数字化的关联关系，才能够支撑后面的关联化分析和数量化计算。

四、关联化分析

关联化分析是知识工程师在任务范式下，以实例以及实例的类为分析对象，以解决问题、达成目标为出发点，通过因果分析与相关性分析两种分析方法，系统化、标准化、结构化的细分和解析两系统、五要素、状态、诉求、问题、目标、方案、效果等要素，最终建立满足任务所需的业务模型的工程方法。例如，对鸿茅药酒事件引发的监管新模式构想（见图6-21）——通过对鸿茅药酒事件发展过程中鸿茅国药的回应、国家药品监督管理局与公安部等部门发出信息的分析，总结出在鸿茅药酒的监管过程中存在"共而未治、治而未共、线上线下、相互脱节"的问题，针对该问题设计出由鸿茅药酒及相关药企通过生产经营系统与互联网提供产品与广告的痕迹信息，进行自证举证，国家药监局等政府部门通过第三方平台进行自行或者委托的取证，并将自证和取证信息通过门户向消费者等其他主体公开，形成对鸿茅药酒等一类产品的新监管模式。

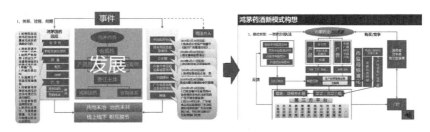

图6-21　鸿茅药酒事件引发的监管新模式构想

关联化分析的对象，是两系统五要素各元素之间的强相关关系、互作用关系，作用是发现领域内元素间关系中的因果关系，因为只有通过找到因果关系，才能找到解决问题的具体措施，才能有效解决问题。分析包含两个重点内容，一是因果性分析，根据法律法规等程序性知识进行细分和解析，找出两系统五要素之间存在的一般性的因果关系；二是相关性分析，根据科学研究等描述性知识进行判识，分析相关性因素，以及相关关系的方向和程度；当无法有效地细分和解析出因果性关系的时候，描述性知识成为设计、描述和总结程序性知识的重要参考，通过对描述性知识中的相关性关系逼近因果性关系。比如，在药品微生物限度不合格的一系列事件中，根据《微生物限度检查法》判定该药品的确违规，但无法确定是环节的哪一因素导致大肠埃希菌每1g或1m检出，只能根据过去的科学研究找相关性的原因。

关联化分析的最终成果是建立能够完成任务的业务模型，业务模型是对一个具体任务问题进行现象、根源和症结的分析，并找出支持解决问题、达成目标的情报和方案。比如，根据疫苗生产领域的生产规范、疫苗事件等既有知识信息，发现在疫苗的原液生产过程中存在问题根源，包括在使用了两个或两个以上批次的原液勾兑配置，然后提出监测原辅料采购数量、出库数量、产出数量，建立风险预警体系等内容的解决方案。

关联化分析包括实例分析、类分析和构建业务模型三个环节，三个环节均是由知识工程师完成，三个步骤是前后相互承接的顺序关系。其中实例分析和类分析，都是根据已有的描述性知识信息或者程序性知识信息找到、归纳出对象系统问题的现象、根源和症结，而构建业务模型不仅是对对象系统问题的分析，还包括主动系统目标的实现，如图 6－22 所示。

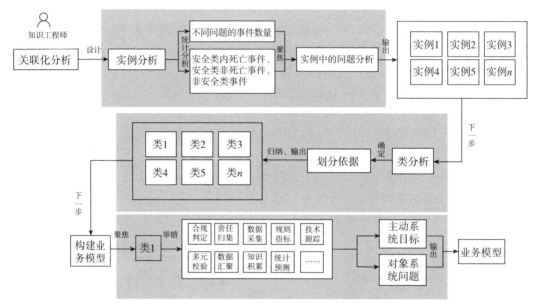

图 6－22　关联化分析生产过程图

环节一是实例分析，是针对预置信息资源库中的典型事件库中的事件进行基于任务范式的分析，但是并非所有实例都需要进行分析，而是有选择地进行分析，所以在进行实例分析前还需要两个步骤，不同问题的事件数量统计分析，以及安全类内死亡事件、安全类非死亡事件、非安全类事件的统计分析，最后才是对实例中的问题进行分析。比如，通过形式化搜集发现藏药领域 252 件，其中藏药质量不合格（劣药）事件最多是 82件，并且藏药领域内无安全类死亡事件，但是药品质量不合格会造成人身伤害属于安全类非死亡事件，所以可以优先对该类事件进行实例分析，如图 6－23 所示。

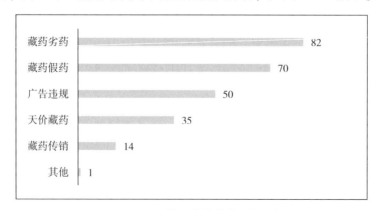

图 6－23　82 件不合格藏药实例分析

再比如，从统计的 10 个典型问题疫苗事件来看，狂犬病疫苗出现问题的次数明显多于其他疫苗，共有 7 次，同时，结合 2018 年中检所发布的不予批签发的疫苗产品数据来看，狂犬病疫苗导致问题疫苗事件的概率相对更高。2018 年以来，中检院分别在 3 月 6日、10 月 17 日、11 月 13 日和 11 月 20 日公示不予签发信息，狂犬病疫苗共涉及 24 个批次，285 万（支、瓶），在不予签发的狂犬病疫苗主要为两种，冻干人用狂犬病疫苗（Vero 细胞）和人用狂犬病疫苗（Vero 细胞），其中冻干人用狂犬病疫苗（Vero 细胞）占比达到 98％，如图 6 - 24 所示。

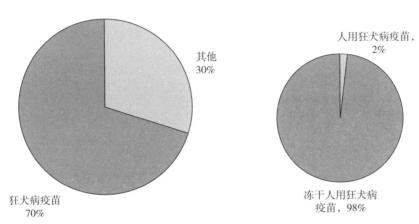

图 6 - 24　狂犬病疫苗分类统计

从事件类型看，几乎与疫苗有关的问题都是安全性事件，如图 6 - 25 所示。

图 6 - 25　与疫苗有关的安全性事件

环节二是类分析，是对实例进行分类的基础上，归纳出某一群实例所有共有的特点，归类的依据可以是任务范式中的任一元素，比如在 2018 年长春长生疫苗事件中，根据问题的环节进行分类，可以分为疫苗生产环节、批签发、飞行检查三类问题，如表 6 - 10所示。

表 6－10　2018 年长春长生疫苗事件分析

序号	事件名称	问题环节		根源
1	2018 年长春长生疫苗事件	疫苗生产	原液生产	使用两个或两个以上批次的原液勾兑配制（2014 年 1 月至 2018 年 7 月生产的所有批次）
2	2018 年长春长生疫苗事件	疫苗生产	原液生产	原液生产环节对勾兑合批后的原液重新物造生产批号（2014 年 1 月至 2018 年 7 月生产的所有批次）
3	2018 年长春长生疫苗事件	疫苗生产	原液生产	2017 年 2 月至 3 月，将抗原含量（小工艺规定标准）不合格的原液，经二次原液检测达到配置标准后再次使用
4	2009 年大连疫苗违法添加事件	疫苗生产	原液生产	2008 年生产的 97 批疫苗在原液制造（纯化）中违规添加核酸物质（聚机胞注射液）
5	2018 年长春长生疫苗事件	疫苗生严	半成品配制	2017 年 2 月至 3 月，使用过期（保存期超过 9 个月）疫苗
6	2018 年长春长生疫苗事件	疫苗生产	成品包装	更改产品的生产批号或实尿生产日期
7	2018 年长春长生疫苗事件	疫苗生产	成品效价测定	2016 年至 2017 年生产的 387 批次的涉案疫苗，成品效价测定的方法不符合制造及检验规程的规定（将试检改在质波生产阶段进行）
8	2018 年长春长生疫苗事件	疫苗生产	成品 3 定性试验	2016 年至 2017 年生产的 387 批次的沙雷氏菌，均未进行稳定性试验
9	2018 年长春长生疫苗事件	疫苗生产	生产检验结束后	2014 年 8 月至 2017 年 7 月，所有涉案产品均销毁了原始生产记录
10	2018 年长春长生疫苗事件	疫苗生产	生产检验结束后	2014 年 8 月至 2017 年 7 月，所有涉案产品均销毁了原始检验记录
11	2018 年长春长生疫苗事件	疫苗生产	生产检验结束后	2014 年 8 月至 2017 年 8 月，涉案产品组造成成品效价测定记录
12	2018 年长春长生疫苗事件	疫苗生产	生产检验结束后	2014 年 8 月至 2017 年 9 月，涉案产品销毁了成品的稳定性测定记录
13	2018 年长春长生疫苗事件	疫苗生产	生产检验结束后	2017 年初，公司要求长春市亿斯实验动物技术有限责任公司开具虚假动物销售单据
14	2018 年长春长生疫苗事件	批签发	批签发申报	2014 年 1 月至 2018 年 7 月提交虚假资料（隐瞒真实生产记录和检验记录）
15	2018 年长春长生疫苗事件	飞行检查	飞行检查后	2018 年 7 月 10 日更换、处理内部监控存储卡，销毁相关证据

续表

序号	事件名称	问题环节		根源
16	2018年长春长生疫苗事件	飞行检查	飞行检查后	2018年7月11日处理计算机U盘,销毁相关证据
17	2018年长春长生疫苗事件	疫苗生产	设备	自2017年11月28日起,将所使用的离心机型号更换为D-35720 Osterode连续流离心机,标识生产商为德国Thermofisher公司,未按要求进行备案
18	2010年江苏延申疫苗造假事件	疫苗生产	生产检验结束后	疫苗生产完成后对疫苗的效力数据进行修改,将效力值低于国家标准(2.5SIU/剂)修改至企业放行标准(≥4.0IU/%)

环节三是构建业务模型,就是在类分析的基础上,根据监测对策的行为模式,聚焦于类中的一个问题中的一个根源,建立一个基于特定任务的角色行为场景的模型。比如,在疫苗生产环节中,企业违规生产的原因主要是节约成本,增加利润,如大连金港疫苗事件中违规添加核酸物质,目的就是增加疫苗产量,获取更高利润;长春长生违规多批次原液勾兑、使用过期原液等,也是为了节约成本。所以对疫苗生产问题的解决,可以此为基础,找到企业可节约成本、增加利润的可能点,解决这些风险。另外,企业在生产环节中的问题根源是有内在联系的,因为企业生产最终需要经过批签发才可上市销售,而批签发审核的一项重要资料就是生产及检验记录,所以当企业在疫苗生产过程中出现违规情况时,生产企业为确保通过批签发,必定会对生产过程资料内容进行修改。以长春长生疫苗事件根源简单举例,2017年2月至3月,将抗原含量低(小于工艺标准)的不合格的原液,经二次浓缩并检测达到配置标准后再次使用;2014年8月至2017年7月,所有涉案产品均销毁了原始检验记录。当企业为了节约成本将不合格原液进行二次加工时,第一次的检验记录就会成为漏洞,为遮掩这一事实,企业一定会去销毁原液的检验记录,并编造新的检验记录。所以,当我们能够从企业在生产过程的真实生产情况,并及时发现违规生产的情况时,相应的企业记录销毁、造假的情况就会相应地得到解决,所以产品监管的重点需要放在疫苗生产过程中,建立相应的业务模型,如图6-26所示。

总之,关联化分析是工程方法中对知识信息进行的定性分析,是分析问题的第一步。其中,定性是任务赋值的概念,有助于确定实体和实体关系,然后引入指标体系,对实体和实体关系进行定量分析,即数量化分析。因此,关联化分析是数量化分析的前提,两者是相辅相成的领域知识工程学的工程方法。关联化分析需要形式化搜集的信息具有程序性知识和描述新知识两大类,以提供定性分析的基础信息;需要主题化标引出两大类信息的内容、形式以及属性信息,便于保存和引用;需要逻辑化存储至少包含两种维度下的信息存储,信息类别和数据类别的交错联系、映射。在定性分析之后,就要对问题进行定量分析,以实现精准控制。

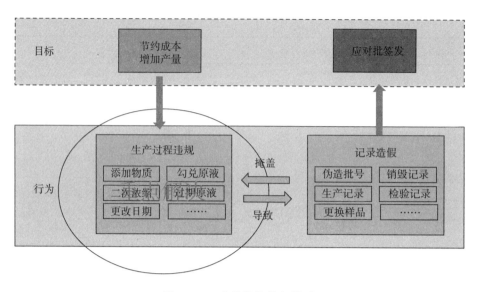

图 6 – 26　产品监管业务模型

五、数量化计算

数量化计算是在任务范式下，以特定领域特定任务的业务模型为基础，通过梳理指标、搭建模型和设计算法等环节，组建任务所需的数学模型和数学算法的生产方法。例如，从传染病传播研究医学领域专业知识出发，需要对传染病类型、患者群体与个体等相关因素建立相应指标，抽取出关键因素，在一定假设条件下对关键因素间的关系进行设定建模，具体的建模技术，包括从群体出发的（偏）微分方程方法、动力学方法、Markov 链方法；从个体出发的元胞机、Ggent 方法等。对于建模而言，可以从群体和个体的特征和行为两个视角来分别进行，一般可以从宏观、中观、微观三个视角进行建模。同样的视角，根据实际情况和业务模型不同有不同假设条件并构建不同类型的模型，如针对流行病可以有如图 6 – 27 所示几种建模方式。

数量化计算必须基于任务范式下的数量和关系的计算，即包括数学模型除了常见的数量运算，还涉及数理逻辑和集合论构成的纯关系运算模型，更是对元素本身的形态、元素间形态变化的因果关系或相关关系的指标间相互作用的、动态的计算。比如，近年来，中药材市场渠道不断增加，对药材需求加大价格上涨，一些中药厂商为降低成本会减少原有药材的使用量，为此需要对中药生产过程中的配料环节进行监管。在六味地黄丸的配料环节监管任务中，要保证山茱萸、牡丹皮和山药等原料的数量合规，可以建立每种原料的两种状态的指标，分别是工艺规定数量、实时称量数量，并对建立合规状态指标，当实时称量数量符合工艺规定数量时说明配料是合规的，合规状态为正常，这个过程是通过逻辑上的"与"和"蕴含"关系构造的模型实现的；当通过实时称量数量与规定数量不相符时，合规状态为非正常，也就是说实时称量数量和规定数量之间存在强相关的关系，同时两者与合规状态存在因果关系。

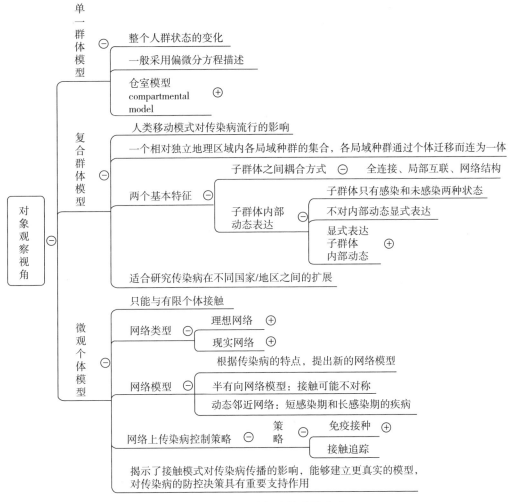

图 6 – 27 针对流行病的建模方式

数量化计算的主要手段和成果是数学模型和数学算法。

数学模型是对现实世界特定对象系统，为了一定目的进行必要简化和假设后，运用数学符号建立要素间数量关系，同样是对象系统结构的一种表达形式，一般由各种方程（组）来描述。模型是用一套简化的易于理解的系统去描述研究的对象系统，包括物理和心智两个方面。前者如船模、风洞实验模型等，后者范围广，一张描述对象要素间关系的图就是一个定性模型，而定量方式表达的则是其中的数学模型。数学模型最好是能与对象系统同构，即对象系统中的要素与数学模型中的变量一一对应，对象系统中要素之间的关系在对应的数学模型变量中以运算（算术运算、逻辑运算、集合运算等）表示出来，形成一种保持运算不变的双射。要求能正确反映对象的主要因素、特征和结构，还能推断，也就是能反映系统的变化情况。本书在第四章范式演化中根据数学模型所适用的领域和任务范围，将数学模型分为通用模型、专业模型和领域模型。通用模型，是指或遵循一定目的（如优化），或内在结构变化在时间上反映（时点间对象状态关系），或模拟现实手段（仿真），或对象间联系理念认知（反馈、延迟）等抽象原则、理念与通用方法建立的模型，是与具体领域无关的无差别模型，可以实例化后应用到不同领域中。专业模型，指在一个领域或多个确定领域中，应用专业的领域知识，结合通用模型建模理念或者特定领域理论、常识等建立的模型。应用模型，指在一个特定领域内充分利用一个领域内特定知识解决具体问题的模型，每种模型实例如图 6-28 所示。

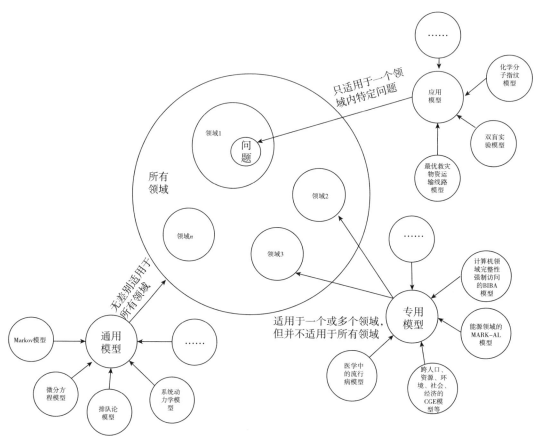

图 6-28　应用模型实例

数学算法是在有限步内解决一个问题步骤集合，有五大特征，有穷性、确定性、有零个或多个输入、有一个或多个输出、有效性。算法用于训练/求解模型，有两种路径，一种是模型结构（要素及要素间关系）已知，算法求解训练/模型参数，这样模型就完整了，比如 Logistics 回归中各种变量系数和常量的测算，这属于结构验证方式。另一种是模型结构未知，直接通过数据利用算法得到数据集结构，如通过深度学习中 CNN 训练出来的稀疏连接神经网络，网络本身模拟的是一个由多个函数复合成的复杂函数/模型，是对数据本身通过探究得到的关于其内在结构的一种（可以有多种）描述，属于结构发现方式。平时常说使用算法训练出模型就是这个意思，当然还需要对模型进行验证。

数量化计算的实现包括三个环节，一是梳理指标，根据领域主动系统和对象系统的五要素属性归纳出指标（群）；二是构建模型，在既有知识信息中的理论知识，以及信息知识信息中的业务模型的先验知识基础上建立模型，最后通过构建方程形成数学模型（栈）；三是研究算法，为了求解模型中的参数值以及实现数字化，对算法进行设计、表示、确认、分析以及验证，在事实信息获取相关数据的基础上建立训练/求解模型（参数），或者通过数据利用算法直接探索模型结构。在三个环节中，梳理指标为构建模型中的确定输入、输出变量提供构建基础，研究算法为数学模型成功引入数据求解，并助其实现数字化，具体内容如图 6-29 所示。

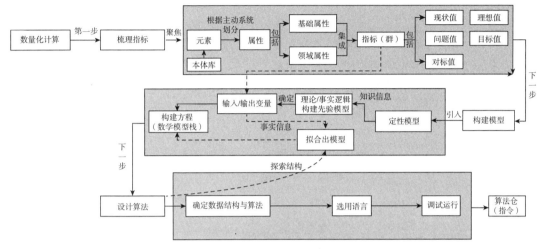

图 6-29　数量化计算生产过程

第一个环节是梳理指标，成果是指标群，指由若干个描述和表达领域内本体信息属性的、相对独立又相互联系的统计指标所组成的有机整体。指标群的建立与主题化标引密不可分，因为指标就是本体库内对任务范式下的各种元素的属性信息的标引。属性分为两种，一种是基础属性，比如自然人的基础属性是身份证的信息，包括姓名、性别、出生年月、籍贯、身份证号和头像；另一种是领域属性，领域属性根据主动系统部门的职责进行确定，比如，从统计局的职责中可以得出自然人的属性包括总户数（户）、总人口（人）、性别比（以女性为 100）、迁入人口（人）、迁出人口（人）、出生人口（人）、出生率（‰）、死亡人口（人）、死亡率（‰）、自然增长人口（人）、自然增长率（‰）等，这些属性值就是每个元素的指标，每个指标又有现状值、理想值、问题值、目标值和对标值共五个值。综上，领域内不同元素的指标及其不同的值就汇集成为领域的指标群。在数量化计算的过程中，如果要说明总体全貌，那么只使用一个指标往往是不够的，因为它只能反映总体某一方面的数量特征。这个时候就需要同时使用多个相关的又相互独立的指标所构成的相关相连的指标群，全面的、系统的和结构化的描述和表达领域的数量特征，并通过 ICT 实现领域的数字化，才可以通过机器认识世界、改造世界，可以形成和实施解决问题的方案。

第二个环节是构建模型，是指通过方程等数学方法，定量地或定性地描述系统各变量之间的相互关系或因果关系，并用于描述解决问题的策略机制，对于建模的理念有两种，一种是利用数据说话发现模型结构，如使用算法训练模型，利用事件趋势建立外推模型等，典型如时间序列模型。另一种是利用先验知识或常识或逻辑推理基于对象系统内在运行机制创建模型。

首先是使用算法探索结构得到数学模型。比如，某著名电视台面向用户个性化节目推荐效果不是很好，为改进推荐效果，获取较好的收视效果，可以分为两步走进行建模，根据时间成本和效益，首先优化当前方法，然后可以进行组合推荐。一个真正意义上成熟的推荐系统，其算法并不是单一的，而是依靠多种推荐算法进行组合，从而取长补短尽可能多地对推荐结果进行优化。针对实际应用中数据稀疏性问题，根据当前针对视频推荐领域有效成熟技术、建议依然使用协同过滤方法，采用基于模型的类型，技术上使用 LFM（隐语义模型）这种算法是当前最流行、最有效的方法，有很好的效果，尤其是对于电视节目。主要优点包括缓解了推荐系统中的稀疏性和扩展性等问题，提高了预测精度；存在的不足是建模复杂性，预测性能和可扩展性往往不能兼顾，在使用降维技术的时候会损失部分信息。推荐效果中都包含了对推荐结果的推荐解释以及能根据用户的最新反馈行为对最终的推荐列表进行实时性变更，强化用户使用系统时的交互体验，过程和思路如图 6 – 30 所示。

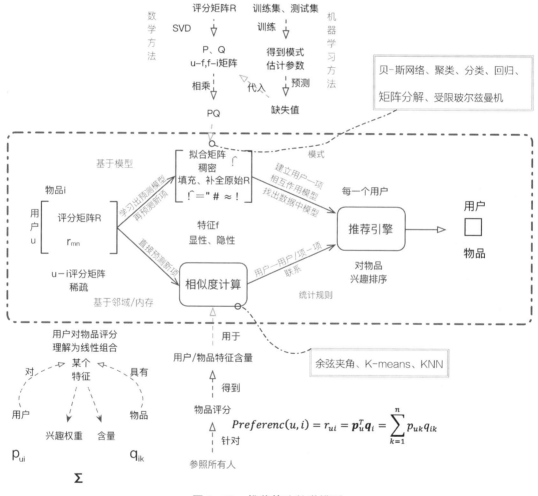

图 6 – 30　推荐算法数学模型

其次，利用先验知识创建模型。一是根据专业模型中跨人口、资源、环境、社会、经济的 CGE 模型进行数学建模，人口 CGE（一般均衡）模型就是根据知识信息中的理论（先验）知识构建的数学模型，是一个基于通用的 CGE 模型建立起来的专业模型。从模型框架（理论上）上讲，CGE 模型描述现实的经济结构、经济运行和市场经济中各行为主体的行为，刻画生产者、消费者、政府等行为主体在各自的预算约束下追求利润或效用最大化的行为，并最终在市场机制的作用下，达到各个市场的均衡。通常，CGE 模型主要包括三组方程，分别表示供给、需求和均衡关系，根据研究问题的不同，可以引入更多的主体和研究对象，这也正体现了 CGE 模型处理问题的灵活性，比如，通过人口政策模型相连接建立人口 CGE 模型，可直接用于人口政策可行性分析；通过将居民的消费效用函数中增加污染排放因素，分析人口变动对节能减排的影响等。构建人口 CGE 模型的第二步确定输入、输出变量，输入变量包括基年人口数、人口转移参数（城乡转移）、全要素生产率、GDP 平减指数、政策变量（消费税、收入税、间接税等各种税收以及转移支付）。输出变量包括 GDP、分组消费者消费结构（包括总收入、各种消费品的消费份额等）、投资、进口、出口、消费者价格指数等，人均排放指标。构建人口 CGE 模型的第三步是构建方程，构建的方程模块包括价格模型方程、生产模块方程、投资和资本积累模块方程、收入模块方程、消费模块方程、贸易模块方程，以及均衡模块方程，每个模块方程中都包含多个方程式。

比如，价格模块方程包括如下方程，

1. 进口价格

$$PM_i(t) = (1 + tm_i(t)) \cdot ordin_i \cdot \overline{PWM_i}(t) \cdot er(t) + (1 - ordin_i) \cdot \overline{PWM_i}(t) \cdot er(t)$$

2. 出口价格

$$PX_i(t) = (1 + reb_i(t)) \cdot \overline{PWX_i}(t) \cdot er(t)$$

3. 复合商品价格 1

$$P_i(t) = (1/\Psi_i) \cdot (\mu_i^{\psi_i} \cdot PM_i(t)^{1-\psi_i} + (1 - \mu_i)^{\psi_i} \cdot PD_i(t)^{1-\psi_i})^{1/(1-\psi_i)}$$

或者 $P_i(t) = PD_i(t)$

4. 复合商品价格 2

$$PD_i(t) = PDSM_i(t)$$

5. 国内销售价格（生产价格）

$$PS_i(t) = \frac{(PX_i(t) \cdot X_i(t) + PD_i(t) \cdot D_i(t))}{Q_i(t)}$$

或者 $PS_i(t) = PD_i(t)$

6. 增加值价格（部门净价格）

$$PVA_i(t) = PS_i(t) \cdot (1 - (itax_i(t) + gsub_i(t))) - \sum_j (a_{ji} \cdot P_j(t))$$

7. 资本服务价格

$$PK_i(t) = \sum_j (sf_{ji} \cdot P_j(t))$$

8. 资本使用价格

$$UK_i(t) = \left(\frac{uk_i}{uk}\right) \cdot UK(t)$$

9. 消费品价格

$$PC_i(t) = \sum_j (tr_{ji} \cdot P_j(t))$$

10. 消费价格指数

$$Y(t)/RY(t) = \overline{PINDEX}(t)$$

再比如，生产模块，包括如下方程

1. 增加值：$VA_i(t) = \overline{A_i} \cdot e^{\lambda_i(t) \cdot (t-t_0)} \cdot K_i(t)^{\alpha_i} \cdot L_i(t)^{(1-\alpha_i)}$

2. 总产出：$Q_i(t) = \sum_j (a_{ij} \cdot Q_i(t)) + VA_i(t)$

3. 劳动力：$L_i(t) = \beta_i \cdot PVA_i(t) \cdot Q_i(t)/W_i(t)$

4. 资本：$K_i(t) = \alpha_i \cdot PVA_i(t) \cdot Q_i(t)/UK_i(t)$

5. R&D：$KT_i(t) = (1 - \alpha_i - \beta_i) \cdot PVA_i(t) \cdot Q_i(t)/URD_i(t)$

6. 中间收入：$V_i(t) = \sum_j (a_{ji} \cdot Q_j(t))$

模型中的变量以及参数说明如表 6 – 11 所示（部分，有待调整，同上一致）。

表 6 – 11　模型中变量以及参数说明

$C_i(t)$	家庭消费
$CI_i(t)$	家庭消费需求
$CPI(t)$	消费价格指数
$D_i(t)$	国内总需求
$DEPR(t)$	固定资产存量总折旧
$DK(t)$	固定资产总投资需求
$DK_i(t)$	固定资产投资需求
……	……

　　二是在特定任务中往往需要根据解决特定任务的需要建立特定的数学模型，这个就是应用模型。比如，假设某地区发生 5 级地震，导致多地区受灾被困，对政府主管部门而言，要发挥其抢险救灾职责，目标是识别出灾区内不同聚集区对救援物资需求的紧急性，制订最优化的救援方案，为此建立此任务的数学模型，具体内容如表 6 – 12 所示。

表 6 – 12　抢险救灾任务的数学模型

救灾处根据数据来源收集数据，并将收集好的数据统计并存储，进而进行研究，并将研究过程记录在案。

第一步：构建一个评估矩阵。

假设在时间段 t 内，通过上一阶段的聚集处理过程共有 G 个受灾地区聚集组需要识别。

这样，我们可以给出一个 $G \times 5$ 的评估矩阵（$\Theta(t)$），

$$\Theta(t) = \begin{bmatrix} \theta_1^1(t) & \theta_1^2(t) & \cdots & \theta_1^5(t) \\ \theta_2^1(t) & \ddots & \cdots & \theta_2^5(t) \\ \vdots & \vdots & \ddots & \cdots \\ \theta_G^1(t) & \theta_G^2(t) & \cdots & \theta_G^5(t) \end{bmatrix}_{G \times 5} \quad \cdots\cdots(1)$$

$$\theta_g^n(t) = \frac{\sum_{\forall i_g \in g} e_{i_g}^n}{N_g}, \forall g \quad \cdots\cdots(2)$$

在式子（2）中，每一个给出的分量 $\theta_g^n(t)$ 表示与给定的受灾地区聚集组 "g"。

有关的给定紧迫性准则 "n" 的平均值。ig 表示属于受灾地区聚集组 g 的任一给定的受灾地区。N_g 表示属于受灾地区聚集组 g 的受灾地区的数量。考虑到与每一种紧迫性准则相关的不同受灾地区聚集组的数量规模不同，因此，需要有一个标准化的程序以支持下面的多准则评估过程。因此，矩阵 $\Theta(t)$ 中的每一个分量 $\theta_g^n(t)$ 可以进一步标准化为 $\tilde{\theta}_g^n(t)$。

$$\tilde{\theta}_g^n(t) = \frac{\theta_g^n(t)}{\sum_{g=1}^{G} \theta_g^n(t)}.$$

第二步：准则权重的评估。

这一步我们利用熵理论来对准则的权重进行评估。首先，与紧迫性准则 n 相关的熵值（$\eta_n(t)$）可用下式计算：

$$\eta_n(t) = -\sum_{g=1}^{G} \tilde{\theta}_g^n(t) \log[\tilde{\theta}_g^n(t)], \forall_n \quad \cdots\cdots(3)$$

利用等式

$$w_{j_i}^*(t) = \frac{1}{H_{j_i}^2(t) \sum_{j_i=1}^{j_i} H_{j_i}^{-2}(t)}, \forall j_i$$

我们可以计算出相关的权重（$\varpi_n(t)$）。

$$_n(t) = \frac{1}{[\eta_n(t)]^2 \sum_{g_i=1}^{G_i} [\eta_n(t)]^{-2}}, \forall_n \quad \cdots\cdots(4)$$

第三步：确定标准化的紧迫性准则 $\tilde{\theta}_g^n(t)$ 的上限和下限。在这里，我们用 TOPSIS 法中的上限和下限来代替"理想的选择方案"和"不理想的选择方案"表示紧迫性准则的边界。因此，与这些标准化的紧迫性准则相关的上下限可以表示为（$\overline{A}$ 和 $\underline{A}$）。

$$\overline{A}\{\max_g(\tilde{\theta}_g^n(t)) \mid g = 1,2,\cdots,G; n = 1,2,\cdots,5\} = \{A_n^+ \mid n = 1,2,\cdots,5\}\cdots\cdots(5)$$

$$\min(\tilde{\theta}_g^n(t)) \mid g = 1,2,\cdots,G; n = 1,2,\cdots,5\} = \{A_n^- \mid n = 1,2,\cdots,5\}\cdots\cdots(6)$$

第四步：从所有的紧迫性准则的上下限每一个受灾地区聚集组的欧几里得以距离为基础的分离距离（the Euclidean distance – based separations）。用下式计算：

$$\overline{C}_g(t) = \sqrt{\sum_{n=1}^{5} [_n(t)(\tilde{\theta}_g^n(t) - A_n^+)]^2}, \forall_g \quad \cdots\cdots(7)$$

$$\underline{C}_g(t) = \sqrt{\sum_{n=1}^{5} [_n(t)(\tilde{\theta}_g^n(t) - A_n^-)]^2}, \forall_g \quad \cdots\cdots(8)$$

第五步：计算与一个给定的受灾地区聚集组相关的相对紧迫性索引 $\xi_g(t)$

$$\xi_g(t) = \frac{\underline{C}_g(t)}{\overline{C}_g(t) + \underline{C}_g(t)}, \forall_g \quad \cdots\cdots(9)$$

计算出 $\xi_g(t)$ 后，我们就可以对这些受灾地区聚集组的救灾物资需求紧迫性进行排序，进而使救灾物资需求的分配与配送更容易操作。

再比如，近年来党和国家高度关注的社会保障制度正在日趋健全完善，但是在社会保障领域仍然存在参保率较低的问题。2019 年 3 月 13 日上午，全国政协十三届二次会议闭幕前，全国政协委员、农工党宁夏主委戴秀英介绍，我国农民工现在有 2.8 亿人，由于他们的工作不稳定、流动性大，所以社保参保率非常低。有数据显示，农民工的五险一金的参保率不足20%。其中，参保率不足20%即为该问题的现象，导致该现象发生包括参保人的参保意愿低、支付能力弱等多个根源，如果以提高参保人参保意愿为解决该问题的主要对策，则需要建立参保意愿与参保率之间的数学模型。该模型的建立分为两个步骤，一是以参保率为出发点，建立参保率方程式，并归纳出参保率与参保意愿之间的关系；二是在参保率的基础上对建立参保意的方程式，最终针对参保率问题的现象和根源就建立了由方程①和②组成的数学模型，具体过程如下。

首先，参保率指一个地区适龄农民（大于或等于 16 岁）中已参保人数与总人数（大于或等于 16 岁）的百分比，见表 6 - 13 的人员分类。

表 6 - 13　人员分类

分类优先级	分类标准	具体的分类描述				
第一级	年龄	16 至 59 岁（含 16 岁）				60 岁以上
第二级	劳动能力	有劳动能力				丧失劳动能力
第三级	职业划分	工人、农民、商人 n		学生	军人	
第四级	参保能力	有参保能力 $n - n_0$	无参保能力 n_0			
归纳	参保属性	在有参保能力的人员中，是否参保决定于参保意愿 ξ。他们中有的人参保，有的人不参保	未参保人员	学校强制要求参保，可以认为是已参保人员	政府替此种人员埋单，他们是已参保人员	
				这些人员认为是已参保人员 C		

在有参保能力靠自己养活的人员中，参保人员决定于参保意愿 ξ 及 $(n - n_0)\xi$，还有一个问题是如果他们不知道新农保这件事，根本就不会参保，于是，在有参保能力的人员中，参保数量与新农保信息的传到率 i 有关。在 16~59 岁人员中，参保人员数量 $= (n - n_0)\xi_i$。一个地区 16 岁以上农民总参保人数为 $(n - n_0)\xi_i + C$，一个地区 16 岁以上农民总数为 N，该地区对应的参保率为 k，于是得到下面的参保率公式，其中，n 为需要自己埋单的适龄人员，C 为政府埋单的人员。

$$k = \frac{(n - n_0)\xi_i + C}{N} \times 100\% \cdots\cdots ①$$

从公式①中可以知道，如果要提高参保率 k，可以通过降低 n_0，提高 ξ 和 i 得以实现，进一步对①中得到影响参保率的因子进行总结为表 6 - 14 内容。

表 6 - 14　保率的因子总结

数学符号	n_0	ξ	i	n	N	C
意义	16～59 岁人员中有劳动能力靠自己养活但无参保能力的农民	16～59 岁人员中有劳动能力靠自己养活参保人员的参保意愿	新农保信息的传到率	16～59 岁人员中有劳动能力靠自己养活的农民	16 岁以上农民	16～59 岁农民中丧失劳动力的农民与学生及军人，再加上 60 岁以上的农民
可变属性	可变的			不变的		

在建立参保率与参保意愿根源之间的数学关系后，就需要对参保意愿建立数学模型，在从现象到根源的分析过程中，要经过多层展开，这些分层是中间层，涉及众多参数，形成了各种中间变量，代表现象的数学参数通过中间变量在数量上与问题根源层层相连。在本模型中，参保意愿 ξ 可以从是否划算、是否方便两个方面去考量。

$\xi = \xi(\eta, b)$，　式中，η：替代率，$\eta > 0$，　b：方便程度。

η 和 b 的大小对参保人员来说可以认为是一种报酬，这种报酬存在偏好关系"$\underset{\sim}{<}$"，因为 ξ 为 η 和 b 的偏好程度的实值函数（$\xi \in [0, 1]$），影响参保人参保意愿的两个因素是有次序的，即首先是看是否划算，在确定划算的情况下才考虑是否方便的问题。于是，公式有个临界值 η^*，在 $\eta < \eta^*$ 时，参保人的参保意愿几乎为 0，应该是一个分段函数。对于 $\xi = \xi(\eta, easy)$，可以认为 ξ 是 η 与 $easy$ 的一个线性组合关系，于是，可以得到参保人的一个效用函数：$u(\eta, easy) = \eta + \dfrac{easy}{100}$，在此，参保意愿 ξ 等同于效用函数，而由于 ξ 的值域为 $[0, 1]$，所以需要对效用函数进行"标注化"处理，若 $easy$ 的最大值为 $easy_M$，则可得下面的分段函数：

$$\xi = \xi(\eta, b) = \begin{cases} 0 & , \ \eta < \eta^* \\ \dfrac{\eta + easy/100}{1 + easy_M/100} \times 100\% , & \eta \geq \eta^* \end{cases} \quad \cdots\cdots ②$$

第三个环节是设计算法，算法是指解决问题的方法和过程，是对特点问题求解步骤的一种描述，包含操作的有限规则和序列。算法可以是解决一个问题的公式、规则、思路、方法和步骤，可以用自然语言描述，也可以通过流程图描述，但是最终要通过计算机编程实现。而且算法和模型是有巨大区别的，算法是在有限步内解决一个问题的步骤集合，一般用来求解模型（训练出模型的参数）。模型是在描述对象的结构（要素及要素间关系），算法求解模型的参数，这样模型就完整了，所以，平时常说使用算法训练出模型就是这个意思。在计算机算法与分析相关专业范围内，对算法的研究也相对成熟，通常要通过计算机实现对数学模型的求解至少包含三个步骤，一是确定数据结构与算法，确定使用的数据结构，并在此基础上设计对此数据结构实施各种操作的算法。二是选用语言，即选用某种语言将算法转化成程序。三是调试并运行这些程序。

比如，某著名电视台面向用户个性化节目推荐效果不是很好，为改进推荐效果所建立的推荐模型，根据算法进行模型的探索。第一步是确定数据结构与算法。该模型所用的数据结构是二维表，包含的字段（指标）包括电视节目的属性、用户的属性、用户的评分等。算法是通过随机梯度下降法训练拟合矩阵 $\hat{R} = PQ$ 中进行矩阵分解的两个矩阵 P

和 Q，具体通过机器学习方法使用算法求解过程如下：（1）构建损失函数 L，要求不能过拟合，需要加入正则化项目。Min（L）目标函数。（2）优化目标（损失）函数：min（L）。使得通过函数 g 描述的 model 计算的所有估计值代入损失函数 L 时与对应的实际值在 L（z，y）中的和最小。（3）要达到 min（L），通过对 L 求偏导数寻找驻点的方式获得，通过这种方式可以得到递推公式。（4）采用最小随机梯度算法迭代，如下梯度下降法：某个函数 f 的风险是定义成损失函数的期望值。如果概率分布 p 是离散的（如果是连续的，则可采用定积分和概率密度函数），则定义如下：

$$R(f) = \sum_i L(f(x_i), g(x_i))p(x_i)$$

现在的目标则是在一堆可能的函数中去找函数 f^*，使其风险 R（f^*）是最小的。然而，既然 g 的行为已知适用于此有限集合（x_1，y_1），…，（x_n，y_n），则我们可以求真实风险的近似值，譬如，其经验风险为

$$\tilde{R}_n(f) = \frac{1}{n}\sum_{i=1}^n L(f(x_i), y_i)$$

选择会最小化经验风险的函数 f^* 就是一般所知的经验风险最小化原则。统计学习理论则是研究在什么条件下经验风险最小化才是可行的，且预期其近似值将能多好？优化目标都可以写成如下的形式。

$$\frac{1}{N}\sum_{i=1}^n L(\omega, x_i) + \lambda\Omega(\omega)$$

其中 Ω（ω）是关于 ω 的凸正则化项，L（ω，x_i）是模型在样本 x_i 上的损失，就是在 N 个离散点上概率均为 $1/N$ 的离散分布。计算开销很大甚至根本无法计算，这个方法也就行不通了，因此为了克服梯度下降的这个弱势，随机梯度下降应运而生，确定算法的思路如图 6-31 所示。

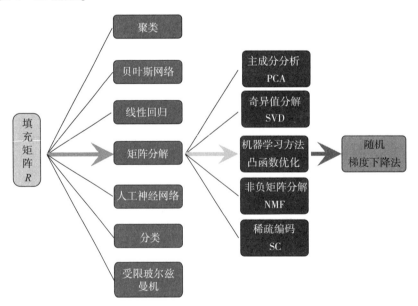

图 6-31　算法思路

第二步是选用语言。目前 Java、Python、R 等多类编程语言都可以实现随机梯度下降法，可以根据上述算法中的公式编写源代码，这种方式实现起来效率相对较低，一般在实际实现过程中会选择既有的算法仓中现有的语言包，比如，R 语言中 sgd 包，本身一套快速灵活的大规模估计工具，它具有许多随机梯度方法、内置模型、可视化工具、自动超参数调整、模型检查、区间估计和收敛诊断。上述两步通过选定的语言实现了对确定算法的数字化。第三步是在计算机中完成对算法的运行和调试，以确保这一算法适合运行的环境以及运算的效果。

总之，数量化计算是基于关联化分析定性基础上的定量分析，不仅是对问题的分析，也是对涉及对象状态中的所有元素的定量分析，包括问题的现象、根源和症结，以及解决问题提供的方案里面涉及的资源配置等信息，通过数学建模的方式将计算的元素数量化、仿真化，为软件化的实现创造条件。目的是真正地把握客观事物的本质属性，并且真正地实施一个有效的解决方案必须进行基于数学模型的量化分析、处理、运算。特别是在信息社会下，只有以数学为核心的数量化计算和 IT 技术进行高效结合，才是真正的人类社会走向高端社会的前提。而数量化计算的前提是能够通过关联化分析建立对客观事物本身的要素和关系真实反馈的业务模型，只有在业务模型的基础上把客观事物本身的关系进行抽象的数学处理后才能建立对任务有意义的数学模型。

六、结构化表达

结构化表达是在任务范式下，以特定任务场景为导向，以人和机为信息传递对象，通过设计调用模板库和指令库等预置资源，实现向特定场景下输出确定性信息的生产方法。例如，为保障患者在使用中药的用药安全，各地药品监督管理局都曾严厉打击中药材、中药饮片生产过程中的违法违规行为，以知识产品的设计思路实现对中药六味地黄丸配料环节的场景化监管，可以是构建联通政府监管部门业务系统与六味地黄丸生产管理系统的第三方监管平台，预设当平台收到六味地黄丸的药材（熟地黄 160g、茯苓 60g、牡丹皮 60g 等）的配料数量不满足工艺或生产要求时，第三方监管平台就会向药监局负责人、企业负责人等关系人发送电子秤的药材称量信息不合格的预警信息，可以是预警短信、预警语音消息、预警公文等多种预置资源的形式。这个预警信息的内容和形式、以及预警指令都是预先被设计为结构化的，并且在这个特定任务场景化中的特定信息内容和形式的结构化都是确定的。

结构化表达的成果就是预置资源（在本章第七节详细介绍）中的模板库和指令库。模板库是对人输出的各种体裁形式（通知、报告等）及知识谱系关系的模板库，比如公文模板中的简报模板、报告模板、通知模板等。指令库是指计算机所能在特定任务下所能执行的全部指令的集合，比如风险预警指令库中红色预警指令、黄色预警指令、橙色预警指令。

因此，结构化表达的实现分为两个环节，一是基于已确定的业务模型中表达需求的基础上，优先调用预置资源内模板库和指令库中的已有模板和指令，直接向人和机输出相应的信息。比如，在研究藏药和危化品领域的过程中，藏药领域需要对本章提及冬虫夏草的温度进行风险预警，危化品领域需要对气割动火作业的行为进行风险预警（该行为是导致中国石油大连石化分公司三苯罐区"6·2"较大爆炸火灾事故发生的根源），两种风险预警都可以采用简报的公文模板向政府部门领导提供情报支持，只不过是对模板内本体赋值的实体是两个不同领域的内容。因此，只要模板库内存任一领域的风险预警模板，其他任务在发送风险预警信息时，只需要在预置资源的模板库内直接调用即可。二是在预置资源中没有相应的模板，则需要根据模型进行设计。根据信息的形式和内容属性进行设计，无论是新模板还是新指令都是这两个方面。其中，新模板库的设计从信息形式上是选定体裁、符号和形态三个步骤，从内容上是选择实体、替换本体两个步骤；新指令模板的设计，从形式上是选择编程语言类型，从内容上是设计语言功能。图6-32为结构化表达的设计和使用过程，即在关联化分析和数量化计算的模型需求的基础上，优先调用预置资源，其次是设计新模板和新指令，最后向人和机输出确定性信息。

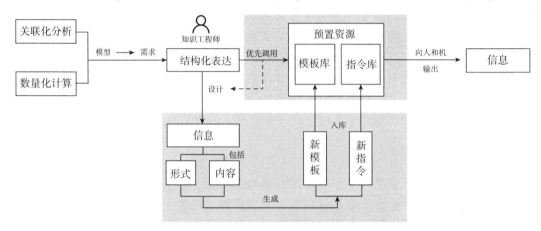

图6-32　结构化表达的设计和使用过程

在新模板的信息形式设计方面，一是选定体裁，体裁的分类在本体库中已经完成，选定体裁就是根据任务场景的需要选择适合的体裁，比如在对危化品的风险预警中，在生产环节发出了预警之后，平台会以办公室或者部门的角色身份向局领导适合生成一份简报类型的公文，因为简报的作用就是将工作进展情况以及工作中出现的新情况、新问题、新经验，及时反映给各级决策机关，使决策机关了解情况，为决策机关制定政策、指导工作提供参考。二是选定符号，包括文字、图表、图像、视频与音频等，在风险预警简报模板的设计中，可以加入相应的图表，即该危化品的历史风险预警的折线图，如果历史风险预警次数少，那么该事件未来影响和处理的紧急程度就相对较小，为领导决策提供支持。三是选定形态，就是要确定模板的作用、粒度和格式，比如，风险预警的公文属于平台向领导提供的关于该事件的情报，此时该模板的作用即为情报，在粒度方面，模板设置一般精确到条，即对每句话都形成固定的格式，只是要求根据任务不同变动不同的参数。在格式方面，比如按照体裁进行设置，公文的标题的字体是小标宋体、二号字，正文是仿宋、三号字，行间距是固定值28磅等，此外，对排版格式等方面的要求。如图6-33所示，为危险化学品安全监督管理的简报模板。

风险监测和综合减灾司

 文件

[A1]

危险化学品安全监督管理司

风险监测和综合减灾司〔20XX〕112〕XXX〔13〕号

关于 2019 年 8 月全国苯胺
生产企业风险预警情况的报告

应急管理部领导：

目前，根据 2019 年 8 月全国苯胺生产企业精馏单元的监测情况，现将风险预警整体情况报告如下：

一、整体情况

2019 年 8 月，根据对全国 58 家苯胺生产企业精馏单元情况的监测，共发现 10 家企业存在风险，占全国苯胺生产企业总量和 XXXXX 企业。在 2019 年 8 月中被预警的次数最多，分别为：3 次、2 次和 2 次。这三家企业分别属于：XX 省、XX 省、XX 省。

三、风险预警处置情况

截至 8 月 31 日，针对风险预警的 10 家企业，已完成其中 10 家企业的风险核查，核查比例 100%；对其中 10 家企业进行了处置，处置比例 100%。

以上报告，请审阅。

附件：1.2019 年 8 月全国苯胺生产企业精馏单元存在风险的企业名单。

2.风险企业的区域分布情况

风险监测和综合减灾司
危险化学品安全监督管理司
2019 年 9 月 1 日

的比重为 17.2%；存在的风险类型共 8 类。

二、风险企业分布情况

（一）区域分布

从风险企业的数量来看，2019 年 8 月精馏单元存在风险的苯胺生产企业主要分布在：XXX 省（3 家）、XXX 省（3 家）、XXX 省（2 家）。

从风险企业占比来看，2019 年 8 月，XXX 省（30%）、XXX 省（30%）、XXX 省（20%）风险企业占比较高。

（二）风险类型分布

2019 年 9 月，根据全国 58 家苯胺生产企业精馏单元情况的监测，共发现 10 家企业存在风险，风险类型 8 类。其中较为突出的 3 类风险是：未按操作规程进行生产（4 家）；进行生产时未使用自动化控制设备，3 家；生产时返检工作不合规，2 家。

（三）XX 省、XX 省、XX 省存在的主要问题

针对风险企业占比较高的 XXX 省（30%）、XXX 省（30%）、XXX 省（20%）进行分析，发现：

XX 省苯胺生产企业存在的主要风险类型为：未按操作规程进行生产（3 家）。XX 省苯胺生产企业存在的主要风险类型为：进行生产时未使用自动化控制设备（2 家）。XX 省苯胺生产企业存在的主要风险类型为：未按操作规程进行生产（2 家）。

（四）风险预警次数排名前三的企业

XX 家精馏单元存在风险的企业中，XXXXXX 企业、XXXX 企业

-2-

附件 1

**2019 年 8 月全国苯胺生产企业精馏单元
存在风险的企业名单**

序号	单位名称	预警次数（次）	省份（自治区、直辖市）
1	×××××× 企业	2	×× 省
2	×××××× 企业	2	×× 省
3	×××××× 企业	1	×× 省
4	×××××× 企业	1	×× 省
…	…	…	…
××	×××××× 企业	1	×× 省

图 6-33 危险化学品安全监督管理的简报模板

在新模板的信息内容方面，首先需要选定好模板中的实体，然后将其替换为本题库中的本体，只有这样才能完成后续的本体赋值，实现信息（组合）的自动化表达。比如，上述模板中对时间本体的替换，"截至 8 月 31 日"中的"8 月 31 日"是一个以"日"为单位的时间点，是计算机通过模板生产公文的时间点，对应的本体是"时间点"。

在新指令的设计方面，指令本身是 CPU 中的控制器发布的操作命令，即机器指令，一台计算机所能执行的全部指令的集合就是指令系统，而指令库是指令系统的子集，是在特定任务下所需要执行的指令的集合。在新指令的设计方面，在指令系统设计的视角下，新指令的设计应包括指令格式设计（地址结构、操作码结构）、指令寻址方式和指令的类型与功能设置，然后通过初拟、试编、测试和改组完成新指令的设计。对领域知

识工程师而言，需要考虑指令的形式，也就是编写指令的语言类型，比如 Java 语言、PHP 语言、Python 语言等；以及指令的内容，也就是指令所能发挥的功能，比如信息采集模块、风险预警模块等。指令设计在现有的计算机组成原理方面具有成熟且详细的说明，本书便不再详细论述。

总之，结构化表达的前提在于信息属性中内容和形式都被标引，领域知识工程师通过形式化搜集、主题化标引、逻辑化存储等工艺流程，已经完成了知识产品设计的输入和处理的工作。最后，由结构化表达确定产品输出新知识信息的内容和形式。在信息机制中，“标识”是为了解决客观世界里事物辨别的问题，结构化表达在任务范式下以展示特定的信息组合的方式将新知识信息标识出来，解决了情报、方案和指令的表示问题，并且在特定任务场景化中特定信息与信息组合的内容是结构化的，比如，在《国务院工作规则》中对会议的主要任务进行了规定，包括讨论决定国务院工作中的重要事项；讨论法律草案、审议行政法规草案；通报和讨论其他重要事项。当会议内容主要是在讨论法律草案时，法律草案一定是按照《立法法》的要求进行表达的，比如《浙江省公路条例（草案）》，如图 6 – 34 所示。

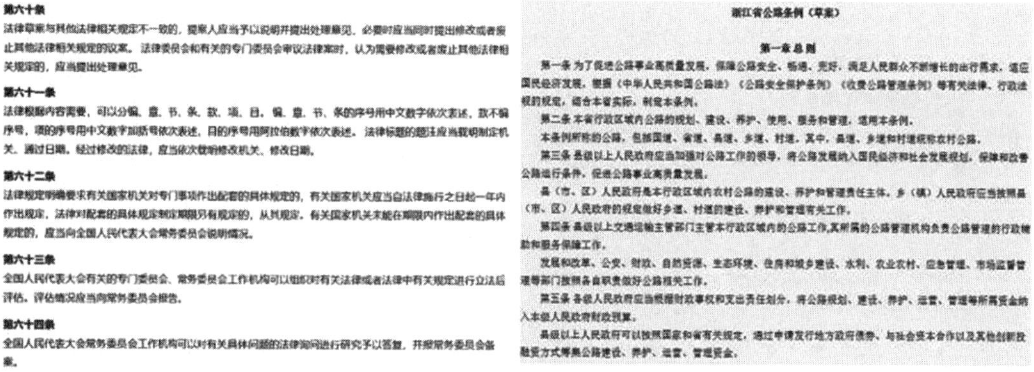

第六十条

法律草案与其他法律相关规定不一致的，提案人应当予以说明并提出处理意见，必要时应当同时提出修改或者废止其他法律相关规定的议案。法律委员会和有关的专门委员会审议法律案时，认为需要修改或者废止其他法律相关规定的，应当提出处理意见。

第六十一条

法律根据内容需要，可以分编、章、节、条、款、项、目。编、章、节、条的序号用中文数字依次表述，款不编序号，项的序号用中文数字加括号依次表述，目的序号用阿拉伯数字依次表述。法律标题的题注应当载明制定机关、通过日期。经过修改的法律，应当依次载明修改机关、修改日期。

第六十二条

法律规定明确要求有关国家机关对专门事项作出配套的具体规定的，有关国家机关应当自法律施行之日起一年内作出规定，法律对配套的具体规定制定期限另有规定的，从其规定。有关国家机关未能在期限内作出配套的具体规定的，应当向全国人民代表大会常务委员会说明情况。

第六十三条

全国人民代表大会有关的专门委员会、常务委员会工作机构可以组织对有关法律或者法律中有关规定进行立法后评估。评估情况应当向常务委员会报告。

第六十四条

全国人民代表大会常务委员会工作机构可以对有关具体问题的法律询问进行研究予以答复，并报常务委员会备案。

浙江省公路条例（草案）

第一章 总则

第一条 为了促进公路事业高质量发展，保障公路安全、畅通、完好，满足人民群众不断增长的出行需求，适应国民经济发展，根据《中华人民共和国公路法》《公路安全保护条例》《收费公路管理条例》等有关法律、行政法规的规定，结合本省实际，制定本条例。

第二条 本省行政区域内公路的规划、建设、养护、使用、服务和管理，适用本条例。

本条例所称的公路，包括国道、省道、县道、乡道、村道。其中，县道、乡道和村道统称农村公路。

第三条 县级以上人民政府应当加强对公路工作的领导，将公路发展纳入国民经济和社会发展规划，保障和改善公路运行条件，促进公路事业高质量发展。

县（市、区）人民政府是本行政区域内农村公路的建设、养护和管理责任主体。乡（镇）人民政府应当按照县（市、区）人民政府的规定做好乡道、村道的建设、养护和管理有关工作。

第四条 县级以上交通运输主管部门主管本行政区域内的公路工作，其所属的公路管理机构负责公路管理的行政辅助和服务保障工作。

发展和改革、公安、财政、自然资源、生态环境、住房和城乡建设、水利、农业农村、应急管理、市场监督管理等部门按照各自职责做好公路相关工作。

第五条 各级人民政府应当根据财政事权和支出责任划分，将公路规划、建设、养护、运营、管理等所需资金纳入本级人民政府财政预算。

县级以上人民政府可以按照国家和省有关规定，通过申请发行地方政府债券、与社会资本合作以及其他创新投融资方式筹集公路建设、养护、运营、管理资金。

图 6 – 34 《浙江省公路条例（草案）》样例

七、反馈化控制

随着人类进入信息社会以后，就会发展出自动化、无人化的社控系统，并依托信息技术可以迅速实现替代和表达生物行为，达到生物行为与组织行为纠缠的反馈控制状态。针对社会系统内存在的反馈控制状态，知识产品的生产必须要预置反馈化控制的成果，以满足社控系统对解决对象系统的问题、实现主动系统目标之间的关系。

反馈化控制是在任务范式下，以指令为基本载体，基于指标监测方案的执行效果，通过对策调整系统运行状态并不断逼近目标的工程方法。至少包括三个重点内容，一是对监测对策的反馈控制，反馈化控制是对主动系统在解决问题、实现目标的全过程的信息获取、汇集和交付，是对监测行为和对策行为数字化水平和能力反馈，是反馈化控制的核心内容；二是对对象系统角色行为的反馈，反馈化控制的反馈内容主要是对象系统在承接主动系统对策后，所产生的状态和诉求的变化信息，重点是对两系统间因果关系或相关关系的指标群之间量化联动的反馈；三是对人机模式和机机模式的反馈，从反馈模式来说，在反馈化过程中存在信息系统非信息技术体系向人反馈信息的模式，以及信息系统与物理系统之间进行信息相互反馈的模式。比如，在第二章信息机制实证中提到的对夜间连续驾驶的客运车辆的反馈，在第一次监测中，发现客车在夜间已经连续行驶 1 小时 50 分钟，由某一监管系统发送预制好的系统指令，进行以信息传递的这种对策方式的提醒，这是第一次监测对策过程。当信息提示无效时，即监测到车辆未在规定时间（10 分钟内）将车辆驶入休息区停车休息，说明第一种对策实效，需要根据客车司机的这种行为生产新的对策，比如要求该公安交管部门拦截该车辆，直至车辆驶入休息区停车、休息，警报解除，这是第二次监测对策过程。

反馈化控制的成果是根据主动系统的行为模式进行划分的，分为监测和对策两个层次，主要包括偏离判断、偏离归因、制订并执行新方案和重新监测四个循环的环节，输出偏离度、偏离趋势、偏离原因和新方案等多个成果，如图 6 – 35 所示。

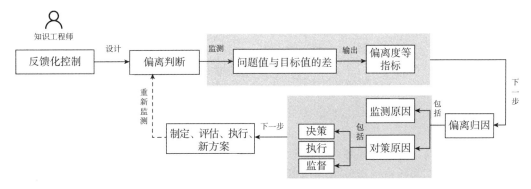

图 6 – 35 反馈化控制生产过程

第一个环节是偏离度判断，是根据对象系统问题值与目标值的指标计算偏离程度，用于判断对象系统的现状以及未来的发展趋势，偏离程度的计算离不开指标群，只有通过设定好的、可计量的指标才能对设定偏离程度的具体标准。比如，在藏药领域预置信息资源库的专项政策库内的《西藏自治区"十三五"食品药品安全监管规划》中，提及"十三五"期间的药品质量抽检合格率为 90%，假设从 2016 年到 2019 年的药品抽检数据如表 6 – 15 所示，从数据中可以看出前四年的合格率是 86，与五年目标值偏离 4%，并且对 2020 年的合格率进行预测，预测的偏离度趋势是 86%，整体低于90% 的合格率。

表 6 – 15 2016 年到 2019 年的药品抽检数据表

年份	抽检药品数量	合格数量	合格率（%）
2016	300	260	87
2017	310	240	77
2018	305	271	89
2019	301	277	92
2020E	300	259	86
合计	1516	1307	86

第二个环节是偏离归因，就是在确定对象系统现有状态的确是存在偏离的情况下寻找偏离的原因，一是主动系统监测方面的原因，确定监测的数据是否正常，并且从来自部门、企业等多个渠道的数据进行校检验证；二是主动系统对策方面的原因，对决策的方案本身、执行有效性、方案监督进行分析，实质上是对主动系统的主动解决问题的能力的评估。从角色以及角色行为的角度来看，领导通过知识产品反馈的决策方案效果，获取、分析部门的履职能力和履职效果信息，比如，发现是方案执行过程中部门协调出现问题，就需要领导协调部门的工作和资源配置。又比如，在上述的药品质量抽检合格率上，发现现有的药品质量抽检结果与目标存在4%的偏离，那么，可以首先对监测数据进行多源核查，对比来自监测系统、部门上报、企业上报、互联网等数据，最后判断是否是由于监测数据的问题导致存在目标偏离。

第三个环节是重新制定、评价和执行方案，本质上是在原有方案的基础上根据新发现的问题后，由部门提出新方案，通过方案的最优化评价实现方案优选后，由领导决定需要执行的方案，再由部门执行方案。其中，方案的最优化评价是本环节中的关键步骤，只有选取出客观、公正的方案，才能为问题解决和目标实现提供前提条件。其中，最优化评价是以特定任务的解决方案为评价对象，以目标实现最大化和资源使用最小化为评价准则，以静态评价和动态评价为评价维度，对方案的有效性进行分析和判断。静态评价是以方案所涉及任务范式下的要素为评价对象，以领域内已有评价体系和评价方法为基础，以任务实现目标的条件为评价标准，对方案的可行性进行分析和判断。而动态评价是以方案在客观实践中的效果为评价对象，以领域内已有评价体系和评价方法为基础，以目标实现的程度为评价标准，以方案的调整和优化为评价目的，对方案可持续性进行的分析和判断。当第三个环节结束后，就进入新一轮的监测中，发现对象系统的状态是否改变，主动系统的目标是否实现。

总之，反馈化控制就是指由控制系统把信息输送出去，又把其作用结果返送回来，并对信息再输出发生影响，以达到预定的目的生产方法，是对对象状态和设定目标的偏离度进行监测对策反馈的不断进行循环调整的过程。是其他工程方法的成果主要以机器方式进行输出的集成，并根据指标变化情况对信息系统和物理系统进行调整和纠正，并结合目标的输入与输出，其最终的形态是接近目标的，检测它的对象状态是否远离目标、偏离目标，如果偏离了目标，它的对策就是纠正，如果接近目标，它的对策就是保持，是信息控制系统不断循环的过程，使对象系统的状态不断接近目标，是信息机制中控制内的反馈的直接体现。

八、可视化呈现

可视化呈现是在生产知识产品过程中所使用的工程方法之一，可视化呈现是在任务范式下，以新知识信息为主要表达内容，以人的视觉感官为主要输出对象，通过视觉传达设计中的视觉捕捉、信息传递、印象留存等方式，在计算机技术的支撑下，将信息以图形的方式进行表达的生产方法。在文本分析的过程中，将高频词列表转为词云图就是可视化呈现的一种，词云图减少了人去识别高频词频率大小的过程，直接通过词的大小或词的颜色深浅程度就可以识别哪些是高频词，如图6-36所示的过程。

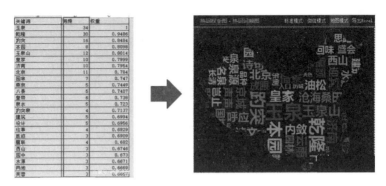

图 6 - 36 词频可视化词云

可视化呈现包括三个方面的主要内容，一是以图形化的方式进行整体的呈现知识或新知识；二是人类的视觉在图形上把握的时候，是对知识体系、人类世界一瞬间的整体把握，调整人的记忆、判断和推理，驱动人的认知心理过程的环节，直奔最后的主题；三是可视化的图形表达相当于人类的空间艺术，比如建筑物、美术作品，非可视化的文本，又比如电影的过程，是时间艺术。空间艺术和时间艺术对人的器官的刺激是不一样的，存在的形式也是不一样的，空间艺术就是一次性、即时性表达出所有的元素和元素关系的，时间艺术是从头到尾的进行，是需要人进行回复、抽象出一个结论，才能得到整体的把握，而可视化的空间艺术就是直接性、整体地把握信息中的主要内容。

可视化呈现输出的成果是各类图像。图像是图形和影像的总称，其中图形是物体反射或者透射光的分布，影像是人的视觉系统所接受的图在人脑中形成的印象或认识，照片、绘画、剪贴画、地图、书法作品、手写汉学、传真、卫星云图、影视画面、X 光片、脑电图、心电图、图表等都是图像，如图 6 - 37 所示。图像设计的需求来源于对领域内问题的发现、分析和处理的各个环节，是知识工程的成果之一，也是知识产品的重要表达形式之一。

图 6 - 37 常见图像类型

其中，在图表信息的可视化方面已经相当完善，根据需要传达的"比较、联系、分布与构成"四类信息内容，以及表达的变量数量，可以输出多达21种图形，如图6-38所示。

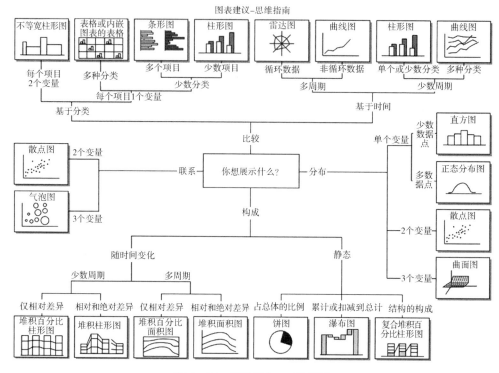

图6-38 表达输入21种图形

可视化呈现在明确所需表达的新知识信息之后，在视觉传达设计原理的基础上，通过视觉捕捉、信息传达和印象留存等环节完成整个图像的生产过程。其中新知识信息的表达在结构化表达中已经明确，可视化呈现的图像也是模板中出现的信息的一种。所以，可视化呈现的实现环节主要包括视觉捕捉、信息传达和印象留存三个环节，三个环节前后承继的顺序关系，如图6-39所示〔参考《视觉传达设计原理》〕。

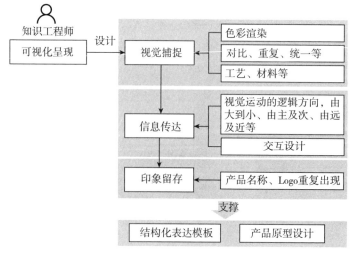

图6-39 可视化表达生产过程

上述三个环节完成了可视化呈现，并为结构化表达模板和产品原型设计提供了支撑。其中，环节一是视觉捕捉。强调通过色彩渲染、对比、重复等手法，以及工艺材料等因素，使新知识信息中的图像在 10 ~ 15 秒内对用户产生吸引力，达到瞩目效果。视觉捕捉需要着重考虑和研究知识产品中的角色行为场景等方面，从角色行为和场景需要进行设计。比如，互联网＋藏药发展监管的产品原型中服务界面首页，摒弃传统网页的查询式以及全铺式的设计，只放入导航栏、精准推荐、自证合规和用户入口四个板块，其中精准推荐是发展类内容，自证合规是监管类内容，两者是藏药领域的两系统主体所关系的核心内容，两大板块版式既统一又相互对立，达到任何用户进入时就能直接聚焦到核心内容的目的，如图 6 - 40 所示。

图 6 - 40　互联网 + 藏药发展监管的产品原型中服务界面首页

环节二是信息传达。是视觉传达设计的主体部分，侧重于从人的视觉习惯对信息进行编排、组织和处理，并按照一个贯穿于视觉流程内的标识，如导航文字、面包线等，按照一定逻辑方向，如由小到大、由主及次、由远到近等顺序。比如，在电子口岸数据中心三期的建设方案中，对可视化呈现就从由主及次、由远到近做了设计。其中由主及次是对数据屏幕采用由中心向两侧拓展的总分结构，对屏幕的布局结构进行划分，分为视觉中心、次中心和视觉次次中心；由远及近是从人的视野范围进行设计，将可视化呈现的内容分为 2 排 8 列，如图 6 - 41、图 6 - 42 所示。

此外，在知识产品的设计过程中的"聚焦—展开—抉择"设计思路，就是对信息传递的一种逻辑顺序的说明。同时，在传达的过程中根据用户需求，设计图像与用户之间的交互效果可有效增加传达效率，这种交互设计建立了人与产品及服务之间有意义的关系。

环节三是印象留存。一般是将产品名称或者公司 Logo 作为特定的标识，在一个适当的位置给予相应的视觉效果，虽然不突出却能给用户加深印象。比如，在互联网＋藏药发展监管平台的工作门户中无论哪个页面都会出现"珍品"的标识，这个标识内容是产品设计的核心理念，也是顶层设计的出发点，可以给用户强调该概念。

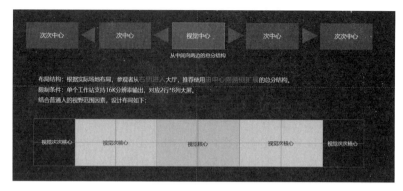

图 6－41　视觉传达设计总分结构

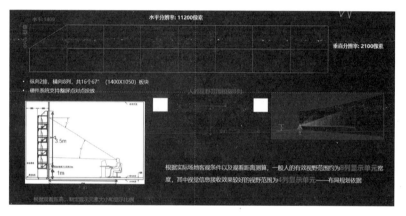

图 6－42　视觉传达设计布局规划

总之，可视化呈现的优势就是使人在最短的时间内，整体性把握需要把握的客观世界知识，它是人的认知过程中效率最高的信息形式。同时，还可以催化人的灵感和动作，促进人的认知飞跃，是视觉在人的认知世界里特有的方式。因此，可视化呈现以图形的方式把元素、关系、结构一次性整体呈现出来，甚至不需要推理就能完整地表达内部的关系，聚焦于信息的重要特征，将数据、信息、知识等转化为更容易为人所接受的视觉图形信号，并且能够深入客观事物内在的无尽联系，挖掘新的信息、关系、知识等内容的认知方式。

第四节　工程阶段

知识产品的生产过程是工程化的，工程化需要专业的工程团队与有效的生产方法。在此过程中，工程团队中的不同角色通过不同方法在相应的时间节点内完成知识产品输出物，就构成了知识产品的不同工程阶段。从产品的生命周期角度看，工程阶段贯穿于知识产品从信息资源输入、加工到输出的全过程，完成了信息资源的搜集、加工、组织、使用和维护等各个阶段，是知识产品生命周期的具象体现。

工程阶段本质上是一组有强逻辑关系的产品活动集合，是从产品启动到产品运营的一个循环过程，为产品的过程管理提供基本框架。比如，建筑工程的建设周期包括工程项目策划、项目设计、施工、竣工、投入使用。在领域知识工程学的视角下，工程阶段是指工程团队在任务范式的指导和工程过程的管理下，以生产工程化的知识产品为导向，依次通过产品设计阶段、产品开发阶段和产品运营阶段的伴随服务，实现生产过程工程化的不同产品活动时间段，具体见图 6 – 43。

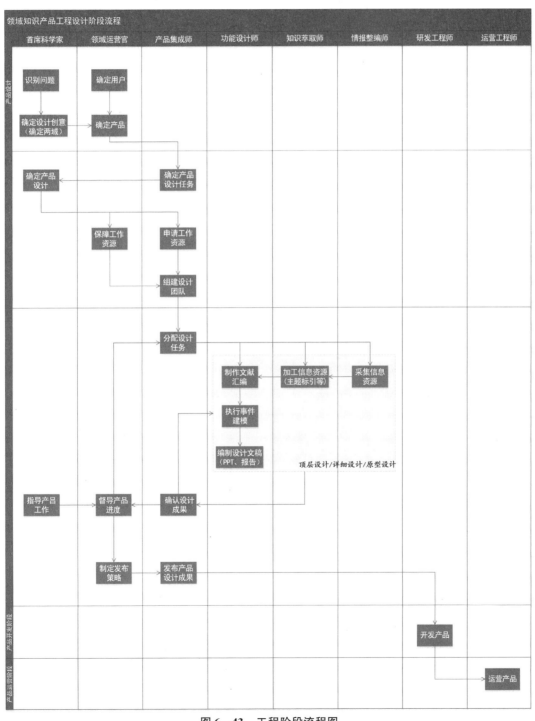

图 6 – 43　工程阶段流程图

产品设计阶段，包括三期任务——顶层设计、详细设计、原型设计。顶层设计包含创意假定和产品定义，是产品设计的初期阶段。（1）创意假定期。进行领域知识产品设计的初始阶段，由创意设计师和领域运营师设计输出领域的顶层视图与顶层设计；（2）产品定义期。在产品集成师加入后，将假定的产品创意转化为产品设计规划。顶层设计之后根据产品定义和设计规划，进一步输出具有可行性的知识产品生产方案与详细设计。最后由功能设计师根据生产方案输出产品的原型设计。知识萃取师和情报整编师在上述三期任务中配合创意设计师、领域运营师和功能设计师输出各期成果。

产品开发阶段，在设计阶段输出成果的基础上，进入由 IT 工程师主导的开发阶段，将设计团队产出的产品设计变为信息软件。

产品运营阶段，在用户使用产品期间，运营团队不断地根据现实情况及产品的运营策略扩充、优化知识产品的能力，提供知识产品的伴随式服务。

三大阶段从创意到运营实现了知识产品生产过程的工程化，三个阶段之间并非是从前至后的一条线关系，而是一个可并行的优化循环关系，从设计到运营完成第一次产品生产，继而在第一次的基础上又从运营到设计完成了产品的优化组合。

上述每个工程阶段都是标准化和关联化的。其中，标准化是指知识产品生产的不同阶段都具有明确的要求，包括对创意设计师、领域运营师、产品集成师、功能设计师、知识萃取师和情报整编师作为领域知识工程师的素质和技能要求，对顶层视图、详细设计、原型设计等不同阶段输出成果的要求。比如，原型设计一定是可以高保真原型，是可以对未来用户使用的最高程度的仿真。关联化是指工程阶段内角色、流程、工具、标准和成果之间是相关关联的，是一个统一的整体。比如，工程团队在不同的阶段内都产生各种信息需求，需要通过形式化搜集、主题化标引等生产方法进行处理，所以，工程阶段与生产方法之间是交相呼应的、关联的承辅关系。

总之，工程阶段是对知识产品生产工程化的规划与实践，只有这样，才能秉承领域知识工程学的产品理念，汇集知识工程师完成对领域的探索与谋划，用总揽全局的视角把握产品设计的方向，着眼市场需求的变化，实现对长期目标与近期任务的统筹协调。本节将围绕创意假定期、产品定义阶段、产品设计阶段、产品开发阶段和产品运营阶段的定义、作用、成果和控制等方面进行详细论述。

一、产品设计阶段

产品设计阶段是进行知识产品生产的初始阶段，是在设计团队内六类知识工程师的配合下，以实体创新和数字倍增为设计理念，综合运用各种生产方法，通过创意假定、产品定义和原型设计三期的工作，输出顶层视图、顶层设计、详细设计和原型设计等成果的工程阶段。

顶层视图、顶层设计、详细设计和原型设计作为产品设计阶段的重要成果，也是该阶段主要任务的来源。其中，顶层视图是对知识产品创意的表达，也是顶层设计和产品定义的出发点；顶层设计包括研究报告、PPT 和文献汇编，研究报告是在领域知识工程学任务范式的约束下，对知识产品全要素的研究文档，是对实体信息收敛总结的精华，PPT 是对研究报告进行图形化演示的转化，文献汇编是在顶层设计过程所使用的信息资源的编撰，本质上是预置信息资源的一部分。顶层设计本质是对顶层视图的细化和补充，是一个以产品形态讲述领域内容存在的具体问题，以及知识产品的解决方法的设计说明，顶层设计往往使用在第一次与产品的用户对接时进行演示；其次是详细设计，详细设计是对顶层设计的细化和补充，是在用户对产品认可之后进行的产品设计，在内容上的深度与实例数量上有较大差异；最后是原型设计，原型设计输出的是知识产品的可交互的高保真原型，本质上是根据实体信息展开的数字设计。比如，在藏药领域内，设计阶段输出的成果包括顶层设计有"互联网＋"藏药发展监管PPT，详细设计有"互联网＋"藏药发展监管研究报告，原型设计有"互联网＋"藏药发展监管平台，还有产品发布方案，如图6-44所示。

图6-44 藏药领域设计阶段输出的成果

上述成果是在产品设计阶段的创意假定期、产品定义期和原型设计期内分别输出的。其中，创意假定期输出顶层视图和顶层设计，产品定义期输出详细设计，原型设计期输出产品高保真原型，以下本书对本阶段每期内容进行详细说明。

创意假定期是在创意设计师的主导与领域运营师的配合下，通过综合运用各种生产方法，在确定知识产品所涉及领域与区域后，将对知识产品的创新意识转化为顶层视图，并进一步细化为顶层设计的工程阶段。比如，在婴幼儿配方乳粉的知识产品创意假定期，提出政府提供婴配乳粉安全监管服务、企业提供婴配乳粉生产经营安全服务，以及第三方婴配乳粉安全社会监督服务，并通过现有的饲料兽药管理、奶畜管理等物理系统、ERP、CRM等信息系统，以及与婴配乳粉相关的举证数据、执法检查的大数据平台，实现对技术创新、业务创新和制度创新。技术创新包括利用各环节主体的智能手机终端，构建基于移动互联的婴配乳粉安全信息服务；业务创新包括建立婴配乳粉各环节主体全生命周期合规行为的痕迹数据自动判定、责任归集的模型算法；制度创新包括要求婴配生产经营企业提供行为合规的证据信息——痕迹信息，加工为合规性判定责任归集以及其他促进食品安全改进的数据产品。

在本阶段中，创意设计师首先需要根据预置信息资源完成对同类历史问题的研究分析，并通过相关政策、思想和经验等内容，确定知识产品的领域和区域，并归纳总结提出知识产品的创新意识，即本产品的创新点。比如，上述婴幼儿配方乳粉的知识产品创意阶段提出的技术创新、业务创新和制度创新。在知识产品的创新点明确之后，由领域运营师需要完成确定产品相关的具体内容，包括产品特点、行业状况、用户需求，以及团队支持等各项内容，在此基础上完成对一个产品的顶层视图。

顶层视图是对知识产品创意的表达，也是顶层设计、产品定义的出发点。顶层视图可以通过语音、文字和图形的方式进行展示。一般而言，是对创意设计师和领域运营师的沟通进行记录形成文字稿，然后在任务范式的框架下通过图形工具进行展示，比如，藏药领域的顶层视图（见图6-45），确定了领域为藏药，同时与藏药高度的相关领域为藏医、藏医药学和藏医药产业，区域是西藏、四川、青海、云南和甘肃五大藏区。然后描述了该产品的顶层逻辑关系，包括对促进藏民族文化传承与发展的作用、对建立藏医药产业园的作用、实现藏药发展和监管的核心概念，以及最后建立的产品名称"互联网+"藏医药发展监管平台。

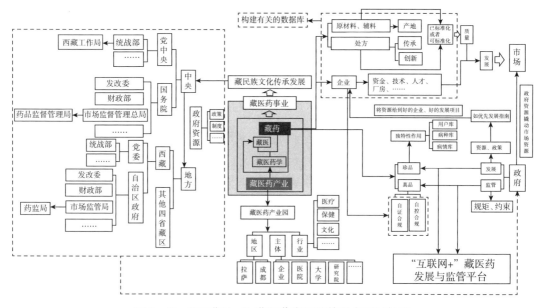

图6-45 "互联网+"藏医药发展监管平台顶层视图

由于创意本身是创意设计师与领域运营师等相关主体在多次的沟通、记录与反馈中不断更新迭代出来的成果，在时间和输出内容上具有较大的不确定性。所以，在创意假定期更加需要进行过程管理。为了保障能够有效地记录创意设计师对产品设计的工程创意，最好采用视频的方式记录有关创意产生的全过程，并进行详细的文字稿整理。从知识管理的角度看，就是为了减少在记录创意设计师的隐性知识转化为显性知识的过程中的信息损失。同时，要提高创意的迭代速度，即每次就反馈后的几小点内容去刺激创意设计师对产品创意的隐性知识，然后通过较短时间内的多次沟通，实现对创意的深度挖掘和完整铺开。

总之，创意设计师在创意假定期需要基于自己的研究识别问题，并且与领域运营师就用户需求与产品市场进行交互，最终确定知识产品的问题、目标、用户和任务，关于创意设计的具体内容则在第六章工程创意内具体展开。

　　在创意假定期，工程团队完成了知识产品创意的顶层视图和顶层设计，一个概念性的知识产品就诞生了。在此基础上，工程团队需要通过工程化的生产方法定义生产过程中的各项任务，以确保该产品在正式设计阶段是可执行的、可实现的，这就是产品定义阶段。

　　产品定义是产品集成师综合运用各种生产方法，在顶层视图的基础上，以生产知识产品所需完成的任务为定义对象，通过明确产品设计阶段的输入、团队、工具、输出以及周期等内容，建立知识产品设计阶段任务规划的工程阶段，如图 6 - 46 所示。其中，任务的分类有两种维度，首先是根据"输入—处理—输出"的信息机制进行分类，包括预置信息资源库任务，作为各个产品生产阶段的输入源，并且一个产品生产从预置信息资源建设开始的；在"处理"环节内，再按设计阶段内的任务分类，包括顶层设计、信息设计和原型设计，这些任务的完成离不开相应的团队、工具、周期等资源。这些任务输出不同的成果，这些成果也是任务产生的源头之一。

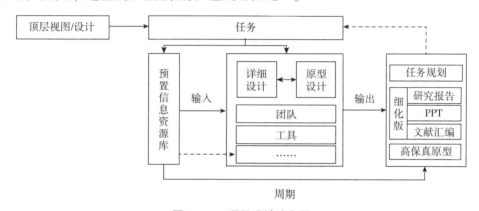

图 6 - 46　顶层设计流程图

　　在这个阶段中，产品集成师开始介入产品的生产过程中，在领域运营师的要求下，输出产品设计规划，对产品工程的设计阶段进行管理，主要任务就是明确产品设计任务内容以及协调设计任务规划中所涉及的生产资源，包括对内部资源和外部资源的协调，对内部资源的协调包括知识工程师人力资源、相关生产工具的使用权限等，对外部资源的协调包括和被数字化对象的最佳代表或最高代表沟通答疑，比如在中药领域方面，邀请药品监督管理局的领导进行工作指导。同时，也包括对合作方的资源协调，比如与合作院校的工作协调、合作同盟的工作协调等。

　　产品定义阶段输出成果是一套完整的知识产品任务规划，比如，藏药领域的知识产品任务规划的部分内容如图 6 - 47 所示。

　　产品定义阶段起初是一个静态的实施计划，伴随着任务的执行，产品定义阶段就转为对任务的动态管控。从静态实施计划的角度看，产品集成师负责设计可行的任务规划，交付创意设计师进行审核和确认，管控的实际负责人是创意设计师，只有在创意设计师确认产品设计之后，才可以进行知识产品的资源申请与分配。动态管控，产品集成师的动态管控的范围是产品设计过程中对顶层设计、详细设计和原型设计的进度，解决产品生产过程中遇到的问题，确定设计成果，并向领域运营师汇报。所以，产品定义阶段的

- 藏药设计任务
    - 团队
        - 功能设计师1名
        - 产品集成师1名
        - 情报整编师1名
        - 知识萃取师1名
    - 工具
        - 领域知识生产管理系统
            - 领域知识生产管理系统是一个基本功能与功能集成能力的综合性的大系统，适用于知识产品生产的各个工程阶段，是对知识产品进行过程管理的重要工具，在第六节的管理工具中有具体说明
        - 其他工具
    - 周期
        - 2020年3月16日至2020年4月16日
    - 成果
        - 顶层设计
            - 预置信息资源库任务
                - 团队
                    - 情报整编师1名
                    - 知识萃取师1名
                - 工具

图 6-47　藏药领域知识产品任务规划的部分内容

管控负责人不仅包括产品集成师，还包括创意设计师和领域运营师，管控的重点在于设计阶段的三大设计的完成进度和成果质量。总之，产品定义阶段是知识产品由概念向实体进行转化的过渡阶段，是对产品设计任务的细分、组织和计划，只有做好产品定义阶段的任务规划，才能为产品设计指明方向，确保产品生产是可行的。

　　在产品设计阶段，需要六类知识工程师协调配合完成，其中，创意设计师发挥最高指导作用，把握产品设计的前行方向；领域运营师负责督导产品进度，设计产品发布策略；产品集成师负责统筹三大设计，设计成果的输出，并向领域运营师汇报工作情况；此外，功能设计师、知识萃取师和情报整编师在本阶段正式进入知识产品生产，这三类角色主要围绕领域内确定的问题、目标、用户、任务进行顶层设计、详细设计和原型设计，产出设计文稿、文献汇编、业务模型和数学模型等新知识。在产品设计阶段的设计

成果经产品集成师、领域运营师和创意设计师确认后，产品设计就需要进行发布。在这一阶段，领域运营师会基于市场分析和目标用户情况制定发布策略，产品集成师则根据发布策略进行设计成果发布，设计成果是否发布关系到知识产品后续的开发和运营是否进行。

总之，产品设计阶段是工程阶段的核心，包含产品的实体设计和数字设计，需要对设计成果和效率进行高质量管控，如果产品设计成果无法得到用户的认可，则该产品将无法进行发布，以及后续的开发和运营，只能转化为预置信息资源的一部分。因此，在对本阶段进行产品设计管控时，尤其侧重于是原型设计能否有效为用户解决问题，从而达成目标。

二、产品开发阶段

领域知识工程产品（超级应用）是解决实体空间特定领域的问题，秉承的是实体创新、数字倍增的原则，在设计阶段已经完成了实体设计和数字化设计，在这个基础上进入实体开发和数字化开发的环节。开发阶段最主要的工作是将设计阶段确定的信息进行数据化，确定的角色行为进行软件化。

第一，设计阶段确定的信息，包括知识信息和事实信息，需要通过互联互通互操作的方式从任务范围内的相关主体已有的信息系统中将相应数据获取到。通过互联网或者搭建局域网实现超级应用与相关主体已有信息系统的互联；通过接口或者表单或者库表同步的方式实现超级系统与相关主体已有信息系统数据的互通，互通的过程，需要设定互通方式、数据格式、数据内容等；通过系统对接的方式完成两者的互操作，互操作联调的过程中，告知相关方提供什么样的数据以及接收什么样的数据作为事实信息或相关知识信息或新知识信息，并且接收数据后相应主体和相应系统应该执行什么样的操作。危化品硝化反应爆炸监管，各个硝化反应生产厂家都有自己的工业控制系统，我们需要对分散在不同生产厂家的异主、异地、异构的系统进行网络互联、数据互通、行为互操作，形成互联互通互操作以后，在危化品硝化反应自动控制系统，（领域知识工程产品）既可以用于政府监管，也可以用于危化品硝化反应生产。

第二，开发分为实体开发和数字化开发。实体开发是设定要解决特定任务的各类信息所承载的各类数据并设定获取各类数据路径；比如闯红灯监管中，需要设定承载闯红灯事实信息的数据为路口视频监控数据，获取路径为调用交警队视频监控接口。数字化开发是为解决实体空间特定领域特定问题的软件系统代码化实现，每一个系统都不是从第一行代码开始编写的，它是从既有的范式框架里面结合与任务相关的两系统五要素、分类分级相关相连的领域数据，分蘖出一个实例，形成自动化、协同化、知识化的社会控制系统。软件开发过程主要完成预置功能组件和预置信息构件的集成适配，例如，配置中枢系统中的两系统五要素、问题目标的实例，配置任务管理系统中的信息能力 IPO。

比如，在危化品安全生产监管中，实体开发完成的是设定从硝化反应生产厂家获取承载生产过程中进料阀门与蒸汽阀门开关顺序事实信息的日志数据，并设置日志数据获取的路径；又比如，设置某个接口专门用来接收生产厂家自动控制系统上报的两个阀门开关操作的日志数据。数字化开发是在既有的范式框架里，配置危化品生产领域的知识信息数据，分蘖出一个实例，并配置出服务于主动系统的工作门户、服务于对象系统的服务门户，以及与相关主体和相关系统互操作的应用系统，用于完成硝化反应生产中阀门开关顺序引起的爆炸事件监管。

第三，在范式框架分蘖社控系统实例的过程中，当已有的功能组件和信息构件不能满足需求的时候，再组织现场开发新的适用的功能组件和信息构件，这类新的功能组件或信息构件，可供后续的产品分蘖使用，形成新的预置资源。

交通违法监管过程中，需要的预置信息构件为交通违法规则库和交通道路信息库等，需要的功能组件是交通违法合规判定规则模型和图像识别功能模块等，在我们没有上述信息构件和功能组件的情况下，需要进行现场开发。在开发过程中，可以自行编码实现，也可以集成第三方的服务形成新的构件和组件。比如，调用阿里云提供的图像识别服务作为功能组件，阿里云图像识别服务可精准识别图像中的视觉内容，包括上千种物体标签，支持数十种常见场景，包含图像打标、场景分类等在线的 API 服务模块，我们选择其中的车牌识别技术和红绿灯识别技术，结合预置信息构件中《中华人民共和国道路交通安全法实施条例》的关于闯红灯判断规则，形成闯红灯违法行为判别模型功能组件。通过调取的路口实时视频监控数据，使用新开发的功能组件，可以实时发现闯红灯的违法车辆，并实时责任归集，实时处罚相关主体。

领域知识工程产品开发过程，是一个开放的产业生态体系的积累过程，靠日益增多的设计者和开发者不断地积累技术成熟的功能组件和有社会价值的信息构件，为市场后续的分蘖产品使用，形成开发的新业态。

产品开发阶段，是超级应用与任务中相关主体的已有系统实现互联互通互操作的过程，是实现预置、仿真、对称和反馈四种信息机制的过程，是完成特定行为软件开发的过程。开发阶段的完成，也标志基于特定任务的相关角色行为场景数字化的完成。

三、产品运营阶段

在领域知识工程产品设计阶段的原型设计发布之后，领域运营师就需要对潜在目标用户进行宣传并通过让目标用户的最高代表或最佳代表去体验这个原型，让目标用户的最高代表或最佳代表从原型设计中找到自己的数字化形态，以此来确认供需方关系。此外，运营工程师在领域知识工程产品开发阶段也需要一直关注目标用户不断改变的数字化需求，调整领域知识工程产品的设计和开发，以致让这个领域知识工程产品顺利交付到目标用户手中。目标用户在使用领域知识工程产品或服务时，伴随服务会不断去满足用户新的需求，不断深化原产品的功能或者拓展出新的领域知识工程产品。

在领域知识工程学工程视角下，运营是实现信息社会各个主体获得领域知识工程服务的能力或者自己被设计被开发为数字化、自动化形态的这种社会需求的一种固有形态，是从用户在人类社会经济活动任务范式下特定任务的数字化需求开始，到利用领域知识工程学工程方法，以信息化技术为依托，促进实现用户数字化需求的过程。

其中，产品运营存在两个不同的发展形态：产品、服务。在市场环境中，产品和服务的选择取决于市场本身的采购，是由市场本身的资产管理和财务管理的制度决定的。

领域知识工程产品是社会控制系统产品，是任务范式的自动化、协同化和知识化系统产品，是基于特定任务两系统的相关主体信息系统互联互通互操作＋预置、仿真、对称、反馈和相关角色行为系统的超级系统。例如，"战时互联网＋高危病毒疫情共治开放系统"的超级应用，利用领域知识工程学构建的本体库，把疫情防控一级响应涉及的一切元素，依据两系统，五要素，分类分级，相关相连的范式，存入超级应用的中枢，利用预置信息资源库中的各种程序性知识，可以按照设定的程序，自动发布落实预案的指令，做到预案自动落实零延迟，极大地倍增了效率，使得疫情得到提前控制，缩小后续危害。预置信息资源库，既可以计算当前的，也可以推测未来的，可以仿真最优资源配置，推测疫情发展趋势。领域知识工程产品是互联网化企业发展的新业态。服务商通过领域知识工程学工程方法，定义、设计、开发满足信息社会中人类经济社会活动特定任务过程中所有用户同一种需求的产品，这个领域知识工程产品封装了满足用户的一系列需求的功能，最终再把产品交付到目标用户手中，目标用户自己去部署和使用这个产品的功能。例如，汽车是满足人类活动行为的出行需求的产品。汽车公司为了满足所有用户的出行需求，制造出具有解决用户出行需求的功能的产品——汽车，汽车产品针对所有用户，用户只需要购买汽车即可满足自己的出行需求。

领域知识工程产品的服务形态是产品运营的最高理想。服务商通过利用领域知识工程学工程方法构建用户行为的范式框架，用户在特定任务中特定场景下的特定需求，范式框架针对这个特定任务分蘖出任务实例来给用户提供服务。服务本身也是一个领域知识工程物理产品功能的持续使用的形态，把工程产品部署在供给侧，供所有人去使用这个产品的功能，此时产品的功能就是以服务的方式为用户提供解决需求的服务，就像是城市的公交、地铁服务，电话服务，电信套餐服务等。在这个过程中，所有用户只需要按需获取对应的服务即可，用户是低成本，服务商的服务是持续产生的，服务产生的收益也是持续不断的。例如，电信运营商实现所有人的语言语音交流行为的数字化。电信运营商将用户最基本的语言语音行为进行数字化，以服务的方式实现用户的语音交流行为能力，使用户在语言语音信息交流中实现效率倍增，比如不再受地域限制，随时随地满足用户语音交流的需求。用户的语言语音行为能力逐渐得到数字化普及，同时也促进了电信运营商的持续发展，使电信运营商逐渐扩大、提高对用户在语言语音行为领域的数字化服务，在原来服务的基础上满足更多、更高的用户语言语音行为数字化需求，比如，提升语音通话质量、扩大通话地域、增加短信服务以至于现在的移动数据的支持。电信运营商面向用户的语言语音行为数字化服务在不断地更新迭代，同时也是用户在语言交流领域里面语音行为的数字化能力的提升。

运营的实现要立足于用户本身，实现用户本身在任务范式架构下角色、角色行为以及基于特定任务下的角色场景行为的数字化。为此，在领域知识工程领域视角下，产品运营的实现需要至少四个环节。

第一，领域知识工程学是以信息社会人类经济社会活动特定任务过程为研究对象，具体研究并设计特定任务面对的特定问题的解决方案及其实施方式的自动化、协同化和知识化工程。在这个工程过程中，用户通过数字化使实体创新状态实现自动化，实体空间得到的效率倍增、价值倍增，这就是用户本身数字化的需求。例如，让用户去体验设计阶段设计的原型，这个原型可以是充分设计之后的原型，也可以是顶层设计阶段或者在理念创新创意阶段的原型化表达，让用户的最高代表、最佳代表通过体验原型找到了自己被数字化的形态，找到了自己被创新以后又实现了效益倍增的形态，这也是用户去追求自己数字化的内生动力所在、利益所在。

第二，在需求侧，最终用户不能决定自己的数字化程度，也不清楚自己的数字化需求，只有用户的最高代表、最佳代表主动去寻找、实现这个数字化形态，因为只有他们才最能理解和履行用户的使命，理性地深知自己利益所在，只有他们认可了自己所代表的用户的数字化方案，才有冲动去推动用户数字化的进程。例如，党政机关的领导，企业的董事长，组织机构的负责人等任何人类社会组织都有最高代表或者最佳代表，在这个组织里面决定组织发展，代表组织机构下用户的根本利益。所以，用户实现的数字化形态程度直接取决于用户的最高代表、最佳代表他们对用户数字化方案的理解和认可程度。

第三，在需求侧，用户有追求自身数字化的需求，在供应侧，服务商有这种满足信息社会中各个主体获得领域知识工程服务的能力或者自己被设计被开发为数字化、自动化形态的这种社会需求的能力。在开放产业的形态下，为了建立起粉丝与供应商的商业联系，服务商需建立自己的识别体系去吸引粉丝，有自己的理念、产品、方案和原型，粉丝来指导、体验产品原型，然后利用各种机制和方式促进两者进一步产生满足用户数字化需求产品或服务。供需侧商业联系的建立过程，本质上也是用户到服务商"粉丝"的转化过程。例如，在开源社区中，代表最终用户的最高代表、最佳代表他们自身有实现数字化需求，供应商在这里建立起自己的识别体系，让最高代表、最佳代表知道这个供应商可以满足他们获得领域知识工程服务的能力或者自己被设计被开发为数字化、自动化形态的这种社会需求。以这种方式来实现吸引目标用户，并与目标用户的最高代表、最佳代表产生交互，建立沟通的目标。

第四，建立起了供需两侧的沟通关系之后，目标用户对自己认可的原型产品方案投入资本，服务商就能够为这个原型产品方案投入大量资源去开发实现，实现的结果可以是包装了固定功能的产品，用户直接购买产品，也可以是服务商面向用户提供产品的功能的持续服务，这个产品或服务是初始状态下的产品和服务，有别于在服务商与用户确定商业合作关系以后的伴随服务。例如，"互联网＋"藏药发展监管平台。在产品设计阶段输出的针对"互联网＋"藏药发展监管平台原型设计，让监管职能部门体验这个原型设计，直到他们认可的原型设计，然后融资对原型设计的产品进行落地实现，直至把产品交付客户使用或者持续可靠地为客户提供服务。

总之，运营的形态不论是产品还是服务，他们的出发点都是促进解决现实社会中在对特定任务要完成的时候所进行的实体创新，从而设计实体创新的方案，并同时设计出此方案的数字化方案，使创新的实体解决方案得到倍增，找到人类经济社会的效益倍增的诉求。这种运营模式的实现是通过粉丝经济下的粉丝来促进满足最终用户数字化行为需求的产品或服务来实现，第七章的开源社区为供给侧对吸引用户和用户实现数字化诉求提供了高度开放的环境，为加快达成用户和供应商之间这种共生共荣的产业生态铺平了道路。

第五节　资源预置

区别于传统的定制化软件系统功能实现如铁板一块不可拆解，领域知识工程产品的功能是由若干信息构件和功能组件构成的，是可以按实际功能运行需求组装更换的。以印刷术相比拟——传统的软件产品面向特定用户的特定需求定制打造软件产品，似雕版印刷术针对特定篇目完整雕刻内容于一块木板之上，然后用于印刷；领域知识工程产品似活字印刷术，预先制作单个汉字的胶泥块，然后根据需要印刷的内容排列各个汉字块，完成排版后用于印刷。领域知识工程产品生产是预先制作产品的组成部分并存储放置起来，待具体领域知识工程产品生产需要而任意组合使用。这些预先制作的产品组成部分称为预置信息构件、预置信息组件，它们是功能化的，涵盖着实现知识工程产品特定功能的信息或能力。最终通过排列组合以满足特定用户的需求。

预置就是预先制作、生产后存储放置起来。领域知识工程产品可以预置资源，而不用像传统定制软件生产一样要拿到项目后才开始生产的原因是领域知识工程具备确定性及高度开放性。领域知识工程产品是在确定的领域、任务、目标、条件和用户角色及角色行为的范式中进行产品设计和生产的。因此，领域知识工程产品不用像传统定制软件一样要拿到了项目才能确定用户及用户需求。同时，领域知识工程的业态是高度开放的，整个业态产业链中的供应商可以在任意确定的领域和角色中根据自己对市场、自身能力等的判断提前生产领域知识工程产品的构建、组件，这些构建、组件是可以反复使用的且一定是能够集成应用的。所以在一个开发业态、客观确定的背景下领域知识工程产品可以预置。

预置构件是领域知识工程产品生产的特征之一，也是领域知识工程产品生产工程化的体现，构件预置程度越高，工程化的程度也就越高。知识工程产品构件按照预置时是否定向可分为定向构件（面向特定用户与产品的构件）和无定向构件（无定向用户及产品的构件）两类。定向构件是在具体设计产品时制作的，如党的文献库就是藏药发展监管产品设计时预置的构件。这就像用活字排版《洛神赋》，发现预先制作的活字中没有"赋"字，于是就补充制作缺少的字。无定向构件是在领域知识工程范式下对任意的领域及内容进行制作，完成制作后存储放置起来，进入预置状态，等待特定产品需要的时候供其使用。

按照预置资源的形式和内容，可以分为预置信息构件和预置功能组件两类。预置信息构件为领域知识工程产品功能运行提供信息，从客观世界存在的角度去看就是信息——无论是事实信息、知识信息都在客观上证明客观世界的存在；预置功能组件为领域知识工程产品提供技术与流程，从客观世界变化运动发展的角度看就是行为——由人类生物行为和社会组织行为相耦合、纠缠构成。两个角度结合着去看客观世界就能综合地看到世界的静态面貌和动态面貌，还原世界的状态与发展。这也是领域知识工程产品的预置资源分为预置信息构件和预置功能组件两类的原因。预置信息构件和预置功能组件二者互相对应、关联，共同构成领域知识产品数字化、自动化、协同化进行监测对策，实现社会体系自动化的完整闭环。

一、预置信息构件

预置信息构件是任务范式内要完成角色行为数字化的关于实体世界的信息，既包括事实信息和知识信息，又包括两系统五要素等信息。这种信息构件按照形式化搜集、主题化标引、关联化分析等领域知识工程生产方法预先制造好，可在一个及一个以上领域知识工程产品生产中直接使用，是符合领域知识工程学任务范式的信息资源，是构成领域知识工程产品的重要部分之一。如社会保障、危险化学品等领域都是在政府范畴内，其主动系统均可视为政务系统，政务系统内主体的领导角色是统一的，是普遍适用的，所以，由政务系统主体的信息构成的主体库是适用于社会保障和危险化学品领域的预置信息构件。再如，预置信息资源库中的党的文献库，党的文献库是我国的总任务库，是适用于多领域的预置信息构件。

预置信息构件至少包含预置信息资源库、知识本体网和范式要素库三类。预置信息资源库是工程团队通过形式化搜集的方式产出的预置信息构件，一共包含十一类：党的文献、"两会"文件、法律法规、专项政策、领导指示、科学研究、标准规范、典型事件、司法执法、综合动态、国外资源。知识本体网是由任务范式下各要素本体所形成的知识图谱，是包含本体和关系的预置信息构件。范式要素库是指根据任务范式进行分类分级而形成的预置信息构件，实质上是映射本体的实体信息库，范式要素库和知识本体网都是知识工程团队通过主题化标引生产出来的。

在信息社会中，我们可以通过计算机技术将实体世界的事实信息与知识信息进行数字化表达，也就是将实体世界的信息转换为二进制编码的电子形态，从而进入信息社会的自动控制系统中，实现自动化、协同化和知识化。通过把事实信息和知识信息变成各类预置信息构件，并与对应的预置功能组件结合，领域知识工程产品可以完成对现实客观世界的管控。

领域知识工程产品的信息主要依靠文本信息数据去承载，这些文本信息数据成为信息资源。为了方便后期便捷地存取使用信息资源数据，需要对预置信息资源进行结构化的存储预置，这就形成了预置信息资源库。预置信息资源库是形式化搜集过程中产出的预置信息构件，它以科学性与系统性为预置原则，通过线、面分类法对十一类预置信息资源库进行内容的优化细分。

预置信息资源库的划分至少要遵循科学性与系统性的预置原则。其中，科学性指分类的设置应遵循所属领域信息的内涵和知识体系的客观实际，选择信息中相对稳定的本质属性或特征作为分类的基础和依据。比如，党的文献库可以以文献的发文机构为依据进行细分，法律法规库则是以效力级别为依据进行细分。系统性指在每一个分类中，大类以及类目层级排列应符合事物本身的逻辑序列，并且每一个类目在这个体系中占有一个唯一的位置，既反映出它们之间的区别，又反映出彼此之间的合理联系，类目的划分一般应采用同一标准，并且划分是连续的、逐渐深入的，避免跳跃式的展开。比如，对法律法规的细分资源库要参考我国现行宪法、基本法、行政规章及地方性立法的三大层级七大体系的法律框架，可以以该框架为主干补充加入不同层级的三定规定、法律解释等信息资源。

在以上信息资源分类原则的指导下，我们通常使用线分类法和面分类法相结合的方法对信息资源进行分类。面分类法也称平行分类法，是根据事物本身固有的属性或特征，分成相互之间没有隶属关系的面。如根据机构职责可将我国的国家机关分为权力机关（人大）、行政机关（政府）、审判机关（法院）、法律监督机关（检察院）等。线分类法也称为等级分类法。线分类法按选定的若干属性（或特征）将分类对象逐次地分为若干层级，每个层级又分为若干类目。统一分支的同层级类目之间构成并列关系，不同层级类目之间构成隶属关系。同层级类目互不重复，互不交叉，比如政府机构的行政层级可分为国家级、省级、市级、区县级等。

按照上述原则和分类方法，预置信息资源库目前可分为十一类，包括党的文献、"两会"文件、法律法规、专项政策、领导指示、科学研究、标准规范、典型事件、国外资源、司法执法和综合动态。比如，法律法规库是整个社会必须普遍遵循的、两系统都必须遵循、执行的行为规范，否则社会没有秩序可言，这是社会秩序态必需的。

一是党的文献库，是中国特有的，确定了我国党政机关每个级别的工作职责，是整个中国体现内禀价值的总任务和总纲领，地方领域部门层级去层细化和实化，由此产生中国的国民经济和社会发展的过程，并产生了对社会价值的实现、体现的各项具体任务。党的文献库包含与中国共产党各大会议相关的信息。将党的会议按中央和地方的层级进行划分，然后根据会议的类型进行细分，可分为中国共产党全国代表大会、中央委员会全体会议、中央政治局会议、中央政治局常委会议等，如表6-16所示。

表6-16　党的文献库

代码	目录名称	描述和说明
01	中央会议文件	党中央各类会议产生的决议、决定、报告等文件
0101	中国共产党全国代表大会	中国共产党全国代表大会历次会议产生的决议、决定、报告等文件
010101	十九大	例如，《习近平：决胜全面建成小康社会夺取新时代中国特色社会主义伟大胜利在中国共产党第十九次全国代表大会上的报告》
10102	十八大	例如，中国共产党第十八次全国代表大会关于《中国共产党章程（修正案）》的决议
……	……	
0102	中央委员会全体会议	历届中国共产党中央委员会召开全体会议产生的决议、决定、报告等文件
010201	十九届中央委员会全体会议	
01020101	十九届一中全会	例如，《中国共产党第十九届中央委员会第一次全体会议公报》
01020102	十九届二中全会	例如，《中国共产党第十九届中央委员会第二次全体会议公报》
01020103	十九届三中全会	例如，《中共中央关于深化党和国家机构改革的决定》

续表

代码	目录名称	描述和说明
01020104	十九届四中全会	例如,《中共中央关于坚持和完善中国特色社会主义制度推进国家治理体系和治理能力现代化若干重大问题的决定》
10202	十八届中央委员会全体会议	
01020201	十八届一中全会	例如,《中国共产党第十八届中央委员会第一次全体会议公报》
01020202	十八届二中全会	例如,《中国共产党第十八届中央委员会第二次全体会议公报》
01020203	十八届三中全会	例如,《习近平:关于〈中共中央关于全面深化改革若干重大问题的决定〉的说明》
01020204	十八届四中全会	例如,《中国共产党第十八届中央委员会第四次全体会议公报》
01020205	十八届五中全会	例如,《中共中央关于制定国民经济和社会发展第十三个五年规划的建议》
01020206	十八届六中全会	例如,《中国共产党第十八届中央委员会第六次全体会议公报》

二是"两会"文件库,指与全国各级人民代表大会、政治协商会议的相关信息,根据会议类别分为人民代表大会和政治协商会议两大类,按照会议召开的区域范围分为全国性会议和地方会议,地方会议又分为省级会议、市级会议、县级会议,历次会议相关资源按文件形式进行划分,如表6-17所示。

表6-17 "两会"文件库

代码	目录名称	描述和说明
01	人大会议	人大会议主要包含全国和地方历次会议的政府工作报告、"两院"报告、决议、决定等会议文件议案建议及其办理答复,以及会议新闻等
0101	全国人大会议	
010101	第一届	
01010101	一届全国人大一次会议	
0101010101	会议文件	
0101010102	代表建议	
0101010103	建议答复	
0101010104	会议报道	
01010102	一届全国人大二次会议	
……	……	
010102	第二届	

续表

代码	目录名称	描述和说明
010103	第三届	
……	……	
0102	地方人大会议	
010201	北京	
010202	天津	
010203	广东	
01020301	省人大会议	
01020302	市人大会议	
01020303	县人大会议	
……	……	
02	政协会议	政协会议主要包含全国和地方历次会议过程中形成的决议、报告等会议文件，政协提案及提案答复，以及会议新闻等信息
0201	全国政协会议	
20101	第一届	
2010101	全国政协一届一次会议	
201010101	会议文件	
201010102	代表提案	
201010103	提案答复	
201010104	会议报道	
2010102	全国政协一届二次会议	
……	……	
10103	第三届	
……	……	

　　三是专项政策库，包含中国共产党与各级人民政府部门发布的各领域信息，包括中央办公厅、国务院组成部门等发布的规划、通知、意见、决定等。按机构类别分为中国共产党、人大、政府、法院、检察院、监察委员会，每个类别下按组织机构的层级进行细分，主要分为中央、省级、市级、区县级，如表6-18所示。

表6-18　专项政策库

代码	目录名称	描述和说明
01	中国共产党	中共中央、中央纪律检查委员会、中央各部门和省、自治区、直辖市各级党委发布的具有普遍约束力，可以反复适用的决议、决定、意见、通知等重要文件

续表

代码	目录名称	描述和说明
0101	中国共产党中央委员会	中国共产党中央委员会按其部门机构分为中央办公厅、中央纪律检查委员会、中央组织部、中央宣传部、中央统战部、中央对外联络部、中央政法委员会、中央财经委员会、中央和国家机关工作委员会、中央全面依法治国委员会、中央全面深化改革委员会等
010101	中央办公厅	例如，中共中央办公厅印发《2019—2013 年全国党员教育培训工作规划》
010102	中央党委工作部门	
01010201	中央纪律检查委员会	例如，《中国共产党第十八届中央纪律检查委员会第八次全体会议公报》
01010202	中央组织部	例如，《中共中央组织部关于全国组织系统认真学习贯彻党的十九大精神的通知》
……	……	
0102	中国共产党地方委员会	中国共产党地方委员会以各省、自治区、直辖市为根目录，地方党委下的组织部、统战部、直属机关工作委员会等机构为其子目录。省、自治区、直辖市党委下可细分市、州、县党委及其机构
010201	北京	
010202	天津	
010203	广东	
01020301	省委	
01020302	市委	
01020303	县委	
……	……	
02	人大	县级以上人民代表大会及其常务委员会作出的决议、决定等在一定时期内反复适用并具有普遍约束力的文件
0201	全国人大	
0202	地方人大	地方人大根据 31 个省、自治区、直辖市分为 31 个子目录，省、自治区、直辖市下面按机构层级可细分为市、州、县、区等各级人大机构

四是领导指示库，是指主动系统内领导角色所发出的信息，包括政府领导、企业领导的讲话、批示和活动等。在政府范畴下可根据领导所在的组织机构分为党的领导、人大领导、政府领导、政协领导、法院领导、检察院领导等，并以领导所属的机构层级为依据进行分级分类，如表 6-19 所示。

表 6-19　领导指示库

代码	目录名称	描述和说明
01	领导讲话	党、政府、人大、政协、法院、检察院等各类各级领导在公务活动中发表的讲话稿，包括会议讲话稿、工作汇报、慰问讲话稿、节日致辞等
0101	党的领导讲话	
010101	中共中央领导	
01010101	中共中央总书记	
01010102	党中央部门领导	
010102	地方党委领导	
01010201	北京	
01010202	天津	
01010203	广东	
0101020301	省委领导	
0101020302	市委领导	
……	……	
0102	人大领导讲话	
010201	全国人大领导	
010202	地方人大领导	
0103	政府领导讲话	
010301	中央政府领导	
01030101	国务院领导	
01030102	国务院部门领导	
0103010201	国务院组成部门	
0103010202	国务院直属特设机构	
0103010203	国务院直属机构	
0103010204	国务院办事机构	
0103010205	国务院直属事业单位	
0103010206	国务院部委管理的国家局	
010302	地方政府领导讲话	
01030201	北京	
01030202	天津	
01030203	广东	
0103020301	省级领导	
010302030101	省政府领导	
010302030102	省政府部门领导	
0103020302	市级领导	
010302030201	广州市	
01030203020101	市政府领导	

五是法律法规库，指中国现行的法律体系的信息，包括宪法法律、行政法规、部门规章、地方性法规，以及党内法规、三定规定等程序性知识信息。法律法规分为党内法规和国家法律法规，根据《中国共产党党内法规制定条例（2019年修订）》党内法规分为党章、准则、条例、规定、办法、规则、细则七大类；根据《中华人民共和国立法法（2015年修正）》国家法律法规分为宪法法律、行政法规、国务院部门规章、地方性法规、地方政府规章等。最后每大类依实际情况按法律效力、适用范围或主题的不同进行细化的分级分类，如表6-20所示。

表6-20　法律法规库

代码	目录名称	描述和说明
01	党内法规	党内法规是党的中央组织、中央纪律检查委员会以及党中央工作机关和省、自治区、直辖市党委制定的体现党的统一意志、规范党的领导和党的建设活动、依靠党的纪律保证实施的专门规章制度。根据党内法规的名称将其分为党章、准则、条例、规定、办法、规则、细则。（《中国共产党党内法规制定条例（2009年修订）》第三、五条）
0101	党章	例如，《中国共产党章程（2017年修改）》
0102	准则	例如，《关于新形势下党内政治生活的若干准则》
0103	条例	例如，《中国共产党党内法规制定条例（2019年修订）》
0104	规则	例如，《中国共产党纪律检查机关监督执纪工作规则》
0105	规定	例如，《中国共产党党内法规和规范性文件备案审查规定（2019年修订）》
0106	办法	例如，《中国共产党党内关怀帮扶办法》
0107	细则	例如，《中国共产党发展党员工作细则》
02	宪法法律	全国人民代表大会制定和修改刑事、民事、国家机构和其他的基本法律，全国人民代表大会常务委员会制定和修改除应当由全国人民代表大会制定的法律以外的其他法律。（参考《中华人民共和国立法法（2015年修正）》第七条）
0201	宪法	例如，《中国共产党发展党员工作细则》
0202	宪法相关法	例如，《中华人民共和国立法法（2015年修正）》
0203	民法商法	例如，《中华人民共和国民法总则》
0204	行政法	例如，《中华人民共和国行政诉讼法（2017年修正）》
0205	经济法	例如，《中华人民共和国反不正当竞争法（2017年修订）》
0206	社会法	例如，《中华人民共和国反家庭暴力法》
0207	刑法	例如，《中华人民共和国刑法（修订）》
0208	诉讼与非诉程序法	例如，《中华人民共和国民事诉讼法（2017年修正）》
0209	监察法	例如，《中华人民共和国监察法》

六是标准规范库，是社会组织行为的程序性知识信息。在《中华人民共和国标准化法（2017年修订）》中，标准分为国家标准、行业标准、地方标准、企业标准和团体标

准，在此分类基础上标准规范库可以进一步细化分类，分类如表 6 - 21 所示。

表 6 - 21 标准规范库

代码	目录名称	描述和说明
01	国家标准	国家标准在中国由国务院标准化行政主管部门制定，分为强制性国家标准（GB）和推荐性国家标准（GB/T）
0101	国家强制性标准（GB）	
0102	国家推荐性标准（GB/T）	
02	行业标准	行业标准由国务院有关行政主管部门制定，报国务院标准化行政主管部门备案。（参考《中华人民共和国标准化法》第十二条）行业标准分为安全、包装、船舶等67类
0201	AQ 安全	
0202	BB 包装	
0203	CB 船舶	
……	……	
03	地方标准	地方标准由省、自治区、直辖市人民政府标准化行政主管部门制定；设区的市级人民政府标准化行政主管部门根据本行政区域的特殊需要，经所在地省、自治区、直辖市人民政府标准化行政主管部门批准，可以制定本行政区域的地方标准。地方标准按地区分为31类。（参考《中华人民共和国标准化法》第十三条）
0301	DB11 北京市	
0302	DB12 天津市	
0303	DB13 河北省	
……	……	
04	企业标准	企业标准是对企业范围内需要协调、统一的技术要求，管理要求和工作要求所制定的标准。企业标准一般以"Q"开头。企业可以根据需要自行制定企业标准，或者与其他企业联合制定企业标准。从产品分类角度将企业标准分为以下42类。（参考《中华人民共和国标准化法》第十九条）
0401	建筑材料	
0402	日用品和家用电器	
0403	植物、动物及其相关用品	
……	……	
05	团体标准	团体标准由学会、协会、商会、联合会、产业技术联盟等社会团体协调相关市场主体共同制定以满足市场和创新需要。团体标准根据国民经济行业类别分为20类。（参考《中华人民共和国标准化法》第十八条）
0501	A 农、林、牧、渔业	
0502	B 采矿业	
0503	C 制造业	

七是科学研究库，是描述性知识信息库。按照资源形态分类，科学研究成果分为论文、图书、期刊、研究报告、年鉴、专利等，如表 6 – 22 所示。

表 6 – 22　科学研究库

代码	目录名称	描述和说明
01	论文	指进行各个学术领域的研究和描述学术研究成果的文章
0101	A 马克思主义、列宁主义、毛泽东思想、邓小平理论	
0102	B 哲学、宗教	
0103	C 社会科学总论	
0104	D 政治、法律	
010401	中国共产党	
01040101	党的建设	
0104010101	组织工作	
010401010101	干部工作	例如，《领导干部要进一步提高政治建设的具体能力》
010401010102	基层党组织建设	
010401010103	机构编制	
010401010104	人才工作	
……	……	
0105	E 军事	
0106	F 经济	
0107	G 文化、科学、教育、体育	
……	……	
02	图书	参考中图分类法将图书分为 22 大类
0201	A 马克思主义、列宁主义、毛泽东思想、邓小平理论	
0202	B 哲学、宗教	
0203	C 社会科学总论	
0204	D 政治、法律	
0205	E 军事	
0206	F 经济	
0207	G 文化、科学、教育、体育	
……	……	
03	期刊	不同主题、不同学科的各类期刊文章
0301	党建	
0302	经济管理	
0303	文化科学	
……	……	
04	研究报告	针对特定行业或主题进行研究的分析文章

八是典型事件库，是指各领域内发展事件、秩序事件，以及突发事件的信息。根据事件的组织形式分为社会事件、司法案例、执法案例、党建相关事件和工作案例等内容，如表 6-23 所示。

表 6-23　典型事件库

代码	目录名称	描述和说明
01	社会事件	政治、经济、民生、外交、国防等领域发生的重大或极具有代表性的社会冲突事件
0101	政治事件	
0102	经济事件	
0103	民生事件	
0104	文化事件	
0105	生态事件	
0106	外交事件	
0107	国防事件	
0108	社会安全事件	
02	司法案例	包含法院和检察院的司法案例
0201	审判案例	
020101	最高法院指导案例	最高人民法院发布的对全国法院审判、执行工作具有指导作用的指导性案例。案例由裁判要点、基本案情、裁判结果、裁判理由、适用法律等案件要素组成
020102	地方法院参考案例	地方各级法院发布的参考性案例及典型案例评析
020103	媒体报道案例	权威法学研究机构评选的、权威报刊刊登的典型案例
0202	检察案例	
020201	最高检察院指导案例	最高人民检察院发布的对检察办案工作具有的示范引领作用的指导性案例。案例的体例一般包括标题、关键词、要旨、基本案情、检察机关履职过程、指导意义和相关规定等部分
020202	地方检察院参考案例	地方各级检察院公布的参考性案例及典型案例评析
020203	媒体报道案例	权威法学研究机构评选的、权威报刊刊登的典型案例
03	执法案例	指行政执法机构处理的，法律程序已完结的，在事实认定、证据收集、法律适用等方面对处理类似案件具有指导作用的典型性案例。案例内容包括案例名称、编号、发布机关、发布日期、行政机关、当事人、案件事实、适用的法律、决定结果、理由说明等信息
0301	国务院部门执法案例	
0302	地方政府部门执法案例	

九是司法执法库，包含司法行为与执法行为的相关信息资源，是事实信息的一种。根据分类法，司法执法可以细分为裁判文书、行政检查信息等，如表 6-24 所示。

表 6 - 24　司法执法库

代码	目录名称	描述和说明
01	司法库	与司法行为相关的信息资源
0101	裁判文书	裁判文书是记载人民法院审理过程和结果，它是诉讼活动结果的载体，也是人民法院确定和分配当事人实体权利义务的唯一凭证
0102	法治调研	国家法治与法学理论研究项目专家评审会举行、认罪从宽制度理论与实践研讨会召开等
0103	法治督察	比如中央依法治国办启动 2019 年设实地督察反馈整改工作
02	执法库	与执法行为相关的信息资源
0201	行政检查	行政检查是指行政主体依法定职权，对行政管理相对人遵守法律、法规、规章，执行行政命令、决定的情况进行检查、了解、监督的行政行为
0202	行政处罚	行政处罚是指行政主体依照法定职权和程序对违反行政法规，尚未构成犯罪的相对人给予行政制裁的具体行政行为。

十是综合动态库，包含事件内各要素的全量、实时、在线的信息，是动态的事实信息。综合动态库可以根据具体任务中社会组织行为生命周期进行分类，比如在藏药、保健品等领域内，都可以划分为研制、生产、流程和使用四个阶段，在四个阶段下又可以再细分流程和行为，以此构建综合动态库，以实时获取所有要素的动态事实信息，如表 6 - 25 所示。

表 6 - 25　综合动态库

代码	目录名称	描述和说明
01	藏药	具体领域内的产品
0101	研制	药品研究和样品生产的相关活动
……	……	……
0103	生产	药品正式产出的相关活动
010301	净制	清洗药材的相关活动
10302	切制	一般的中药都需用刀切成片、段、丝、块，使药物达到配方要求的相关活动
0104	流通	药品从出厂到消费者手中的相关活动
0105	使用	相关主体消费药品的活动
0106	危险化学品	具体领域内的产品
0107	保健品	具体领域内的产品
……	……	……

十一是国外资源库，包括中国之外其他国家需要预置的信息资源，包括美国、英国、法国、日本等。参考国内信息资源的划分，国外资源库也可划分为法律法规、专项政策、

领导指示、国际标准、科学研究、典型事件、媒体资讯等，如表 6 - 26 所示。

表 6 - 26　国外资源库

代码	目录名称	描述和说明
01	法律法规	境外各国发布的法律法规
02	专项政策	境外各国政府发布的政策文件
03	领导指示	境外各国领导人的讲话和活动信息
04	国际标准	国际标准是指在世界范围内统一使用的，由国际标准化组织（ISO）、国际电工委员会（IEC）和国际电信联盟（ITU）制定的标准，以及国际标准化组织确认并公布的其他国际组织制定的标准
05	科学研究	国外科学研究成果
06	典型事件	国际重大事件
07	媒体资讯	国外舆论舆情
……	……	

上述十一类预置信息资源库的分类，并未全部涵盖领域知识工程产品功能运行所需要的预置信息，事实上预置信息资源库是会随着领域知识工程产品的生产及伴随服务中运营团队与用户交互所得的扩充。并且十一类信息资源库的划分仅是在最顶层对预置信息资源进行了粗粒度的划分，要实现逻辑化存储，还需要对每个库进行目录层级划分，并对存储的文本和数据类型进行关联。

知识本体网是主题化标引中产出的描述客观事件状态、关系的预置信息构件，是领域知识工程产品进行发现、判定等功能行为的信息素材。知识本体网通常包括概念、属性以及概念间的关系等信息，它们是在领域知识工程任务范式和通用本体约束下，针对特定领域、任务形成地反映客观实体及关系的映射关系信息网。

就领域而言，根据领域知识工程产品指向的应用范畴不同，可以划分不同的领域。以政府范畴为例，按照国家权力运行及机构设置可分为中国共产党、人民代表大会、人民政府、政治协商会议、国家监察、人民法院、人民检察院 7 大顶层领域。在人民政府领域中，根据 2018 年国家机构改革相关政策文件，以及中央机构编制委员会办公室为深化行政管理体制改革，对国务院所属各部门的主要职责、内设机构和人员编制等所作规定（即三定规定），对各层级政府机构划分和权责界定，人民政府下包含 64 个二级领域，如外交、教育、农业农村等，每个二级领域又依据实际业务及处理分为数量不等的三级甚至四级领域。这些领域的概念、关系都会作为预置信息存储起来，称谓预置信息构件。

每个领域下都可以按工程学基本范式分出主体、客体、行为、时间、空间、目标、问题，这些要素在领域中对应的概念、实例和它们之间关系的信息就形成了这个领域的知识本体网，如表 6 - 27、图 6 - 49、图 6 - 50 所示。

表 6-27 知识本体网领域划分（政府范畴—人民政府领域）

一级领域	二级领域	三级领域	四级领域	别名	三定职能
	人民代表大会—华侨			华侨	
	人民代表大会—环境与资源保护			环境与资源保护	
	人民代表大会—农业与农村			农业与农村	
	人民代表大会—社会建设			社会建设	研究、拟订、审议劳动就业
政府				政府	制定和解释法律，颁布法令
	政府—外交			外交	贯彻执行国家外交方针
		政府—外交—政策规划		政策规划	研究分析国际形势和国际关系
		政府—外交—亚洲		亚洲	贯彻执行国家的外交方针政策
		政府—外交—西亚北非		西亚北非	贯彻执行国家的外交方针政策
		政府—外交—非洲		非洲	贯彻执行国家的外交方针政策
		政府—外交—欧亚		欧亚	贯彻执行国家的外交方针政策
		政府—外交—欧洲		欧洲	贯彻执行国家的外交方针政策
		政府—外交—北美大洋洲		北美大洋洲	贯彻执行国家的外交方针政策
		政府—外交—拉丁美洲和加勒比		拉丁美洲和加勒比	贯彻执行国家的外交方针政策
		政府—外交—国际		国际	研究多边外交领域形势和发展
		政府—外交—国际经济		国际经济	研究国际经济的有关政策
		政府—外交—军控		军控	研究国际军控、裁军、防扩散
		政府—外交—条约法律		条约法律	调研外交工作中的法律问题

续表

一级领域	二级领域	三级领域	四级领域	别名	三定职能
		政府—外交—边界与海洋事务		边界与海洋事务	拟定陆地、海洋边界相关外交
		政府—外交—新闻		新闻	承担发布中国重要外交活动信息
		政府—外交—礼宾		礼宾	承担国家对外礼仪和典礼事项
		政府—外交—领事（领事保护中心）		领事（领事保护中心）	负责领事工作、办理中外领事
		政府—外交—香港、澳门、台湾事务		香港、澳门、台湾事务	拟定涉及香港、澳门特别行政区事务
		政府—外交—翻译		翻译	负责国家重要外事活动、外交
		政府—外交—处事管理		处事管理	拟定有关处事管理

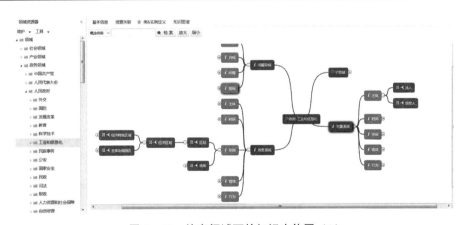

图 6-48　特定领域下的知识本体网（1）

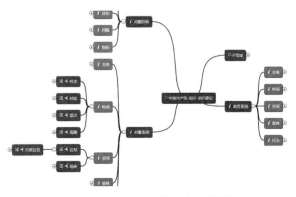

图 6-49　特定领域下的知识本体网（2）

知识本体网承载了特定领域中两系统、五要素、问题、目标之间的事实性知识和程序性知识，为知识工程产品实现监测、对策等功能提供信息素材基础。

领域知识工程学基本任务范式要素包括人类经济社会活动中涉及的两系统（主动系统、对象系统）以及两系统中的主体、行为、客体、时间、空间等五要素、问题、目标、事实、知识与任务等，这些基本要素共同构成人类经济社会活动的基本模式，指导我们确定任务、解决问题和达成目标。范式要素库就是领域知识工程基本任务范式要素数字化后的信息集。并不是每一个范式要素都需要或可以构建出要素库，主体、客体、问题、目标、行为、空间等需要根据特定领域和任务的限定构建。下面以主体库、客体、问题、目标四个元素举例说明范式要素库。

主体库是对客体有认识和实践能力的法人和自然人的数字化，以政府范畴下的市场监管领域为例，可构建全国范围内从中央到地方的各级市场监督管理局的机关法人主体库，以及对应的两个领域内对象系统主体中的盈利法人相关信息，构建盈利法人主体库，形成适用于市场监管领域的范式要素库作为预置信息构件。又如可以在卫生健康、应急管理的任务限定下构建一个高危病毒疫情相关的主体、客体、问题等的范式要素库作为预置信息构件。

客体库包括物质资源库和非物质资源库。例如，在本章生产方法内提及的藏药领域内冬虫夏草的温度监测实例，在温度监测的任务中，可以搜集和标引出"环境温湿度监控系统"、"200℃中温铂电阻温度传感器"等不同型号的温度监测设备，建立相应的物质资源客体库。

问题库是在对预置信息资源内的典型事件库标引过程中形成的，是对不同事件标引结果的汇集与总结，它包括现象库、根源库和症结库。例如，在设计特种设备的领域知识工程产品过程中，以电梯为实例，工程团队搜集了40个电梯安全的典型事件，并标引出了每个事件的现象和根源，将其中的现象和根源汇集起来就形成了特种设备领域内的问题库，如表6-28所示。

表6-28　电梯安全典型事件

序号	时间	地区	电梯种类	使用场所	现象	根源	关键词	详情
8	2017	重庆市	乘客电梯	住宅小区	向上运行至15层时电梯停止运行；几分钟后电梯开始下滑冲至-3层撞上顶端冲后停止。	电梯运行到15层时，工作电流达到75.75A，是变引机额定电流42A的1.8倍，变频器过热使得梯层故障，抱刹制停；内部严重锈蚀和磨损，铁芯表面附着有异物，存在制动卡阻无法安全打开制动器，造成带闸运行的现象，导致制动衬块损严重，制动力下降；	电梯蹲底	重庆某小区发生一起电梯下滑蹲底事不同程度受伤，造成了较大的社会影22：00左右事故电梯载乘客18人层时速度明显减缓，至15层时电梯底报警，物业方有人应答，几分钟后电梯至-3层
9	2015	乌鲁木齐市	乘客电梯	住宅小区	电梯出现"滑梯"现象	电梯内的数据信息出现输送中断，电梯会按照预设的安全设置，安全运行至最低楼层	电梯坠落	朱莹称：7月31日中午，我乘电梯时按电梯，可电梯门打不开，指示五楼后突然下行，情急下我立即按电话，却都无效，电梯门再次打不回家，我学过电梯故障时的自救方法了轻伤，经修新
10	2015	乌鲁木齐市	乘客电梯	住宅小区	电梯停在三层与四层的交接处，困人	沙石掉落在电梯运行轨道，导致出现了故障	电梯困人	8月2日10时许，60岁的赵女士与丈夫出现故障二人被困。事发后，两人被困夫妇在三层与四
11	2015	荆州市	自动扶梯	商场	电梯驱动站中盖板翘脚；人被卷入运动的梯级内	1.生产厂家未严格按图纸要求进行制作加工，与图纸实际尺寸不符2.生产厂家对安装质量自检确认不到位，未发现前沿板、中板、后板的尺寸与上机房图框尺寸不匹配	踏板塌陷卷簧磨压	湖北省荆州市安良百货公司手扶电梯踏板、被卷
12	2015	海口市	乘客电梯	住宅小区	载有12人的电梯至上而下行驶至底座端站时没有制停，直接蹲底	电梯维保公司更换电梯制动电磁铁后，未按要求调整、试验来验证电梯的制动性能，便交付使用	电梯蹲底	2015年1月下旬，海口市某小区一台12人的电梯至上而下行驶至底楼时没有制停，直接蹲底
			维保人员未采取安		维保人员未采取安	1.维保人员维护电梯时没有采取必要的安全防护		2015年12月24日上午，刘女士和家人到电梯口时，没有看到任何警示标志梯，结果历时一年多，2017年湖北省某

又如，在关联化分析内提及的疫苗事件标引中也存在生产环节的现象、根源和症结问题，将这三类汇集起来单独成库，就形成了问题库。问题库为领域知识工程产品判定对象系统的状态提供信息素材。

目标库是在对预置信息资源内党的文献库、"两会"文件库、专项政策库，以及领导指示库等信息资源的标引过程中形成的，是对特定领域下特定角色目标的汇集。比如，在《决胜全面建成小康社会　夺取新时代中国特色社会主义伟大胜利》的报告中，提及全面建成小康社会，实现第一个百年奋斗目标。在《北京市国民经济和社会发展第十三个五年规划纲要》中，对能源领域提出的目标有计划到2020年全市煤炭消费占比降至10%以下，优质能源占比提高到90%以上，可再生能源占比达到8%左右。将这些目标汇集起来就形成特定领域的目标库，为领域知识工程产品进行判定和评估时提供对标的信息。

二、预置功能组件

预置功能组件是将人的生物行为和社会组织行为耦合的行为软件，它是对政府、社会、产业三大应用范畴中对发展态、秩序态和突发态中社会组织行为和执行社会组织行为的自然人行为的数字化。预置功能组件以预置信息构件为基点，只有当预置功能组件和对应的预置信息构件关联起来才能完成对客观世界的数字化、自动化。若把预置信息构件比作原料、燃料，那么预置功能组件就是将原料转化为成品、燃料转变为动力的机体。

领域知识工程产品是由分工侧重不同的系统部件构成的超级应用。系统部件是由面向特定领域特定任务的功能元件构成，组成功能元件的正是对位联结的预置功能组件和预置信息构件，因此，预置功能组件是构成领域知识工程产品监测、对策功能的最小单位。作用在于将特定范畴、特定领域、特定社会组织行为以及其流程进行数字化，并通过自然人执行，比如，"战时互联网＋高危病毒疫情共治开放系统"是对政府范畴下卫生健康—疾病预防控制领域高危病毒疫情识别和应对流程（医生上报病例、高危病毒特征比对、判断是否启动预案）数字化，并将医生、患者等流程中涉及的自然人行为数字化，最终实现了数字化、自动化地发现、判断、预警和应对高危病毒疫情防控社会自动化控制闭环。

人的生物本能行为包括肢体行为、感官行为、思维行为。肢体是指构成人体的四肢和躯干，照此划分肢体行为可以分为上肢行为、下肢行为和躯体行为，具体行为包括耸肩、抬臂、屈膝、抬腿、行走、弯腰等。感官行为是人对外界及自身状态感知的行为，它通常包括触觉、嗅觉、味觉、听觉、视觉等感知行为，除此之外，空间感知行为、热感知行为也是人类感官行为之一。从人类思维活动划分，思维行为包括分析、比较、综合、分类、抽象、概况、推理、想象、联想、直觉、记忆等行为。人的生物本能行为通过技术可以延伸并数字化。如视觉行为可以通过遥感技术、电子成像技术等来延伸和数字化；肢体行为可以通过数学模型、信息技术、动作捕捉技术等实现数字化；思维行为通过深度学习等技术实现数字化。

社会组织行为的本质是流程和内容（信息），主要以流程来表现，将社会组织针对特定事项中事实信息与知识信息的处理流程数字化，在数字化基础上将人的生物本能行为与社会组织流程环节耦合，就实现了社会组织行为的数字化。如识别高危病毒疫情的流程大致包括上报当前病例、比对历史高危病毒疫情中的病毒特征和当前病毒特征、判断是否启动一级响应应急预案。在这个基本流程中"上报"属于人的肢体行为，经数字化就变成一个功能按钮，电子病历、患者身份 ID 等信息就按照设定的数字化系统信息机制完成上报；比对病毒特征环节需要人的分析与比较思维行为，通过数学模型和信息技术数字化后系统可以自行比对高危病毒库中的病毒特征和当前病毒的特征，完成分析比较；判断是否启动响应需要运用推理判断的思维行为，人的生物行为经人工智能技术实现了数字化，结合实际信息系统可以得出是否启动响应的判断。以上就是数字化的生物本能行为与社会组织行为耦合后构成的高危病毒识别行为软件，按照社会组织监测对策行为划分，高危病毒识别行为软件就属于发现类功能预置组件。若系统最后得出判断需要启动响应，那么执行应急预案、监测各角色效能等流程与生物本能行为耦合就形成了对应的预置功能组件。

目前，领域知识工程产品常用的人的生物本能行为数字化技术有语音识别技术（对应生物行为：听），是让机器通过识别和理解过程把语音信号转变为相应的文本或命令的技术，主要应用于语音转文字、语音助手等场景中。图像识别技术（对应生物行为：看），是指利用计算机对图像进行处理、分析和理解，以识别各种不同的目标、对象以及行为模式的技术，是应用深度学习算法的一种生物行为数字化应用。图像识别技术可以应用于商品识别①、产品质量检测②、疾病诊断③、公共安全④等场景。在"战时互联网＋高危病毒疫情共治开放系统"中系统对确诊病例的检验结果、NGS 基因检测结果等图像进行识别；本体推理技术（对应生物行为：思维），基于既有事实信息，由新事实信息触发推理，采用多种推理方式，利用本体间关系和预置规则进行推理，使计算机具备一定的生物思维行为及分析能力⑤，它主要应用于判定和决策的场景。如在"战时互联网＋高危病毒疫情共治开放系统"中系统将上传的病例与预置病毒库中的数据进行对比，最终得到"此冠状病毒是历史上从未出现记载过的，新病毒与 SARS 同源，可经呼吸道传播，需要在公共场合采取相应疾控防疫措施"的判断推理结果。同时，"战时互联网＋高危病毒疫情共治开放系统"的疫情共治助手从预置信息资源库中找出同类病毒的传播率，仿真出已知的 7 例病例和潜在病例的发展趋势图，并展示了现在启动一级响应和延后启动一级响应的差异。这个推断预测未来趋

①　主要运用在商品流通过程中，特别是无人货架、智能零售柜等无人零售领域。
②　用于快速筛查出外观有瑕疵的商品。
③　通过图像识别技术处理各类医学影像，并与思维行为组件结合器输出诊断结果。
④　在安全检查、身份核验与移动支付中识别人脸、识别视频中各类犯罪行为，如偷窃、盗窃、抢劫等。
⑤　本体推理组件思维分析能力强弱取决于知识图谱和规则构建的质量，本体组成的知识图谱对当前领域范围内现实世界的刻画足够细致，相关规则足够严谨完备，那么部分场景下计算机的分析能力就可能非常接近人类。比如，在实现计算机系统的各类管控任务时，如果所有可能性都能一一列举，情况清晰明确，通过计算对比即可选出最优方案，本体推理组件完全可以取代人来执行确定型的决策。此外，本体推理组件也可对风险型决策和不确定型决策起到一定的辅助作用。

势的能力属于人的生物行为中的思维行为之一，是由数量化计算技术实现的。数量化计算技术由预置在系统中数学模型和数学算法构成，可应用于预测问题趋势、评价问题、解释问题、估算问题等。

从领域知识工程学对社会组织行为的分类角度看，预置功能组件可分为监测类预置功能组件和对策类预置功能组件两大类。监测类预置功能组件是主动系统对对象系统的状态、问题进行监察、测量等监测行为的软件，其可细分为发现类预置功能组件、预测类预置功能组件、预警类预置功能组件、判定类预置功能组件、报警类预置功能组件、评估类预置功能组件等6类。发现类预置功能组件是用于获取对象系统状态的行为软件；预测类预置功能组件是根据对象系统历史和当下运行状态利用定性或定量的模型、算法分析推演对象未来状态的行为软件；预警类预置功能组件是对对象系统的特定状态属性值与临界值进行观测并存在潜在风险的数值变化提供警示的行为软件；判定类预置功能组件是对对象系统运行状态是否符合流程、是否合理、规范进行判别断定的行为软件；报警类预置功能组件是对对象系统运行安全状态进行监测和断定并反馈报告情况的行为软件；评估类预置功能组件是通过模型和计算定性和定量描述监测到的对象系统状态的行为软件。

对策类预置功能组件是主动系统根据监测获取的状态信息制定、选择恰当的方案和措施应对对象系统状态变化、满足对象系统诉求的行为软件。对策类预置功能组件细分为决策类预置功能组件、执行类预置功能组件、监督类预置功能组件等3类，其中，执行类预置功能组件包含内部管理和业务执行两类预置功能组件，监督类预置功能组件包含内部监督和外部监督两类预置功能组件。如在"战时互联网+高危病毒疫情共治开放系统"中，系统集成了预置执行类功能组件和预置监督类功能组件，在监测到高危病毒疫情后就自动启动和落实一级响应预案，自动寻找确诊患者、密切接触者的踪迹，调配医疗资源对接等。在督促政府、医院、基层社区人员等相关防疫部门和人员，将确诊患者和密切接触者收治隔离过程中，超级应用的监督预置功能组件发挥作用，时刻监督各方行为并进行合规性判定，对于行为不合规的人员利用外部约束或人的内驱力激发的措施来应对，如拒不接受隔离的跑步女在上级领导的外部督促下最终接受隔离。

总之，任何信息技术产品一定是人类生物行为和社会组织行为的耦合，社会组织行为中不涉及内容的时候只有流程，生物行为中不涉及内容的时候只有技术，这两种行为耦合到一起构成了行为组件，但只有把行为组件与信息构件耦合起来，包括对特定的监测对象和特定方案内对象系统和主动系统的事实信息、既有知识信息和新知识信息，才可以发挥相应的社会作用，解决社会信息化过程中存在的迷失。

更重要的是，人类生物行为与社会组织行为的耦合关系，以及信息与数据的映射关系（逻辑化存储的成果）是社控系统（领域知识工程产品）设计、开发和运营过程中的两组基础关系。前者的两层耦合关系更是为预置行为组件提供了行为的流程环节的设计思路，其中，第一层耦合是社会组织行为的流程与人类生物行为的技术进行耦合，由此产生包括预置信息组件在内的相关信息行为软件，也就是领域知识工程产品所需的预置行为组件，比如，OA流程类软件耦合了社会组织行为中的办文与人类生物行为中的肢体行为，各种会议文件的书写、发送和批阅等必须通过肢体行为完成，OA类流程软件将这种肢体行为软件化，并当这种OA类流程软件中的流程与不同角色的对策行为的内部管理的办文流程相一致时，就成为该角色处理发展态、秩序态和突发态中问题的一个可预置的行为组件，在这个过程中也涉及为行为组件服务的服务器等硬件。再比如，通过客运车辆监管平台获取的全量、实时、在线的车载GPS信号或驾驶员手机导航信号，明确客运车辆连续行驶时间、中途停车休息时间、车辆行驶轨迹、在各时点的速度等，这个数据获取的行为组件是耦合了社会组织行为中的监测行为与生物行为的肢体行为，即数据获取为人手工记录提供了信息化技术支持，同时对于交管部门检查违规驾驶处罚流程而言，首先需要发现违规驾驶的车辆，然后通知交通违法嫌疑人持违法行为处理通知书、驾驶证原件及复印件等到违法处理窗口接受调查，这个行为组件可为交管部门识别、记录和判断违规车辆提供数字支持，是发现、分析和解决交通违规问题的重要环节。

第二层耦合是信息与信息行为软件的再耦合，进一步确定信息行为软件的流程中每个环节的输入、处理、输出的事实、既有知识与新知识信息，只有当这三种信息的闭环通过预置信息构件同预置信息组件相结合实现自动化后，才可以形成一个最小的功能元件，实现了人类社会的自动化。比如，在新冠肺炎疫情期间，各级政府部门为进一步做好新型冠状病毒感染的疫情防控工作，强化源头管控，防止疫情传播，保障人民群众生命健康，均下达了开展公共场所体温测量工作通知，要求必须要对出入公共场所的人员测量体温。为此，在学校、社区、超市、商业街、办公楼等公共场所都配有通道型红外体温监测系统、门式体温检测仪、防疫体温安检门等技术设备，通道型红外体温监测系统内置多台微型24小时动态连续扫描监测体温的红外测温仪，一直在自动扫描测量通行的人的体温，以此替代传统的人工测量。相比医生通过肢体触摸感觉体温的差异、通过温度计测量观察温度计的数值，然后根据医生的专业知识判断患者是否发烧的一个肢体、感官和思维的综合性过程，通道型红外体温监测系统通过技术将测温的人类生物行为实现了数字化和自动化。但是对于政府部门而言，仅仅实现自动化测量体温是不足应对突发状态下的疫情处置的，必须要与疫情的应急处置流程耦合起来才能发现问题、解决问题，在《关于规范中小学新冠肺炎疫情应急处置流程的通知》中，对中小学校新冠肺炎疫情应急处置流程提出以下三个环节：

一是在校内任何场所，一旦自感不适或检测发现师生员工体温大于等于37.3℃，所在场所相关工作人员应立即将异常人员带至就近的临时留观点，为其佩戴一次性口罩，并在旁陪护安抚，同时报告学校疫情联络员。

二是异常人员带离后，场所其他工作人员登记现场师生员工个人信息，提醒在场人员做好个人防护，注意规范佩戴口罩，勤洗手，减少人员接触，注意观察自身状况，然后继续正常在校学习生活。没有接到排除信息前，有关现场人员不得离校。

三是在临时留观点，一般由定点联系医院驻校医生或校医对有异常情况的人员再次进行体温检测和简单询问，如果确认体温大于等于37.3℃或有咳嗽、腹泻等症状，则启动应急处置；如有境外或省外重点疫区旅居史或接触史等流行病学史的，应参照疑似病例处置，立即启动应急处置。如果体温小于37.3℃，由校医或定点联系医院驻校医生根据实际情况，决定继续观察、返回恢复正常学习生活或启动应急处置。

　　上述流程的第一个环节可与通道型红外体温监测系统相耦合，实现对师生员工体温的识别和数据获取与传递，并在没有确定输入、处理与输出的信息前，就形成一个针对异常温度报警的行为组件，进一步设定好该异常温度报警行为组件输入、处理和输出的事实信息、知识信息和新知识信息，做好社会组织行为的内容与行为组件的耦合，就生产出了一个可以完成异常温度报警任务的功能元件。在上述温度监测过程中，事实信息包括对师生员工的测量温度等数据，和新知识信息一样可预先进行结构化设置；知识信息包括正常体温是 36.0℃ 到 37.2℃ 之间，可设计为预置信息构件；温度异常报警行为组件对测量温度与正常体温进行匹配、判断等处理，最后向屏幕上展示体温实时数据和风险状态的新知识信息，如果发现异常温度，可将异常人员的异常温度上传到定点医院和政府防疫部门的信息系统中，用于疑似病例的发现工作。上述实例中人类生物行为、社会组织行为的耦合关系，以及相关信息、数据、技术、流程和环节的关系如图 6 - 50 所示。

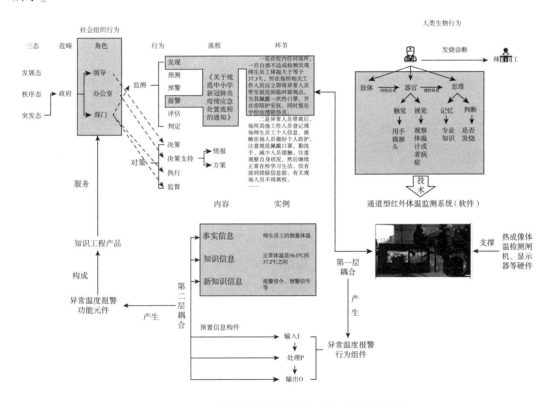

图 6 - 50　社会组织行为与人类生物行为耦合关系

第六节　伴随服务

　　当领域知识工程产品交付用户时，领域知识工程团队就开始伴随用户，不断与用户进行互动，根据用户角色行为数字化的信息需求，不断地分析、识别和获取相关信息，为用户所使用的知识工程产品补充新的事实信息和知识信息［领域既有的知识信息和新任务所需的新知识信息（用户）］，不断加深用户任务的深度，不断扩展用户的领域，不断覆盖用户的更多角色——这个过程就是伴随服务。伴随服务分为深化服务和拓展服务两个维度。

本节将以互联网＋保健品直销广告社会共治系统为例，对基于该产品实例的两个维度的伴随服务进行重点介绍。

一、产品实例

1. 任务范式

领域知识工程产品是基于最小化任务（确定的、最小化领域）、按照最小化原则设计出来的用户角色行为场景数字化的产品。本产品实例的边界锁定在互联网上的保健品直销广告监管这个特定领域。从政府范畴来看，互联网＋保健品直销广告领域，其主管部门是市场监管部门，其职能从国家市场监督管理总局向下贯穿到乡镇/街道的市场监督管理所；相关部门包括商务、工信、网信、卫健、公安等部门，如图6－51所示。

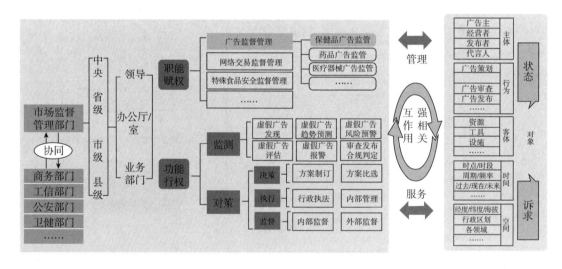

图6－51　互联网＋保健品直销广告领域任务范式

保健品直销广告监管的对象是广告活动主体，即广告主、广告代言人、广告经营者和广告发布者，以及其在广告经营活动中所发生的广告内容和广告行为。本产品实例中的广告主是直销企业。根据最新统计，目前有91家持牌直销企业，正在申牌的有46家企业，另外还存在许多无证又没有申请牌照的直销企业。保健品是保健食品的简称，保健食品大多从它的性质、功能和适用特定人群来进行分类。我国《保健食品注册管理办法》中列明了27种有效保健功能，如表6－29所示。

表 6-29　27 种有效保健功能表

1. 增强免疫力	15. 减肥
2. 辅助降血脂	16. 改善生长发育
3. 辅助降血糖	17. 增加骨密度
4. 抗氧化	18. 改善营养性贫血
5. 辅助改善记忆	19. 对化学性肝损伤的辅助保护作用
6. 缓解视疲劳	20. 祛痤疮
7. 促进排铅	21. 祛黄褐斑
8. 清咽	22. 改善皮肤水分
9. 辅助降血压	23. 改善皮肤油分
10. 改善睡眠	24. 调节肠道菌群
11. 促进泌乳	25. 促进消化
12. 缓解体力疲劳	26. 通便
13. 提高缺氧耐受力	27. 对胃黏膜损伤有辅助保护功能
14. 对辐射危害有辅助保护功能	

保健品广告媒介主要分为平面媒体、广播、电视、户外、互联网以及其他形式。其中互联网媒介，主要包括各类互联网网站、电子邮箱、自媒体、论坛以及即时通信工具等互联网媒介资源。

目前，在保健品直销企业与传统保健品企业并存的保健品市场中，保健品直销企业为了获得更多市场份额，利用互联网广告所特有的传播方式便利、成本低廉、渠道隐蔽、覆盖面广等特点，纷纷采取互联网广告形式宣传其企业及产品（保健品）。其中出现了很多虚假宣传的现象，且屡禁不止。该现象不仅误导消费者买到根本不存在或与实际不相符的产品，还往往导致恶性事件的发生，影响正常的市场经济秩序。

而之所以出现屡禁不止的现象，是因为当前的保健品直销广告监管模式是被动地监管。市场监管部门一般都是等保健品直销虚假广告在互联网上出现并产生严重后果后，才闻风而动严惩当事者。这种"救火式"的事后监管模式固然能大快民意，给社会一个交代，但这种"头痛医头，脚痛医脚"的事后监管方式，无法从根本上解决问题。

虚假广告屡禁不止的根源是广告商自身的审查和发布环节的不合规，甚至有意发布虚假广告。鉴于这种传统监管模式的不足，需要将监管前置到广告商自身的审查和发布环节，也就是说前置到事中监管，乃至事前监管。依据保健品直销广告审查和发布的合规性要求，进行重点监管，促使广告商主动按照法律法规、行业标准和内部规范等，对自身审查和发布行为进行合规性自控，并在审查发布自控全过程中留下相应的痕迹证据信息，供广告厂商对其审查发布行为的监测。同时，也将痕迹证据信息提供给监管部门和社会公众，以证明自身发布的广告内容真实客观、符合规定。上述事前、事中、事后全程自控自证的自制模式＋监管部门强力管制的模式＋社会公众、同业竞争者和消费者监督的模式，三者共同构成了社会共治的实体创新模式。将这种实体创新模式数字化，就是"互联网＋社会共治监管模式"，如图 6-52 所示。这种模式是通过广告监管部门、广告商信息系统、社会第三方服务平台互联互通互操作＋预置、仿真、对称、反馈＋相关角色行为数字化系统实现的。其中关于"相关角色行为数字化"的应用，是指广告商没有审查发布的数字化应用系统，而由第三方平台为其提供的合规性自控软件和合规性证据数据提供的应用。

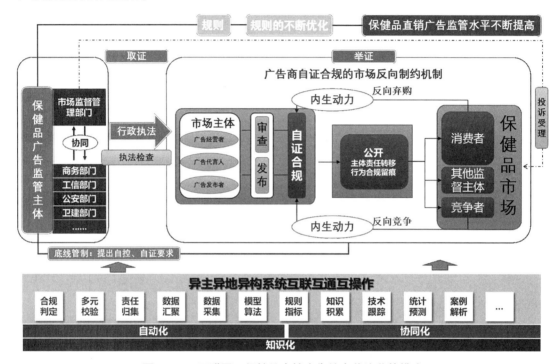

图6-52 互联网+保健品直销广告社会共治监管模式

2. 初始化运行

上述任务范式演化形成的互联网+保健品直销广告社会共治系统，通过互联互通互操作机制，将广告监管部门信息系统、广告商信息系统、社会第三方服务平台、信息资源（知识信息和事实信息）集成到一个信息管理平台之上，并以统一的门户界面提供给监管部门、广告商和社会公众等主体使用。同时通过中枢系统预置信息构件和预置功能组件、任务管理系统对应和关联，门户界面实现广告监管部门的监测对策、广告商的审查发布行为的合规性自控自证、社会公众的投诉举报等功能。在此基础上，选定保健品直销广告审查和发布任务实例范围，通过任务管理系统进行任务设定、确定和管控，即可实现产品初始化运行。

（1）产品功能

互联网+保健品直销广告社会共治系统门户分为保健品直销广告监管部门工作门户和保健品广告监管对象服务门户两大类。其中保健品直销广告监管部门工作门户的功能分为核心区和辅助区两大类——核心区包括保健品广告监管主体对应的角色区，以及行为对应的监测区和对策区；辅助区包括预置资源区、政务头条区和需求区。

核心区

▶ 角色区：预置三种角色即市场监管部门的领导、办公室、职能部门，不同角色承担针对保健品广告审查发布的相应的监测对策行为。

▶ 监测区的功能包括：违法广告事件跟踪、趋势预测、风险预警、合规性判定等，主要是发现和跟踪保健品直销虚假广告事件，根据广告发布者和经营者目前的状态，运用数学模型，对保健品直销虚假广告可能在未来出现的趋势和可能进行推测，对该类保健品广告存在风险进行及时预警，并依据预置的合规性判定规则对广告商的审查发布行为进行判断，得出是否合规的结论，为广告监管领导决策提供信息保障。

▶ 对策区的功能包括：决策、执行与监督。主要是根据监测到的广告商广告审查和发布情况，以及合规性判定结果，广告发布者所在市场监管部门对不合规的广告商做出行政检查和进一步行政处罚的决定，如果判断涉及管辖异地广告主、广告经营者有困难的，自动提醒领导协调异地市场监管部门协同处理，同时通报工信、网信、公安等有关部门。并将行政检查、做出行政处罚决定以及执行等行政执法全过程留痕信息，提供给行政执法监督机构，如司法机关执法监督、监察部门和纪检部门等接受内部监督，并通过公开方式将上述信息提供给行政相对人，以及媒体和公众等接受外部监督。

辅助区

其功能主要是满足保健品广告直销广告监管的事实信息和知识信息需求，基于个性化知识推荐引擎技术，根据每个用户的职责要求、个人偏好、位置等多个维度进行个性化推荐，推荐内容包括保健品广告相关法律法规、专项政策、领导指示、典型事件等，另外用户在产品使用过程中可直接通过需求区提出自己的需求、建议、想法等。如图6－53所示互联网＋保健品广告社会共治系统领导工作门户。

保健品广告监管对象服务门户依据不同对象主体即广告商（含广告主、广告经营者、广告发布者及广告牵涉的广告代言人）、竞争者和消费者，其功能元素设置分为广告商一侧的审查和发布合规性证明信息、广告动态信息以及广告规则公示信息等；竞争者和消费者一侧分为虚假广告投诉信息、虚假广告举报信息等。广告商一侧的审查和发布合规性信息功能，通过广告商自主上传发布的广告信息，经其预置的广告合规性规则判定，符合法律法规规定的即为合规广告信息，其合规广告信息会形成广告动态信息，滚动出现在门户首页进行公示，也便竞争者和消费者及其他监督主体进行监督，除此之外，服务门户提供广告规则的相关信息，便于广告合规性信息的广泛传播，也利于广告商、竞争者、消费者作为上传、监督保健品广告的依据。竞争者和消费者一侧的虚假广告投诉和举报信息功能是保障其知情权、表达权的一种体现，通过广告规则信息和判定结果对广告商发布的广告进行监督，有利于消费者维护自身合法利益，同时也能够刺激竞争者自发维护良好广告市场环境，促进保健品广告市场良好健康运行。如图6－54所示，互联网＋保健品直销广告社会共治系统—服务门户。

上述门户各类角色功能的实现，是基于互联网＋保健品直销广告社会共治系统中的中枢系统的预置信息构件、预置功能组件以及任务管理系统，通过互联互通互操作机制，预置了保健品广告审查发布的合规性判定规则、责任归集规则、做出相应的行政检查和行政处罚的指令规则等知识信息，并仿真监管部门强力管制、保健品广告商审查发布全程的自控自证以及社会公众、消费者和同行竞争者监督过程，实现监管部门、广告商、其他监督者的信息对称以及各类角色职责履行的实时反馈。互联网＋保健品直销广告社会共治系统功能如图6－55所示。

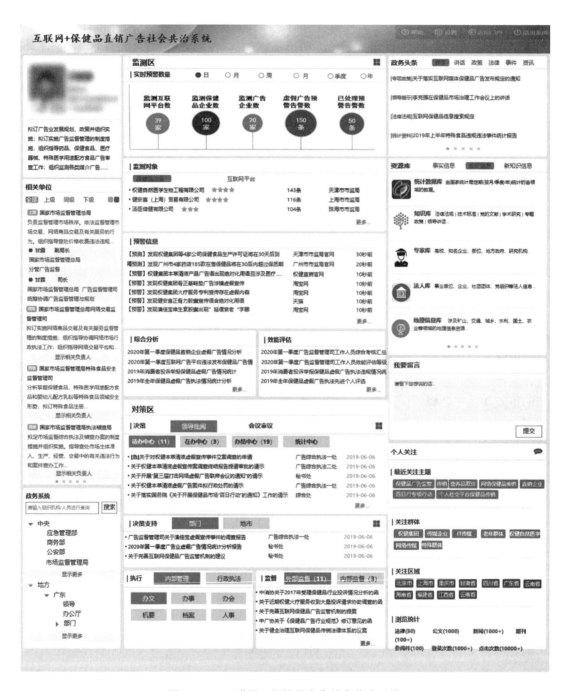

图 6 – 53 互联网 + 保健品广告社会共治系统

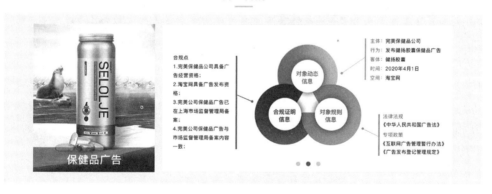

图6-54 互联网+保健品直销广告社会共治系统—服务门户

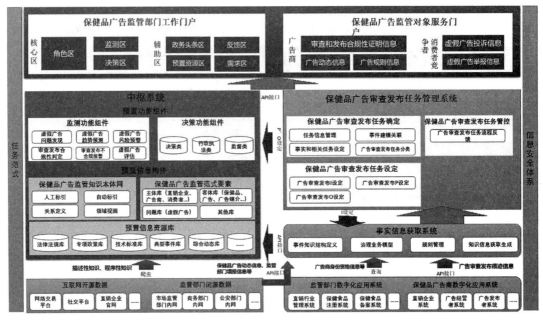

图6-55 互联网+保健品直销广告社会共治系统功能图

具体实现过程是：根据广告审查发布行为合规性自控自证任务，任务管理系统设定输入信息I指令，事实信息获取系统通过接口对接保健品广告商的数字化应用（如广告需求方平台、代言人手机终端、媒介方平台以及广告信息交换平台等），执行指令获取广告商广告审查发布的痕迹信息，并自动查询监管部门的服务系统（比如直销行业管理系统、保健品注册系统、保健食品备案系统等），获取广告商的身份资格信息、保健品注册登记基本信息等，知识引擎执行指令获取广告相关的描述性知识和程序性知识，并通过接口自动导入预置信息资源库。执行P、O指令对预置信息进行主题化标引形成保健品直销广告领域范式要素库和知识本体网，为互联网+保健品直销广告社会共治系统提供信息能力支撑。预置功能组件分为监测类预置功能组件和对策类预置功能组件两大类，二者互相对应、关联，实现广告商审查发布全程的自制—自控自证、监管部门强力管制以及社会公众和消费者监督过程的完整社会行为闭环。

（2）任务赋值

本次互联网+保健品直销广告社会共治系统初始化运行实例选定的是91家持牌直销企业中的X公司的Y常心胶囊宣传案例（为避免误会，使用化名）、互联网广告媒介选定为网络交易平台中的淘宝和京东这个最小化边界。

阶段一：承接登记

当W广告经营者在接受X公司的Y常心胶囊广告业务委托时，W广告经营者自控合规系统将自动审核查验并登记X公司提供的名称、地址和有效联系方式等主体身份信息，建立电子登记档案并定期核实更新，并按照广告法规的相关规定，向X公司收取其主体资格证明和广告内容及其表现形式真实性的证明材料。

阶段二：合规性审查

完成承接登记后，W 广告经营者自控合规系统将自动把 Y 常心胶囊广告内容及其表现形式与 X 公司所提供的各种证明文件或材料的数据逐一判定，并调用预置知识库中的保健品广告合规性判定规则，审查判定 X 公司的 Y 常心胶囊广告与客观事实是否相符，有无随意虚构和隐瞒真相，具体包括：判定 Y 常心胶囊广告中的性能、功能、功效、用途、质量、规格、成分是否与 X 公司所提供的各种证明文件或材料相符，判定广告内容是否属于允许声称的保健功能，是否出现涉及疾病预防、治疗功能，是否出现声称或者暗示广告保健品为保障健康所必需、是否出现夸大保健食品功效，是否出现明示或者暗示适合所有症状等，具体如表 6 – 30 所示。

表 6 – 30　Y 常心胶囊合规性审查表

审查对象	初始化运行状态判定规则	判定结果
Y 常心胶囊	是否属于允许声称的保健功能	是
	是否涉及疾病预防、治疗功能	否
	是否声称或者暗示广告保健品为保障健康所必需	否
	保健品的功能是否与实际情况不符	是
	保健品的生产者是否与实际情况不符	是
	是否标明"本品不能代替药物"	是
	是否标示功效、安全性的断言或者保证	是
	是否与药品、其他保健食品进行比较	否
	是否利用广告代言人作推荐、证明	否
Y 常心胶囊	保健品的性能是否与实际情况不符	否
	保健品的产地是否与实际情况不符	否
	保健品的用途是否与实际情况不符	否
	保健品或服务的质量是否与实际情况不符	否
	保健品的规格是否与实际情况不符	否
	保健品的成分是否与实际情况不符	否
	保健品的有效期限是否与实际情况不符	否
	保健品的曾获荣誉是否与实际情况不符	否
	是否使用虚构、伪造或者无法验证的科研成果、统计资料、调查结果、文摘、引用语等信息作证明材料的	否
	是否虚构使用保健品效果的	否
	是否利用和出现国家机关及其事业单位、医疗机构、学术机构、行业组织的名义和形象为产品功效作证明	否
	是否以专家、医务人员和消费者的名义和形象为产品功效作证明	否
	是否用公众难以理解的专业化术语、神秘化语言、表示科技含量的语言等描述该产品的作用特征和机理	否
	是否夸大保健食品功效，明示或者暗示适合所有症状	否
	是否宣称产品为祖传秘方	否
	是否含有无效退款、保险公司保险等内容的	否
	……	否

针对 Y 常心胶囊广告内容，自控合规系统的审查判定结果合规的，完成审查后，W 广告经营者将委托进行广告发布者（淘宝、京东）发布 Y 常心胶囊广告，并向发布者提供 Y 常心胶囊广告内容的合规性审查的证明信息和全过程痕迹信息。

阶段三：广告发布

淘宝和京东交易平台在接受广告经营者委托的 Y 常心胶囊广告发布业务时，系统将通过接口自动获取广告经营者自控合规性系统的关于 Y 常心胶囊广告内容的合规性审查全过程痕迹信息，对发布者提供的广告内容合规性审查证明信息进行查验判定，一是查验判定其是否真的有做广告内容的合规性审查，二是查验判定其审查结果是否合规（广告发布者在查验判定广告经营者广告审查发布时，自建广告查验判定系统，也可以购买使用互联网＋保健品直销广告社会共治系统中的广告查验判定系统）。

此次淘宝和京东交易平台查验判定结果是，广告经营者对 Y 常心胶囊广告内容合规性审查与实际相符，作出准予进行该广告发布的决定，并将提交市场监管部门系统进行审批，审核部门负责人在线一键签字批准后，淘宝和京东将允许 Y 常心胶囊上架，并发布宣传广告。同时自证合规系统将审查发布的合规性证据信息进行形式化处理后，在互联网＋保健品直销广告社会共治系统服务门户、企业门户或综合性网站、公众号、新闻网站等互联网媒介公开公示，接受竞争者和消费者的监督。如果自控合规系统判定结果不合规，淘宝和京东将不接受广告经营者委托的关于 Y 常心胶囊的广告发布业务，并将不合规的证据信息自动发送至监管部门进行举报，广告发布者所在地市场监管部门将对不合规的广告商做出行政检查和进一步行政处罚的决定。

本次产品初始化运行实例中，互联网＋保健品直销广告社会共治系统的功能和信息服务，基本实现广告商审查发布全程的自控自证、监管部门强力管制，以及社会公众、消费者和同行竞争者监督过程的初始化运行化状态，随着用户不断使用会在两个方面产生新的信息需求，一是在 Y 常心胶囊广告社会共治监管任务边界内产生的新的知识信息需求，比如在市场监管部门用户一侧新产生的虚假广告趋势预测、风险预警和综合评估等信息需求，以及在监管对象用户一侧新产生的广告审查发布合规性判定规则和责任归集规则等信息需求；二是超出 Y 常心胶囊广告社会共治监管任务边界产生的新的知识信息需求，比如在市场监管部门用户一侧新产生的药品广告监管、医疗器械广告监管、特殊医学用途配方食品广告等领域的角色行为数字化需求，以及在监管对象用户一侧新产生的 91 家持牌直销公司所有产品广告审查发布的自控自证合规信息需求，这就需要领域知识工程团队持续不断地与用户进行互动，不断迭代生产，为监管部门和监管对象两类用户提供持续不断的深化和伴随服务。

二、深化服务

深化服务是在原有保健品直销广告这个最小化领域边界内、在一个商业合同周期内，由领域知识工程团队提供的不断深化监管部门和对象系统用户的角色行为数字化需求的服务，这个过程是从交付产品的初始化状态开始，由专门的领域知识工程团队伴随用户一生的任务而展开的。根据用户角色分类的不同，深化服务可以分为监管部门用户的深化服务和监管对象用户的深化服务。

1. 监管部门用户的深化服务

在上述互联网＋保健品直销广告社会共治系统初始化运行阶段，根据市场监管部门的用户角色的行为类别，系统预置了虚假广告问题发现、虚假广告趋势预测、虚假广告风险预警、广告审查发布合规性判定、广告审查发布不合规报警、虚假广告综合评估等功能，而在初始化运行阶段市场监管部门用户的需求聚焦在虚假广告问题的发现和广告商审查发布的合规性判定结果上，虽然基本实现了从广告商审查发布这个根源处消除 Y 常心胶囊广告虚假宣传的问题，但是并没有提出虚假广告的趋势预测和风险预警等信息需求，还不能掌握保健品虚假广告发展的动向和规律，因此需要增加对保健品直销虚假广告可能在未来出现的趋势和可能、保健品广告存在的风险预警等信息，以便于全盘掌握规律，进行重点监管。而且随着相关法律法规、技术标准的不断修订完善，用户在虚假广告的发现和广告商审查发布的合规性判定结果等原有信息需求方面也会进一步加深。因此就需要领域知识工程师不断伴随用户，根据用户新的信息需求，按照领域知识工程方法去不断深化原有虚假广告审查发布的合规性判定规则，增加保健品虚假广告趋势预测规则、保健品虚假广告风险预警规则、广告审查发布不合规报警规则、虚假广告综合评估规则等，然后通过互联网＋保健品直销广告社会共治系统识别和获取这些信息，满足市场监管部门用户在保健品直销广告监管这个最小领域的更多需求，不断加深市场监管部门用户保健品直销广告监管任务的深度。如图 6－56 所示为监管部门用户的深化服务过程。

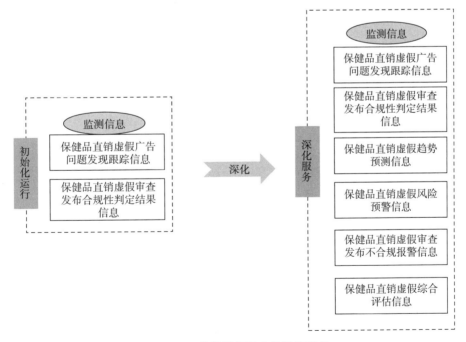

图 6－56　监管部门用户的深化服务

2. 监管对象用户的深化服务

上述广告商的 Y 常心胶囊广告审查发布自控自证合规初始化运行中，根据政府强力管制要求，以及广告商自身审查发布广告合规性自控自证的信息需求，保健品直销广告监管领域知识工程师在互联网＋保健品直销广告社会共治系统中，为广告商预置了保健品直销企业 X 公司的主体审核查验规则、Y 常心胶囊广告内容合规性判定的基本规则，包括判定广告内容是否属于允许声称的保健功能、是否出现涉及疾病预防、治疗功能，是否出现声称或者暗示广告保健品为保障健康所必需、是否出现夸大保健食品功效，是否出现明示或者暗示适合所有症状等判定规则，基本满足了广告商审查发布 Y 常心胶囊全程的自制—自控—自证需求。

但是随着保健品市场竞争的不断加强，为了获得更多市场份额，广告商使用了更加隐晦的宣传文字，比如，圣安明胶囊功效超出了 2016 年国家食品药品监督管理局关于保健食品的申报功能为 27 项，出现了调解虚劳、咳嗽、气喘、失眠、消化不良等渲染疾病功效内容，暗示保健食品为治疗病症所必需的内容，出现最新技术、最高科学、最先进制法等绝对化的用语和表述，暗示适合所有人群等。原有的判定规则不足以支撑保健品直销广告合规性判定，因此需要领域知识工程师根据广告商用户新的信息需求，按照领域知识工程方法去不断补充增加这些判定规则，不断为其补充新的信息，不断深化广告商用户的任务深度，具体如表 6－31 所示。

表 6－31　监管对象用户的深化服务合规性判定规则变化表

审查对象	初始化运行状态判定规则	判定结果	深化服务（新增）判定规则
Y 常心胶囊	是否属于允许声称的保健功能	是	1. 是否声称或者暗示保健食品为正常生活 2. 或者治疗病症所必需 3. 是否直接或者间接怂恿任意、过量使用保健食品 4. 是否扩大适宜人群范围，明示或者暗示适合所有人群 5. 是否含有使用该产品能够获得健康的表述 6. 是否通过渲染、夸大某种健康状况或者疾病
	是否涉及疾病预防、治疗功能	否	
	是否声称或者暗示广告保健品为保障健康所必需	否	
	保健品的功能是否与实际情况不符	是	
	保健品的生产者是否与实际情况不符	是	
	是否标明"本品不能代替药物"	是	
	是否标示功效、安全性的断言或者保证	是	
	是否与药品、其他保健食品进行比较	否	
	是否利用广告代言人作推荐、证明	否	
	保健品的性能是否与实际情况不符	否	
	保健品的产地是否与实际情况不符	否	
	保健品的用途是否与实际情况不符	否	
	保健品或服务的质量是否与实际情况不符	否	
	保健品的规格是否与实际情况不符	否	
	保健品的成分是否与实际情况不符	否	
	保健品的有效期限是否与实际情况不符	否	
	保健品的曾获荣誉是否与实际情况不符	否	
	是否使用虚构、伪造或者无法验证的科研成果、统计资料、调查结果、文摘、引用语等信息作证明材料的	否	
	是否虚构使用保健品效果的	否	

续表

审查对象	初始化运行状态判定规则	判定结果	深化服务（新增）判定规则
Y常心胶囊	是否利用和出现国家机关及其事业单位、医疗机构、学术机构、行业组织的名义和形象为产品功效作证明	否	7. 是否通过描述某种疾病容易导致的身体危害 8. 是否含有最新技术、最高科学、最先进制法等绝对化的用语和表述 9. 是否利用封建迷信进行保健食品宣传
	是否以专家、医务人员和消费者的名义和形象为产品功效作证明	否	
	是否用公众难以理解的专业化术语、神秘化语言、表示科技含量的语言等描述该产品的作用特征和机理	否	
	是否夸大保健食品功效，明示或者暗示适合所有症状	否	
	是否宣称产品为祖传秘方	否	
	是否含有无效退款、保险公司保险等内容的	否	
	……	否	

监管部门用户的深化服务和监管对象用户的深化服务过程中，并没有不增加新的数据采集任务的、没有增加开发任务，也没有和别的部门发生关系的，因为通过互联网＋保健品直销广告社会共治系统，已经为监管部门用户和监管对象用户预置好所有角色行为数字化的功能，原有的产品就不会改变，只是原有产品的合规性判定规则、指标等数据内容有了增加，用户的任务深度不断加深了。

三、拓展服务

拓展服务是指随着用户角色和行为的不断深化和拓展，超出了原有保健品监管这个最小化领域边界，在新的商业合同周期内，领域知识产品设计团队、开发团队和伴随服务团队，按照领域知识生产方法，分析用户在新领域的角色行为数字化新需求，在已有框架的基础上回归到创意想定期上进入最初的产品定义和设计，开发团队进行开发，不断地迭代完善框架本身和加入新的知识模块，然后继续提供新的最小化领域产品的深度服务过程。拓展服务分为监管部门用户的拓展服务和监管对象用户的拓展服务。

1. 监管部门用户的拓展服务

上述互联网＋保健品直销广告社会共治系统，基本实现了市场监管部门用户保健品直销广告监管在这个最小化领域的初始化运行状态，并且进行了保健品直销广告任务的深化，但是市场监管部门有很多最小化的领域或很多最小化任务要完成，比如根据《国家市场监督管理总局职能配置、内设机构和人员编制规定》相关要求可知，还有药品、医疗器械、特殊医学用途配方食品广告等最小化领域，这些最小化领域都要逐步去实现数字化，就是在这些拓展的新领域提供产品的初始化和深化服务。这样才能不断扩展用户的领域，不断加深用户任务的深度，不断覆盖用户的更多角色。

具体表现：一是最小化领域由保健品直销广告监管扩展到药品、医疗器械、特殊医学用途配方食品的广告的监管等领域；二是监管对象由选定的一家直销企业扩展到91家持牌直销公司、正在申请拿牌的直销企业、非法直销企业；三是监测的广告内容合规情况，由原来1家直销企业的1个保健品广告扩展到91家持牌直销公司、正在申请拿牌的直销企业、非法直销企业，乃至更多企业的所有产品广告，包括保健品广告、药品广告、医疗器械广告、特殊医学用途配方食品广告等；四是监测的广告媒介由初始化选定的网络交易平台中淘宝和京东，扩展到所有网络交易平台、互联网网站、电子邮箱以及自媒体、论坛、即时通信工具等互联网媒介资源。监管部门用户拓展服务如图6-57所示。

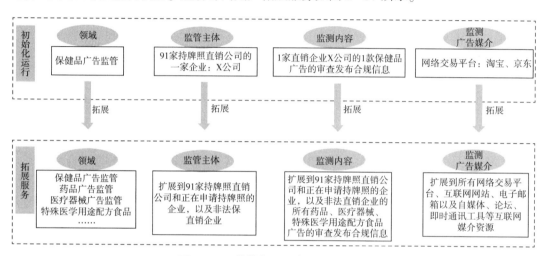

图6-57 监管部门用户的拓展服务

2. 监管对象用户的拓展服务

上述广告商在互联网+保健品直销广告社会共治系统的初始化运行实例选定的1家直销企业X公司的Y常心胶囊宣传案例，互联网广告媒介选定为网络交易平台中的淘宝和京东，基本实现了广告商审查发布自控自证合规的初始化运行状态，并且进行了任务的深化。但是直销企业X公司的产品不止Y常心胶囊这一个保健品，还有很多产品，比如Y灵芝胶囊、Y茶沛胶囊、Y花粉胶囊等保健食品，以及失眠治疗器具、保健功能床垫等保健器材。而且直销公司也不止X公司一家，目前有91家持牌直销企业，正在申牌的有46家企业，另外还存在许多无证又没有申请牌照的直销企业。这些企业的产品广告审查发布都要实现自制，即自控自证合规。因此就需要领域知识工程团队在已有互联网+保健品直销广告社会共治系统框架的基础上回归到创意想定期上，进行其他更多产品广告审查发布自控自证合规产品的设计开发，不断地为互联网+保健品直销广告社会共治系统加入新的知识模块，然后进行任务赋值开始产品的初始化运行，并提供新的深化服务。

在监管部门用户的拓展服务和监管对象用户的拓展服务过程中，跨了领域、新增了监管对象，产生了新的开发和数据采集任务，这都是需要在新的商业合同周期内完成的。

第七节　过程管理

传统工程产品生产过程中往往涉及任务如何分解、由谁负责任务的执行、产品设计开发各阶段的时间进度如何安排、产品质量的标准制定等问题。而在领域知识工程学中，这些问题都涉及工程产品的生产过程的组织和管理。因此，过程管理就是指在领域知识工程产品生产过程当中统筹调配各项资源要素投入，管控进度和产出的行为活动，以及这种行为活动的数字化。过程管理的对象包含范围、时间、成本、人力、质量五个要素。领域知识产品生产是在基本任务范式的约束下利用八个工程方法开展设计、开发、运营活动的，过程管理从范围、时间、成本、人力、质量五个要素对各工程阶段及工程方法的使用进行监测管控。

领域知识工程产品设计、开发、运营三个工程阶段的任务属性不相同，因此对过程管理五要素管控的重点也有差异。产品设计阶段过程管理主要关注产品及任务边界确定、设计任务进度及质量要求、工程团队的组建等；开发阶段过程管理偏重管控开发任务是否按照设计来实现、实现的进度、程度和质量如何等；运营阶段过程管理偏重产品发布节点、运营策略等的管控。

领域知识生产管理系统（以下简称知识生产系统）是领域知识工程产品生产的应用工具，它是基于领域知识工程方法论对工程产品生产过程中的角色、行为数字化、（半）自动化的实现。设计文稿编制、事件建模、预置信息构件生产等都在知识生产系统中进行，因此积累、沉淀了生产进程、任务执行等痕迹数据，具备了在工程产品生产过程中进行效率管理、合规性管理、人力资源管理、质量管理等过程管理的信息基础。领域知识生产管理系统集生产与管理于一体，天然实现了领域知识工程产品生产过程管理的数字化、协同化、自动化，创新性地解决了当下软件产品供应商生产过程管理未数字化、协同化、自动化的问题，打破了软件产品生产"裁缝没有衣服穿、木匠没有椅子坐"的尴尬局面。

一、管理对象

过程管理就是组织、协调、控制影响领域知识工程产品生产成效的因素，以能够按照计划实现既定的生产目标，产出符合要求的领域知识工程产品的行为活动。影响领域知识工程产品生产成效的因素就是过程管理的对象：范围、时间、成本、人力、质量。过程管理时五个过程管理对象间的管控不是割裂的，五个要素是相关相连的，任意对象的属性值、状态值发生变动都会引起其他对象的变动，因此过程管理需要综合管控五个管理对象。

按照领域知识工程产品工程阶段和过程管理五要素二维角度，我们部分列举了对领域知识工程产品生产过程管理时的关键输出物，这些输出物按类型分为管理标准、过程偏差记录、对策记录三大类。管理标准是在启动领域知识工程产品生产前对产品范围、时间、成本、人力、质量五个对象的预设规定值，是知识生产系统进行自动化或半自动化监控管理生产过程的依据，管理标准的载体诸如产品范围说明书、产品运营规划、产品生产进度计划、成本控制计划等；过程偏差记录是在生产产品时五个管理对象实际运行值的记录，是各角色在知识生产系统中执行任务、推动产品生产进度时的实时痕迹数据，它反映真实的生产情况；对策记录是生产系统根据比对各项管理对象的预置标准值与实际值之间的差值而自动或者提醒相关角色采取应对措施，调整偏差，保障生产任务顺畅完成时的行为记录，如产品范围变更清单、产品成本核准及变更清单等，如表6－32所示。

表 6 – 32　领域知识工程产品过程管理内容说明

管理对象 关键输出 工程阶段	产品设计	产品开发	产品运营
范围	• 产品创意［创意设计师］ • 产品范围说明书［领域运营师］ • 产品范围基线［领域运营师］ • 产品范围变更清单［产品集成师］ • 产品设计任务计划［功能设计师］	• 开发任务清单［产品集成师］	• 产品发布计划［领域运营师］ • 产品运营规划
时间	• 产品生产进度计划［产品集成师］ • 产品设计里程碑［功能设计师］ • 产品进度绩效报告［产品集成师］ • 产品进度校正清单［产品集成师］	• 开发进度计划［产品集成师、知识萃取师、情报整编师］	• 产品发布里程碑［领域运营师］
成本	• 产品成本控制计划［领域运营师］ • 产品成本核准及变更清单［领域运营师］		
人力	• 工程团队组织架构［领域运营师］ • 工程团队管理计划［产品集成师］	• 工程团队绩效报告［产品集成师］	
质量	• 产品质量度量指标单［领域运营师］ • 产品质量管理计划［领域运营师］ • 产品设计文稿质量要求［产品集成师］	• 产品开发质量管控计划［产品集成师］	

注："［ ］"中的文字代表主要负责或参与该项目产出的角色。

1. 范围管理

范围指领域知识工程产品面向的领域、特定角色、特定问题，是产品和生产任务的边界约束。

在设计阶段创意设计师需要产出文本化的产品创意，通常以文稿、顶层架构图等形式为载体。领域运营师需要在产品创意限定下编制产品范围说明书、划定产品范围基线。产品范围说明书用于阐明即将生产的领域知识工程产品的两域、面向的特定问题、目标和角色。产品范围基线是对产品范围说明书中界定出的边界内的事项编订重要程度，为后期生产过程管理中产品任务、范围实际变动提供参考值。框定了产品边界后产品集成师、功能设计师需要编订细化的产品设计任务计划。产品开发阶段，产品集成师及开发团队的成员需要根据设计阶段产出的设计稿制定产品开发任务清单，明确开发过程的任务边界。领域运营师需要针对产品的运营制定运营规划和产品发布计划。产品交付后领域运营师需要按照计划执行运营任务并相机变更调整计划，如何相机调整能够实现完善领域知识产品、分蘖出应用实例是该阶段范围管理的主要任务。

2. 时间管理

时间是产品设计、生产、发布等过程、行为开始和结束节点的限定条件，是管控生产进度的基准。在过程管理中对时间的管理就是对划定的产品范围和设计开发任务开始、结束等关键时间节点的限定和控制。

在设计阶段需要明确领域知识工程产品生产的时间限定，表述方式为"计划开始于××××年××月××日，结束于××××年××月××日"，然后在这个大的时间框架下对产品范围说明文档中设定的范围和任务进行时间赋值，赋值过程一般采用甘特图的方式呈现，如图6-58所示。

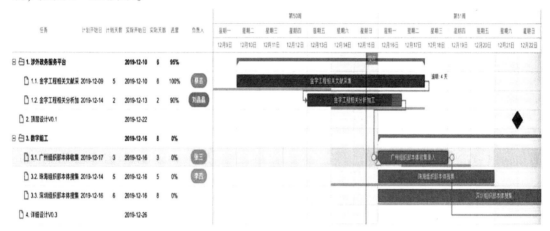

图6-58 赋值过程甘特图

在开发阶段，开发团队在总的对开发阶段的时间限定下对开发任务进行时间赋值，明确产品开发进度计划和里程碑。产品开发进度计划规定了在什么时间段进行什么任务，开发里程碑标记了进度计划中的重要时间点，为评估进度绩效、检测和校正进度提供监控锚点。产品运营阶段对时间的管理主要是对产品发布计划和运营规划中的任务赋上时间约束，并比对实际耗时与计划耗时，以纠正运营任务进度。

3. 成本管理

成本是生产领域知识工程产品所耗费的生产资料、劳动力等投入的货币表现，如工资费用等。领域知识工程产品过程管理中对成本的管理以产品范围说明为依据，对领域知识工程产品整个生产过程的投入成本进行估算并编制出各项投入的预算作为成本管理控制的基准。

在领域知识工程产品生产过程中，需要审计实际成本耗费与预算成本间的差值，对实际成本偏离预算成本定性——是有利于成本控制，还是不利于成本控制。成本控制的目标是让实际成本小于或等于预算成本。若实际成本偏离预算成本被判定为不利于成本控制的，我们就需要识别问题和原因并采取纠偏措施，如增加成本预算、寻求更小成本的方案、排除不在范围内的成本支出等。

在划定产品范围、明确人力构成和时间花费后就可以预估成本、编制预算成本。以预算成本为基准，领域运营师需要编订产品成本控制计划并定期核算产品生产过程中的实际花费，分析预算值与实际值的偏差，采取控制成本举措。这一过程就会产生产品成本核准及变更清单。

4. 人力管理

人力即工程团队，是参与领域知识工程产品，执行设计、开发任务，实现产品生产的人力资源。领域知识工程产品生产过程中对人力的管理的核心是管理能力。对工程团队能力管理包含两个层面的含义，一是对工程团队中角色的能力管理，二是对构成工程团队的工作团队的能力进行管理。

管理工程团队中的角色能力是对工程团队人力的微观管理，是从任务属性来定义执行该项任务的知识工程师所要具备的能力。将这些能力要求指标化、体系化就形成过程管理中对人力管理的评价基准。以情报整编师为例，我们将其分为三个等级：初级、中级和高级，并从信息资源采集效率、信息资源加工效率、任务完成率、任务良品率、任务返工率和系统实操6个维度管理和评价情报整编师的能力，如表6-33所示。在领域知识产品生产过程中对标准值和实际值进行分析，以评估绩效，纠正偏差。

表6-33　情报整编师能力要求表

等级	角色的效能要求	角色的考核
高级情报整编师	交付物： 信息资源、知识情报、研究综述（部级领域、覆盖全国） 交互对象： 产品集成师、功能设计师、知识萃取师	信息资源采集效率≥240条/天 信息资源加工效率≥140条/天 任务完成率≥90% 任务良品率≥90% 任务返工率≤5% 系统实操考核分数≥90分
中级情报整编师	交付物： 信息资源、知识情报、研究综述（司级领域、覆盖省级） 交互对象： 产品集成师、功能设计师、知识萃取师	信息资源采集效率≥220条/天 信息资源加工效率≥120条/天 任务完成率≥90% 任务良品率≥80% 任务返工率≤10% 系统实操考核分数≥80分
初级情报整编师	交付物： 信息资源、知识情报、研究综述（处级领域、覆盖市级、区县级） 交互对象： 产品集成师、功能设计师、知识萃取师	信息资源采集效率≥200条/天 信息资源加工效率≥100条/天 任务完成率≥85% 任务良品率≥70% 任务返工率≤20% 系统实操考核分数≥70分

管理构成工程团队的工作团队的能力是对设计团队、开发团队、运营团队的人员配置的管理。它主要是从不同生产阶段对工程团队的能力要求的差异去考量和管理人力的。以信息技术能力为例，在设计阶段知识工程师的信息技术能力最低要求是能够熟练运用工具软件（如Word、Excel、PPT等办公软件，Axure、Sketch等原型设计软件）、了解熟悉信息技术，跟踪新技术、新应用的动态，这样才能在产品设计中选择恰当的技术和应用，用于产品的典型场景。而在开发阶段知识工程师的信息技术能力最低要求是能够将产品设计转化实现为软件。因此在过程管理中需要综合考虑工程阶段属性和任务范围，搭建一个团队规模适中，能力属性匹配工程阶段任务要求的工程团队。管理构成工程团队的工作团队能力可以根据产品范围说明和设计开发设计任务量从开放的人力资源池中选择可用的知识工程师，搭配组建出工程团队，这项过程管控行为是由领域运营师和产

品集成师共同进行，管控的文本材料是工程团队组织架构和工程团队管理计划。

5. 质量管理

质量是对最终产出交付并满足特定用户特定需求的领域知识工程产品所具备的功能作用的状态。在设计阶段，主要的产出物是领域知识工程产品设计稿、文献汇编和原型设计。这些产出应该满足何种条件才能交付给下一个环节的要求就是质量标准。为了管理质量，过程管理中需要在设计阶段基于产品范围说明和产品定义编制产品质量标准，制定可执行的产品质量管理计划。在产品开发阶段对相应的任务产出编制质量要求和验收标准、产品开发质量管控计划。产品质量标准是过程管理时开展产品质量评估、审计质量管理计划的参照值，当实际的生产质量低于这些标准值时就需要采取措施改进产品质量使之能够达到质量要求，顺利发布。

二、管理子系统

领域知识生产管理系统（以下简称知识生产系统）是以领域知识工程团队为目标角色，按照工程阶段、生产方法构建的辅助领域知识工程产品生产和过程管理的应用系统，它由角色门户子系统、产品生产子系统、管理子系统三部分构成，如图 6 - 59 所示。角色门户子系统是工程团队中各类角色成员履行职责、交付任务、沟通反馈信息的交互区域；产品生产子系统是执行生产任务的功能区域；管理子系统是对工程产品生产过程进行初始值预设和过程管控的功能区域。此外，知识生产系统还包含设计文稿编制工具，以部分实现领域知识工程产品设计文稿编制的数字化、工程化、结构化。

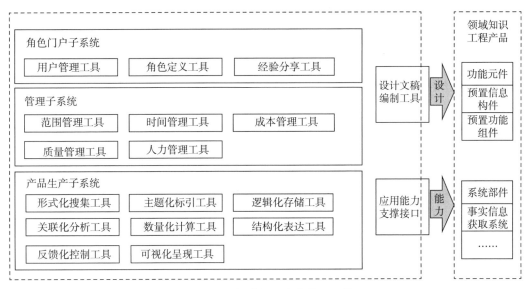

图 6 - 59　领域知识生产管理系统

无论是产品创意假定还是设计文稿编制、预置信息构件生产、预置功能组件生产，我们都会大量地使用领域知识生产管理系统，在使用过程中留下的痕迹数据，为我们管控领域知识工程产品生产，开展过程管理提供了基础。管理子系统按过程管理的五个对象分为五个模块：范围管理工具、时间管理工具、成本管理工具、人力管理工具、质量管理工具,这五个模块互相联动,环环相接,实现了知识工程产品过程管理的数字化、(半)自动化,如图 6-60 所示。

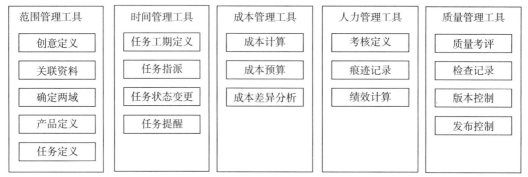

图 6-60　管理子系统

1. 范围管理工具

范围管理工具为领域知识工程产品的设计和开发范围、任务的管理提供数字化、自动化能力,将产品生产过程中与范围确定和变更的事项如创意假定、产品定义、分解任务等串联起来,如图 6-61 所示。

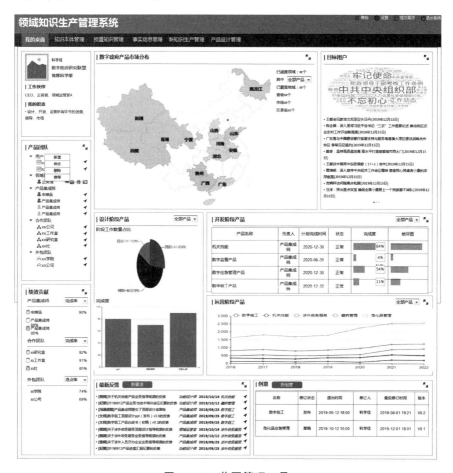

图 6-61　范围管理工具

创意设计师假定了工程产品创意后可以在知识生产系统角色门户中去创建、发布新创意。创意发布后生产系统会根据发布范围显示并根据领域运营师产品偏好画像定向推送提醒该新发布的创意。若领域运营师认为自己具备转化该创意为产品的现实性，就可以在创意列表中选择该创意创建工程产品生产计划，如图 6-62 所示。

图 6-62　创意设计师创建、发布新创意

创建产品就是将创意转变为产品的第一步，如图 6-63 所示。创建产品后领域运营师可以按照工程阶段、生产方法等维度结构化定义产品并关联领域知识生产系统中已有的资源，完成产品及任务的边界范围框定，如图 6-64 所示。

图 6-63　产品创建

产品集成师和功能设计师可以在个人门户中看到创建的产品信息，且可以在领域运营师定义的产品任务下从领域知识工程生产任务清单中勾选和细化各阶段生产任务，定义每个任务的执行范围和要求，如图 6-65 所示。自此领域知识工程产品过程管理中的范围管理预设值就设定完毕，在实际生产过程中范围管理工具比对各任务的执行范围和产出，对范围异常偏离的情况予以预警。

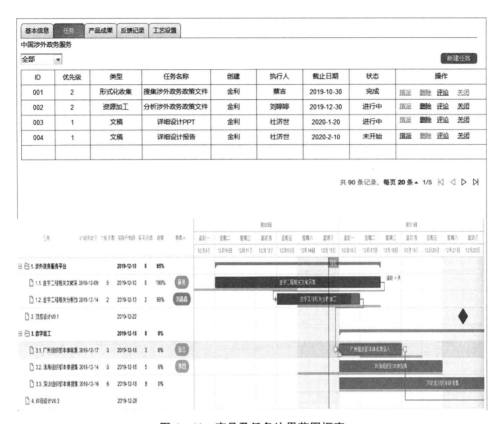

图 6-64　产品及任务边界范围框定

—形式化搜集设置

库名称	搜集来源	负责人	搜集方式	搜集周期	操作
党的文献库	共产党员网、人民网	xxx	自动搜集	7*24	新增/修改/删除
法律法规库	人大法规库	xxx	自动搜集	7*24	新增/修改/删除

—主题化标引设置

标引任务	负责人	标引类型	标引方式	操作
党的文献-xx目录	xxx	形式标引/内容标引/应用标引	自动标引	新增/修改/删除
法律法规-xx目录-xxxx文	xxx	形式标引/内容标引/应用标引	手工标引	新增/修改/删除

+ 逻辑化存储设置

+ 关联化分析设置

+ 数量化计算设置

+ 结构化表达设置

+ 可视化表达设置

完成

图 6-65　产品任务执行范围和要求

2. 时间管理工具

时间管理工具是针对产品生产进度开展管理的功能模块。过程管理中对时间的管理实质上就是对领域知识工程产品生产进度的管控。在范围管理工具设定任务的基础上，领域运营是产品集成师等知识工程师可以按照计划定义任务工期，锚定关键时间节点，并将任务指派给对应的责任人，从而完成领域知识工程产品生产的初始设定。系统会根据实际的时间进度对任务的开始、临期、截止进行提醒，并对任务状态进行判断、提示和变更。若异常任务延期执行，则负责该任务的知识工程师的个人绩效评估会相应地记录上这项异常。

创意设计师的职责之一是跟踪创意的实现过程，指导产品生产，防止产品在生产实现过程中偏离产品创意。领域运营师负责整个产品生产的进度把控，以按时向目标用户履行承诺、交付产品。两个角色均可以在角色门户中使用时间管理工具，监管产品生产进度情况。同时系统也会根据设定的任务里程碑及实际状态偏离做出报警和偏离状态性质评估，为创意设计师、产品集成师采取进度管控措施提供信息辅助。如在一项预置信息构件生产任务中，因为执行该项任务的知识萃取师对所服务的应用范畴不熟悉，进而导致生产预置信息构件时效率低于预估平均值，系统会在该项任务设定的完成时间节点之前通过计算模型趋势预测出该项任务有很高的延期风险，并向产品集成师报警，如图 6 – 66 所示。

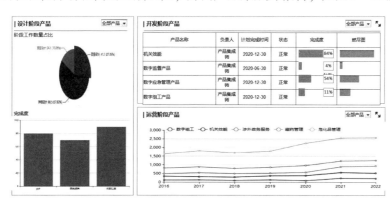

图 6 – 66 创意设计师跟踪创意实现过程

产品集成师、功能设计师、知识萃取、情报汇编师四类角色在产品生产过程中依职责担负不同的任务，每项任务有自己的时间节点。在这四类角色的门户中包含了自己负责的任务和关联的任务进度情况，同时系统会对临期任务进行预先提醒，如图 6 – 67 所示。

3. 成本管理工具

成本管理工具是针对领域知识工程产品成本计算、成本预算、成本差异分析行为的数字化。在新定义一个领域知识工程产品时成本管理工具会关联成本计算相关的市场数据、要素价格等，辅助估算成本以编制成本预算。编制成本预算后，成本管理工具会比对设定的成本和领域知识工程产品实际设计生产过程中消耗的成本，进行成本差异分析并判定差异是否符合成本控制的目标——实际成本小于或等于预算成本。同时，因为领域运营师设定了成本预算，规定了成本支出项，因此成本管理工具可以以此为基准评判产品生产过程中预算使用的合规性，报警提示预算外的不必要支出。

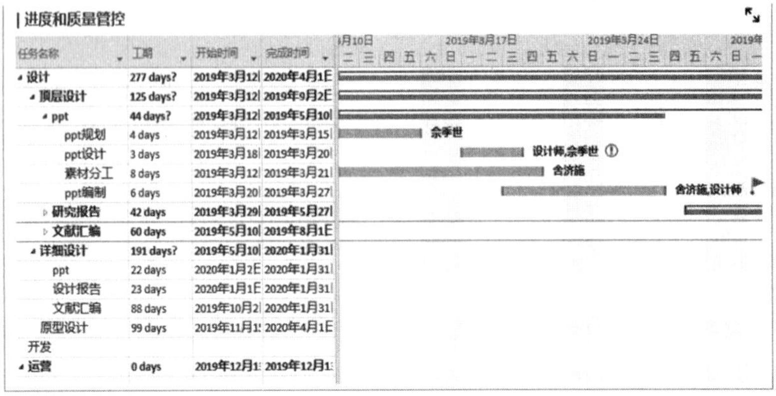

图 6 - 67 四类角色任务进度图

4. 人力管理工具

人力管理工具是对工程团队和知识工程师个人进行管理的功能模块。过程管理中对人力管理包括管理知识工程师个人能力和工作团队能力管理。知识工程师能力管理可以在设立了完整的评价指标体系和角色岗位等级标杆的前提下，通过绩效评估的形式去评价和激励知识工程师自我能力成长。人力管理工具能够记录知识工程师执行任务时的痕迹信息，并利用痕迹信息、预置评价指标体系、预置的能力计算公式进行绩效计算、考核结果判定。对工程团队中各成员的绩效考核的主要负责人是产品集成师，在该角色的门户中可以看到人力管理工具中团队成员绩效贡献情况，这些情况包括总体绩效评价、个体绩效偏差等。同时，人力管理工具会计算同产品内同类任务的平均效率，并以此为参照值提醒实际效率低于平均效率的任务执行人，如信息资源加工的平均效率是 121 条/天，某情报整编师周内信息资源加工效率为 115 条/天，则系统会提示：当前任务执行效率低于参考值，若不提高效率至 121 条/天，则您的绩效考评分数将被扣 1 分，绩效考评扣分累计达 10，您的绩效奖励会被减少，如图 6 - 68 所示。

图 6 - 68 人力管理工具

工作团队能力的管理主要是依靠调配各个团队中各类知识工程师的能力结构来实现。领域运营师和产品集成师是负责工程团队组建和维护的角色，两个角色对应的门户中包含对工作团队进行管理的工具，包括组建团队、调整工作团队的成员等，如图6-69和图6-70所示。

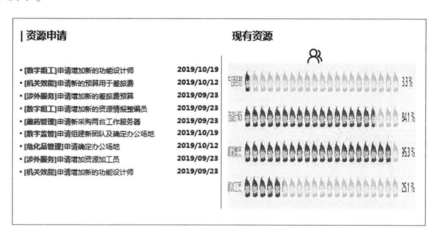

图6-69　工作团队组建和维护系统操作界面

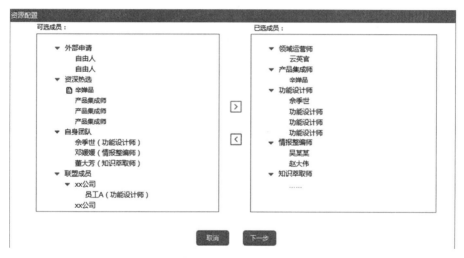

图6-70　工作团队组建和维护系统操作界面

人力管理工具可以汇聚领域知识工程业态中的各类知识工程师及自由人，并且大致刻画了每个领域知识工程师的能力画像，方便在组建特定领域知识工程产品团队时进行能力搭配和平衡。

5. 质量管理工具

质量管理工具针对领域知识工程产品的生产过程质量进行管控。领域运营师和产品集成师可以预置特定领域知识工程产品的质量标准，系统会记录关键环节的质量指标值，并审计标准值与实际值的偏差，评估生产质量，若生产质量低于预期值则向产品集成师、领域运营师报警，质量管控如图6-71、图6-72所示。

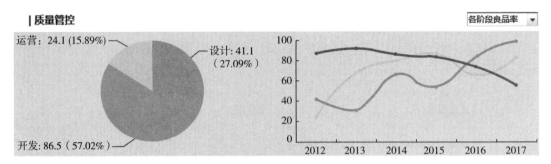

图 6-71 产品质量管控统计图

图 6-72 产品质量反馈记录图

当功能设计师、知识萃取师、情报整编师在执行具体生产任务时对不合规范的任务执行和效果进行警示，以保证生产过程的质量。如情报整编师在采集信息资源时需要分级分类存储并标明信息资源的类别、来源等属性，但是在实际执行中情报整编师将采集的信息资源的分类出错，来源类别缺失，质量管理工具会基于文本识别能力推理判断出这一可能的错误并作出反馈警示。

第七章　实训实战

本书前六章依次介绍了领域知识工程学的基础理论及核心方法论，在本章将重点阐明领域知识工程学的传播方法，即领域知识工程学传播过程中教与学的关系及方法。领域知识工程学的传播有别于传统的任何一门学科，其最核心的传播方式为实训及实战。该传播方式是由本书前六章所介绍的领域知识工程学的世界观、价值观及其特有的任务范式所决定的、不可替代的。因此，本章所介绍的领域知识工程学的实训实战也完全不同于传统意义上的项目实践，它将具有更为宏大的体系结构及更为复杂的内部关系。其本身就是领域知识工程学的一个实例，也将完全映射出领域知识工程学所主张的未来信息社会发展的核心规律及全新业态。

第一节　传播创新

领域知识工程学的传播，有三类场景：大学教育、企业培训及个人自学。其核心要素包括教材、教法、教师。而教法主要有两种手段：一种是课堂教学，另一种是实训实战。根据三类场景，选择不同的教育方式。例如，本书前六章的内容若应用在大学教育，则由学校组织教学活动，由老师以课堂教学和实训实战的方式把知识及方法传递给学生，让学生获取和不断提高领域知识工程的能力。通过系统的课堂学习和一系列实训实战训练后，充分掌握本书前六章内容的学生则可以成为未来信息社会的通才，进而蜕变为合格的领域知识工程师。本节就以大学教育这类场景应用为例，来阐明领域知识工程学在传播方法上的特点及创新。

一、领域知识工程学的教育观

本学科在传播方法上之所以有别于其他学科，能实现传播创新的根本原因在于我们所主张的教育观或者说教育理念的不同。领域知识工程学所主张的教育理念来源于本书第一章第二节学科渊源中的描述内容。我们已经意识到随着未来社会的进一步发展，现实任务一旦确定，其所需的专业知识存在不确定性。例如，在新型冠状病毒肆虐期间，我们要在短时间内建成小汤山医院，面对这一特定任务，纯粹的建筑学或纯粹的防疫学专业知识都不能胜任。病区如何划分，过道如何规划，才能防止医护感染、病患间交叉感染，且还要具备可操作性等，无一不是两门专业的深度纠缠和耦合。在这个特定任务中，众多专业中的建筑学和防疫学两门专业就走到了一起。在特定任务确定之前，这是人们难以提前预知和准备的。因此，社会客观需求就产生了——在解决现实问题时注定需要在顶层对任务相关知识进行横贯和集成，需要一类人在最短的时间内把任何专业知识集成起来，把任何相关专业工程师组织起来。换言之，未来社会中完成特定任务目标解决现实世界问题时的团队一定是由少数的领域知识工程师加上大量的相关专业工程师组成。如上例，在这个特殊时期中，就需要有人能在最短时间内横贯建筑、防疫、至少呼吸科一门以上的多门专业，同时组织起建筑专家、防疫专家、临床专家等众多角色最终完成任务目标，解决问题。之所以会呈现出这样的客观需求，其原因在于：现实世界是一个整体，人们在认知现实世界时不可能整体性认知，只能分析性认知，将其解构为多专业后、专业越分越细去进行认知。而一个现实问题要解决，客观事件要进行改造的时候，一定是总体上解决的，不可能是一个侧面接一个侧面地解决再拼接。这就注定了需要在同一个时点，多专业同时发挥作用才能整体性解决问题。这种多专业同时点发力的能力，靠各专业知识工程师是办不到的。即使是多专业工程师聚合在一起，由于专业壁垒的存在，也难以形成合力，必须有一个角色将他们进行整合和组织，才能完成现实世界中对特定问题的整体解决。而这种能进行顶层横贯，能组织整合各专业知识工程师的人才，其最显著的标签就是"综合"二字。

那么，如何才能培养出具备这种综合能力的人才呢？在美国 MIT 提出的工程教育理念中，让人才走向综合的途径，是使人才从知识内部穿越两门甚至两门以上的专业知识（如在上例中，就需要培养出建筑学及防疫学的双料专家，同时精通这两门专业的所有知识）。MIT 使用"知识串编"来形容这一途径，意指通过专门的训练让人才能够掌握多门不同专业的知识而成为综合型人才。然而，以往的大学生培养让其在有限时间内仅深入掌握一门专业知识尚显困难，何况现在提出的在相同时间内要掌握两门甚至多门专业知识。因此，在这条通往综合人才的培养路径上，势必聚焦于专业知识的传递效率。即如何让大学生在大学阶段更高效、更多地学会和掌握专业知识及技能。而在领域知识工程学的教育理念中，我们已经注意到，人类永远不知道下一个突发在眼前的任务到底需要哪两门甚至哪几门专业相耦合，因此，我们提出了另外一条走向综合的路径——前文所提及的领域知识工程关于任务范式、范式演化和工程方法所描述的内容。与 MIT 让人才从多专业知识内部进行穿越不同，领域知识工程主张让人才站在专业的外部，去发现、识别不同专业知识的外部特征，进而能集成和利用多专业知识来解决特定任务范式下的具体问题。

以此教育理念为基础，领域知识工程学自然地提出大学生进入大学的核心使命不在于学会并掌握了多少门专业知识及技能，而更为重要的是要在大学阶段完成其社会化的转变。从这一认知出发，领域知识工程学的传播首先将为学生们揭示未来信息社会的本源规律，未来社会需要的是综合型人才，而如何成为此类人才，在领域知识工程学的范式框架下，这些问题都将会一一被解答。当学生意识到自身的真实使命后，随着内生动力机制的触发，则注定会改变现有的教学模式下教与学的关系。大学则不再仅是一个单纯传授专业知识及技能的场所，它将成为一个辅助学生在四年时间内提前体验和完成社会化转变，实现自身蝶化的孵化器。在学生深刻认知和把握未来信息社会发展本质规律的前提下，大学旨在"锤炼"（不再是传授或赋予）学生一项"综合"的能力——领域知识工程能力：站在众多专业知识外部去发现、识别、集成和利用与具体任务紧密相关的专业知识解决实际问题的能力。大学定位上的转变，也注定会带来有别于传统大学教育中教学内容的改变和教学形式的改变。

因此，在此教育理念引领下，领域知识工程学的传播与传统学科教育相比，将会出现三大创新——关系创新、内容创新、形式创新。

二、三大创新点

（一）关系创新

在以传授多门专业知识及技能为目标的教育理念下，其教育方式普遍是以单向传播为主，即老师传向学生。在这一过程中强调的是老师把知识、技能传授给学生。师者，传道授业解惑。这里的道、业、惑指的都是围绕某一专业知识或技能而言的，其注重的皆是专业知识的原理。虽然儒家也提倡经世致用的教育理念，但最终均会回归其无所不包的道和理，这也就是我们所常说的原理性知识。这种教育理念也导致了过往教学过程中常常出现"满堂灌"的现象。整个教学过程都呈现出教主动，学被动的态势。而时下所提出的各种教学改革、教法创新皆是致力于研究如何提高这个"灌"的效率和成效。在这里，师永远在生的上面、对面。

而领域知识工程学的传播，将对师生间这一关系进行重构。这一重构是建立在未来信息社会发展的客观规律之上的必然结果，是以学生对这一客观规律的自我认同为前提的。同时，这一关系重构也直接指向领域知识工程学所主张的走向综合的路径——面向特定任务时，站在专业知识外部的发现、识别、集成、利用而非从专业知识内部进行多专业、跨领域的穿越。我们首先要让大学生认识到未来信息社会发展的规律和未来信息社会的业态本身，随后意识到自身在大学阶段的真实使命其实是要完成个人社会化的转变。大学是一个人人生历程中至关重要的阶段，从教育心理学和发展心理学角度讲，大学阶段是一个人人生历程的分水岭，度过大学阶段，一个个人将完全进入社会、融入社会成为一个真正意义上的社会个体。传统的大学教育观注重专业知识技能传授的同时却忽略了对学生该认知的唤醒。这也导致了多数大学生在进入社会以后才开始进行自己的社会化转变，其社会化成熟度低、转化成本高、效率低，最终导致很多人才的报废率升高。通俗地说，这就是当前普遍存在的很多大学生在大学毕业以后感觉人生方向很迷茫，就业很困难的现象。究其根本，就是社会化转化的滞后。大学生在毕业后才后知后觉，多次碰壁、反复摸索后才逐渐明白社会发展过程的规律及业态，才逐渐明白进入社会后有哪些社会角色是自己可以选择的。这个时候他们及其家长又需要投入额外的时间成本和经济成本来重塑自身，使自己能完成社会化转化。而此时再进行的重塑，与大学阶段相比却多了生存压力、竞争压力等诸多外部因素的干扰，使得成效并不理想，最终导致部分人的社会化转化失败，从此泯然众人。

然而这一切却是可以避免的。领域知识工程学的传播，首先就是启迪学生对这一社会发展客观规律的认知与认同，让学生在进入大学的第一天就明白，无论在大学阶段学什么专业，学什么技能，其自身在毕业后必将成为一个特定的社会角色。他们首先应该知道的就是未来社会的业态是什么样的，都有哪些社会角色存在，这些角色各自需要具备什么样的要素。而这些问题，通通都可以在本书前述章节中关于领域知识工程的范式描述里找到答案。因此，领域知识工程学传播创新，其实并非是教育的创新，而是回归到了一个人进入社会发展的客观规律本身，是从教育学、教育发展心理学、中国国情现实等维度出发的必然结果。在该过程中，我们面对的对象不仅是学生本人、学校和老师，还包括学生家长、未来的用人单位、企业甚至政府。让一个大学生的社会化过程前置到大学阶段来完成，实现"入学即入职、毕业即就业"。使得其本人在未来的社会化、角色化选择成本降低，成为优质的人力资源，这样上述的所有利益相关方最终都将受益。该理念并非是单纯的职业规划，而是从一个人的社会化成熟度出发考虑问题，让大学生意识到大学阶段其根本使命在于为自身的社会化、角色化做准备。通过领域知识工程学范式下的内生动力驱动，激活每一名大学生的使命和任务，让其真正意义上变为教与学这一过程中的主动者。相对而言，大学及教师则将成为大学生在这一过程中的辅助者，为其指引路径和提供必要的环境条件。

（二）内容创新

教学双方关系的转变完成后，随之而来的必然是教学内容的不同。领域知识工程学不仅仅是注重原理性知识的传播，其传播的重点并非是学科知识内容本身。我们主张的是要使学生获得一项"综合"的能力，即领域知识工程师的能力——在任意情况下针对任意领域任意任务的发现、识别、集成、利用任务所需的任何知识的能力。该能力不同于一般的专业性知识，不是通过传统的教学方法就能从老师手上过渡到学生手上的。在领域知识工程的传播过程中，我们的教师需要做的是三导——引导、指导和制导。

▶ 引导：不再仅仅是传授教师自有的知识，而是围绕领域知识工程学的谱系化知识体系和业态，与学生进行谱系化知识体系的互动。引导学生去自我完成条件性知识的获取和学习。随后，再根据领域知识工程学范式下不同的特定任务，去引导学生发现和识别与任务本身相关的专业知识，指引其获取、集成这些专业知识的路径和方法，而并非强调传授这些专业方法本身。

▶ 指导：领域知识工程师能力的形成注定是从实训和实战中来。在此过程中，教师要做的就是将领域知识工程学范式下展开的任务及其过程模式对学生进行植入。指导其从无到有最终至任务完成的每一步骤工作方法。

▶ 制导：领域知识工程师能力的形成无捷径可走。在学生对范式模式的植入完成后，教师要做的工作就是强制性地约束和敦促学生反复对本书第五章的工程方法进行重复性实践。通过强制性评估、考题、讨论等各种形式使学生自建其自身的领域知识工程学范式固化。通过短时间、高频次、大强度的不断重复实操，完成学生的动力定型，形成其领域知识工程学的条件反射，最终将学生推向本书所主张的解决现实社会问题的、特定任务的"超级应用"的工程师。

在这里，我们又一次强调领域知识工程学所主张的走向综合的途径，不是从多专业知识内部进行穿越，而是站在专业知识外部对任务相关的专业知识去进行发现、识别、集成和利用。因此，领域知识工程学的传播淡化了过往的从师到生单向传递、单向注入的方式，主张学生内生动力激发后的自主获取方式。同时，领域知识工程学不只是简单地传授静态的原理性知识。它进一步强调动态的系统过程——相互制约的、互作用强相关的系统过程。而这种系统过程只有通过体验式的教育才能使学生形成动力定型，进而实现条件反射式的高效响应——在面临特定任务时能不假思索地、惯性地使用领域知识工程方法，站在任务相关专业知识外部去发现、识别、集成和利用相关专业知识形成解决方案。随之而来的是通过"三导"的方式，以实训及实战为路径，不断辅助学生强化和锤炼自身的领域知识工程师意识及能力，最终让学生在进行社会角色选择之前，能成为未来信息社会的普遍角色——领域知识工程师。以此为基础，学生在对应成为具体的某一社会化、岗位化角色时，将更有底蕴及纵深。本教学内容及方式就与传统的项目实践、项目教学等手段有了本质的区别。传统的项目实践、项目制教学——包括麻省理工所倡导的工程教学模式，其根本目的还是在于让学生更为有效地获得和固化多专业领域的知识（多专业知识内部进行穿越），项目实践都是实现这一目的的一种路径。比如，在软件开发类课程的教学过程中，不可避免地都会让学生实际动手开发一段代码，完成部分软件功能，但其根本目的还是要学生掌握编程这项技能。而领域知识工程学所进行实训和实战，皆是围绕着学生领域知识工程师能力的形成——不强制要求其掌握更多、更深的专业知识，而是不断训练和强化其站在专业知识外部，根据特定任务去发现、识别、集成和利用专业知识的能力。一如上例的软件知识工程师培养。在领域工程学的培养理念下，重点不在于编程知识、技能本身，而在凸显和强化"任务完成"的概念。通过反复的训练和强化，我们一定会让学生意识到他为什么要去编这个程——因为这段程序代码在任务中它是不可或缺的、作为功能组件的一环。而任务完成是他们作为软件工程师的本职使命，为完成自身使命，他们需要具有编程这一能力。到此为止，领域知识工程学向学习者阐述清楚他们自身这一角色具备什么使命，完成这一使命需要什么条件。当已经具备该条件时，学习者自然可以利用条件，完成使命，进而成为合格的角色。当自身不具备条件时，学习者则需要通过以自我学习为主、在领域知识工程学导师的指引和辅助下去完成该条件的达成，最后又回到利用条件、完成使命、成为合格角色这条路径上。因此，领域知识工程学传播的重点始终是在向人们描述、刻画任务范式框架，反复解读在这一范式框架下角色、使命、条件之间的关系。而对于条件的达成（即过往的专业知识获取）则鼓励学生自主完成。

（三）形式创新

教学双方关系的转换，以学生内生动力为驱动的教法及教学内容的创新，导致了领域知识工程学的教学形式必然是以角色化实训及市场化实战来进行的。在关系创新中已经阐明，大学生在大学的根本使命是完成自身的社会化、角色化的前期关键期过程。因此，在整个大学本科四年内乃至研究生、博士阶段，我们将引领学生认知未来信息社会的角色及角色行为，然后通过实训方式使其在大学阶段尽可能多地遍历各类角色，履行其角色行为，真正意义上让其做好未来成为具体社会角色的充分体验和准备。实训过后，再代入真实的领域知识工程学范式下的特定任务，通过市场化的实战，固化其对角色的认知和体验，使其在毕业时就能胜任特定的社会角色。

同时，在领域知识工程学的形式创新中，我们将本学科所依托的条件性知识和特定任务相关的专业领域知识从传统教育的"传授"改为学生自主地"获取"。这一形式转变，同样也是基于关系创新后学生的内生动力触发的必然结果。我们鼓励、指引并且强制性约束学生们按本书所提供的资源目录自行学习本学科所必须具备的条件性知识。在此过程中，教师及其背后更为庞大的"领域知识工程开源空间"（本章第六节第一条将详细介绍）都将是学生自学过程中的资源池，为学生提供最大限度地指引和教导（我们的教育理念，一直提倡让大学生将大学作为一个客观存在的资源池，鼓励其主动地向大学索取各种各类、更多更广的资源，而不再是一如过往地被动等待大学或教师灌输。这里的资源不仅是知识资源，还包括社会资源——如主动申请加入项目团队、就业内推等）。而大学教师在这一过程中，还将肩负起在关键节点对学生自学成效的评估。例如，按本教法形式的大学教学安排中，我们将规定一个大学生自进校开始每一阶段（通常按学期为单位划分）需要阅读、批注和分析的专著、文献或论文的范围及数量，然后在约定的时间节点以答辩、报告、论坛等各种形式对每名学生的自学成果进行评估。此外，学生自学的过程评估将在最终评估结果中占有非常高的权重。教学组织者将动态跟踪学生的自学过程，例如，其与"资源池"交互的次数、向导师的有效提问数等。这样做的目的除了保障大学生自学的成效外，更大的意义在于教会大学生未来至关重要的一项技能——终身学习的能力。这也是未来信息社会发展过程中要求每一个人必须具备的能力，也是领域知识工程学教育理念中提倡让大学生在大学期间完成自身社会化转化的重要体现。领域知识工程学一再强调的是人的角色化。每个人进入社会后，终其一生，都将扮演一个或者多个社会角色。而角色始终与自身的任务关联，任务的完成又与完成任务所必须的条件关联。面临条件不具备的情况时，学习的需求就出现了。这是终身学习的根本，终身学习得以出现并存在的原因——角色关联任务、任务关联条件、条件关联学习。

领域知识工程学的此种形式创新，最终为社会输出的是两类人才。一类是纯粹的领域知识工程师（可以将其理解为一个全新的岗位，新物种、新人类）。这类人才的数量注定不会很多，他们一般都具有较深的信息技术专业功底，在参与具体项目的设计、开发、运营等不同环节时，其信息技术底子深厚的程度要求是不同的。在此基础上强化训练他们站在各其他专业外部去发现、识别、集成和利用任务相关知识的能力，在面临特定的现实任务时，他们就是站在顶层，在最短时间内提炼出该任务所需的一切相关专业知识，并进行集成和利用。随后，也是由他们组织、整合数量更为庞大的任务相关专业的专职工程师，形成合力最终完成任务，解决现实问题。而另一类人才，则是对现有（或称为传统）的各专业知识的工程师进行锤炼和加工。他们依然是各自专业领域的专职工程师，只是在经过领域知识工程学的熏陶和锻炼后，让他们内在地能清晰认知未来社会任务得以完成的客观规律；从外在，能具备优良的"接口能力"，在任务一开始时，就能主动地向领域知识工程师靠拢，主动地去"被整合""被组织"。当基数庞大的任务相关各专业知识的工程师们都有了这种意识和能力后，在面临具体任务时，领域知识工程师一旦出现在他们中间成为枢纽，则马上可以产生化学反应，形成合力，快速而高效地解决问题。在这里，我们可以形象地把第一类人才——领域知识工程师比喻为解决具体问题时的催化剂，他们的出现和存在，将保障任务的顺利完成、问题的最终解决，且相比于过往，能极大地缩短这个周期。

三、企业培训及个人自学

开篇我们谈到领域知识工程学的传播主要覆盖了三类场景：大学教育、企业培训及个人自学。本节前述内容对大学教育这类场景下的传播进行了有限地展开，接下来我们也简单描述一下另外两类场景下的传播。

（一）企业培训

当下，越来越多的企业开始意识到转型的必要性。越来越多的企业主及投资人已经开始认识到未来信息社会的发展规律——实体空间的政府、产业、社会要走向数字化、自动化；同时，传统的做IT、信息化工程服务的企业要走向实体化。我们可以形象地将其描述为IT企业去IT化、非IT企业IT化。当他们认识到这个规律后，必然会意识到领域知识工程师这一角色在推进信息社会发展、推进数字化进程中的特殊作用，及他们率先占领这一高地后的特殊回报。领域知识工程学会成为他们从高成本、高风险、高不确定性发展进程中解脱出来的一种出路。对社会发展的前瞻性认识，将让企业产生对人才转型的客观需求，从而产生对自身员工进行培训及学习的新需求。

针对已经实现或部分实现了社会化的企业在职员工，按领域知识工程学方法论的思想，依然主张通用的、普遍客观存在的动力机制——个人社会化的更加成熟及丰满。领域知识工程学的思想并不受某行某业的限制，它本身就是在探寻和描述社会发展客观规律的前提下提出了任务范式的概念。因此，各行业的企业员工遵循这一范式概念，都将找到更为成熟、更为丰满的自己。在提升自我的同时，也能为企业的转型创造价值。

关于培训的方式方法问题，在领域知识工程学所描绘、未来也必将实现的全新业态下（本章第四节将详细介绍），依托于领域知识工程开源空间，任何行业的任何企业都不需要为员工的培训和升华支付额外的成本，其自身的企业项目将是最合适的培训内容。依照本章所介绍的市场化实战形式，以领域知识工程思想为指引，企业员工在参与自身项目的过程中则能实现自身角色化的再选择、更成熟。领域知识工程的开源空间将以项目聚合的方式进入企业，成为前述介绍的领域知识工程学导师。依然引导、指导、制导这"三导"，在帮助企业完成项目的同时，更帮助企业员工完成其自身社会化新角色的丰富，完成新的社会化角色的选择，最终还给企业一帮成熟的领域知识工程师。例如，原本只是一个普通的IT行业的产品设计师，在通过领域知识工程范式任务的模式植入、动力定型、心理重构后，一旦成功转型为领域知识工程师后，其至少将具备原来所不具备跨入新应用行业、新应用领域进行产品设计的能力。通过领域知识工程方法的锤炼，在实现个人能力的倍增后，为企业带来价值的倍增，进而实现个人价值的倍增——个人价值由其所创造的社会价值来衡量和体现。领域知识工程学按照企业员工能力倍增—企业价值倍增—个人价值倍增的轨迹，实现员工个人的社会化丰满和升华。

（二）个人自学

除开大学生、企业员工外，剩下的自然人其实是特指在认知并认同领域知识工程学思想理论后，愿意主动融入领域知识开源空间的"自由人"。他们的动力机制就在于对自身社会化趋向和社会角色的选择做决断。这类个体，一般分两种情况。第一种是其个人在意识和认知到未来信息社会发展客观规律后，通过领域知识工程平台、开源空间等方式，接触庞大的谱系化知识体系。在开源空间中匹配到专属自身的项目和导师，依然按导师三导、自身动力驱动完成自学，最终蝶化成为合格的领域知识工程师这一普遍化社会角色，而后才投身到自己理性抉择后的具体岗位角色中去。第二种是通过领域知识工程学认知到未来信息社会的全新业态后，有强烈的主观意愿将自身的个人资源进行整合利用。他们通过开源空间，进行项目聚合，依托领域知识工程开源空间这一产业生态体系，实现自身个人资源的增值。

第二节　知识获取

按照人类认知和学习新知识、掌握新技能形成新能力的客观规律，在进行任何实训实战之前都要求学习者具备必要的前置性知识储备，或者说在学习新的知识之前，往往都需要一些前置性知识作为储备。领域知识工程学的传播创新主张的是反复多次的实际动手——实训和实战。而在实际动手之前，作为前置的基础和背景知识如何获取，将作为本节讨论的重点。本节首先会帮助读者回顾领域知识工程学的知识体系相关内容，阐明其内部的关联关系，随后介绍本书所主张的知识获取方式。

一、领域知识工程学知识体系

信息社会的知识体系架构是领域知识工程顶层横贯，信息通信技术工程底层承载，中间各专业知识工程纵向融通的复杂巨系统工程。由于各大学院校中间层专业知识体系设置不同，因此单一一所大学院校无法完全覆盖该知识体系架构。本书面向所有大学，每所大学可结合自身专业设置融合该知识体系。本书的教学方式可形象地比喻为"三明治"：顶层的领域知识工程学是本书的前六章内容（包括与之相关的一系列条件性知识），托底的信息技术则作为通用教学内容，中间层则根据各院校自身专业情况开设即可。各专业学生学习领域知识工程后结合本专业的应用，用好领域知识工程学知识和方法，增大他们横跨别的专业知识能力。同时，掌握底层信息技术实现效能倍增。对于计算机类的学生而言，本身就在学习信息工程技术、数字倍增技术。而对于其他非计算机类专业的学生，通过通识（条件性知识及领域知识工程基本理论）训练，学习领域知识工程学后会主动向信息技术工程师、知识工程师、各专业领域工程师相结合，而成为信息社会通才。未来社会的实体创新和数字倍增局面才会出现。明晰两者的关系，对教学安排及通识教育设置会产生指导性和引领性作用。学校以此更好地组织教育教学，组织学生在学校内完成知识的融合或培养出学生知识融合的理念。

关于领域知识工程学知识体系的详细介绍，在本书第一章第五节已作出描述。在这里将其核心内容作出简要提取。

▶ 信息机制——信息社会所独有的、所特有的以信息、以数据来表达和实现的经济社会的客观存在、复杂关系、运行状态和运动过程。社会运行机制是表达社会存在、运行和关系的机制。

▶ 任务范式——信息社会的基本特征是实体政府、实体产业、实体社会构成实体空间和数字空间相统一。领域知识工程学本身研究的、设计的就是"实体创新数字倍增""全网全程"的基本范式，是人类进入信息社会的具体缩影的表达方式。人类经济社会活动特定任务过程的基本范式包含如下基本要素：任何任务都在特定领域中展开的；任何任务都是由主动系统和对象系统两个系统互作用强相关的方式展开的；两个系统都分别有主体、行为、客体、时间、空间五个要素构成；主动系统的行为总是由解决对象系统的现存问题驱动的；主动系统行为所涉及的资源条件和任务边界，以及控制反馈总是由解决该问题的有限目标约束的；特定任务在实体空间展开的形式过程是以数字化和网络化方式实现效率倍增、时空协同和自动控制的。领域知识工程的理论方法，其精髓在于"两系统、五要素、问题驱动、目标约束、分类分级、相关相连"，它对一切任务的展开具有根本性的指导作用。五要素是整体性的，不可分裂的，任何一个有意义的过程、事件无一不是五个系统要素都是完整的。人在认识、感知五要素的时候，可能没有感知，在分析的时候，也有可能是不完整的，那么认知就有缺陷。比如，坐实嫌疑人就是将五要素整合到一起，国家对于经济调节方案的设定也是这样。

▶ 范式演化——信息社会中的信息包括两类，一类是狭义的信息，即客观事物的表征，还有一类是人类对客观事物的感知与认知。这两类信息人们都利用发明的符号来记录、表达、承载信息。例如，文字就是一种重要的符号的形式，而信息社会的特点就是把客观存在、客观事实和关于存在的知识这两类信息变成数据，而符号正是这种信息的介质的其中一种。信息通过文字这一符号数据化，又通过计算机里面的编码实现数据，利用二进制实现信息的数据化。在实现信息数据化的过程中，对人类经济社会行为的范式的认知、描述与实现都是通过本体实现的，本体驱动着事实和知识，并且能够表达人的行为过程。而本体构建则是完成对范式的构建，同时本体构建也是对任务范式的细化与系统化，也是将人类经济社会活动的任务实现自动化、协同化与知识化的工程本身的一种设计。

▶ 创意设计——领域知识工程学在实际应用中的方法指引。创意设计是在特定的领域中，基于信息机制和任务范式，应用领域知识工程方法，构建解决特定问题、完成特定任务的相关本体库，形成实体解决方案，并且利用数字化手段，打通相关异主异地异构的离散系统，实现全网全程，达到数字倍增的目的。创意设计指的是在特定的领域中，针对特定问题、特定任务进行创新设计、创造设计，是一个从无到有的过程。创意设计中的"创意"尤为重要，创意的要点是围绕特定领域内特定问题的解决方向、解决思路、所需条件、所依赖的资源等，针对实体空间（包括社会系统、非 IT 技术系统）和网络空间进行有效的、特定的解决方案的设计。

▶ 工程方法——信息社会区别于农业社会、工业社会的特点是可以把存在的信息变为数字，将人类的感官、肢体、思维行为和监测、对策的社会行为软件化。工程方法是解决知识工程师用工程化的工具和方法，构建领域知识工程产品的途径，是知识工程师的工程化的方法和工具。工程方法包括形式化搜集、主题化标引、逻辑化存储、关联化分析、数量化计算、结构化表达、反馈化控制、可视化呈现这八种。工艺流程的确定依赖于领域和区域的限定。

二、条件性知识传递方式

（一）条件性知识体系

条件性知识，也称背景性知识。要深刻理解领域知识工程方法思想，乃至融会贯通本书前六章所描述的理论及方法进而成为合格的领域知识工程师必须具备的背景性条件性知识。需要条件性知识的原因可概括为四方面：

一是现代社会的良性运行和可持续发展。社会分工不断细化，带来对整合的要求更高。这个时候不同分工之间需要有沟通，不同学科之间需要有融合，那么具有广阔知识平台、丰富知识储备的通才能胜任。

二是现代社会发展的原动力——创新。各个学科相互沟通、相互交融、相互渗透。宽口径、厚基础的通才们才可以实现社会突破和进取。有句话：综合就是创新，交叉就是创新，渗透就是创新。

三是现代社会一个现实的问题——人才流动频繁。随着中国市场经济的不断进步，产业结构调整，职业结构调整的不断深化，发现跨行业、跨领域的人才流动日益频繁。这个时候，多种技能的通才要比那些只具有一项技能的专才，更能适应现代社会的变动。

四是在现实社会中，在人类经济社会活动中完成任务开展活动的，一定是通才和专才的结合体，是他们的协调合作。而一般来说通才需求少，专才更多，其原因在于客观世界本身是一个整体，是由多种领域知识汇聚的，其本身涉及各个专业领域。在完成任务时必然会最终落地到各专业领域知识。在他们之上，则需要有一个能把任务所需各专业领域知识及工作人员集成起来，顶层横贯，各专业纵向贯通的角色，既是通才，又是我们所培养的领域知识工程师。

条件性知识客观来说是多多益善的，但本书所主张和推荐的条件性知识主要包括以下几方面：

▶ 哲学：思辨哲学、古典哲学

▶ 系统科学：老"新三论"——系统论，信息论，控制论；"新三论"——协同论，突变论，过程论

▶ 逻辑学：形式逻辑，数理逻辑，辩证逻辑

▶ 语言学：现代汉语（词法，句法），普通语言学

▶ 数学史：数学思想史——解决人类在发展过程中怎么进行数理化，形式化认识、分析现实世界

▶ 信息通信技术（ICT）

▶ 图书情报学

▶ 审美学：人文、艺术

（二）条件性知识的传递

关于条件性知识的传递方式，我们在第一节的形式创新部分已经做过介绍。在大学教育场景中，是由导师引导、指导和制导学生进行自我学习，不再采用传统的课堂教学模式占用学时进行授课式的传递。对企业员工和个人自学而言更是如此。我们期望通过自我学习、自我获取这种模式，培养起学习者关于知识链接的概念，学会一种未来将受用终身的学习能力和方法。任何人，尤其是偏理工科专业出身的个人，在接触领域知识工程学条件性知识前期，都会感觉陌生和艰难。而我们将为学习者们提供一个入口，分门别类地预置推荐一系列的学科专著、文献及论文。并会依据个人学习规律，向其推荐

适合的学习强度及程度。在自学过程中，学习者每碰到一个陌生的、难以理解的词汇或论述，则将开启知识链接的过程。他们可以求助于网络，求助于领域知识工程开源空间的成熟领域知识工程师、求助于庞大的领域知识工程谱系化知识体系系统……总之，通过各种可能的手段从陌生到熟悉，进而掌握理解。通过此模式的不断循环迭代，逐步构建属于个人特有的知识体系、知识网络。这样的循环迭代，我们将之描述为知识链接——知识获取的方式是链接的，构建起的个人知识体系是关联的。

我们依然以大学教育场景为例。比如仅将本书作为领域知识工程学教材，列入课堂教学计划。根据不同院校自身实际情况，可安排一定量的学时进行学习。我们一般建议本书内容不宜短时间集中完成课堂教学，可以按多学期、少学时模式进行课时安排，尽量保证本书的学习周期与大学生在校期间进行领域知识工程学学习的全生命周期进行重叠。这样，在每一阶段可以为学生配置恰当的条件性知识获取任务，在保证课堂教学质量的同时，为个人自学留有余地。而条件性知识获取的对象或渠道一般分为两类——一类是前述提及的相关知识的专著、文献及论文，包括经典的前沿性的；另一类是由领域知识工程学人在其自身学习过程中、实战过程中不断总结、完善、积累的谱系化、实例化知识体系。这一体系是放在开源空间中的平台化系统，它是全开放、全自由的。而大学及教师的任务则是需要将这些知识获取的过程和结果进行指标量化，然后进行评估。同时，各院校还可依托开源空间，组织各类的围绕条件性知识的学术论坛、专题讲座、专业竞赛、行业盛会等，以此强化、固化大学生对条件性知识的获取成效。通过开源空间平台，领域知识工程学学人相互展示、分享、共享各自的成果，封闭的校园＋开放的开源空间，为大学生乃至全社会营造出浓郁的领域知识工程学传播氛围。

在此处，我们列举部分与条件性知识相关的专著，如表7－1、表7－2、表7－3、表7－4、表7－5。更全、更细的目录将在领域知识工程学开源空间及与本书配套的系列丛书中出现。

表7－1　部分条件性知识相关专著

类型	书名	文献类型	著者
逻辑史	西方逻辑史	专著	杨百顺
	20世纪的中国逻辑史研究	专著	张晴
	中国逻辑史教程	专著	温公颐
	中国逻辑思想史	专著	汪奠基
	简单的逻辑学	图书	［美］麦克伦尼
	逻辑学导论（第13版）	图书	［美］欧文·M. 柯匹卡尔·科恩
	逻辑学（上卷）	图书	［德］黑格尔
	逻辑学十五讲	图书	陈波
	简单逻辑学改变思维方式	图书	吴昱荣
	牛津通识读本：简明逻辑学	图书	［英］普里斯特著，史正永
	逻辑学是什么	图书	陈波
	逻辑学（第3版）	图书	中国人民大学哲学院逻辑学教研室

续表

类型	书名	文献类型	著者
	逻辑学（高等院校通用教材）	图书	胡泽，周祯祥，王健平
	逻辑学（第二版）（高等院校通用教材）	图书	魏凤琴
	新世纪高等学校教材：逻辑	图书	马明辉，何向东
	逻辑学（下卷）	图书	［德］黑格尔
	好好讲道理：反击谬误的逻辑学训练	图书	［美］T. 爱德华戴默

表7－2　部分条件性知识相关专著

哲学史	作为意志和表象的世界	图书	［德］叔本华
	中国哲学史	图书	冯友兰
	纯粹理性批判	图书	［德］康德
	理想国	图书	柏拉图
	形而上学	图书	亚里士多德
	社会契约论	图书	［法］让·雅克·卢梭
	悲剧的诞生	图书	［德］弗里德里希·威廉·尼采
	西方哲学史	图书	［英］伯特兰·罗素
	存在与虚无	图书	［法］让·保罗·萨特
	人性论	图书	［英］大卫·休谟
	希腊哲学简史	图书	约翰·马歇尔
	沉思录	图书	马可·奥勒留
	论自由	图书	穆勒
	第一哲学沉思集：反驳和答辩	图书	笛卡尔
	西方哲学史	图书	剃利
	权力意志	图书	［德］弗里德里希·威廉·尼采
	哲学的故事	图书	［美］维尔·杜兰特
	你的第一本哲学书	图书	［美］托马斯·内格尔
	何为道德	图书	［德］诺博托·霍尔斯特
	哲学与人生	图书	傅佩荣
	苏菲的世界	图书	［挪威］乔斯坦·贾德
	哲学的慰藉	图书	波爱修斯
	纸牌的秘密	图书	［挪威］乔斯坦·贾德
	玛雅	图书	［挪威］乔斯坦·贾德

表7－3　部分条件性知识相关专著

系统科学	系统科学发展概论	图书	吴今培
	坏血：硅谷初创公司的秘密	图书	约翰·卡雷鲁
	大流感：最致命瘟疫的史诗	图书	约翰·M. 巴里
	仆人：修道院的领导启示录	图书	詹姆斯·C. 亨特

续表

系统科学	系统科学发展概论	图书	吴今培
	科学界的杰出女性：50 位改变世界的无畏先锋	图书	瑞秋·伊格诺托夫斯基
	Crashing Through：ATr	图书	罗伯特·库尔森
	智人：人类简史	图书	尤瓦尔·诺亚·哈拉里
	富人的恐惧，穷人的刚需：我在疾控中心的日子	图书	威廉·H. 福奇
	幻境：美国鸦片制剂疫情的真实故事	图书	萨姆·奎诺斯
	真相：我们对世界充满误解的十个原因，以及为什么这个世界比你想象的要好	图书	汉斯·罗斯林
	创造自然：亚历山大·冯·洪堡的科学发现之旅	图书	安德烈娅·武尔夫
	抽丝剥茧：改变我们思维的那段友情	图书	迈克尔·刘易斯
	Fighting for Space：How a Group of Drug Users Transformed One City's Struggle with Addiction	图书	特拉维斯·卢皮克
	一只小海龟	图书	Nicola Davies
	人类生命简史：用基因解读人类故事	图书	亚当·卢瑟福
	完美主义者：精密工程师们如何创造现代世界	图书	西蒙·温切斯特
	永生的海拉	图书	瑞贝卡·斯克鲁特
	糟糕的建议：为什么名人、政客和活动家不是你最好的健康信息来源	图书	保罗·奥菲特
	治愈：一段探索意识如何控制身体的旅程	图书	马钱特
	医学束缚：种族、性别和美国妇科学的起源	图书	迪尔德雷·库珀·欧文斯
	现代管理科学方法		马丽扬 张贺泉

表 7 - 4 部分条件性知识相关专著

数学史	从惊讶到思考：数学悖论言	图书	韩雪涛
	三次数学危机	图书	韩雪涛
	天才引导的历程	图书	威廉·邓纳姆
	费马大定理	图书	西蒙·辛格
	量子物理史话	图书	曹天元
	从一到无穷大	图书	［美］乔治伽莫夫
	数学大师：从芝诺到庞加莱	图书	埃里克·坦普尔·贝尔
	世界著名数学家传记	图书	吴文俊
	古今数学思想	图书	M. 克莱因
	世界数学史简编	图书	梁宗巨
	数学史通论	图书	卡茨
	中国数学史大系	图书	曹天元

数学史	从惊讶到思考：数学悖论言	图书	韩雪涛
	中国古代科学技术史	图书	李约瑟
	浙江大学公开课：数据传奇	课程	
	BBC 纪录片：数学的故事	纪录片	
	数学史概论	图书	李文林
	数学文化概论	图书	
	九章算术	图书	张苍、耿寿昌
	周髀算经	图书	赵爽

表7－5　部分条件性知识相关专著

审美学	贫困的教育美学	图书	冉铁星
	美学与艺术鉴赏	图书	金元浦　王军　邢建昌
	美学的双峰——朱光潜、宗白华与中国现代美学	图书	叶朗
	审美与生存——中国传统美	图书	皮朝纲
	20世纪中国浪漫主义美学	图书	李庆本
	西方美学通史 第三卷十七	图书	范明生
	精神之旅——新时期以来的美学与知识分子	图书	祝东力
	中西死亡美学	图书	陆扬
	缪灵珠美学译文集（1/2/3）	图书	章安祺
	现代设计美学——工业品设计美学	图书	郑应杰　张晓明
	美学与市场经济	图书	赵祖达
	西方智慧经典文库 艺与美	图书	盛天启
	形式美学入门	图书	赵经寰
	教学美学	图书	张相轮　钱振勤
	鲲鹏之路——毛泽东诗词美	图书	李人凡
	模糊美学	图书	王明居
	包装与美学	图书	赖新农　许福宗
	经济与文化书系第一辑	图书	赵海　张清容
	公关与美学	图书	陈万松
	现代设计美学——广告设计美学	图书	郑应杰　王曼　滕忠顺
	美学的边缘在阐释中理解当代审美观念	图书	潘知常
	性审美学	图书	史泓　杨生平
	康德美学思想研究	图书	朱志荣
	20世纪西方美学	图书	周宪

在这里我们强调的是，阅读者的目标不是一开始就要读懂以上这些书籍，更重要的是受熏陶，培养底蕴。不是像学专业知识一样去要求阅读者彻底融会贯通，只需要摄取最简

单的精华，体会哲学的思想。我们推荐书目的原则是选择少量的原著、名著，配以大量的对其解读的文章研究性的或阐述性的，告诉学习者条件性知识不是读一次，不是以读懂为目的，强调的是熏陶和沉淀。而对于教学组织方来讲，更为重要的是提炼出量化的考核指标。不同于传统的考核方式，比如，我们会给出一组词，要求学习者找到其出处，再用自己的方法给出解释（可以查词条，百科等）。我们的目的不重在于考，而重在鞭策、重在重复，指导学生去形成这种领域知识工程方法的能力，加快形成动力定型及条件反射。

三、专业知识获取方法

（一）人类知识体系

一个任务真实展开必将涉及实体空间的各专业知识。而领域知识工程师在掌握了领域知识工程方法后能发现、识别、集成和利用与任务相关的实体空间的各专业知识。简单描述领域知识工程，即两个知识体系：领域知识工程知识体系和实体空间的知识体系（所加工的对象的知识体系）在未来的具体特定任务下和工程中被赋值，识别和集成，随后落在信息技术知识体系内，实现设计、开发和运营。

（二）专业知识的获取

关于专业知识的获取方式，同样与领域知识工程学所主张的形式创新强相关。而其他门类的专业领域知识，则根据学生在进行角色化体验时所面临的具体任务进行圈定，然后再通过"开源空间"聚合的专业人才为主要教学力量帮助学生进行获取。这里我们重点强调"获取"而非"掌握"依然是因为领域知识工程师的能力是要学生能站在专业知识外部去发现、识别、集成和利用知识，而非进入专业内部过深地去探寻原理性知识本身。因此，以特定任务的完成、问题的解决为导向，我们要求学生以此为界去有限涉猎专业知识，重点是掌握专业知识的外部特征。在此过程中，"开源空间"聚合的相关领域的专业人才将给大学生们提供最"恰到好处"的指引和帮助。

第三节 角色化实训

从本节开始，将进入到本章的核心内容——实训和实战。领域知识工程学主张站在专业知识外部通过发现、识别、集成和利用任务相关的一切专业知识，以此路径成为未来社会所需的综合型人才。与 MIT 主张的从多门专业知识内部穿越走向综合不同，这种能力的形成唯有依靠不间断的、高强度的实训和实战来实现。领域知识工程学自身的范式结构也注定了该学科相关知识的学习和能力的形成必定要通过反复实操来完成。我们将实操分为两个部分，在掌握了前置性知识后的实训体验和经过实训体验后的实战锤炼。这本身是一个前后关联、循序渐进的过程。领域知识工程学教育理念是围绕着学习者社会化转化而展开的。那么到底什么是社会化？简单来讲，社会化就是角色化。一个人进入社会，必将成为一个特定的社会角色。不管按照哪种路径，一个人使自身成为综合型人才后最终都将投身社会，成为一个特定行业、特定岗位上的特定角色。所以，在领域知识工程学的传播方式中，不仅要让人才掌握"综合"的能力，同时还要求在能力形成过程中就深刻地形成角色化烙印。实训，就是要让学习者深刻认知角色的概念，了解未来信息社会的角色及角色行为，以此为前提，直接将其代入一个角色，进行实际体验。对在校大学生而言，在实训环节将尽可能多地遍历不同的角色，以便为其未来社会化提供更广阔的空间。而实训体验的加深和定型，则需要通过进一步的真实项目的全程参与来完成。在完成角色化实训后，学习者将被投放到真实项目中，面临一个具体的、领域知识工程学范式框架下的任务。他们将被要求以问题解决或项目交付为目标，按实训阶段所学习的知识和技能，在实战阶段以角色化的模式去完成任务。因此，本节将着重阐述角色的概念。从领域知识工程师这一未来社会的普遍角色讲起，然后会论及在领域知识工程学传播过程中教师和学生这一对角色有别于传统之处。最后，再展开描述从领域知识工程师这一普遍角色投身到社会供需两侧后的将可能成为特定角色。

一、角色化的定义

领域知识工程学传播的核心方式是实训和实战，而实训和实战的精髓，则在于角色化。前文我们已经讲述过，一个人最终必将走向社会成为一个特定的角色，不管其是否具备了综合能力，这一事实都不会改变。而进入社会后究竟有哪些角色可以选择？这些角色各自的使命和任务是什么？这些角色是通过哪些行为来完成其使命和任务的？这三个问题是领域知识工程学学子首先应该找到答案的问题。有了这个认知后，再通过实训和实战的方式，将自己带入这些角色，尽可能多地遍历这些角色及其角色行为——实训阶段熟悉并掌握角色行为，实战阶段将自身融入角色，按角色行为完成该角色的使命和任务。唯有通过这一方式，方能完成领域知识工程学的意识定型和能力固化。而这一方式本身，也是前文我们所提的内生动力机制，入学即入职。在校期间已经具备未来社会角色的能力，可以完成未来角色的使命和任务，顺理成章的，也就提前实现了自身的社会化。当离开校园步入社会那一刻，就已经是一个高度社会化、角色化的成熟人力资源，自然也就能实现毕业即就业。

二、领域知识工程师角色

领域知识工程学是原创的新学科，与"新工科""新文科"的改革创新精神相一致。信息社会人类知识工程总体结构是领域知识工程顶层横贯，信息通信技术工程底层承载，各专业知识工程纵向融通的复杂巨系统工程。领域知识工程的基本含义为两个方面，一是知识产品的结果形态是工程化的，二是知识产品的生产过程是工程化的。领域知识工程学是以信息社会人类经济社会活动特定任务过程为研究对象，具体研究并设计特定任务面对的特定问题的解决方案。领域知识工程学的生产成果是自动化、协同化和知识化工程，包括设计、开发、运营三大环节，其中，设计环节又分为顶层设计、详细设计、原型设计三个细分环节。

领域知识工程学培养、应用的人群，是信息社会的通才，这是尚处萌芽状态的信息社会特有的领域知识工程师群体，领域知识工程师是与 IT 工程师、建筑工程师、机械工程师、水利工程师等传统工程师并列的全新类别工程师，领域知识工程师的使命和能力是，面向特定经济社会活动的具体任务，以满足特定用户的特定需求为目的，识别集成利用该任务所需的任何专业知识，构建这一任务所需的横跨各专业知识的知识体系，创造性形成解决问题的数字化需求和初始化方案，并与 IT 工程师合作最终完成任务实施自动化、协同化、知识化工程。

领域知识工程师是领域知识工程的实践人和创新人，是知识转化的基本要素，需要具备发现、识别、集成知识的能力，找到目标知识后，再找专业人士进行知识的细化和专业化。

领域知识工程师必须具备信息通信技术知识这一条件性知识，才能将实体创新的方案形成自动化、数字化方案。领域知识工程师与建筑工程师等都成为工程师的原因是，他们只是对不同的对象做不同的加工。建筑工程师是以建筑材料为对象的工程师，是把建筑对象（水泥、钢材等）变成高楼，就是把原来的对象的形态变了，变成了有用的东西，变成电视台、工厂、鸟巢、广州的小蛮腰等。而领域知识工程师是以知识为对象的工程师，利用已有的知识去处理经济社会的事实和问题，通过结构化、标准化的知识生产过程，产生结构化、标准化的新知识产品。

本学科要培养的领域知识工程师，其在知识上纵通三体系，横贯两系统；在能力上可基于任意任务构建（设计、驱动）任意领域知识工程，未来胜任两个序列的岗位角色（即社会角色）：一是最终用户侧的角色，二是运营商侧的角色。而领域知识工程师本身，在未来信息社会中它就是一种普遍的社会角色，是未来社会的中坚力量，撑起整个信息社会发展的顶层横贯和底层托底。以此范式进行任务运转，能进行实体创新，数字倍增。在完成特定任务时，他们将与成为任务相关的其他专业工程师的组织者，协调、引领团队最终完成任务。

三、教师角色与学生角色

在领域知识工程学的教育观中，要完成个人社会化的高度成熟，其前提首先是要变成合格的领域知识工程师，而后投身到具体的社会角色中，实现高成熟度、高完善度的角色化。那么，在教学阶段中至关重要的两个角色：教师和学生，这就注定了胜任领域知识工程学教学的教师应具备双重身份。在课堂上是传道授业的老师，以课堂教学的方式将领域知识工程的相关理论、原理性知识和方法传递给学生；在领域知识工程项目实战中、在数字化过程中，其本身则是合格的领域知识工程师，是学生参与实际领域知识工程项目实训的导师。在面对具体实例任务时，是没有标准答案的。教师需要与学生共同学习、利用领域知识工程学方法论发现、识别、集成、利用该任务范式下必需的一切知识，进而提出问题的解决方案或对方案进行选择。其职责是引领、指导学生遍历用领域知识工程学方法解决问题的全过程。

而领域知识工程学的学生也有别于传统的普通学生。其本身是领域知识工程理论学习和实践活动中的一个特定角色。其未来的社会定位是首先成为领域知识工程师，进而进入特定社会角色完成自身社会化。他们需要学会工程方法，掌握生产知识工程产品的能力。在领域知识工程学培养体系中，其动力机制为入学即入职，毕业即就业。在实训过程中其经历的即是未来社会化的完整角色体验。在领域知识工程学的传播过程中，要求学生首先要改变自身对传统学生的定位。在领域知识工程学的求学路上，不会有人来推着你走，也不会有人来拉着你走，只会有一位导师，在你身前半步，陪着你走。我们的学生需要付出比传统学生更多的课余时间来填充大量的条件性知识；我们的学生从来不仅是以考试及格、顺利毕业为目标。无论在实训过程中还是在实战环节里，都要以一个未来社会角色的要求来要求自己。例如，在实训环节中，你正在体验政府部门中信息综合保障这一角色，你就必须以他们的视角看待一切问题。如何汇总一切信息为领导决策提供保障，如何将领导决策向下传递到各职能部门使工作得以推进就是这一过程中学生考虑的全部内容。而在实战环节中，如果你以企业某技术岗位的角色承接一个具体的真实项目，那么在这一过程里，你就不能再把自己当成一名学生，而是这个企业中这个技术岗位上的员工。项目质量的保证，按时的交付就是你在这个角色位置上要考虑的全部内容。领域知识工程学的学子，只有在内，完成这种认知，形成思想觉悟；在外，严格按照领域知识工程学传播方法通过实训体验角色，实战锤炼自身，才有可能成为一名合格的领域知识工程师。

四、社会角色

本书不会泛泛而谈地论述未来社会角色的相关知识，仅从领域知识工程学本身视野出发，以人才培养理念——社会化及未来信息社会业态为角度，遵从领域知识工程学范式框架提出社会角色，大致可以分为需求侧角色和供给侧角色两大类，即前文所述的最终用户角色和运营商角色。

(一) 需求侧角色

本书第一章第七节已经提到，领域知识工程的应用范畴包括政府、产业和社会三方面。而这里我们讲供需两侧时，首先要注意的是不能片面地理解为政府就是需求侧，企业就是供给侧。在领域知识工程学范式下包括未来信息社会的业态下，供需两侧其实都会分布在这三个范畴中。尤其是企业，未来业态中很多场景下它都将以需求侧身份出现。那么领域知识工程学提出的两类社会角色如何实现划分，这里其实涉及一个角色同构的概念。

需求侧的角色同构后就是三个角色：领导角色、信息保障部门角色（亦称综合部门/办公室/办公厅等）、职能部门角色。在领域知识工程学范式框架下，无论政府、企业还是社会机构，它们首先都会有上述三类组织机构角色（详见本书第三章第三节主体部分内容）。而组织机构角色最终是通过自然人来实现的，这就从组织机构角色关联到了自然人的岗位角色。而无论是政府、企业还是社会机构，其组织机构名称可能有微调，但是其角色行为（或称使命）都是一致的。

▶ 领导：做决策、做协调、做指挥。

▶ 信息保障部门：为领导服务，为领导的决策、协调、指挥做信息服务。

▶ 职能部门：通过各部门自身权力的行使，行为的发生，形成情报供领导决策，再执行领导的决策作用于现实世界，最终完成特定任务、解决特定问题。

在角色化实训过程中，通过领域知识工程学范式代入特定任务，让学生去实际体验面临一个具体任务时他所扮演的两系统中任何主体的角色是如何思考和行动的，按领域知识工程学的思维和方法去完成任务解决问题的。比如，面对××市黑臭水体治理这一特定任务，学生将分别遍历领导角色、信息保障部门角色和职能部门角色。作为领导角色时，如何根据情报作出决策，协调的对象是谁，指挥的内容是什么就是其要考虑的问题。作为信息保障部门角色时，如何完成好情报信息的整编上传、领导决策的下达，组织好内部的办文、办公、办会等内部管理则是其核心工作。而作为具体职能部门角色时，如何监测本任务所有关联的对象系统的状态和诉求，形成情报进行整编；如何通过行使法律赋予的权力（9＋X权力清单）去执行领导决策，完成任务又将是他们的主要课题。在这一过程中，本书前文描述的领域知识工程思想及工程方法，都将是学生们在进行角色化实训时恒定不变的指引。按本书所介绍的思想和工程方法，通过不同角色的实训体验，最终将会形成成熟的社会化结果。我们换个视角来概括本书所描述的领域知识工程学核心概念就是4点：（1）范式；（2）实例；（3）实例自动化；（4）自动化实例的普及率。实例是一个范式的具体运行，满足范式模式；把实例自动化就完成了领域知识工程产品；把这个产品在全球、全国等不同区域推广普及，其普及率越高，则产业化程度越高、规模化程度越高、社会信息化程度越高、社会信息化发展的阶段自然进入发达阶段。

（二）供给侧角色

相对于需求侧，供给侧各角色协同作业后最终形成的结果，则是领域知识工程本身的落地实施、领域知识工程产品从无到有的实现问世。领域知识工程分为设计、开发和运营三个阶段。按照需求侧面临的具体现实问题形成了特定任务，围绕这个任务，按照领域知识工程学思想和方法，终将遍历设计、开发和运营者三个环节，进而对现实社会产生作用，完成任务，满足需求侧提出的原始需求。那么，在这三个阶段，贯穿其中的角色依次包括以下六类。

1. 创意设计师

（1）角色定义

创意设计师是围绕项目从事科学研究，并向项目产品设计生产团队提供理论、创意、工艺及指导产品设计、开发和运营的人。

创意设计师对项目产品负总责，并根据实际需要参与项目产品设计、开发、运营团队的日常管理、资源共享等的协调工作中。

（2）角色职责

创意设计师是整个项目产品过程中最重要的角色，对产品的成功与否具有决定性意义。其负有提出创意、指导设计开发和市场营运方面的责任，全程参与产品的所有大环节的指导性工作，保证产品方向的正确。创意设计师职责可以概括如下：

▶ 提出创意：创意设计师根据对最新政策和重要领导干部讲话进行分析，并基于分析的结果结合公司现有项目产品的市场占有情况，提出新的项目产品的有关创意。

▶ 指导设计：创意设计师的首要职责是创意，其次则是指导产品工作。创意设计师提出新的项目产品创意，领域运营官根据公司发展战略、现有资源以及市场情报对新的项目产品创意进行评估，以确定是否进行产品立项。如果立项，那么接下来创意设计师就需要对新产品的设计、开发和市场运营各阶段的工作提供指导意见，预防并纠正各阶段可能出现的偏差。

► 市场挖掘：创意设计师应该具备一定的市场资源，以协助产品的市场开发、培育和推广，提高产品的市场占有率实现产品价值。

2. 领域运营师

（1）角色定义

领域运营师是连通项目产品设计团队和项目产品面向的市场及用户，担负产品运营发展战略制定和实施的人。领域运营师对创意设计师负责，并督导产品集成师的工作。

（2）角色职责

► 将产品创意转化为产品。领域运营师承接创意设计师的产品创意，并根据市场战略、设计生产团队等情况，将创意转化为产品设计任务。

► 产品市场运营。负责产品的市场、公关、售前、销售（签约）、合同执行。

► 用户需求分析。负责与用户代表接触，把握用户的角色和角色行为，分析用户业务和业务关系、用户使命和任务，基于对用户理解和分析将用户行为数字化，并将用户需求传递至产品设计、生产团队。

3. 产品集成师

（1）角色定义

产品集成师是项目产品设计任务的管理者和产品设计任务落实推进。产品集成师立足政策研究，根据创意设计师指导建议和领域运营师的整体规划，确定产品设计内容及方向，推进产品设计和开发的任务规划和实施，如内部团队、合作方、外包单位的选择、计划推进、质量管控等，充当与外部团队、用户的沟通交流者的角色。除此之外，还可以在推进产品设计开发运营的过程中，协调人力资源，必要时可向首席运营者申请其他资源的人。

（2）角色职责

► 规划产品设计任务。负责将领域运营师定义的产品细化，转化为可以实施执行的产品设计任务计划。

► 组织并管理产品设计团队。负责根据产品设计任务需求以及现有人力情况向领域运营师申请团队资源，组建并管理产品设计团队。

► 推进产品设计工作。负责落实产品设计计划，对进度、质量管控，将功能设计师提交的产品成果汇集并向上汇报。

► 沟通协调外部力量。与产品设计的合作方、外包方沟通，并指导/答疑相关事项。

4. 功能设计师

（1）角色定义

功能设计师是项目产品创意及产品生产的具体执行人。以遵循创意设计师的创意理念、要求及领域运营师的产品规划为前提，功能设计师依照产品集成师设定的产品生产设计方向及进度计划，对产品进行顶层设计、详细设计、原型设计。

（2）角色职责

► 编制顶层设计：从产品设计理念、涉众、市场及价值、架构、运行逻辑、设计逻辑等宏观层面研究和描述产品，并产出演示文稿、研究报告、文献汇编。

▶ 撰写详细设计：从产品业务需求出发，面向用户设计、制定能够满足用户业务需求的系统设计和信息资源规划方案，产出物包括详细设计演示文稿、设计文档、文献汇编。

▶ 制作原型设计：根据顶层设计和详细设计中的要求和规划，对产品进行原型设计，产出产品系统设计原型文件。

▶ 进行应用主题标引：以产品针对的领域、面向的用户及使用的场景为分类维度，对知识资源进行标引。

▶ 执行事件建模：在设计产品和分析事实时，对于难以用言语表述问题、关系、原因、措施等的事件就以建模的方式对事件进行分析，产出事件基本信息、事件要素和规则。

5. 知识萃取师

（1）角色定义

知识萃取师即是对作为知识载体的信息资源文本、图表按照工艺要求进行信息资源分析和知识提炼的专门人员，其工作产出的成果包括知识本体、实例解构、信息属性标注等。

（2）角色职责

▶ 内容主题标引：知识萃取师根据产品要求和任务限定对情报整编师采集或汇编的文献，按照篇章、段落两种粒度进行内容主题标引。

▶ 构建知识本体：按照领域知识工程方法论对信息资源中的概念、关系进行识别和定义，进而构建为知识本体，扩充和维护领域知识本体。

▶ 解构典型事件实例：针对特定领域的典型事件，在情报整编师搜集的结果上进行事件实例解构，为事件建模提供基础。

6. 情报整编师

（1）角色定义

情报整编师是根据预设的主题范围领域，有针对性地从互联网中搜集文本、图表、表格数据等信息资源的专门人员。

（2）角色职责

▶ 采集信息资源：从预设主题范围领域采集信息资源入库。

▶ 进行形式主题标引：从信息资源形式符号（如图表、图书等）的角度对新采集的资源进行标引。

同样地，在角色化实训过程中也要求学生在面临特定任务时将自身代入上述的某一个具体角色，按照领域知识工程学所赋予的思想和工程方法，履行各角色的职责，最终完成任务。在前述的六类供给侧角色中，创意设计师这一角色目前是难以从学生中直接培养而成。本科教育阶段尽量以功能设计师为目标，同时在导师引领下接触、观摩更上层；研究生以产品集成师为目标；而到了领域运营师则更多地需要具体的项目经验和体会的沉淀。博士、博士后流动工作站较为适合做该类工作。他们的学习和发展还将依靠开源空间谱系化知识体系的海量实例，在"依葫芦画瓢"的过程中、灵光一现的时候，则有希望逐步引导出创意师诞生。

第四节 业态创新

人类信息社会向未来发展的趋势一定是逐渐实现全面的数字化和自动化的。信息社会的特点是将各种相关领域知识进行融会贯通，用来解决现实社会中特定任务的时候所进行的实体创新，设计实体创新的方案，并同时设计出此方案的数字化方案，使创新的实体解决方案得到倍增，这就是信息社会的特征，也是信息社会的规律。在以前，我们只看到了工业系统的信息化，自动化，忽略了人类社会本身整个社会体系的数字化。领域知识工程学思想和方法的提出，就是对整个社会体系进行全面深入的数字化、自动化，形成对社会体系进行自动控制的"社控系统"的产业生态。领域知识工程学强调的是人与人的交互、人与人交互过程中的自动化和数字化，不涉及技术体系的自动化。

政府、产业、社会三大范畴日益全面和深入的数字化和自动化，日益深入和全面地实现社会控制系统对社会体系的自动控制。数字政府——在范式框架上构建出来的政府三类角色及角色行为场景的数字化、自动化，实现其监测、对策闭环控制的数字化和自动化。通过对全量信息的收集整理分析，来实现领导决策、协调和指挥的职能。通过产品设计的方式，实现领导开会讨论、部署工作过程的数字化，将领导的角色和权力自动化，将制度和领导意志以合法合规的数字化方式实现。对市场而言，按照主体、客体、行为、时间、空间五要素，进行全量、全链条监管的产品设计，适用于市场主体的自控和自证合规，与政府侧产品相辅相成，实现治理主体多元化、治理动力内生化、治理过程交互化、治理行为规范化和治理机制信息化，即实现社会治理体系和治理能力的现代化。例如，学校食品卫生安全事件，学校食堂所有的主体、客体行为都经过数字化处理，包括食堂服务员，厨师，管理员和一些任务行为，都需要全面的数字化，所有的食堂行为都可以用数字化量化。比如，每天向政府相关监管系统提交食品安全自身合规材料，学校食堂所有商品的采购数据（时间、地址、负责人、有效期、采购批次、食品类型等）全部交由信息化系统进行知识化处理，所有的食堂人员、环境的健康情况。数字化之后学校食堂任何行为一旦出现不合规情况，立即主动响应相关负责人（学校相关部门，政府相关机构），防止不合规行为造成进一步危害或者做出系统抉择。数字产业是现有的实体产业当中的基于特定任务的各种角色、行为、场景的数字化，业务及业务关系的一体化。在知识化的制导下，实现经济行为的协同化和自动化，倍增产业、行业或企业的效率。例如，石油加工，……数字社会是社会管理中基于特定任务的相关角色、行为、场景的数字化，业务及业务关系的一体化，在知识化的制导下，实现社会行为的协同化和自动化，倍增社会的发展能力。例如，大学教育，……

社会有了逐渐向数字化，自动化发展趋势，那么社会普遍的数字化需求应该怎么去实现？是由市场和产业来实现的，这个产业不仅仅是 IT 产业、软件产业、信息服务业、通信业和电子硬件制造业等过去信息社会所依赖的信息技术产业。而是由领域知识工程师这样的"新物种"，这种新的社会普适的社会角色来对政府、产业、社会任何一个具体的任务相关的范畴里面相关的范式结构进行设计、开发、运营。这种未来的产业是全新的和传统产业尤其是大家所熟知的 IT 产业是迥然不同的，原因主要有两个：第一，在传统产业里面，信息技术实现了人的生物本能行为，但是这种站在 IT 产业角度的信息技术是不能够实现人的社会组织行为，所以在唯 IT 论的思想指导下的，卖 IT 工具的做法是走不通的。第二，过去在走向信息化发展的过程当中，初级阶段总是以每一个单位每一个主体自己做自己的信息系统项目开始的，然后有一些基于 IT 技术本身的 IT 产品在主导着市场，然而信息社会未来普遍的深入全面的数字化，社会体系普遍的深入全面的自动化控制不能用唯 IT 思想来主导实现。应该由领域知识工程学思想指导的领域知识工程师这个未来社会角色组成的团队来实现的，信息技术直接实现的是人的生物本能行为，而不能直接实现人的社会组织行为，信息技术对人类社会组织（包括企业、社团、政府、家庭等）行为的实现，是通过对信息（事实信息和知识信息）的耦合和纠缠实现的。从工程角度看，就是通过 IT 工程与领域知识工程和相关专业知识的耦合实现的。领域知识工程师团队正是利用领域知识工程学方法以 IT 信息技术为依托来满足社会普遍的数字化需求的，同时还需要有领域知识工程师在上面集成知识（包括 IT 知识），才能构成一个完整的解决方案。然后把这个方案实现、实施，才能成为可部署、可使用的面对具体的数字政府、数字产业、数字社会、数字大学等的具体应用场景的产品或服务。

信息社会数字化发展阶段是受历史条件约束形成的，无论是国有的还是民营的，无论是市场的还是政府的，在财务管理、资产管理、投资管理等方面，有相关政策和制度约束，信息化发展可能会走向项目、产品、服务这三个发展阶段的任意阶段，其中服务是更普遍，更高端的互联网发展业态。这里的项目要和传统的项目区分开来，现在的很多投资，财务预算管理是在跟着具体项目在进行的，所以这里所描述的项目依然和过去有相似的地方，但又有着本质的区别，这个项目只是从资产管理，投资管理的形式上是项目，而不会再有定制软件，也不会到了具体场景才给用户做定制内容，这些项目内容都是预先就设计好了，开发好了，都是最终用户已经从原型这个角度体验过这个产品了，用户已经确定了这就是自己需要能把自己数字化、自动化的产品，能实现自己的行为场景的数字化能力。这个过程是以项目的方式展开的，但又不是传统的项目（存在投标，中标，支付首款，了解需求，开发产品等环节），它本身已是成熟的产品。这个产品用户可以部署在自己的环境上推送服务，也可以直接购买数字政府、数字产业、数字社会的某些服务，把它放到供给侧的内环去实现。这里的产品就是形成指定产品，它既不是软件，也不是项目。

这种新业态在政府、产业、社会实体创新的数字化以后会形成高倍增效应。它可以是算数级的倍增，也可以是指数级的倍增。倍增的高低完全不是取决于技术是否先进，而是取决于解决实体问题的方案是不是创新的，创新程度越深的实体解决方案在数字化以后，它的效力和效能一定是高倍增的。

新业态的商业模式是高度普遍的，社会化的，开放式的。类似开源软件，但又有别于开源软件，不同之处在于新业态的开放式是具有开源的设计开发能力和通过范式框架平台实现了社会化服务的商业模式，具有可以把用户真正数字化的能力和社会无人化的思想，可以吸引用户，从用户和任务开始市场导向，社会个体主动参与数字化、无人化中来，实现了自身的价值并从中获益，这就是高度开放的新业态。由于个体是数字化的，每个个体都可以在这个高度开放的平台上自由地创新，而这个创新是可以得到回报的，每个个体都发挥自己的创造能力就可以更快地推动这个社会向更高阶段的信息社会发展。这个业态也是把个体领域知识识别集成起来的业态，经济社会的实体创新使经济社会得以发展；实体创新进一步实现数字化、自动化，将使经济社会的效率和效能得以倍增。从而使社会发展状态更好，使社会秩序状态更好，使社会在任何突发事件下的应急响应更好。

产业范畴中两系统可分为供给侧和需求侧，两侧各有主体、客体、行为、时间、空间（即五要素）。需求侧包括人和物在经济社会活动中产生的需求，而供给侧为这些需求提供设施和服务。

一、需求侧

新业态下将提出一种全新的"粉丝经济"概念。粉丝经济的粉丝不是盲目追随者，是理性地深知自己的利益所在，理性抉择后产生对高质量供应商形成如粉丝对偶像追随的高热度。传统意义的粉丝是非理性的，而在新业态下供需关系里面，需求则是供给侧的粉丝，他们是高度理性的，而又是积极主动的。社会经济组织都是以基本用户和这些用户——法人、组织机构的最高代表或最佳代表构成。两者有持续的相互交往，有一致的群体意识和追求，有一致的行动能力和分工合作的能力。根据前面章节的内容，数字化方法可以是实现组织结构的实体创新和数字倍增，而粉丝经济中粉丝是需求侧用户，实现粉丝用户的数字化，就可以实现组织机构的实体创新和数字倍增，这本身也是这个组织机构的使命及利益所在。然而用户的数字化，只有通过用户的最高代表人才能代表用户的最高需求，包括数字化需求。所以对需求侧而言，商业模式的实现主要是让用户的最高代表人去体验数字化设计原型，得到最高代表认同，也就建立起了需求侧的商业模式。

通过数字化方式来实现企业产业自身的生产、经营、制造在全球范围内实现自动化、协同化，通过数字化以后实现了效益倍增。例如，数字化物流中，快递分拣系统担负着重要的角色，在《超级工厂：UPS》中有一组非常可怕的数字，每天超过100万件包裹，每年超过40亿件包裹；9500辆汽车组成的车队；IT系统每小时处理1500万数据库记录变更；如此复杂高频的任务处理，由于数字化的原因，实现整个过程的有条不紊。需求侧一直在谋求发展，然而并不清楚自己需要什么，这是社会的内在规律。需求侧要实现突破，就需要领域知识工程师，需要领域知识工程整体的产业能力去想象、去创意、去捕捉未来产业发展的数字化的爆发点，去发现普适性的社会经济价值的应用场景。例如，非洲猪瘟影响国内生猪产业发展。非洲猪瘟疫情发生对猪肉市场和疫区及周边生猪产业在短期内造成损失惨重，对生猪产业的发展造成极大的冲击。尽管我国在第一时间采取了防控措施，然而防控措施跟不上疫情的传播，导致短期内防控措施没有明显效果，其中有很重要的原因是：我国生猪及猪肉可追溯系统建设还不完善，在发现受感染生猪或猪肉时，这批受感染对象已经不知道经历了多少地区，感染了多少对象。实现安全猪肉生产，必须实现每个生产过程的精细化、数字化，拒绝"批次"处理，唯一标识跟踪每一条猪的诞生，培育，投入市场的每一个环节的任一项任务（包括环境、疫病、饲料、兽药、加工过程、储蓄运输、市场销售）。在应对活体身份和宰后胴体标识对应的问题，可建立屠宰身份序列，附加 RFID 标签，利用信息技术可实现供应链全程追查和溯源。图 7 – 1 是猪肉安全生产关键因素。

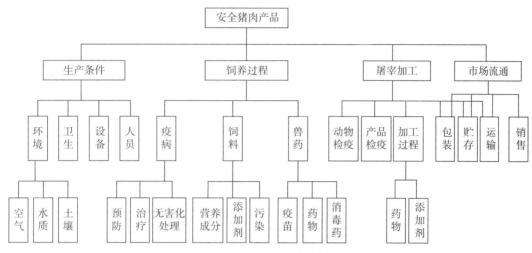

图 7 – 1 猪肉安全生产关键因素

　　再如，中国以农户为主的生产模式怎么集约发展。中国近些年农业发展相对快速的进程背后隐藏着各方面效率低下的问题，而运用集约化思维提升农业生产效率、资源利用效率、资源配置效率是发展现代农业的关键所在。导致效率低下的根本原因是土地碎片化。土地碎片化主要体现在几个方面：（1）人均土地面积仅五亩且分散各地，现代化农业机械"下不去"，无法提高耕种收效益；（2）土地背后的人的集约与配置跟不上，资本也受到土地碎片化制约；（3）分散的农户仅有"口粮"，厂商也一致大呼"缺货"。土地集约并非规模化农业，并非是单纯地将细碎化土地集中合并，而是以集约化思维将土地在形式上整合利用来达到农业生产规模效应，运用集约化思维来整合土地和背后的人，将农业生产各方面资源进行有效利用，才是最适宜的资源利用和配置方式。假设，你手中能掌握全球各大涉农企业、农产品加工厂商的农产品原材料订单，在土地集约的基础上，很容易能将资本（农资、农机、技术）、资金（金融、保险、补贴）、信息、流通等资源要素聚合，以此打通产业链条，提升各资源配置效率。甚至根据订单不同需求、结合土地实际情况，以大数据技术辅助，做到超速适配农业生产。这种起"连接"作用的集约方式，我们称之为"订单集约"。当订单集约联结各方资源后，在农业生产环节也可以运用集约化思维去整合，做到规范化、标准化、专业化、统一化、数字化。在生产过程中就可以将农资统一、耕种收管理统一、劳动力统一，提升了农业生产效率。利用领域知识工程学的方法，可以实现整个任务下所有两系统元素的数字化，进一步提高生产效率实现数字倍增。

　　中国农户未来走向集约发展的需求，猪肉生产保证食品安全的需求，这些都可能是现在或者未来需求侧的强劲需求，是数字化需求，是实现实体经济的数字化，在实体经济中哪一部分实现了数字创新，就实现需求侧效能的高倍增。

二、供给侧

领域知识工程学和领域知识工程学人的使命就是改变产业状态，就是在这里完成供给侧结构性改革，实现对中国未来的全面数字化，实现对中国未来的政府、产业、社会体系的全面自动控制。当需求侧客观需求来了，我们的供给侧怎么实现：（1）掌握领域知识工程学思想和方法；（2）在企业和大学里面尽可能地培育出最基本的领域知识工程师队伍，然后在市场竞争中为已经采用领域知识工程产品的学校、企业和产业赢得了超乎寻常的利润的时候，这个社会就会被带动起来，大规模地往这个方向发展。供给侧结构性改革的内生动力也在于供给侧得到了超越传统产业的回报，超出平均利润水平的利润。例如，大学、企业，学科建设，在现有的推行领域知识工程学的大学里展开实训。同时建立企业、学校的产学研用，建立新的同盟关系，新的利益共同体，完成学生入学即入职，毕业即就业的角色转变，把学生的社会化过程放到大学的这四年当中来，实现供给侧结构性改革。同时学校和企业主动走到一起，没有行政主导，只有领域知识工程学和领域知识工程学学人，把产学研用，通过市场内在的动力去驱动起来，让所有学人在已经建好的知识生产系统上展开实训。供给侧布局好，建立生态链，进入实训，在开放的产业业态下有不同的企业（创新企业，转型企业）和自由人都可以在开放的开源空间里面找到定位。在大学里走进实训，在企业里直接进入项目和产品。

领域知识工程师在第一次做形式化收集的时候，就要去预见、猜测、假定需求侧的强烈的需求，然后就开始实施，领域知识工程师提前把握市场的客观需求。例如，三本大学求生存，求发展。大部分三本院校现行的人才培养模式还不够完善，大致有几个问题：照搬母校的人才培养模式；专业设置与市场脱轨；师资力量薄弱；实践环节薄弱。解决这些问题，学校就要进行结构性改革，改变旧的产业形态。通过领域知识工程师去主动影响改变这个产业状态。

供给侧是高度开放的，是知识工程师利用领域知识工程学方法实现用户的数字化的，是体现预置知识，是在设计、开发、运营之间不断迭代来优化和实现更多用户需求。在学习了前面章节内容，掌握了人类经济活动的基本范式框架，知道这个基本范式框架是如何运作的。知识工程师就可以利用领域知识工程学方法去实现用户的数字化，与此同时也实现了自己在虚拟化的经济空间里的持续收益，因为知识是有价值的。

"互联网＋"本身也是开放合作的共建模式，任何任务都是多领域的，跨专业技能的，要强化和完善社控系统的数字能力，需要更多、更全面的专业工程师介入，实现自身价值的同时也为整个社会的信息化做出贡献。参与用户数字化建设是对所有人都是完全开放的、充分自由的，无论是参与供需两侧实际的项目还是完成领域预置资源构建，都是开放的。

在第六章里描述的资源预置，这些可以拆卸和组装的知识产品在项目、产品、服务里面也为供给侧提供了丰富的基础元件和部件。供给侧在满足了用户的基本数字化以后，后期用户的需求的更改和新的需求的确定，都可以在这一条完整的生产线流程上循环迭代，来满足新的需求，而且这样的迭代效果，是具有边际成本递减效应的。基本框架实例的循环迭代，将逐渐涵盖这个任务范式下越来越多的任务需求，最终达到最优、最全的服务。

此外，在新业态的"粉丝经济"中，还存在着一个催化剂——资本市场（投资人）。在全新业态下，粉丝经济的出现对资本市场而言，必将促使他们产生更大的信心和决心快速"入场"。整个业态呈现出的确定性是对资本市场的最大吸引力。需求侧的理性抉择、供给侧的开放、自由与创新，都是过往资本市场所追求的理想状态。在粉丝经济中这些理想得以实现后，资本市场的介入，则会犹如催化剂一般，让供需两侧的反应速率加快，进而直接加快信息社会的发展。

第五节 动力机制的触发

本节的内容承接第四节所描述的全新业态。在第四节里，我们重点论述了新业态下供需双方的关系和以他们为核心展开的全新业态下商业模式及后续的领域知识工程产品、服务的形态。如果把视野进一步打开，在领域知识工程学的全局视野下，未来信息社会的新业态不仅只影响到需求侧与供给侧两端，它的影响力还将进一步覆盖到为新业态提供支撑的领域知识工程师人才培养环节——大学教育阶段。在这个视野下，大学对领域知识工程师的培养过程本身，也是新业态的一个重要组成部分，是新业态完全开放、高度自由特征的突出体现。人才培养作为开端和起点，其过程中完全按照领域知识工程学思想，既培养人才，同时也完成预置件的开发，成为产业链中的一环。而这一产业链之所以能成型、产学研用耦合的新局面能出现、全新业态注定能成为现实的根本原因则在于新业态下各角色自身内生动力的全面触发和激活。本节就将重点阐述各角色的内生动力是什么及如何保障这些内生动力的定型及良性发展。

一、开放的商业运营模式下各角色的动力机制触发

（一）最终用户与供应商

领域知识工程学引导的业态是粉丝经济业态。该业态可简单描述为：供应商以各类目标用户最高领导或最佳代表的自然人作为潜在粉丝。以目标用户自身实体创新后的数字化、自动化为手段，全面响应其核心利益需求、实现用户的自身价值倍增为目标，从而形成对用户不可抗拒的吸引力，犹如粉丝对偶像的高度认可及热情。上节已经论述过，这里的"粉丝"是理性的粉丝，是用户在对自身需求和供应商所展现的解决问题能力深度了解后必定作出的理性抉择。未来信息社会中的最终用户必定会意识到，只有实现组织机构的实体创新并完成数字化、自动化后，在面临特定任务，解决现实世界具体问题时，他们的效率、效能及价值才能实现倍增。这是他们的使命所在，这个使命，也是他们最核心最为原始的内生动力。为了实现这一目标，仅依靠相互孤立的各专业工程师是不够的，他们必定需要领域知识工程师利用领域知识工程学方法去实现这一过程（关于此点，本书前文各处已作出反复论述）。而对于供给侧的运营商而言，按粉丝经济的业态运作，采用领域知识工程方法去投入和经营，将会避免陷入传统行业高成本、高风险、

高不确定性发展路线的困局，只需要潜心做好预置件，做好原型后，等着用户最高领导或最佳代表前来体验。过往需要大量成本攻关才能获取的项目也会按照这样的方式水到渠成、理所当然地成为囊中之物——在经过原型体验和预置件考察后，最终用户已然成为自己的粉丝。这种超乎寻常的利润和远超传统模式的投入回报比，则是供给侧的内生动力所在——长久以来这样的动力一直存在，企业不断摸索、尝试转型。最终，领域知识工程学的出现和方法的践行，将为他们提供这样的路径。

商业模式不是被设计出来的，商业模式是本着利益最大化原则客观存在的。人们要做的是去发现这种客观存在的规律和模式——发现供需关系的规律，使供需各方面资源配置效率最高、成本最低。商业模式也不止一种，在社会发展的不同成熟阶段和不同区域，受限于最终用户侧自身的法律、规章约束，人们对商业模式的认可和选择也是不同的。而在领域知识工程学描述的新业态下，其商业运营最终必定是开放的、是高度自由的、创新的模式。在粉丝经济的业态下，任何相关企业乃至一个自由人，在一切合理合法的情况下，在自身对目标用户有了充分了解的前提下，都可以参与到任何一个针对特定任务的项目产品的设计、开发、运营等任何环节中去。或进行顶层设计提出原型，或进行预置件开发，或进行实体创新向数字化、自动化转变的相关开发，或利用自身资源进行运营提供知识服务，总之，依托领域知识工程开源空间，这些供给侧的企业或个人，都将以高度创新和自由的方式寻找到用户，进而实现获利。在这里，平台是完全开放的，对需求侧对供给侧皆是；供给侧的参与是自由的、创新的（任意领域、任意项目，实体创新并数字化实现），最终用户对供应商的选择是理性抉择后的高度自由的——一切以实现自身实体创新、完成数字化转换，最终实现价值倍增为导向，完全回归和尊重经济社会发展的本源规律。

（二）学生及学生家长

在此开放的商业运营模式下，大学在培养领域知识工程师的过程本身也就顺理成章地可以融入业态中去，成为产业链的一环。领域知识工程学对大学生的培养是以实训和实战为手段的，此过程中的"实"，就是来源于这个开放的商业运营中。需求侧提出的特定任务、待解决的现实世界具体问题是"实的"；学生们通过领域知识工程方法，针对特定任务目标进行形式化搜集、主题化标引、逻辑化存储、关联化分析、数量化计算、结构化表达、反馈化控制和可视化流程的全流程实践后获得的成果是"实"的——它就是新业态下供给侧用于"圈粉"的各种原型、用于实现实体创新和数字化的预置件。领域知识工程学的学生在大学阶段，就已经在做未来信息社会业态下相关角色的本职工作——无论行为过程还是行为结果都是一致的。这才是真正意义上的入学即入职。而入学即入职过后，理所当然的就是进入社会那一刻的毕业即就业，他们已经高度角色化，是非常成熟的人力资源。而这就是学生及其家长们义无反顾投身到领域知识工程学、主动融入新业态的根本动力所在。

（三）院校

学生内生动力的激活，自然为培养他们的院校，尤其是以应用型人才培养为主的三本、民办类院校带来了契机。在培养人才的同时，自身也成为新业态下开放商业运营模式中一个举足轻重的角色，一个高度成熟的合格供应商。前文我们提到的求生存、谋发展等命题，很自然地迎刃而解。在开放商业运营模式下，实现人力资源的二次开发，快速高效培养出社会急需人才，融入并引领全新产学研用生态体系建立和发展——这是大学这一角色的根本动力。

（四）教师

大学动力机制的激活，随之而来激活的就是大学教师——领域知识工程学的教师。我们已经论述过，领域知识工程学的教师本身就是非常成熟的领域知识工程师。他们教导培养学生的手段就是以"实"的方式进行的——真实的用户侧需求，真实的供给侧成果。在这个过程中，他们不能像某些传统学科的教师一样，一本教材一个课件可以讲若干年。一切的教学过程都在真实的业态下推进，这要求他们自身首先应时刻以领域知识工程师的身份融入业态，不断锤炼和提升自己，而后再以领域知识工程学先行者的身份，面对学生，通过"三导"的方式，引领学生前行。通过领域知识工程开源空间，他们的学生远不止线下课堂里在座的数十人、数百人；开放的商业运营模式，也使得他们除开教师身份，更是一个合格的供给侧运营商，通过教学，带领学生按领域知识工程方法作业后共同取得的成果就是他们所交出的原型、预置件，是可以在开放、自由、创新的全新业态下直接提升其个人价值的、直接使其获得额外回报的"产品"。这种自身能力的提升、自身价值的实现与增值，就是领域知识工程传播过程中，教师这一角色的内生动力所在。

综上所述，未来业态内所有相关的角色，都将会被领域知识工程学所引领的开放的商业运营模式、粉丝经济业态激发出各自的内生动力。动力机制激活以后，如何保障其活力，使其得以不断的良性发展，则是我们接下来要探讨的课题。

二、评估机制

在全新业态下，各相关角色的动力机制由开放的商业运营模式所触发。随后，需要有一种方法对这些动力机制的活力加以维持并强化。领域知识工程学提出的方法即是采用评估的方式来达成这一目的。我们从大学教育这一视角出发，来为读者简单介绍动力机制评估的思想和方法。动力机制从触发到评估，会形成一个闭环，这个闭环主要包括6个阶段：

1. 明确目标

向大学中的领域知识工程学相关角色（主要是大学、教师及学生）阐明未来信息社会全新业态下各自的定位。如对学生而言，就是要明确其未来各类社会角色的目标——使命和任务，能力和要求。

2. 内生动力指标量化

为实现领域知识工程学所提出的这些目标，各角色需要达成的具体指标需要被量化。如某一名学生，将供给侧的功能设计师这一角色作为自身的目标，那么领域知识工程学将量化其成为这一角色的指标群。如在校期间形式化搜集的数量、质量，主题化标引的数量，质量，完成任务成功交互的数量及优劣比等。

3. 内生动力激发的条件

在教学方式创新一节中，本书论述过不仅重结果，更将重过程。前述的指标量化是一个结果信息，而达成这一结果的过程信息，我们将其称为内生动力的激发条件。换而言之，领域知识工程学认为，如果过程条件不满足要求，是无法完成量化指标的条件的。因此，在前述指标量化的同时，则会生成达成指标的条件。可以理解为对量化指标的进一步细化。如量化指标中要求的形式化搜集数量，主题化标引质量等指标，在这里则更加细化为形式化搜集的领域范围、渠道来源、对标特定任务等。

4. 同步评估

通过评估手段产生激发内生动力的痕迹信息。即全息全程记录学习者学习的动态过程，以量化数据勾勒出学习者全生命周期的学习过程。

5. 信息推送

评估信息将实时送达对应的关联角色，使其持续内生动力处于激发态。比如，前面我们提到的这个学生以功能设计师这一角色为目标。那么他的一切相关评估信息都将实时通过领域知识工程开源空间推送给有这一岗位角色需求的所有企业。企业主在充分洞悉和掌握该学生的全生命周期动态后，可以理性地抉择，用还是不用；是花大代价抢购人才还是先低成本引进、再培养使用。

6. 反馈

承接上例，用人单位的态度由学生自身的评估信息决定，而该态度反馈回学生，则可鞭策、激励其自身持续保持鲜活的动力并不断提升自我，以实现最初所定的角色目标。这种动力机制触发后的行为闭环形成，则自然生成良性生态，保证各角色动力机制被触发后的不断持续和升华。

不同角色动力机制触发和维持，其细节处可能存在差异，但中心思想皆是通过上例的 6 个步骤形成的闭环循环来实现的。如最终用户对供应商的评估会促使供应商不断提升；大学对教师的评估、供应商对教师的评估，都将促进教师这一角色在全新业态下不断提升自我，升华自我，保持鲜活的动力。这种相关方博弈过程中的信息对称——通过评估及信息流通而来，会为未来信息社会每个相关角色都作出理性决策带来便利。同时也促进各方角色维持动力触发的高昂状态，使全业态得以不断发展提升。领域知识工程师是未来社会新物种，人类历史上任何新事物的兴起与发展历来充满坎坷。而领域知识工程师必须通过实训实战才能锤炼出来，为什么实训实战能顺利推行，其实，本节就给出了答案。通过各方角色不可抗拒的动力机制，保证了实训实战的展开；再通过严密、高效的评估闭环，保障各方角色动力不衰的同时让实训实战得以向更高规模迈进。领域知识工程师的顺利培养和诞生，也势必托举起领域知识工程学所描绘的全新业态，这个业态回过头来，又将进一步激发各方角色的动力。因此，本节描述的动力机制其实是两个内外嵌套的闭环，评估闭环为内，产业生态闭环为外，皆在其中。

第六节　市场化实战

本节将进一步论述本章前述的关于业态、关于动力机制最终是如何通过市场化运营来落地的。前文多处反复出现的领域知识工程开源空间也将揭开其神秘面纱与各位读者见面。它究竟是什么？它是如何形成又如何托举起整个全新业态的？在市场化实战中，这些问题都将得以解答。与此同时，本节也将进一步彰显领域知识工学传播过程中的实战，是真正的实，它就是市场本身、业态本身。

一、开源空间

开源——来源的开放、资源的开放、产业链的开放、价值链的开放。意指渊源、源流、源头。与传统 IT 领域中的开源有明显不同。

空间——意指无所不在的全覆盖。线上线下、全产业链、全业态参与角色的自由交互。意指业态，产业。

基于领域知识工程学描述的新业态商业模式是高度社会化、开放式和自由、创新的。"开源空间"就是这种开放的商业模式的缩影和基石。在领域知识工程学，人们以领域知识工程学思想为指导、以工程方法为手段，不断作用于现实社会、影响并改造现实社会的过程中，会自然伴生出一个空间（或称一个平台亦可）。该空间由领域知识工程学学人自建并主导。在学人们利用领域知识工程学思想和方法解决社会普适问题，提供工程化解决方案的过程中，在传播领域知识工程学思想和方法的过程中，同步建立起每一个开源空间人都可以在这里学习、分享、提升领域知识甚至从中获得支撑、帮助最终获益的"黑土地"。

在这个空间里有多种社会角色，可以是从事领域知识工程学教学，培养领域知识工程师团队的大学；可以是具有数字化需求或者拥有领域知识工程团队的企业；也可以是有迫切需求的最终用户；甚至可以是社会中的一个单纯的自由人。从掌握领域知识工程学基础理论开始，理解领域知识工程思想，配合工程方法针对特定任务，训练提升自己在人类社会数字化工程建设列中的"等级"。同时，在这个开源空间中，提供的不仅仅是领域知识工程学本身的原理性知识和工程方法，还包括所有领域知识工程学实例过程中涉及的相关专业知识。它会将历史进程中所有领域知识工程实例中沉淀下来的各种资源形成积累，最终以大量预置件、海量谱系化知识、无数实例的形式展现在新老领域知识工程学学人面前，供他们学习、摄取、利用、实现自我升华，完成利益转化。例如，大学教育过程中需要用到的实训实战素材，可以从开源空间内而来；空间内的学人本身就是合格的领域知识工程学教师，可以为大学生求学路上提供巨大帮助。任何企业在面临任何领域特定任务时，可以到开源空间中寻找成熟的预置件，体现出成本边际递减的直接效益。最终用户可以到开源空间中寻求匹配自身实际需求的原型，简单直接地进行原型体验，进而快速、理性地进行决策。乃至一个自由人，只要自身拥有合适的资源，都可以到这里来寻求项目聚合，实现自身的增值。在领域知识工程学描绘的未来信息社会中，越来越多的人可以自由地进入这个行列，逐渐形成了一种社会趋势。更多的人会清晰自己在领域知识工程团队中的角色定位，也就是现在或者未来信息社会发展建设的特定角色，可以是领域运营师、产品集成师、功能设计师、知识萃取师、情报整编师等领域知识工程师角色，也可以是传统的专业工程师，如研发工程师（前端工程师、测试工程师、服务工程师等）、运营工程师等工程团队角色，只是通过开源空间的洗礼和锤炼后，他们已经有别于普通的专业工程师，他们具有强烈的领域知识工程意识，具备在任何条件下随时被领域知识工程师组织、整合的综合接口能力。

开源空间自己的使命和宗旨是传播和弘扬领域知识工程学知识，是培养、应用信息社会培养人才的实战基地，是促进人类经济社会信息化的创新发展，更是未来高度开放、自由的全新业态下的基石和枢纽。这里有大量尚处萌芽状态的信息社会特有的领域知识工程师群体，领域知识工程师是与 IT 工程师、建筑工程师、机械工程师、水利工程师等传统领域工程师并列的全新类别工程师。这个开源空间充分激发领域知识工程师的使命，培养其能力，在面向特定经济社会活动的具体任务时，满足特定用户的特定需求，能识别集成利用该任务所需的任何专业知识，构建出这一任务所需的横跨各专业知识的知识体系，创造性（创新）地形成解决问题的初始化方案，包括数字化方案，并最终与 IT 工程师合作，完成任务，实现自动化、协同化、知识化工程的目标。

开源空间既培养信息社会的通才，也因为有不断的领域知识工程学人才的反哺，才带来了源源不断的生机活力，以此来影响更多的领域知识工程学学人，传播弘扬领域知识工程学思想。在开源空间里，每个开源空间人既可以作为需求侧，提出数字化需求，也可以是供给侧，给予数字化建设方案。

开源空间的落地方式主要有两种模式：

（1）以线上信息化方式存在

传统的信息化社区在互联网中发展得如火如荼，人们也慢慢养成了从网络中学习新的知识的习惯。以传播弘扬领域知识工程学为主的线上开源空间，更是以丰富的互联网方式展开，逐步开枝散叶衍生到各个互联网领域，逐渐通过网络进入人们的视野，开源空间提供成熟的基于特定任务范式的数字化解决方案和工程化建设方法，用户的数字化需求在开源空间中提供的方案里一旦得到解决，将产生极大的吸引力，使受益者加入这个开源空间里面来，成为领域知识工程学建设者之一。开源空间开枝散叶的方式多种多样，例如，以门户网站、公众号、论坛、知识社区、百度百科、知网等知识平台的网络表现为主，领域知识工程团队的门户网站，分享工程生产方法的论坛社区，提供各种预置知识的知识平台，甚至是可以提供知识生产工具的信息系统。利用互联网方法汇聚领域知识工程学学人，包括工程化产品生产的三个重要团队（设计团队、开发团队、运营团队）的成员，例如，创意设计师、领域运营师、产品集成师、功能设计师、知识萃取师、情报整编师、研发工程师（前端工程师、测试工程师、服务工程师等）、运营工程师等工程团队角色，参与到各种类型的开源空间中来，无论是知识的处理，还是新知识的生产，无论是个人还是企业、学校等组织都可以找到自己的定位、建立起自己的识别体系，有效地把自己推广到社会公众面前。例如，针对具体项目案例做问题与价值分析，找出根源症结，也可以是提出针对根源的微创新创意方案设计，针对症结的深度创新创意方案提出，更可以是从既有的、离散的信息资源中提取这个特定任务所需要的信息要素，经过设计、加工和制造，为最终生产出一个具有特定功能的知识工程产品做知识支撑。例如，A 企业在数字政府领域有专业的完整的数字化解决方案，通过开源空间逐渐向社会公众分享相关专业的数字化工程技巧，慢慢地被更多的最终用户接受，以此建立起属于自己企业的识别体系，企业自己的经济发展需求也可以得到有效解决。

在开源空间中针对特定任务时，任何一个工程化环节都有强大的支撑队伍，队伍不分地域，不分种族，不分年龄，不分领域，只有相同的理念、相同的诉求，贡献各自的领域知识特长，从多个知识领域的角度提出解决方案，当然，开源空间成员在贡献的同时也是对自己的一种提升训练和领域知识的不断扩展，这种方式正是这个开源空间始终致力追求地想要达到的目标。

（2）以线下活动方式存在

社会逐渐向数字化发展，开源空间组织开展线下交流会、论坛、培训会议、讲座等活动来传播领域知识工程学思想和工程方法。例如，阿里云的云栖大会，大会主要就是介绍阿里云相关产品，传播自身的行业解决方案，让社会认识和了解他们，以此来逐步扩大和发展自己的业务。而基于领域知识工程学传播的线下活动，多是促进社会信息化发展，用领域知识工程学知识逐渐提高人类对未来信息化的认识，提供未来信息化社会的终极解决方案，实现人类和人类经济社会活动的自身数字化，是在传播、推广一种商业模式，发展一种新的社会产业发展业态。当然，也可以是一些具有商业性质的活动，从领域知识工程学中获益，走在数字化前列提供基于领域知识工程学的信息化建设方案的企业、公司等经济组织，多以发布会的方式展开线下活动，他们介绍自己的数字化解决方案和工程化团队，以此号召和帮助更多的具有数字化需求的企业公司组织参与进来，实现企业经济效益的情况下，也传播了领域知识工程学思想。学校开展线下招生宣讲，宣扬自身具有专业的领域知识工程学教学团队，学校致力于培养、应用信息社会通才，以此来扩大招生和向社会输出领域知识工程人才。线下各类活动从多个角度逐渐扩大传播和弘扬领域知识工程学知识，这也就实现了开源空间最初的使命。

二、项目聚合

（一）聚合的实现

开源空间自身的任务比较多，其对业态产生核心影响力的一个作用则是项目聚合。

领域知识工程的开源空间由于其特殊性，它具有很多得天独厚的优势。全业态下所有相关的角色方都会出现在开源空间中，留下属于他们的痕迹，如自身的需求、自身的创意、自身的利益诉求等。在现实世界里他们可能素昧平生，即使进入领域知识工程开源空间，他们也时常擦肩而过。在此背景下，领域知识工程学开源空间可以通过探测、搜集、分析、汇聚这些碎片化、零散化的痕迹，按领域知识工程学范式对其进行任务拆分和资源配置，从而实现项目的聚合。用通俗的话来描述，领域知识工程学开源空间将参与的各方角色相关痕迹兼收并蓄、海纳百川后，将能成为一个供需两侧甚至各方角色间的"超级月老"。以任务拆分、资源重配的方式完成各方的项目聚合。

项目聚合后的结果则必然是市场化的运行。接下来我们展开介绍领域知识工程学开源空间是如何完成项目聚合实现市场化运行的过程。

1. 市场化实战

任何项目在进来的时候，市场都会发挥作用。市场化实战是以市场供给侧为推手所展开的项目实战。

市场化实战是在深刻理解了供需两侧关系以后做出一个数字化系统，这个系统用来实现供需两侧的识别和它们之间的匹配。

这种识别和匹配既需要软件最先完成自动化，更要有经验的各方面的人才来协助完成。包括：有经验的创意设计师、领域知识工程师、产品集成师、功能设计师等，由它们在后面人机互动的模式下来形成市场化实战的数字化。

在这里市场化不是扮演中介的角色。市场化实战的数字化平台是一个开源空间，广大用户可以上面进行活动，由拥有共同兴趣爱好的人组成的。这个开源空间就形成了它们沟通交流的必要途径。

市场化实战的数字化平台将看不到的市场规律变成了看得见的数字化软件。这种数字化的服务模式对别人来讲是透明的，对于领域知识工程师来说，就是对结构化、知识化的构建。事情本身是知识化的过程，市场化本身就是我们理论的应用，理论是社会系统的控制，市场化的这种安排是供需两侧的识别和匹配，识别和匹配是一个社会化的过程、是一个社会系统完成的、是社会系统的复杂关系完成的最终结果。

将社会体系中的相关主体、最终用户主体、供给侧主体、教育大学主体、各部分主体都整合在这里面聚合起来构成了它们的识别和配置。首先，把这种复杂的社会系统自动化、数字化，将数字化实战的超级应用系统就是进行这种复杂的、市场供需两侧识别和匹配的社控系统，最终完成社控系统的"透明"，完成它最需要的配置和市场配置。

2. 范式的代码化框架

范式自身是可以现实代码化的，它是整个的逻辑。第一，我们把这个逻辑关系与两系统五要素的双子系统的传输运行、运动出来的范式代码化、框架化。第二，任何应用场景都是一个范式的实例，它和软件工程里的工厂是一样的，所谓的领域知识工程就是人类所有的工作都是在领域里面产生的，在领域里面都是由双子系统产生的，任何一个运用场景都是一个范式的实例。它是软件运行实例，它实际运行过程要遍历这个框架。这个框架是一个并态框架双子系统运动所带来的过程框架、动态框架，是范式的理论描述。第三，任何一个软件应用实例都是一个归根后的具体团队，任何一个归根的一个团体都是一个最小化领域里面的相关角色的数字化、代码化、软件化、数据化、自动化。

3. 设计转化

详细设计就是对用户行为设计，基于用户和任务。角色行为数字化开发就在这个地方，然后再去设计各个角色组合，把各个角色和各个角色的行为组合的方法过程用于开发。同时还用领域知识工程学这个方法讨论一下这个团队的工商体系、生态。在现在和未来积累可用的预置件，控制好各个领域的设计任务。

4. 实践和应用

设计框架里面的应用是代码化的，这样就设计成一个条件有数据库，有承接关系。预制件拿到应用和它发生关系的是数据。

所有的数据都是对行为的数字化。用户支持决策、检测用户的发展、决策的内容、决策的提示就是行为，行为差别就在于对象范围和属性。决策行为的软件是一样的，决策行为的交替和决策行为的类别以及检测和对策总的来说是检测和对策的行为特征。第一是开源的数据开发设计能力；第二是我们通过这个平台做的服务模式吸引到更多的用户应用我们把用户数字化这个能力。我们可以把用户数字化，社会无人化，做主体和行为的数字化，这种业态才是人类走向信息社会的高阶段发展的必经之路。这种产业形态具有更大、更快的人类走向高阶段的技术把人自己解放出来，真正让人作为万物的灵感把创造性发挥到极致的特点，让人享受自己创造的能力。

（二）项目分类及产生

项目分类：科研项目、商业项目

【科研项目】适用于研究型大学，从上至下，主要是弥补理论层面的缺陷，以及领域/应用的贡献。其输出物为顶层设计原型，比如 PPT、研究报告、原型等内容。

特点：做得浅，投入小，后续可以找供应商最终变成商业项目。

缺点：经费少，项目大多面向任务和工程化。

【商业合作项目】可部署交付或最终用户用于解决实际问题。

特点：投入大周期长。优点：收益大，变成学校长期任务机制。市场双方需要通过合同的签订相互约束。

关于项目的产生其实就是在本章第五节内描述的动力机制。各方动力机制自然触发后，通过领域知识工程开源空间，自然可碰撞、可聚合出众多的项目。各方角色参与其中，在内生动力推动下，在领域知识工程学开源空间的牵引下，项目可以自然生成。这里有两只手：一只无形的手即市场本身。这里是各方角色按市场运行规律进行的自身需求的体现和碰撞；一只有形的手即政府相关部门按流程进行的整体把控和引导制约。这些手都会在开源空间中反复切磋，不断撩拨，最终以具体项目的形式得以"牵手"，实现各自的诉求，实现未来信息社会的创新发展。

附 录

术语表

A

1. 安全："感知"的第六种信息机制为信息"安全"，安全是基于现实世界中各个主体间的法权边界来确定。安全体现为法权，法权包括三方面的内容，第一个方面是指国家的主权；第二个方面是指各个主体的产权；第三个方面是个人的人权。谈信息安全要看到数据代表的信息，看到信息所代表的事实和事实所具有的法权属性。

B

2. 伴随服务：伴随服务即随着用户角色行为的不断深化和扩展，超出原有最小化领域边界，在新的商业合同周期内，由领域知识工程团队提供的不断满足用户在其他最小化领域行为角色数字化需求的服务。这个过程领域知识工程团队就会在已有产品框架的基础上，回归到创意假定上，进入这些最小化领域角色行为数字化的最初定义和设计，然后开发团队进行开发，产品交付客户后，知识工程团队又会在这些最小化领域进行深化服务。

3. 报警：报警指监测对象已发生的安全状态，进行警示。

4. 本体：本体是对客观事实、事实之间的关系的抽象表达，本书特指在领域知识工程学中的两系统的系统行为过程的知识体系。

5. 本体构建：本体构建是领域知识工程的基础出发点，是以范式的基本要素为顶层概念向下的分类分级形成一个整体的系统过程的架构，而非领域知识工程分类的静态的架构，其中分级分类的过程就是建立本体体系的过程，是范式的具体的向下展开，而形成的本体与本体体系就是范式的具体化，并支撑人类本身的经济社会活动的数字化过程。

6. 本体属性：领域知识工程学中对本体属性的理解主要是两个方面：一是从范式角度。本体概念具备范式属性，可以分为两系统、五要素、问题、目标等范式顶层概念的不同属性。二是从信息资源角度。本体是从信息资源中提取的，并分为事实信息、知识信息、新知识信息，因此本体概念具有信息属性。

7. 本体网：本体包含概念与概念间关系，这是本体的核心内容，从这个角度讲，本体实质上就是一个概念网络。概念可以作为网络中的节点，关系就是网络中的边。其次，从本体分类分级的角度讲，本体可以划分为不同的类，并在分类分级的过程中，不断走向实例，在每一个类的内部、类与类之间都存在关系，而正是这种关系，将不同类本体、类中不同的本体连接成一个网状结构，即形成本体网。

8. 本真：仿真与本真相对，本真指事物的本源、真相，天性、原始状态，亦指真实的、不加任何修饰的内心世界及外在表现。

9. 比较相对指标：比较相对指标就是将不同地区、单位或企业之间的同类指标数值作静态对比而得出的综合指标，表明同类事物在不同空间条件下的差异程度或相对状态。比较相对指标可以用百分数、倍数和系数表示。

10. 比例相对指标：比例相对指标是总体内部不同部分数量对比的相对指标，用于分析总体范围内各个局部、各个分组之间的比例关系和协调平衡状态。它是同一总体中某一部分数值与另一部分数值静态对比的结果。

11. 变异系数：变异系数又称离散系数，它实际上是标准差占均数的百分比例。

12. 标识："标识"是为了解决客观世界里面事物辨别的问题。《辞海》里注："标识，即'标志'"，通俗地理解为记号，符号或标志物，用于标示，便于识别。中国古代很早就在文献里提到了"标志"，依照《水经注·汶水》中的说法，古代的石碑就起着标志的作用。在《文选·孙绰〈游天台山赋〉》中善注："建标，立物以为之表识也。"

13. 标准差：标准差是方差的算术平方根。

14. 博弈：基于对信息的把握，通过衡量利弊的理性分析，自然人或组织机构做出最符合自身利益的决策，我们称之为"博弈"。具有竞争或对抗性质的行为称为博弈行为。

15. 部署：原指安排，布置，处理，料理。这里指布置产品运行所需的环境和将产品安装在这个环境中，使产品可以发挥出正常的功能。

C

16. 产品集成师：产品集成师是基于特定任务边界设计领域知识工程产品功能与能力，对领域知识产品各构件、组件进行规划的知识工程师。

17. 产品生产子系统：产品生产子系统是执行生产任务的功能区域。

18. 产权：产权是经济所有制关系的法律表现形式。它包括合法财产的所有权、占有权、支配权、使用权、收益权和处置权。

19. 产业范畴：产业范畴下的领域指的是国民经济生产活动范围。在产业范畴中，我国产业分为三大产业，包含 20 个门类、97 大类、473 种类、1381 小类，产业范畴活动中企业和消费者分别处于供给侧和需求侧，供给侧的企业在市场经济活动中起主动作用。因此，在产业范畴中以企业的职能职责为领域划分依据。

20. 成本：成本是生产领域知识工程产品所耗费的生产资料、劳动力等投入的货币表现，如工资费用等。

21. 程序性知识：程序性知识是一套关于办事的操作步骤的知识，这类知识主要用来解决"做什么"和"如何做"的问题。

22. 创意：创意是在领域知识工程学的知识框架和话语体系下的创意，是指源于问题、针对问题的创意。任何创意都是针对解决问题的思路的创意。创意不是灵光一现的，也不是偶然发生的。在领域知识工程学的理论框架下，创意甚至是有规律的、结构化的。

23. 创意设计师：创意设计师是负责领域知识工程产品问题识别和创意假定，向设计团队提供理论、创意、工艺建议与参考，指导产品设计、开发和运营的知识工程师。

D

24. 动力机制：动力机制归根结底是社会主体"趋利避害"的本质属性。也就是说要通过对两系统中相关主体的"利、害点"的识别，设计出趋利避害的特定方式、关系、路径和作用，从而唤起和激发相关主体的内生动力，产生足够强大和持续的内驱力，来实施解决问题行为和展开实现目标的任务。

25. 动态相对指标：动态相对指标就是将同一现象在不同时期的两个数值进行动态对比而得出的相对数，借以表明现象在时间上发展变动的程度。通常以百分数（％）或倍数表示，也称为发展速度。

26. 对标值：当解决特定问题的时候，往往会设定一个对标值，对标值是根据类似国家、地区、领域等各种意义设定的同类发展差异较大的对标的指标值。

27. 对策：对策包括决策、执行和监督三种行为，通过对策形成解决问题的方案，通过执行解决问题、达成目标，通过监督实现更科学的决策和更严格的执行，最终实现资源的合理配置和社会的规范有序。

28. 对称："对称"是"控制"的第一种信息机制，指的是信息对称，即在主动系统和对象系统基于一个任务，双方掌握的信息尽可能对等。

29. 对象系统：人类的任何任务是由两个系统建立起来的，施行行动、主导行动的一方是主动系统，被动接受的一方是被动系统，被动系统呈现为主动系统的工作对象、任务对象、使命对象，它是主动系统的对象系统。

F

30. 发现：发现指获得对象系统状态的情况、了解对象系统的诉求。

31. 发展态：对应资源配置的效率和公平，即合理性，指向配置方式——市场/政府。

32. 法权：广义上的法权概念反映其主观应该性，而狭义的法权概念反映其实然客观存在，即法权是通过法律确认与保护的权利。

33. 法人：法人是指具有民事权利能力和民事行为能力，依法独立享有民事权利和承担民事义务的组织。法人又可分为营利法人、非营利法人、特别法人、基层群众性自治组织法人和非法人组织。

34. 反馈：信息反馈就是指由控制系统把信息输送出去，又把其作用的结果返送回来，并对信息再输出发生影响，起到制约的作用，以达到预定的目标或减小与目标的偏离度。在领域知识工程学中体现为主动系统对对象系统监测、对策的循环模式。

35. 反馈化控制：反馈化控制是在任务范式下，以指令为基本载体，基于指标监测方案的执行效果，通过对策调整系统运行状态并不断逼近目标的工程方法。

36. 范式："范式"的英文为"Paradigm"，源自希腊词"Paradeig－ma"，意指"模范"或"模型"。范式概念由美国科学哲学家托马斯·库恩于1962年在其经典著作《科学革命的结构》一书中提出，库恩在该书中多次使用"范式"，如在序言部分点明，"范式是公认的科学成就，且在某一特定历史时期为这个科学共同体的成员们提供了模型问题和解决方案"，在探讨常规科学的本质时，库恩指出，"范式就是一种公认的模型或模式"。

37. 范式演化：任务范式演化就是借助中间过渡、转换的形式，使任务范式逐步走向实例、走向现实世界的过程。

38. 范式要素库：范式要素库就是上述任务范式内基本要素的数字化形态，是将实体空间的信息通过信息技术体系集成到社控系统中，为实现时空协同、自动控制和效率倍增所做的预置信息构件。

39. 方案：方案即关于解决问题的资源配置和行动计划，也就是主动系统中不同角色主体利用职能范围内的物质、非物质资源对对象系统实施对策的行为。

40. 方差：离均差的绝对值之和或离均差平方和，可用来描述资料的变异度。

41. 仿真：仿真是"认知"的第二种信息机制，仿真是基于预置知识，把模拟的事实信息进行处理，得出一个新知识。事实信息经过预置知识的处理，产生新知识信息是仿真的过程。

42. 非法人组织：非法人组织是不具有法人资格，但是能够依法以自己的名义从事民事活动的组织。

43. 非物质客体：非物质客体是主体行为所依赖的资源中依赖于人的意志的部分，比如法律法规、政策文件等。

44. 非营利法人：非营利法人指为公益目的或者其他非营利目的成立，不向出资人、设立人或者会员分配所取得利润的法人，包括事业单位、社会团体、基金会、社会服务机构等。

45. 分蘖：原指禾本科等植物在地面以下或近地面处所发生的分枝。这里指在特定任务下，从范式框架上诞生出的任务实例。

46. 负价值：与宏观社会价值取向相反的是负价值。不是所有的负价值绝对产生消极作用，多数负价值表现为客观存在的现状或具体问题。

G

47. 概念：概念是反映事物特有属性的思维形态，具有抽象性和普遍性，是充当指明实体、事件或关系的范畴或类的实体，是人类对一个复杂的过程或事物的理解。

48. 感知：在《领域知识工程学》中的"感知"对应的是在心理学上的"感觉"的含义。在心理学上的"感知"分为感觉和知觉。"感觉"是指人脑对直接作用于各种感官系统的一种个体属性的直接反应。人通过感官系统获得，如光、色、声、味、力、冷、热、痛等的感觉。

49. 感知机制：感知机制包括标识、留痕、公开、共享、汇聚、安全六种信息机制。

50. 根源：根源是问题产生的直接原因，问题的根源和现象是因果性关系，问题的根源是导致问题现象产生的原因，问题的现象是因为问题的根源所引发的结果。问题的根源分为两种：一种是直接的物质原因，是指物理的、化学的、生物的等导致现象产生的最直接的原因；另一种是相对间接导致问题现象产生的社会原因或规则等。

51. 工程创意：工程创意是领域知识工程学从理论走向实践应用的逻辑起点，是任务范式展开的灵魂，是实现实体创新数字倍增的关键。工程创意是在特定的领域中，基于任务范式和信息机制，找到针对问题的创意策略后，以领域知识工程方法论为指导，使用设计和开发的工程化工具进行工程创意，构建解决特定问题、完成特定任务的解决方案，并利用制度安排将工程创意制度化，实现实体创新数字倍增的目的。

52. 工程方法：工程方法是在领域知识工程学的理念指导下，以领域知识工程产品及生产为工程导向，以领域知识工程师为工程团队，以形式化搜集、主题化标引、逻辑化存储、关联化分析、数量化计算、结构化表达、反馈化控制和可视化呈现为生产方法，通过领域知识工程产品的设计、开发和运营三个阶段，完成对预置资源的建设、伴随服务的运营和工程过程的管理，从而实现领域知识工程产品结果形态的工程化与生产过程的工程化的生产方式。

53. 工程化：工程化是领域知识工程学的本质特点，包含两层含义，一是知识产品的结果形态是工程化的，二是知识产品的生产过程是工程化的。

54. 工程团队：工程团队是贯穿领域知识工程产品生产各阶段的关键要素，按照领域知识工程产品生产阶段划分，工程团队包括设计团队、开发团队和运营团队，三个团队的职责任务是互相接续的。

55. 公开："感知"的第三种信息机制为信息"公开"，"公开"的意思为不加隐蔽的，面对大家的（跟"秘密"相对），"公开"是为了促进公平、公正。

56. 功能设计师：功能设计师是负责领域知识工程产品具体设计任务的知识工程师。

57. 共享："共享"是"认知"的第四种信息机制，共享本意是分享，是将一件物品或者信息的使用权或知情权与其他所有人共同拥有，有时也包括产权。

在领域知识工程的产品设计中，信息共享的客观需求是基于两个及两个以上的主体执行任务的行为协同需求，没有协同的任务就没有信息共享的需求。

58. 关联化分析：关联化分析是知识工程师在任务范式下，以实例以及实例的类为分析对象，以解决问题、达成目标为出发点，通过因果分析与相关性分析两种分析方法，系统化、标准化、结构化地细分和解析两系统、五要素、状态、诉求、问题、目标、方案，以及效果等要素，最终建立满足任务所需的业务模型的工程方法。

59. 关系：哲学上的关系反映事物及其特性之间相互联系的哲学范畴，是不同事物、特性的一种统一形式；计算机科学中数据结构的关系指的是集合中元素之间的某种相关性；形式逻辑上的关系是指表现在两个相应的类之间的关系，形式逻辑中认为两个概念之间存在全同关系、上属关系、下属关系、交叉关系、全异关系等五种关系。

60. 管理子系统：管理子系统是对工程产品生产过程进行初始值预设和过程管控的功能区域。

61. 过程管理：过程管理就是组织、协调、控制影响领域知识工程产品生产成效的因素，以能够按照计划实现既定的生产目标，产出符合要求的领域知识工程产品的行为活动。

62. 过去："过去"是指我们所处时刻前的任意一个时刻或者时间段，可以是一个时刻，但大多指的是一个时间段。

H

63. 还原度：还原度是事实信息对事实的还原程度。

64. 还原性：本体的还原性是指本体是否具有还原为事实的属性。

65. 汇聚："感知"的第五种信息机制为信息"汇聚"，汇聚指会在一处，没有分开的意思。在信息机制中，汇聚不是物理意义上集中的，它体现在逻辑层面上，基于特定任务，把不同的场景下的信息会合过来，聚合起来，信息汇聚的本质属性是完成特定任务条件，汇聚什么样的信息，由任务决定。

J

66. 机器自动标引：机器自动标引是在人工标引中通过技术手段挖掘本体识别、分类的规律，自动化完成本体萃取、分类和关系标引的工作。

67. 基本属性：一个事物的基本属性是一种物质表现形式用一种特定的方式，来反映某种属性和状态，其具有客观性，不以人类的感觉、意识、精神所转移，是一种事物固有的特性，区别于其他事物的本质特征。例如，自然人的基本属性有姓名、性别、出生年月、户籍地、民族、年龄等属性。

68. 极差：极差又称全距，即最大和最小观察值之间的间距。

69. 计划完成程度相对指标：计划完成程度相对指标是社会经济现象在某时期内实际完成数值与计划任务数值对比的结果，一般用百分数来表示。

70. 价值的外显形态：价值的外显形态包含两个层面，一是精神层面的外显形态，包括法律、文化、伦理、习俗（心理结构）等，统称为"知识"，即描述性知识（如科学原理、历史文化等）或程序性知识（如法律法规、技术标准等）。精神层面的外显形态或者说"知识"是全体社会成员所秉持的、相对静态的一系列准则、规则、惯习等。二是物质层面的外显形态，在领域知识工程学中体现为社会存在的三种状态：发展状态，对应资源配置的效率和公平，即考察市场和政府在资源配置方式上的合理性；秩序状态，对应社会秩序的规范和有序，即考察社会治理两系统行为的合规性；突发状态，对应应急响应的预案和预案启动，即考察社会应急机制的时效性。

71. 价值取向：价值取向是指一定主体基于自己的价值观在面对或处理各种矛盾、冲突、关系时所持的基本价值立场、价值态度，以及所表现出来的基本价值取向。

72. 监测：监测指的是监测对象系统的状态和诉求，还要监测对策的实施以及实施以后的结果是否与目标一致。监测的内容包括对象系统的主体、行为、客体、时间和空间，具体包括发现、预测、预警、报警、评估、判定等多种行为。通过监测，我们可以发现问题和分析问题。

73. 监测对策模式：法人需要掌握特定任务下、特定领域（职能范围内）为解决对象的问题所需的事实、知识，并利用这些产生新的知识，就需要参与到与对象的交互过程中，这种交互过程就是法人的监测对策模式。

74. 建模：建模可以理解为建立系统模型的过程。在普遍意义上，用一套简化的易于理解的系统去描述研究对象系统就是建模。模型最好是能与对象系统同构，即对象系统中要素及要素间关系在模型中都有表现，并且能进行预测。

75. 角色门户子系统：角色门户子系统是工程团队中各类角色成员履行职责、交付任务、沟通反馈信息的交互区域。

76. 结构化表达：结构化表达是在任务范式下，以特定任务场景为导向，以人和机为信息传递对象，通过设计调用模板库和指令库等预置资源，实现向特定场景下输出确定性信息的生产方法。

77. 结构相对指标：结构相对指标就是在分组的基础上，以各组（或部分）的单位数与总体单位总数对比，或以各组（或部分）的标志总量与总体的标志总量对比求得的比重，借以反映总体内部结构的一种综合指标。一般用百分数、成数或系数表示。

78. 绝对指标：绝对指标又称总量指标，是反映社会经济现象总体规模或水平的一种综合指标，表现形式为有计量单位的统计绝对数。在社会经济统计学中，总量指标是最基本的统计指标，是计算相对指标、平均指标和变异指标的基础。

K

79. 开发团队：开发团队是由具备软件开发能力的知识工程师构成的知识工程团队，是负责将设计团队产出的知识工程产品设计转化为预置功能组件、预置信息构件和领域知识工程产品成品的角色群。

80. 开源空间：在领域知识工程学人们以领域知识工程学思想为指导、以工程方法为手段，不断作用于现实社会、影响并改造现实社会的过程中，会自然伴生出一个空间。

81. 可视化呈现：可视化呈现是在任务范式下，以新知识信息为主要表达内容，以人的视觉感官为主要输出对象，通过视觉传达设计中的视觉捕捉、信息传递、印象留存等方式，在计算机技术的支撑下，将信息以图形的方式进行表达的生产方法。

82. 客体：客体是主体为了解决特定问题（消除其根源、消解其症结）和达成特定目标（形成其条件），在一定时间、空间范围内利用、产生的物质和非物质资源（制度、政策）。

83. 空间：在领域知识工程学中，我们将空间划分为两种，一种是实体空间，即现实社会，人类经济社会活动开展的现实世界；另一种是数字空间、网络空间、赛博空间。在数字空间中能够实现社控系统的自动化、协同化、知识化。两种空间在实际工程应用中，相互耦合与"纠缠"。

84. 空间的基本属性：地理上对于空间的划分用经纬度、海拔（高程），由此形成不同国别、国内不同行政区划，这是空间的基本属性。

85. 空间的领域属性：领域知识工程学中空间的领域属性就是领域内主动系统主体对应的对象系统的范围。

86. 控制：控制就是检查行为是否按既定的计划、标准和方法进行，发现偏差分析原因，进行纠正，以确保接近或实现目标。

87. 控制对象：控制对象有两种，第一类是对"物"的控制，第二类是对"人"的控制，对"物"的自动控制就是工业自动化，已相当成熟。对"人"的控制就是社会自动化，方兴未艾，利用生物人的趋利避害的生物本能，配合外在奖惩制度的设计，形成有利于社会秩序的生物人及法人自我控制的动力机制。

88. 控制机制：控制机制包括对称与反馈两类信息机制，实现控制效能的提升。

89. 控制模式：社会控制模式包括监测和对策两种模式。监，具有监视监听监督的意思；测，具有测试测量测验的意思。对策指的是主动系统应对的办法或策略。

90. 控制条件：控制条件是实现社会控制的条件，在信息社会，社会控制的条件主要体现为三类十种信息机制，包括感知类信息机制、认知类信息机制和控制类信息，其中公开、共享两种信息机制既属于感知类信息机制，又属于控制类信息机制。

L

91. 理想值：与社会价值取向相同的最高标准就是理想值，理想值是事物所能够达到的堪称最完美、最接近理想的状态。

92. 理性人：经济学里，"合乎理性的人"的假设通常简称为"理性人"或者"经济人"。理性人是对在经济社会中从事经济活动的所有人的基本特征的一个一般性的抽象。这个被抽象出来的基本特征就是：每一个从事经济活动的人都是利己的。也可以说，每一个从事经济活动的人所采取的经济行为都是力图以自己的最小经济代价去获得自己的最大经济利益。

93. 领域：一般意义上的领域指一种特定的属性范围。领域知识工程学中的"领域"特指主动系统的特定主体的特定职能、职责的边界和范围。

94. 领域范围：领域是由社会活动中主动方的行为来确定的，主动方所从事的专门活动或事件的范围就是领域范围。

95. 领域确定：领域知识工程学研究和实践总是以一个最小领域为边界的，这个边界是通过主动系统中的主体的最小机构的职能、职责的最小事项而确定的。

96. 领域属性：领域属性是指在领域限定下，领域的职能职责赋予的特有特征。

97. 领域限定：领域限定是从两个方面认识的：从本体论、认识论的角度，人类经济社会活动总是在特定领域范围内展开；从方法论的角度，我们需要有突出的意识去限定领域，识别领域，避免泛知识的误区。

98. 领域运营师：领域运营师是负责连通设计团队和领域知识工程产品面向的市场及用户，并制定产品运营战略，督导运营实施的知识工程师。

99. 领域知识工程师：领域知识工程师是指掌握领域知识工程学及其条件性知识，在政府、产业、社会三大应用范畴中从事社会体系自动化控制系统的设计、开发、运营的专业人员。

100. 领域知识工程学：领域知识工程学，是与"新工科""新文科"的改革创新精神相一致的原创新学科，既能从综合性角度分析研判复杂问题，又能利用既有的各领域学科细化分析的成果，还能利用信息技术体系大幅提升原有领域学科融合的程度。领域知识工程学并不进入各学科的具体内容本身，但要围绕特定问题和解决特定问题的特定任务，快速把握各学科形成的专业知识的外部特征轮廓，把实践中不断细分的客观状态和理论中不断细化的专业知识关联、映射、集成起来，不断循环迭代上升，在实践中检验知识，在知识中总结实践，在学科分和合的过程中，解决人类能力极限不能达到的缺陷，同时解决现实问题的紧迫性需求，这是领域知识工程学对学科分类从专业细分到综合回归的回答。领域知识工程学的研究对象是信息社会人类经济社会活动特定任务过程的基本范式、范式的实例、实例的自动化，以及自动化实例的普及率。

101. 领域知识生产管理系统：领域知识生产管理系统是以领域知识工程团队为目标角色，按照工程阶段、生产方法构建的辅助领域知识工程产品生产和过程管理的应用系统，它是基于领域知识工程方法论对工程产品生产过程中的角色、行为数字化、（半）自动化的实现，由角色门户子系统、产品生产子系统、管理子系统三部分构成。

102. 领域最小化：领域最小化是领域划分的原则。领域的范围与边界以任务约束为具体范围，在确定的任务情境下，问题、目标、解决问题的方案都是确定的，进而促进任务的完成，因此，领域要最小化，才能实现任务的确定性、问题与目标、解决问题方案的确定性，问题才是可解决的、方案才是可实现的、任务才是可完成的。在领域知识工程学中，最小化的领域是由最小机构的最小职能、职责事项作为最小领域的划分边界。

103. 留痕："感知"的第二种信息机制为"留痕"，可理解为客观行为留下的痕迹。"痕迹"依据《汉语词典》，可解释为事物留下的印痕或印迹。

104. 流程化处理：流程化处理是指直接引用程序性知识，对事实信息进行判定。

105. 逻辑化存储：逻辑化存储是在任务范式下，以形式化搜集的预置信息资源库和主题化标引的本体库为基础，通过对两个库内的信息以及承载信息的数据类型进行标准化分类，建立信息数据交错映射关系，对未来任务运行过程中所需要保存的数据提出性能指标要求的工程方法。

M

106. 描述性知识：描述性知识是描述客观世界"是什么""为什么"和"怎么样"的知识，也就是反映事物的性质、内容、状态和变化发展的原理、原因、缘由的知识。

107. 模型：模型是通过主观意识借助实体或者虚拟表现构成客观阐述形态结构的一种表达目的的物件（物件并不等于物体，不局限于实体与虚拟、不局限于平面与立体）。

108. 模型运用：模型运用是把为一定目的描述现实世界的业务模型，进行必要简化和假设后映射到数学模型上。

109. 目标：目标是对未来要实现、改变的状态的一种设定，同时也是一种对未来状态的量化描述，这种量化涉及相应任务的指标。总的来说，在确定任务的前提下，目标包括两个方面，一是要确定解决的问题的范围，二是界定范围内的问题的解决程度。

110. 目标值：在整个人类经济社会的发展过程中，因政策法律、资源分配、客观条件等多方面的约束，总会出现一系列的各种问题，遇到问题也不是每次都能够按照最理想的状态来解决的。基于"问题驱动、目标约束"的任务范式下的任何任务都是要解决问题的，解决任何问题的选择总是有限的，从解决的范围到解决的程度都是有限的，而约束这个问题的有限性就是目标。这个"目标"指的就是根据目前能够达到的标准，将目标进行指标量化就是目标值。目标值一定是比现状值更趋近于理想值的状态。

N

111. 纳什均衡：在一策略组合中，所有的参与者面临这样一种情况，当其他人不改变策略时，他此时的策略是最好的，这时我们称为纳什均衡。在纳什均衡点上，每一个理性的参与者都不会有单独改变策略的冲动。因为当他改变策略时，他的获得将会降低或者他的付出会增多。

112. 内部管理：内部管理包括办文、办会、保密、机要、档案、人事等。

113. 内部监督：在政府范畴内，内部监督细分为上级部门的监督、监察部门、审计部门等的监督；在产业范畴中，其内部监督为企业与行业内部的监督，上下级之间的监督、内部审计部门的监督等；在社会范畴中，内部监督为各体系内的上下级的监督、内部审计的监督等。

114. 内容：内容指构成事物的一切内在要素的总和。信息的内容属性有两大板块，分别是事实信息和知识信息。

115. 逆向实证：逆向实证就是向历史要未来，从过去找出路、找答案，去面向未来。它是从同类问题的现有事实、已有事件出发，找到事件的前因后果以及解决方案等，加以分析形成事件的基本结构、属性等，找到其规律和特点，再通过规律、特点等内容进行创新创意。

P

116. 判定：判定指判别断定，依据一定的规则对监测对象的行为或状态进行判断，得出是否合理、合规的结论。

117. 频率：频率是单位时间内完成周期性变化的次数，是描述周期运动频繁程度的量。

118. 品叠：品叠指将物品重叠在一起。在逆向实证中，是将同类事件的样本收集起来，进行品叠研究，这个品叠研究就是品叠事件的属性，品叠出的属性就是能够覆盖未来可能发生的同类事件的属性。

119. 评估：评估指通过预置的模型方法对监测对象进行定量数据分析和定性状态描述，以呈现监测对象在特定时期的基本情况或危机影响。

Q

120. 强度相对指标：强度相对指标就是在同一地区或单位内，两个性质不同而有一定联系的总量指标数值对比得出的相对数，是用来分析不同事物之间的数量对比关系，表明现象的强度、密度和普遍程度的综合指标。

121. 情报：情报是利益相关方的状态和诉求。

122. 情报整编师：情报整编师是负责根据特定的任务从开源（如互联网）或闭源（如专业手稿、内部资料）中搜集文本、图表、表格数据等信息数据并进行初级加工处理的知识工程师。

R

123. 人工标引：领域知识工程师通过信息资源标注本体的信息属性和范式属性，同时划分本体概念的基本属性和领域属性。

124. 人类社会：人类社会是由社会各要素通过相互作用而形成的较稳定的、有组织且相互联系的复杂整体。

125. 人力：人力即工程团队，是参与领域知识工程产品，执行设计、开发任务，实现产品生产的人力资源。领域知识工程产品生产过程中对人力的管理的核心是管理能力。

126. 人权：人权（基本人权或自然权利）是指"人，因其为人而应享有的权利"。它主要的含义是：每个人都应该受到合乎人权的对待。人权的这种普适性和道义性，是它的两种基本特征。

127. 认知：领域知识工程学的"认知"对应心理学上的"知觉"，是指人们获得知识或应用知识的过程，或信息加工的过程。

128. 认知机制：认知机制主要包括预置和仿真两种信息机制，认知机制的实现要求在信息系统预置和任务相关的有限知识、特定知识、确定知识，以及揭示和实现事物关系的知识规则。

129. 任务：任务可以理解为政府行为角色的具体化，是去解决问题的过程。

130. 任务范式：基于库恩的范式思想，领域知识工程学利用"任务范式"这一概念定义人类经济社会活动的基本模式。领域知识工程学认为人类经济社会活动总是以特定任务的方式存在、呈现、展开的，并以信息社会人类经济社会活动特定任务过程为研究对象深入探讨人类经济社会活动的基本模式。人类经济社会活动的基本模式有两个最重要的逻辑属性，即领域属性与双子系统属性。

131. 任务赋值：指主动系统针对特定被动系统的特定问题，采取相应的措施和手段，从而解决问题的过程。任务赋值就是真实发生的系统过程，系统过程中的所有要素都是明确和定量的。

任务元素确定之后，要进入具体的系统发生过程，就必须对任务元素进行量化、明确，实现从宏观整体到微观具体的落实，这个过程就是任务赋值的过程。

132. 任务确定：领域知识工程学研究和实践总是以一个最小任务为起点的，任务的确定性，意味着这个任务所涉及的两系统中的每个要素都是确定的，包括问题、目标，解决问题的方式与资源，实现目标的条件与进程等。

133. 任务元素的量化：任务元素的量化是从静态预设到动态实施的过程。

S

134. 设计团队：设计团队是在设计阶段进行领域知识产品创意假定、产品用户及用户行为数字化设计等任务，识别和集成任务边界内所需的多类别专业知识，形成解决问题的实体方案和数字方案的知识工程团队。

135. 社会范畴：社会范畴指的是与群众密切相关的教育、医疗卫生、社会保障等社会事业建设领域。社会包括与群众紧密相关的社会治安、教育、医疗、安全生产、就业、社会保障、养老、扶贫等各个方面。社会范畴的主体包含事业单位、社会团体、基层社区等，因其信息公开的不确定性，社会范畴的领域可以按照同类进行归并来进行划分。

136. 社会化：社会化就是角色化。一个人进入社会，必将成为一个特定的社会角色。不管按照哪种路径，一个人使自身成为综合型人才后最终都将投身社会，成为一个特定行业、特定岗位上的特定角色。

137. 社会活动：人类的社会活动泛指两个人以上群体的关系和社会行为。

138. 社会价值观：社会价值观是回顾、观察、预见一个社会发展水平的标尺之一，是人们关于好坏、得失、善恶、美丑等价值的立场、看法、态度和选择，是社会多数成员普遍认可的内禀价值，各种复杂多样的价值观，经过长期反复的整合和消解，最终才能形成、体现一个社会价值理念的价值体系。

139. 社会控制：社会控制是指社会对人的动物本性的控制，限制人们发生不利于社会的行为。主要体现在组织机构的监测和对策两种行为模式上，监测模式指的是监测对象系统的状态和诉求，对策模式用来支撑解决问题、达成目标。

140. 社会体系：社会体系就是指人类社会特有的主体，包括自然人和国家、政府、企业、民族、种族、家庭、社会团体等各类组织。

141. 社会组织行为：社会组织行为也可以叫作法人行为，其发出者为法人。但是因为法人没有自动行为能力，法人行为通过自然人履行，所以法人的社会组织行为是由自然人从事的，但是自然人的生物本能行为不能天然的、直接表现、实现法人的社会组织行为。自然人必须通过社会化以后，人的生物本能行为与社会组织行为相耦合、相"纠缠"，才能实现社会行为。

142. 社控系统：进入信息社会以后，随着信息技术体系的不断完善和发展，农业社会和工业社会的非IT技术体系都会逐步IT化，包括社会体系本身也会IT化。不仅仅IT化，相关农业技术体系和工业技术体系会向自动化和无人化发展，比如农业控制中的滴灌系统、自动饲养系统，工业控制中的自动化流水线、程控交换机。同样地，信息社会也会发展出社会控制系统，又称"社控系统"，再进一步会发展出自动化、无人化的社控系统，极大程度地代替人的思维、感官和肢体行为，超越实体社会对人时空的制约。

143. 深度创新创意：深度创新创意是针对症结的创意，就需要重新设计新的利益机制、动力机制，解决原因利益机制所产生的问题，全面激发相关主体的内生动力，消解症结。

144. 深化服务：深化服务即在原有最小化领域边界内、在一个商业合同周期内，由领域知识工程团队提供的不断满足用户自身行为数字化需求的服务，这个过程是从单一交付产品的初始化状态，并由专门的知识工程团队伴随用户一生的使命，进行深层次的分析、识别和获取信息，去不断深化用户任务的深度。

145. 生产方法：生产方法是以知识工程师为主的从事知识产品的设计、开发、运营的工程团队，为特定问题的解决和特定目标的实现，从既有的、离散的信息资源中提取出满足特定任务所需要的信息要素，经过设计、加工和制造，最终生产出一个具有特定功能的知识产品的过程中所应用的方法。

146. 生物本能行为：人的生物本能行为，包括人的肢体行为，例如，举手、坐下、躺着、行走；人的感官行为，可以分为两类，一类是人的感官直接可以实现的行为，例如，听、看、摸、闻等感觉器官完成的行为，另一类是人借助仪器与工具进行感知的行为，例如，利用温度计测量体温，利用超声波仪器来获取人耳感知不到的超声波等；人的思维行为，例如，判断推理、作家塑造文学人物形象、画家创作图画等都属于人的思维行为。

147. 时点：时点是时间上的某一瞬时，如某日零点。

148. 时段：时段是描述计划的时间粒度单位，通常采用的时段粒度是天、周、旬、月、季和年等。

149. 时间：时间是主体客体的存在、行为与运动、变化的持续性、顺序性的表现，分时间点、时间段等。

150. 识别体系：指企业识别系统：CIS（全称"Corporate Identity System"），是一种改善企业形象的经营技法，指企业有意识、有计划地将自己企业的各种特征向社会公众主动地展示与传播，使公众在市场环境中对某一个特定的企业有一个标准化、差别化的印象和认识，以便更好地识别并留下良好的印象。

151. 实例化方法：实例化方法就是利用对足够样本数量的、已经发生过的事实的结构化整理和分析，总结、抽取出的模式，去应对、解决未来发生的同类任务、问题，使这一特定领域的人类知识可以重复使用。

152. 实体空间：即现实社会，人类经济社会活动开展的现实世界。

153. 实体设计：实体设计是通过利用工程方法和工具，在任务范式的模式下，针对任务边界范围内对象的各元素、关系，实现对用户、用户行为、用户行为场景的数字化、基于任务的用户行为场景的自动化需求设计。

154. 事件样本：针对同一类问题或同类问题相同现象，或相同根源，或相同症结，同一领域的类似现象、根源、症结等的历史已发生的事件，被称作事件样本。

155. 事件样本量：事件样本量是指一定量的事件样本。

156. 事实信息：事实信息是指表现事情的真实情况，即客观存在，包括事物、事件、事态的信息。事实信息分为填报信息、时点信息、样本信息、全量信息、痕迹信息、全期信息等六类。

157. 输出信息能力：输出信息能力是指信息系统基于对事实信息和知识信息的流程化和知识化处理之后能够具备产生或创造新知识信息的能力。

158. 输入信息能力：输入信息能力主要是指特定的信息系统需要具备任务所需的多种信息类别，从多种来源、利用多种方式获取完备的信息的能力。

159. 属性：属性是指事物的性质与关系。一个事物与另一个事物的相同或相异，是区分事物之间属性的特征。通过对事物属性的划分，可以对事物进行分类，具有相同属性的事物形成一类，具有不同属性的事物分别形成不同的类。同一事物可以有多种属性，同一属性也可以在多个事物中存在。属性是某类事物特有的，对事物起着决定性的作用。

160. 数据：数据是信息的载体。

161. 数量化计算：数量化计算是在任务范式下，以领域内特定任务的业务模型为基础，通过梳理指标、搭建模型和设计算法等方式，形成对指标及其变动关系进行量化分析的数学模型的生产方法。

162. 数字倍增：在领域知识工程学中，数字倍增就是用数字化、网络化的手段，以自动化、协同化、知识化的方式，倍增政府、产业、社会各范畴中主体解决实体要素中各类问题的效能。

163. 数字产业：数字产业是实体产业的数字化，按照《国民经济行业分类》（GB/T 4754—2002）实体产业被分为三大产业、20 个门类、97 大类、473 种类、1381 小类。

164. 数字化：数字化是信息社会的基本特征，从技术逻辑层面讲，数字化就是将许多复杂多变的信息转变为可以度量的数字、数据，再以这些数字、数据建立起适当的数字化模型，把它们转变为一系列二进制代码，引入计算机内部，进行统一处理的过程。在领域知识工程学的应用场景中，数字化包含两个方面，一是将实体经济社会一切客观存在的事实信息和人类对客观存在规律的认识的知识信息数据化，二是将实体经济社会中人的生物本能行为和社会组织行为软件化。

165. 数字化设计：数字化设计就是通过实体设计中的信息能力数据化的设计和用户行为软件化的设计，进而达到实体设计自动化的目的。

166. 数字社会：领域知识工程的社会范畴指的是狭义社会，包括社保、教育、科学研究、国家安全、社会安全等。领域知识工程学的领域知识工程学视域中的"社会"是狭义的社会，大致相当于政府五大职能中"社会管理"和"公共服务"职能里面的相关内容，如社保、教育、科学研究、国家安全、社会安全等。数字社会也就是上述狭义社会领域的数字化，本质是狭义社会领域内两系统相关主体的各种角色行为的数字化。

167. 数字政府：数字政府就是政府的数字化，就我国而言，政府是一个广义的概念，从国家治理体系来看，包括中国共产党领导下的人民代表大会、政府、政协、法院、检察院、检察机关等完整的政体结构。

168. 双子系统：双子系统是指主动系统和对象系统，人类的任何任务是由两个系统建立起来的，施行行动、主导行动的一方是主动系统，被动接受的一方是被动系统，被动系统呈现为主动系统的工作对象、任务对象、使命对象，它是主动系统的对象系统，所以被动系统又称为对象系统。领域知识工程学中，人类经济社会活动的具体展开总是以两系统的互作用强相关的方式展开、呈现的。在确定领域之后，特定领域下的人类经济社会活动的两系统也被确定。

169. 四分位数间距：四分位数是特定的百分位数，其中，P25 为下四分位数 Ql，P75 为上四分位数 Qu，四分位数间距即 Qu – Ql。

170. 算法：算法是指解题方案的准确而完整的描述，是一系列解决问题的清晰指令，算法代表着用系统的方法描述解决问题的策略机制。

171. 算术平均数：算术平均数简称均数，有总体平均数和样本平均数之分，描述一组数据在数量上的平均水平。

T

172. 特别法人：特别法人包括机关法人、农村集体经济组织法人、城镇农村的合作经济组织法人、基层群众性自治组织法人。

173. 条件性知识：条件性知识是领域知识工程学人要理解和运用领域知识工程的知识所需要具备的知识条件，包括哲学、逻辑学、语言学、数学、信息通信科学、图书情报学等。

174. 调和平均数：调和平均数又称倒数平均数，是总体各统计变量倒数的算术平均数的倒数。调和平均数是平均数的一种。但统计调和平均数与数学调和平均数不同，它是变量倒数的算术平均数的倒数。由于它是根据变量的倒数计算的，所以又称为倒数平均数。

175. 通用模型：通用模型指或遵循一定目的（如优化），或内在结构变化在时间上反应（时点间对象状态关系），或模拟现实手段（仿真），或对象间联系理念认知（反馈、延迟）等抽象原则、理念与通用方法建立的模型，是与具体领域无关的无差别模型，可以实例化后应用到不同领域中。

176. 突发态：突发态，对应应急响应的预案和预案启动，即时效性，指向处突发方式——自组织/被组织。

W

177. 外部监督：在政府范畴内，外部监督包括全国人大、党的监督、人民政协的监督、社会与公民的监督、司法机关的监督、监察委的监督等；在产业范畴内，外部监督为政府相关部门的监督、行业协会的监督、社会公众的监督等；在社会范畴内，外部监督包括政府相关部门的监督和社会公众的监督等。

178. 微创新创意：微创新创意是基于对历史经验的逆向实证，应用已分析的问题根源进行的创意。微创新创意是指解决特定问题的规则、制度、体制、条件、资源等都是已经具备的，将这个问题的根源结合对同类问题的历史经验逆向实证进行透彻分析后，就可以发现实际上是时间落点前置和空间普及的问题。微创新的"微"是因为规则、资源、条件都是已有的，而"创新"是因为历史的案例中从没有人在这个根源点上作为。

179. 维度：从哲学角度看，维度是指人们观察、思考与表述某事物的"思维角度"。

180. 未来："未来"是从现在往后的时间，是相对于现在我们所处的这个时刻而言的未来时间，它是一个时刻，也可以是一个时间段。

181. 问题：从价值观角度来说，问题是对象系统的客观状态与社会普适的价值取向相反的负价值的状态。

182. 问题解构：问题解构是指运用工程化的方法将问题按问题的现象、根源、症结三个维度进行分解、拆解。问题解构方法的核心内涵来自"解构"，解构一词来源于哲学，所以解构不仅仅是指分解和拆解，更是指每一次分解、拆解的结果都会产生新的结构，其释放形式和体量是具有无限可能性的。

183. 问题驱动：问题本身隐含着内驱力，内驱力产生于理想与现状之间的差距，客观的差距会唤醒对象系统内在的诉求，形成主观的精神动力，即驱动力。这种对象系统主体发起的诉求与现状产生的差异，对两系统运行起到驱动作用，我们就称为问题驱动。

184. 物质客体：物质客体是主体行为所依赖的资源中不以人的意志为转移的部分，

有传播媒介、资金、凭证、文件资料等。

X

185. 系统要素：系统要素是构成系统的基本单元，领域知识工程学中的两系统是由主体、行为、客体、时间、空间五个要素构成的。系统中的五要素是对客观世界的抽象描述，抽象展现了人类经济社会活动，是特定的主体利用特定的手段和资源在特定的时间和空间开展各种活动以实现特定目的，这也决定了系统中的五要素是统一的、不可分割的、相互关联的。任何对客观世界的描述都必须同时存在五要素。

186. 现象：问题的存在是现象，现象是事物表现出来的，能被人感觉到的一切情况，事物在发生、发展、变化过程中所表现的外在联系性和客观形式。

187. 现在："现在"指说话的时候，有时包括说话前后或长或短的一段时间。

188. 现状值：对象系统客观存在的状态，对象系统当前所表现出的状况就是现状，现状价值的指标量化就是现状值。

189. 相对指标：相对指标又称"相对数"，是用两个有联系的指标进行对比的比值来反映社会经济现象数量特征和数量关系的综合指标。

190. 协同：协同就是特定任务所关联的、分布在任何空间的角色在系统运行过程中相互协调与合作，共同推进任务目标的达成。

191. 新工科：对高校来说，新工科首先是指新兴工科专业，如人工智能、智能制造、机器人、云计算等原来没有的专业，也是对电子信息科学技术、建筑工程、机械、材料、自动化、交通工程、冶金、采矿、系统工程等传统工科专业的升级改造，从而培育出更新的理念、更好的模式、更高的教育质量。对社会来说，新工科强调的重点则是新结构和新体系。新结构要与产业发展相匹配，既面向当前急需，又考虑未来发展。新体系是促进学校教育与社会教育的有机结合。

192. 新文科："新文科"是相对传统文科而言的，是以全球新科技革命、新经济发展、中国特色社会主义进入新时代为背景，突破传统文科的思维模式，以继承与创新、交叉与融合、协同与共享为主要发展建设途径，促进多学科交叉与深度融合，推动传统文科的更新升级，从学科导向转向以需求为导向，从专业分割转向交叉融合，从适应服务转向支撑引领。

193. 新知识信息：新知识信息是人类利用既有的知识（原来形成的关于对象的、客观事物的规律的认识的知识）对正在发生的客观事物进行观测、分析而得到的判断、结论，以及为了解决问题生化的措施和方案。

194. 信息：信息是对客观世界中各种事物的运动状态和变化真实的反映，并揭示客观事物的内在联系和客观规律。广义信息是指人类自己才有的概念，是人类发明符号来记录、表达人对客观事物的感知和认知；狭义信息是指对客观事物的表征。

195. 信息处理能力：信息处理能力是指信息系统对于输入的信息能够通过适当的处理，读取信息中非显性的、更为深层次的内容的能力。包括信息的流程化处理和知识化处理两个方面。

196. 信息传输：信息传输是指利用不同的传输方式和介质进行信息的传输，例如 U

盘拷贝。

197. 信息获取方式：信息获取方式是指通过购买服务或机构提供等方式获取信息。

198. 信息机制：信息机制是一个哲学性的概念，它是表达信息社会特有的信息存在的形式、意义、获取、利用和作用的概念。

199. 信息技术体系：信息技术体系包括计算机、通信和软件技术。计算机技术是信息技术体系的硬件承载，通信技术是以光电作为介质进行传播的技术统称，包括无线电和有线电。软件技术是通过信息技术二级制编码，实现客观世界信息和知识在信息社会的转化和映射，从而能够让计算机来表达和控制社会行为，管理信息知识。

200. 信息来源：信息来源是指从不同主体角度获取开源和闭源信息。

201. 信息能力：信息能力不是指一个信息系统的功能性能力，更不是一个信息系统的性能能力，而是指一个任务范式的实例中所有角色解决问题/实现目的行为的信息能力，这种能力形态，也是信息机制的实例。或者也可以看作，一个任务范式的实例中相关的信息系统（互联互通互操作形成）的信息输出，被这个实例中所有的角色所使用/利用时产生的解决特定问题/实现特定目标的能力。

202. 信息社会：信息社会是以信息技术体系为载体，以人体生物能行为的替代和表达为基础，通过承载、传递和处理客观真实信息和知识信息，从而管理和影响客观世界的新型社会。

203. 信息使用主体：信息使用主体特指系统输出信息的用户，即任务范式下所涉及的两系统所有相关主体。

204. 信息系统：这里说的"信息系统"是在任务范式下构建的信息系统，这里描述的信息系统并不是孤立的、单个的信息系统，而是因一个确定的任务相关的涉及所有两系统五要素的所有离散的信息系统的整体表达。

205. 形式：形式指事物内在要素的结构或表现方式，信息的形式属性有符号、体裁和形态。

206. 形式化搜集：形式化搜集是情报整编师在任务范式下，根据特定任务的信息需求确定有限搜集范围后，以信息的形式为出发点，通过人工搜集与自动搜集两种方式，系统化、标准化、结构化地搜寻事实信息和知识信息，并集成为预置信息资源库的工程方法。

207. 行为：行为是指特定主体为解决特定问题、实现特定目标在特定时间、空间利用特定资源、手段，针对特定对象而开展的一系列操作。行为分为生物本能行为和社会组织行为。生物本能行为包括人的肢体行为、感官行为和思维行为。

208. 行政相对人：行政相对人即行政主体的行政行为影响其权益的法人以及依法设立的其他机构和自然人。

209. 行政执法：行政执法包括行政许可、行政确认、行政给付、行政检查、行政处罚、行政强制、行政奖励、行政裁决、行政征收、其他职权，我们简称"9＋X"。

210. 学人：领域知识工程学学人即领域知识工程师是学科的研究者和应用者，他们来研究和应用领域知识工程学的知识体系，是领域知识工程学人即领域知识工程师是学科的应用者，是推动未来社会体系实现日益深广的自动化，从事"社控系统"研究、设计、开发、应用的生力军，是进入实体世界时集成专业知识、组织其他专业工程师去完成一个特定任务的集成者和组织者。

Y

211. 研究对象：领域知识工程学的研究对象是信息社会人类经济社会活动特定任务过程的基本范式、范式的实例、实例的自动化，以及自动化实例的普及率。

212. 因果关系：在哲学范畴中，原因与结果是唯物辩证法的一对基本范畴，是揭示事物紧密相连、彼此制约关系的一对哲学范畴，原因是引起某种现象的现象，结果是被某种现象所引起的现象。原因与结果的关系是对立统一的。原因是设定的一方，结果是被设定的一方，在事物的因果联系中，原因和结果的区别是确定的。但二者相互依存、相互作用、相互转化。如对象侧的行为是"因"，主动侧的方案措施是"果"，如果主动侧的方案措施是"因"，那么对象侧行为状态则为"果"，这不仅体现了主动侧与对象侧之间的互作用强相关，也体现了因果的依存性与转化关系。因果关系的重要性在于能够解决问题。

213. 因果确定：领域知识工程学研究和实践总是以因果关系为路径的。

214. 营利法人：营利法人指以取得利润并分配给股东等出资人为目的成立的法人，包括有限责任公司、股份有限公司和其他企业法人。

215. 预测：预测是根据监测对象目前的状态，运用定性或定量的分析方法，对监测对象可能在未来出现的趋势和可能进行推测。

216. 预警：预警是指在监测对象属性值邻近临界值，存在潜在的危险发生可能性，需要将信息反映给相关人员，提示相关人员进行相应活动。

217. 预置："预置"是"认知"的第一种信息机制，"预置"本意为安置初始值，在本书中"预置"指的是预置知识。

218. 预置功能组件：预置功能组件是将人的生物行为和社会组织行为耦合的行为软件。

219. 预置信息构件：预置信息构件是任务范式内要完成角色行为数字化的关于实体世界的信息，既包括事实信息和知识信息，又包括两系统五要素等信息。这种信息构件按照形式化搜集、主题化标引、关联化分析等领域知识工程生产方法预先制造好，可在一个及以上知识工程产品的开发、运营中直接使用，是符合领域知识工程学任务范式的信息资源，是半成品状态的知识工程产品。

220. 预置信息资源库：预置信息资源库是预置信息构件的重要内容，是通过形式化搜集生产的领域知识工程生产的初级材料，也是主题化标引、关联化分析等生产方法的生产素材。

221. 运营团队：运营团队是与用户代表交流互动，将用户转变为领域知识产品粉丝且持续跟进用户体验及产品维护的角色群。

Z

222. 正价值：为与宏观社会价值取向相同的就是正价值。正价值在社会发展中，表现为积极的作用。

223. 政府范畴：政府范畴下的领域指的是公共事务领域，这里的"政府"是指普遍意义上的广义政府。在政府范畴中，依据政府部门的职能来划分领域。中国政府机构设置总体呈现上下贯通的同构性，即中央到地方不同层级的组织机构在职能、职责和机构设置上高度统一，某个层级的微观组织机构的领域确定后，各个层级所有同类组织机构的领域都是相同的。

224. 政务主体：政务主体是指依法行使国家权力，并因行使国家权力的需要而享有相应的民事权利能力和民事行为能力的组织机构和自然人，主动系统的法人主体主要指机关法人，包括党的机关、立法机关、行政机关、司法机关等。每个类按照中央、省级、市级、区县、乡镇的行政层级进行划分，主动系统的自然人主体主要指机关法人的领导人、工作人员。

225. 症结：症结是根源问题中最关键、起最重要作用的因素，症结问题都是和关键要素的内生动力有关，而内生动力是与内禀价值相关联的，与原有的利益机制、利益关系相关。

226. 知识：在领域知识工程学中，知识是人对实体经济社会的事实和实体经济社会运行变化的规律的认识，划分为两个维度，即描述性知识和程序性知识。

227. 知识本体网：知识本体网是工程团队为综合运用主题化标引输出的本体库而生产的预置信息构件。

228. 知识萃取师：知识萃取师是负责对作为知识载体的信息资源文本、图表按照工程方法要求进行信息资源分析和知识提炼的知识工程师。

229. 知识工程产品：领域知识工程产品本身是一种面向特定领域和特定任务，由实体社会的信息和角色的行为所耦合的数据和软件所构成的，实现实体社会的自动化、协同化和知识化运行的"超级系统"，这种超级系统是在特定任务的视角下，以信息机制中的预置、仿真、对称和反馈为基本需求，以软件为行为过程、数据为信息载体，实现范式两系统中相关主体的信息系统的互联互通互操作的社会控制系统。

230. 知识化处理：知识化处理特指机器完成特定的思维活动的自动化处理，本质是用一部分软件将人的思维行为软件化，具体是指机器调取知识信息处理事实信息，包括现状、问题、目标。

231. 知识结构：知识结构是指领域知识工程师在特定领域和任务条件下进行问题识别、问题根源和症结分析、制订综合性解决方案，设计开发解决问题的社会体系自动化控制系统等，所必须具备的各类知识及能力的搭配，即履行领域知识工程使命，完成特定任务所必须具备的各类条件性、基础性知识和能力的组合搭配。

232. 知识链接：知识获取的方式是链接的，构建起的个人知识体系是关联的。

233. 知识体系：领域知识工程学的知识体系为信息机制知识，包括社会控制方式、感知机制、认知机制、控制机制等内容。

234. 知识信息：知识信息是人类对事实、客观事物的内部内在联系、客观规律、特征、特质、属性的认知、认识、总结和理论化。知识信息进一步划分为程序性知识信息和描述性知识信息。

235. 知识制导：知识制导就是用既成的描述性知识和程序性知识来主导、引导、制约、规范、强制行为的方式、方向、结果。

236. 指标量化：指标量化是指用具体数据来体现指标。

237. 制度：从社会科学的角度讲，制度是指规则或运作模式，是规范个体行动的一种社会结构，而这些规则蕴含着社会的价值，其运行表彰着一个社会的秩序。

238. 制度安排：制度安排是承接创意的成果，是将创意点制度化，是以制度的方式将创意点形成特定问题或任务所涉及的系统内所有对象都能够共同遵守的规章或准则。

239. 质量：质量是对最终产出交付并满足特定用户特定需求的领域知识工程产品所具备的功能作用的状态。

240. 秩序态：秩序态对应社会秩序的规范和有序，即合规性，指向治理方式——独治/共治。

241. 智慧：智慧是高级生物所具有的基于神经系统的一种创造性综合能力，包含感知、记忆、认知（概念、判断、推理、联想、计算、形成知识）、决定、行动、达成目的等多种能力，这种能力可更深刻地理解人、事、物、社会、宇宙等各种复杂事物的问题、根源、症结，以及现状、过去、未来等内容。智慧的终极表现是单体的个人基于生物本能的神经活动能力，组成特定经济社会组织，在各个专业领域和不同的范围，能够认识分析特定经济社会问题，能够科学决策和有效执行，从而达成体现群体共同价值取向的目标。

242. 中位数：中位数是指将一组观察值从小到大排序后居于中间位置的那个数值。

243. 众数：众数是指一组数据中出现次数最多的那个数据，一组数据可以有多个众数，也可以没有众数。

244. 周期：周期是指事物在运动、变化过程中，某些特征多次重复出现，其连续两次出现所经过的时间，周期分为数学周期、化学周期、生物周期、物理周期、经济周期。

245. 主动系统：人类的任何任务是由两个系统建立起来的，施行行动、主导行动的一方是主动系统，被动接受的一方是被动系统，被动系统呈现为主动系统的工作对象、任务对象、使命对象，它是主动系统的对象系统。

246. 主权：主权是一个国家对其管辖区域所拥有的至高无上的、排他性的政治权力，语言文字以及文明的独立都是主权的体现，简言之，为"自主自决"的最高权威，也是对内依法施政的权力来源，对外保持独立自主的一种力量和意志。

247. 主题化标引：主题化标引是知识萃取师在任务范式下，以预置信息资源为标引对象，通过对信息形式和内容属性进行标注和关系指引，建立本体库的工程方法。

248. 主体：主体在哲学上指对客体有认识和实践能力的人，民法中指享受权利和负担义务的公民或法人，领域知识工程学认为主体是对客体有认识和实践能力的法人和自然人。

249. 专业模型：专业模型指在一个领域或多个确定领域中，应用专业的领域知识，结合通用模型建模理念或者特定领域理论、常识等建立的模型。

250. 专业知识：专业知识均为实体空间的知识体系，即领域知识工程所加工的对象（特定任务）所涉及的专业知识体系。

251. 自动化：自动化是指用机器（包括计算机）代替人的体力劳动并且代替或辅助脑力劳动，以自动地完成特定的作业。

252. 自然人：自然人是依自然规律出生而取得民事主体资格的人，自然人按民事行为能力，可以分为完全民事行为能力人、限制民事行为能力人、无民事行为能力人。